中国山地研究与山区发展报告

中国科学院
水　利　部　成都山地灾害与环境研究所　著

科学出版社
北　京

内 容 简 介

本书聚焦我国山地生态与环境、山地灾害防治和山区发展等重大需求，基于长期研究、监测和遥感数据分析，对我国山地保护和山区发展的重大问题进行了系统总结，揭示了近十年来我国山地生态环境变化趋势，阐释了山区生态环境变化、山地灾害防治与山区发展成效，总结了山区发展的巨大成就和历史性的根本转变，提出了进一步筑牢我国山地生态安全屏障、巩固生态环境保护与建设成果，加强山地生态环境与灾害防控的基础研究和技术研发、科学应对全球气候变化的挑战及推进“中国式山区现代化建设”的对策建议。本书旨在促进我国山地山区保护与发展，提升公众对山地山区发展的关注度和参与度。

本书主要面向山地生态与环境、灾害防治及山区发展等相关领域的科研人员、政策制定者和专家学者，尤其是关注生态保护、气候变化应对及山区可持续发展的专业人士。同时，本书也适合环境保护、灾害防治、城乡规划、生态文明建设等领域的工作者，以及关注我国山地生态安全和山区现代化发展的政府管理者与社会公众阅读参考。

审图号：GS 京(2024)2344 号

图书在版编目(CIP)数据

中国山地研究与山区发展报告 / 中国科学院水利部成都山地灾害与环境研究所著. --北京：科学出版社，2024. 11

ISBN 978-7-03-077623-5

Ⅰ. ①中… Ⅱ. ①中… Ⅲ. ①山地-研究-中国②山区经济-区域经济发展-研究-中国 Ⅳ. ①P941. 76②F127

中国国家版本馆 CIP 数据核字（2024）第 016691 号

责任编辑：张 菊 / 责任校对：樊雅琼

责任印制：徐晓晨 / 封面设计：无极书装

科 学 出 版 社 出版

北京东黄城根北街 16 号

邮政编码：100717

http://www. sciencep. com

北京九州迅驰传媒文化有限公司印刷

科学出版社发行 各地新华书店经销

*

2024 年 11 月第 一 版 开本：787×1092 1/16

2025 年 3 月第二次印刷 印张：16

字数：380 000

定价：218.00 元

（如有印装质量问题，我社负责调换）

本报告各章作者

第一章

文安邦　李爱农　陈国阶　周万村　王玉宽　边金虎

李　明　南　希　雷光斌　谢馨瑶　赵　伟　张正健

范建容　李政旸　靳华安　刘斌涛　张　坚　刘丽君

张　英

第二章

程根伟　朱万泽　朱　波　王小丹　王小国　王根绪

张信宝　范继辉　周明华　魏　达　徐卫华　汪　涛

范建容　贺秀斌　李爱农　鲍玉海　鄢　燕　常瑞英

唐家良　史忠林　熊东红　邱敦莲

第三章

胡凯衡　邹　强　杨宗佶　陈宁生　栗　帅　欧阳朝军

潘华利　周公旦　刘　双　刘　威　张健强　苏凤环

江玉红　刘维明　谢　洪　雷　雨　柳金峰　张少杰

陈剑刚　陈华勇　何思明　李秀珍　姜元俊　胡桂胜

李新坡　苏鹏程　宋东日　唐晨晓　赵万玉　邱海军
朱　雷　陈　容　孙　昊　江　耀　谭锡斌　赵　伟
邓明枫　向　丽

第四章

王玉宽　傅　斌　李政旸　严　坤　刘　勤　程根伟
闫洋洋　秦保芳　王　洋

第五章

方一平　王玉宽　刘邵权　徐　佩　李政旸　逯亚峰
徐　云　于　慧　张继飞　文安邦　陈国阶　关晓岗
程根伟　吴雪梅

目　录

第一章　中国山地与山区概况

我国是世界山地大国，广义山地面积约占陆域国土面积的2/3。山地是地球陆地表面抬升至一定海拔、与相邻区域拥有一定相对高度（一般高于200 m）和自身坡度、其表面积远大于其所占经纬度立地面积、呈三维立体空间形态的自然地域，广义山地包括丘陵、低山和中山、高海拔高原、高山等，我国西高东低的三级地势阶梯格局塑造了6个山地大区和37个山地亚区（山系），山地是国家生态安全屏障的主体、自然资源的重要蕴藏区、生物多样性的宝库。山区是以山地为主要依托的地域空间，是有人类活动的自然和人文相互作用的区域，包括山间盆地、谷地、河谷、阶地、台地等，山区是中华文明的重要起源地、多民族的共同家园、现代化建设的潜力区。

第一节　中国山地及分区

中国山地的特点可用广、高、全来概括。广，是山地地域辽阔，中国山地面积占陆地总面积的64.9%（邓伟等，2015），通俗表述为“我国山地约占陆域国土面积的三分之二”；高，是海拔高，拥有地球第三极——青藏高原和世界第一高峰——珠穆朗玛峰；全，是拥有各种山地类型和山地自然生态系统。广、高、全，在很大程度上彰显了中国山地在全球的地位和影响（陈昱，1983）。

一、中国山地

中国科学院、水利部成都山地灾害与环境研究所（简称“成都山地所”）与国际山地综合发展中心中国委员会主持开展了山地数字化制图，基于定量化的山地定义、地形指标，完成了我国首幅以山地为专题的《中国数字山地图（1：670万）》。该图为全开竖版中国全图，反映我国山地宏观分布格局、分级特征、形态要素与各类型山地面积比例，可为山地区划、山地地带性分析、山区国土功能分析等提供基础信息。该图于2015年由中国地图出版社出版，数字山地图数据为“自然保护地空间布局与管理成效评估”“山地生态系统全球关键参数立体观测与高分辨率产品研制”等国家重大项目提供了重要的基础信息服务（德梅克，1984；周成虎和程维明，2010）。

（一）山地范围界定

根据山地定义的地形描述，选用海拔、起伏度、坡度3项地形指标，建立起量化定义，即，对陆地表面任意一处地表p，可由该处的平均海拔H_p、起伏度R_p和平均坡度S_p确定。若H_p>2500 m；或500 m<H_p<2500 m，R_p>100 m且S_p>25°；或H_p<500 m且R_p>50 m，

则地表 p 划归为山地。山地空间范围由上述定义生成，并结合高分辨率遥感影像进行修订和验证。

（二）山地特征指标

1. 山脉指标

山脉反映山地在水平方向的展布特征，是自上而下山地分区和自下而上山地命名的纽带。山脉形态主要符号包括山脉起伏分级、山脊形态类型和山峰等。《中国数字山地图》标绘了我国 130 条大型山脉、116 座重要山峰。大型山脉根据起伏度，分为三级：一级山脉起伏度>1500 m，标绘 3 条；二级山脉起伏度>1000 m 且<1500 m，标绘 25 条；其余为三级山脉。山脉线上标绘有山脊类型，按山地顶部形态大致分为锯脊、尖脊、浑圆、平顶 4 种。另外选用火山、熔岩方山、温泉等内作用力产生的要素，作为山地特征的补充指标（周万村，1985）。

2. 地形指标

山地地形指标反映山地垂直方向的特征，也是山地分类的基本依据。《中国数字山地图》按海拔、起伏度和坡度的组合类型进行形态分类。基于山地起伏度地形自适应算法，计算得到全国山地起伏度数据。结合地貌分类制图的规范，将 200 m、500 m、1000 m、2500 m 作为丘陵、小起伏、中起伏、大起伏与极大起伏的分级指标。另参考全国农业区划委员会《土地利用现状调查技术规程》，采用 2°、7°、15°、25°、35°进行山地坡面分级。海拔指标参考《山地环境理论与实践》中以山地功能的层次为基础，兼顾山地气候、人文、覆被、外营力等多种因素，作为海拔分级方案，具体如表 1.1 所示。

表 1.1　山地地形分类指标

分类指标	低山	中山	中高山	高山	极高山
海拔指标（m）	<1000	1000～2000	2000～4000	4000～6000	>6000
起伏度指标（m）	丘陵	小起伏	中起伏	大起伏	极大起伏
	<200	200～500	500～1000	1000～2500	>2500
坡度指标（°）	平缓坡	缓坡	斜坡	陡坡	极陡坡
	2～7	7～15	15～25	25～35	>35

（三）中国数字山地图

《中国数字山地图》（表 1.2，图 1.1）包括三个信息平面。第一平面反映山地的空间分布和分级特征。第二平面汇集山脉形态、图斑界线、地形晕渲、一二级山脉注记等信息。第三平面集中了底图要素、图斑注记、三级山脉注记、散列山地形态要素等（邓伟等，2015）。

据《中国数字山地图》（表 1.2，图 1.1），山地面积超过 90% 的省份有贵州、云南、四川、重庆、福建、广西。其中，四川、重庆、贵州、云南 4 省（直辖市）山地位于第一阶梯东缘及第二阶梯南部，分布有巴颜喀拉山山系、横断山山系、乌蒙山–武陵山山系等。

四川西部属于巴颜喀拉山山系南段，以大起伏高山、中高山为主，是长江源头与黄河源头的分水岭，包括沙鲁里山、大雪山、岷山及邛崃山等；云南西部的横断山山系以中起伏中山、中高山为主，包括高黎贡山、怒山、云岭等；云南东部、贵州大部、重庆东南部属乌蒙山-武陵山山系，以中起伏中山和小起伏中山为主，主要包括乌蒙山、苗岭、大娄山等。福建、广西两省（自治区）地处第三阶梯，属于东南沿海山系，以丘陵和中小起伏低山为主，主要山脉有武夷山、戴云山、南岭、大瑶山等。山地面积比例为80%~90%的省份有西藏、陕西、山西、湖南、浙江和香港。地处世界屋脊的西藏，分布有多个大的山系，包括喀喇昆仑山山系、唐古拉山山系、冈底斯山山系、念青唐古拉山山系、喜马拉雅山山系及横断山山系在青藏高原部分，该区域以大起伏高山、极高山为主。陕西位于第二阶梯中段，境内分布有秦岭山系，以小起伏中山（黄土高原部分）、中起伏中山为主。山西境内分布有太行山-吕梁山山系。湖南山地是东南沿海山系向武陵山山系过渡的地带，大型山脉有武陵山、雪峰山、武功山等。浙江山地属东南沿海山系，地势起伏较小，浙东地区以丘陵为主，浙南地区有低山分布，主要山脉有雁荡山、仙霞岭、天目山等。

表1.2 中国各省（自治区、直辖市）山地面积比例

省份	贵州	云南	福建	四川	重庆	广西	西藏	陕西	山西	湖南	浙江	香港
山地比例（%）	98.1	97.7	96.2	95.3	95.2	90.7	89.3	87.1	84.2	84.1	83.7	83.2
省份	广东	台湾	江西	青海	辽宁	湖北	北京	甘肃	海南	黑龙江	宁夏	吉林
山地比例（%）	78.9	78.4	78.3	77.7	68.6	65.5	63.7	62.1	57.1	56.6	53.6	53.4
省份	河北	新疆	河南	安徽	内蒙古	山东	天津	澳门	江苏	上海		
山地比例（%）	51.7	42.5	38.0	35.9	33.3	32.4	5.9	5.1	5.0	0.8		

二、中国山地分区

（一）一级分区

中国山地资源环境类型完整，既有气候严寒、植被稀少且人迹罕至的极高山，又有水热适宜、人类大力改造的低山浅丘。结合综合自然区划、山地分类和数字山地图，从三大地貌阶梯、南北气候分界着手，可划分为6个山地大区（图1.2）。

东北山地大区（Ⅰ），位于第三阶梯、淮河以北，以温带半湿润中山-低山为主，山地多针叶林分布，水力侵蚀较显著；

东南山地大区（Ⅱ），位于第三阶梯南部，以亚热带-热带湿润低山丘陵为主，开发利用程度高，水力侵蚀显著；

北部山地大区（Ⅲ），位于第二阶梯北部，以温带中山为主，该区域的黄土高原山地是全球水土流失严重和生态环境脆弱的地区之一；

西南山地大区（Ⅳ），位于青藏高原以东、第二阶梯之上，以亚热带湿润中山和高山为主，地貌复杂，河流深切，是中国陆地生物多样性的中心；

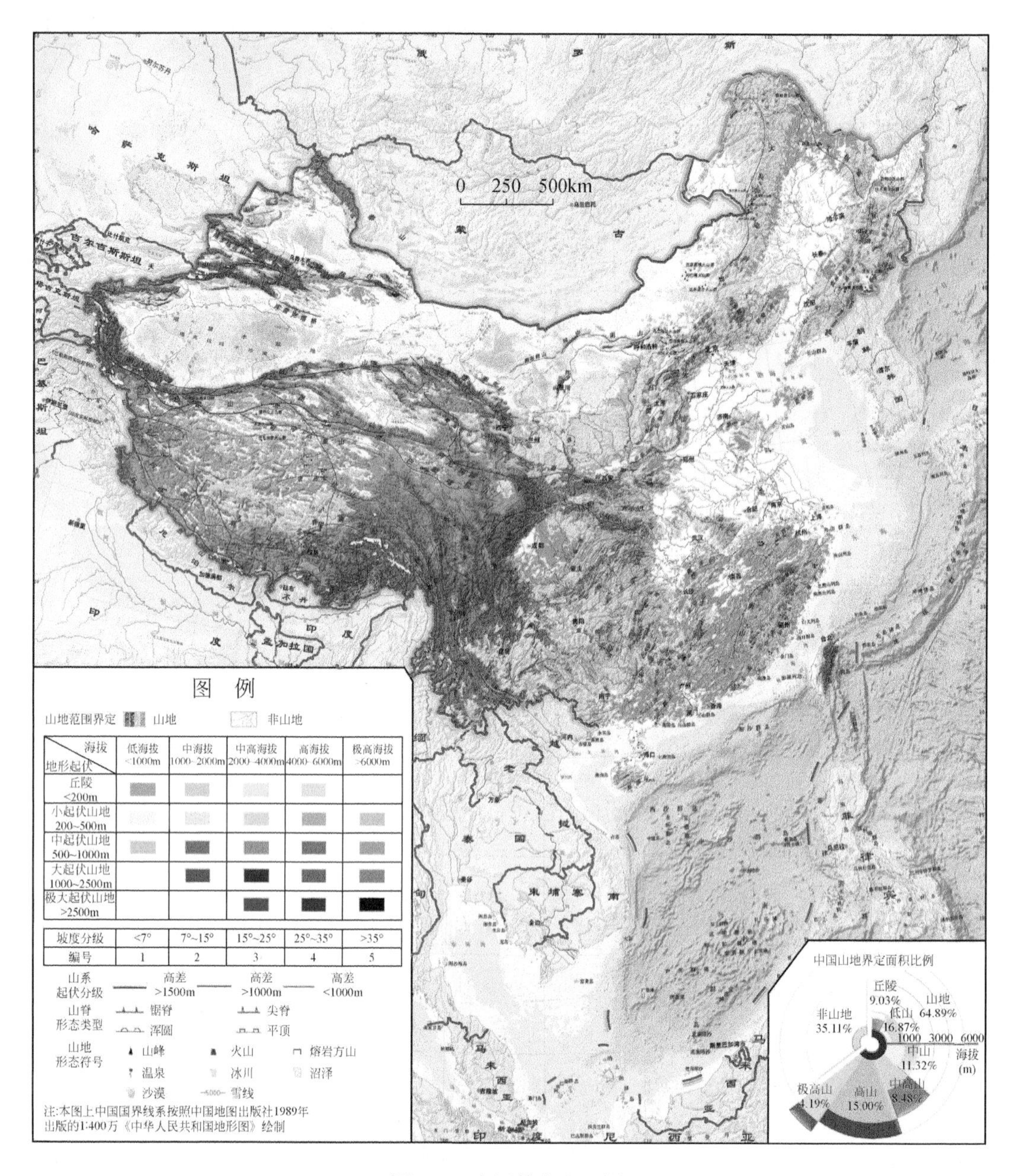

图 1.1 中国数字山地图

西北山地大区（Ⅴ），位于青藏高原以北，主要由天山、阿尔泰山两大山系构成，以高寒干旱半干旱高山为主，是全球离海洋最远、最干旱的山地；

青藏山地大区（Ⅵ），被喻为“世界屋脊”，以高寒高山和极高山为主，孕育了黄河、长江、雅鲁藏布江、恒河、澜沧江/湄公河、印度河等重要河流。

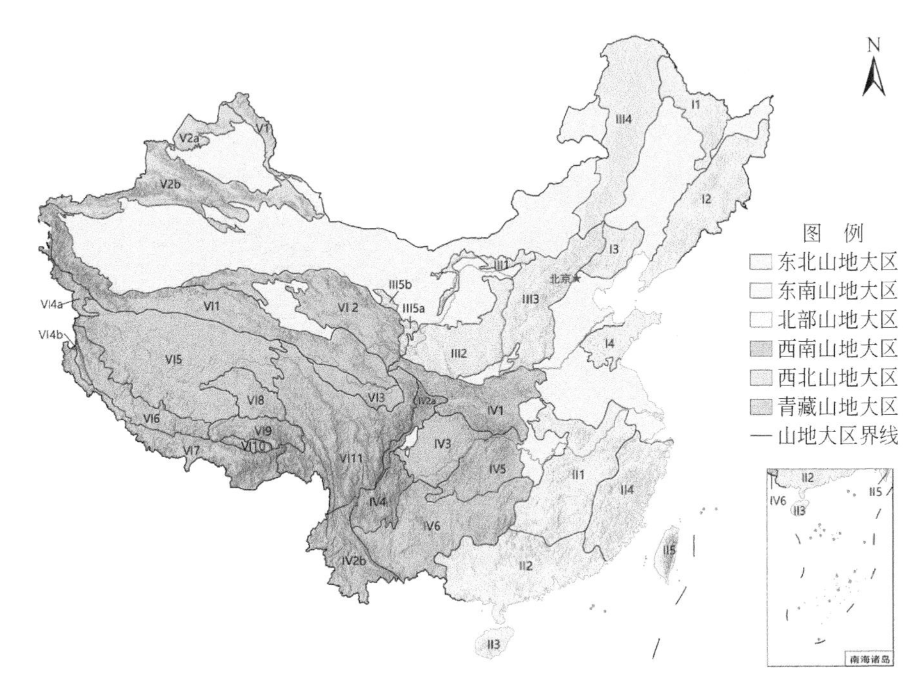

图 1.2　中国山地分区

（二）二级分区

结合山脉走向、山脉名称、《中华人民共和国地貌图集（1∶100 万）》的山地注记系统、主要河流及山地的空间连续性特征，中国 6 个山地大区可进一步划分为 37 个山系（表 1.3），作为山地二级分区，以反映中国山地在水平方向上的展布特征（陈述彭，1954）。东北山地大区（Ⅰ）的山系以平顶山脉较为多见，山势相对缓和，均为燕山运动时期隆起且在喜马拉雅运动期上升的山地，以小起伏低山、中起伏低山为主。其中，小兴安岭和长白山分布有喜马拉雅运动期间形成的熔岩山地。

东南山地大区（Ⅱ）的山系相对破碎，山脊形态以浑圆较为多见，与地势图中的江南丘陵、闽浙丘陵及两广丘陵分布区大致对应。其中，长江中下游流域山地及南岭-莲花山山系以微起伏和小起伏低山、丘陵为主，主要形成于燕山运动时期；闽浙山地起伏度相对较大，以中起伏中山和中起伏低山为主，为燕山运动时期隆起、喜马拉雅运动期间上升的山地。

表 1.3　中国山地二级分区

山地大区	山系	山系名	主要山脉
东北山地大区（Ⅰ）	Ⅰ1	小兴安岭山系	小兴安岭，青黑山
	Ⅰ2	长白山-千山山系	长白山，锅盔山，张广才岭，老爷岭，龙岗山，千山
	Ⅰ3	努鲁儿虎山-黑山山系	努鲁儿虎山，黑山，松岭，七老图山
	Ⅰ4	鲁东南山地	昆嵛山，五莲山，蒙山

续表

山地大区	山系	山系名	主要山脉
东南山地大区（Ⅱ）	Ⅱ1	长江中下游流域山地	大别山，张八岭，宁镇山，九华山，黄山，天目山，幕阜山，九岭山，罗霄山，白际山，怀玉山，于山，武功山，大洪山，连云山，八面山，滑石山，阳明山
	Ⅱ2	南岭–莲花山山系	南岭，架桥山，大瑶山，萌渚岭，大桂山，九连山，青云山，云雾山，天露山，六万大山，大容山
	Ⅱ3	五指山山系	五指山，黎母岭
	Ⅱ4	天台山–武夷山山系	武夷山，仙霞岭，会稽山，天台山，括苍山，大盘山，四明山，雁荡山，戴帽山，博平岭，鹫峰山
	Ⅱ5	中央山–玉山山系	中央山，雪山，玉山，阿里山，东山
北部山地大区（Ⅲ）	Ⅲ1	阴山–贺兰山山系	贺兰山，阴山，大青山，大马群山，桌子山
	Ⅲ2	黄土高原山地	吴山，六盘山，罗山，白于山，崂山，子午岭，黄龙山
	Ⅲ3	吕梁山–太行山–燕山山系	太行山，吕梁山，太岳山，五台山，王屋山，中条山，燕山，西山，将军山
	Ⅲ4	大兴安岭山系	大兴安岭
	Ⅲ5a	阿尔金山–祁连山山系（在北部山地大区的余脉）	冷龙岭，乌鞘岭
	Ⅲ5b	阿尔金山–祁连山山系（在北部山地大区的支脉）	呼龙陶勒盖
西南山地大区（Ⅳ）	Ⅳ1	秦岭–大巴山山系	秦岭，大巴山，华山，摩天岭，凤凰山，熊耳山，武当山，伏牛山
	Ⅳ2a	横断山山系（在西南山地大区青藏东缘部分）	龙门山，岷山，邛崃山，茶坪山，夹金山
	Ⅳ2b	横断山山系（在西南山地大区滇西南部分）	高黎贡山，怒山，点苍山，无量山，哀牢山
	Ⅳ3	大凉山–锦屏山山系	大凉山，锦屏山
	Ⅳ4	四川盆地内的山地	华蓥山，龙泉山
	Ⅳ5	大娄山–武陵山山系	巫山，大娄山，武陵山
	Ⅳ6	乌蒙山–苗岭–雪峰山山系	乌蒙山，苗岭，雪峰山
西北山地大区（Ⅴ）	Ⅴ1	阿尔泰山山系	阿尔泰山，北塔山
	Ⅴ2a	天山山系（准格尔盆地以北）	玛依勒山，加依尔山，巴尔鲁克山
	Ⅴ2b	天山山系（准格尔盆地以南）	塔尔巴哈台山，婆罗科努山，博格达山，巴里坤山，卡拉铁热克山

续表

山地大区	山系	山系名	主要山脉
青藏山地大区（Ⅵ）	Ⅵ1	昆仑山山系	喀喇塔格山，喀什塔什山，托库孜达坂山，库木布彦山，祁漫塔格山，布青山，布尔汗布达山，阿尼玛卿山，可可西里山
	Ⅵ2	阿尔金山-祁连山山系	阿尔金山，阿斯腾塔格，祁连山，野马山，托来山，党河南山，柴达木山，疏勒南山，宗务隆山，大通山，青海南山，拉脊山
	Ⅵ3	巴颜喀拉山山系	巴颜喀拉山，阿里勒山，羊拱山
	Ⅵ4a	喀喇昆仑山系	喀喇昆仑山
	Ⅵ4b	喀喇昆仑山系（支脉）	拉达克山
	Ⅵ5	羌塘高原山地	马尔岗木山，加若山，强仁温杂日
	Ⅵ6	冈底斯山系	冈底斯，阿伊拉日居，亚龙赛隆日居，拉瓦山，格莱居，康琼岗日，桑木巴提山，拉布琼山，拔布日
	Ⅵ7	喜马拉雅山系	喜马拉雅，佩枯岗日，嘎布洞日，拉轨岗日
	Ⅵ8	唐古拉山系	唐古拉山
	Ⅵ9	念青唐古拉山系	念青唐古拉山，岗日嘎布
	Ⅵ10	郭喀拉日居山系	郭喀拉日居
	Ⅵ11	横断山系青藏部分	瓦合山，他念他翁山，伯舒拉岭，芒康山，雀儿山，沙鲁里山，罗科马山，贡嘎山，大雪山，云岭，太阳山

北部山地大区（Ⅲ）分布在第二阶梯北部，以中山为主，主要包括5组山系。Ⅲ1、Ⅲ3、Ⅲ4以小起伏和中起伏中山为主，主要为燕山运动时期隆起、喜马拉雅运动期上升的山地。Ⅲ2主要为小起伏中山和低山，以黄土梁、峁为主，为燕山运动时期下沉、喜马拉雅运动期上升的高原在水蚀等外营力作用下形成的山地。Ⅲ1北侧和Ⅲ4西南端有喜马拉雅运动期间形成的熔岩台地。

西南山地大区（Ⅳ）覆盖第二阶梯南部，山脉以尖脊为主。其中，Ⅳ1、Ⅳ5、Ⅳ6以燕山运动时期隆起、喜马拉雅运动期上升的山地为主；Ⅳ4由燕山运动时期下沉的盆地中的丘陵及盆周山地构成；Ⅳ2为印度洋板块与亚欧板块碰撞后的东部侧向挤出带山地，其山脉方向近南北向。Ⅳ1、Ⅳ2、Ⅳ3、Ⅳ5以中起伏到大起伏的中山和中高山为主。Ⅳ6山势较为缓和，构成了云贵高原的主体。

西北山地大区（Ⅴ）分布在塔里木盆地以北，山脉以尖脊和锯脊为主，主要是大起伏中山和中起伏高山，为喜马拉雅运动期间大幅上升的山地。

青藏山地大区（Ⅵ）的分布与青藏高原边界接近，平均海拔超过3500 m。高原周缘的连绵山脉以大起伏锯脊形态为多见，以中起伏高山、极高山为主；高原内部如Ⅵ5的山地相对破碎，以较为浑圆的微起伏、小起伏高山为主。Ⅵ4、Ⅵ6、Ⅵ7为喜马拉雅运动期间大幅上升的山地（中华人民共和国地貌图集编辑委员会，2009）。

三、中国山地特征

（一）辽阔的山地面积

山地占我国陆地国土总面积的64.9%，中国大陆平均海拔1595 m，是世界陆地平均海拔的1.85倍。全国海拔高于1000 m的国土面积达555.8万km^2，海拔高于3000 m的面积达248.3万km^2，其中，青藏高原面积250万km^2，平均海拔在4000 m以上，号称世界屋脊和地球第三极。这样大面积的高海拔的高原山地，在世界各国中是独一无二的（表1.4，表1.5）（沈玉昌，1959）。

表1.4　陆地国土面积前十国家的山地面积比例

名称	陆地国土面积排名	山地比例（%）
俄罗斯	1	23.1
加拿大	2	26.9
中国	3	64.9
美国	4	31.3
巴西	5	10.3
澳大利亚	6	5.1
印度	7	17.8
阿根廷	8	23.2
哈萨克斯坦	9	6.3
阿尔及利亚	10	10.5

表1.5　GDP排名前九国家的山地面积比例

名称	2020年GDP排名	山地比例（%）
美国	1	31.3
中国	2	64.9
日本	3	46.4
德国	4	11.8
英国	5	15.0
印度	6	17.8
法国	7	21.4
意大利	8	51.2
加拿大	9	26.9

中国山地分布从东经约133°30′的黑龙江省完达山至东经74°40′的新疆乌哈县的帕米尔高原，跨度约60°，东西时差约4 h。而山地的纬度分布，北至黑龙江漠河边境（大兴安

岭），北纬约53°，南至海南岛三亚，北纬约19°12′，跨度约34°。全国34个省（自治区、直辖市和特别行政区），除上海市和澳门特别行政区外，都有山地分布。从纬度上看，横跨热带、亚热带、温带、寒带；从经度上看，跨越湿润区、半湿润区、半干旱区、干旱区、荒漠区，并起着自然过程的分区作用。中国山地既有全球最雄伟广阔的山脉，又有遍布全国的各种分散分异的山脉与被平原包围的山地，不少山地还成为各省份的天然边界。因此，中国山地不仅体大面广，自成一体，而且与平原/海洋/边境相互交错，与各省份的生产、生活、生态空间紧密联系（李爱农等，2017）。

（二）独特的地形阶梯

中国地形的基本特点是西高东低，形成三大地形阶梯：第一阶梯为青藏高原，平均海拔高于4000 m，其北界为昆仑山、阿尔金山和祁连山；南界为喜马拉雅山，东边为岷山、邛崃山和龙门山。青藏高原内部，横亘着多条举世闻名的高大山脉，如可可西里山脉、巴颜喀拉山脉、唐古拉山脉、冈底斯山脉、念青唐古拉山脉等，海拔在5000 m以上，是长江、黄河和流入印度洋、西太平洋的若干大河的发源地；横亘于高原南部的喜马拉雅山脉超过8000 m的山峰有10座。喀喇昆仑山脉超过8000 m的山峰有4座。即使在青藏高原东缘，与成都平原不远的横断山脉主峰贡嘎山海拔也达7556 m；邛崃山脉主峰四姑娘山海拔6250 m；属成都市管辖的大邑县西岭雪山主峰海拔5364 m。可见，青藏高原既是整体高耸的高原，又是世界上高峰汇集、山莽横空的山脉天堂。

第二阶梯起于第一阶梯的东缘和北缘，北部和西部至国界边境；东至大兴安岭、太行山、巫山、武陵山、雪峰山一线。其间，山地海拔一般在2000～3000 m，主峰一般在2500～3500 m，其显著特点是高原与盆地广布。在西北主要有黄土高原、内蒙古高原、阿拉善高原、鄂尔多斯高原；著名盆地有塔里木盆地、准噶尔盆地，是我国著名的半干旱、干旱区。在西南主要有云贵高原和四川盆地，为湿润气候区。在第二阶梯仍然分布着许多著名山脉，如天山、阴山、六盘山、吕梁山、秦岭、大巴山、大娄山、武陵山、苗岭等。

第三阶梯位于大兴安岭至太行山–巫山–武陵山–雪峰山一线以东，是我国主要平原和丘陵分布区。东北平原、华北平原和长江中下游平原为山脉丘陵所分隔，成为山丘包围着或山丘穿插其间的平原。在第三阶梯内虽然平均海拔较低，在200 m以下，但区内仍有不少著名山脉分布，如小兴安岭、长白山、千山、燕山、鲁中山地、大别山、仙霞岭、罗霄山、武夷山、戴云山、莲花山、南岭、五指山、台湾中央山脉等。因此，中国是一个山脉纵横交错、遍及东西南北中各方位的国家。

（三）多样的自然地理类型

中国山地几乎涵盖了全球所有的山地类型、自然地理地带、山地形成过程、山地地貌过程、景观形态、地质运动轨迹记录和山地景观。

从山地出露岩层看，有花岗岩山地、变质花岗岩山地、火山岩山地、石灰岩山地、碎屑岩山地、红层山地、砂板岩山地、砂质岩–变质岩–火山岩山地、砂页岩–灰岩–变质岩–花岗岩山地等。从地貌发育和景观看，有侵蚀、溶蚀、风蚀、融蚀、冻蚀、冰蚀、水蚀等各种过程的记录，相应地形成多姿多态的地貌景观，如丹霞地貌、岩溶地貌、风沙地貌、海蚀地貌、风蚀地貌、流水地貌、冰川地貌、火山地貌、黄土地貌等，各显特色。山脉走向千姿百态，有东西向的、南北向的、东南–西北向的、西北–东南向的、“歹”字形的、反“S”形的、弧形的、叉形的等。

山地构建了中国自然生态系统的主体及完整的水平地带性与垂直地带性的体系，几乎囊括了世界陆地各种自然地理地带与生态系统类型。表1.6和表1.7是全国山地自然地理地带与生态系统的分布。

表1.6　中国不同类型的山地垂直带谱类型

气候型	基带	地点	植被垂直带谱	土壤垂直带谱
海洋性	准热带	台湾玉山	季雨林→山地常绿阔叶林→山地常绿落叶阔叶混交林与针阔叶混交林→山地寒温性针叶林→亚高山杜鹃灌丛、草甸	赤红壤→山地黄壤→山地黄棕壤→山地棕壤或山地暗棕壤
	亚热带（东部）	武夷山	常绿阔叶林→山地常绿落叶阔叶混交林或山地常绿针叶阔混交林→山顶常绿矮林或灌丛	红壤→山地黄壤→山地黄棕壤→山地矮林灌丛土
	亚热带（西部）	川西滇北山地	河谷干旱灌丛→常绿阔叶林、云南松林→山地针阔混交林→山地寒温性针叶林和山地硬叶常绿栎林→高山灌丛草甸→流石滩疏生植被	褐土、褐红壤→黄壤、黄棕壤→山地棕壤或山地暗棕壤→山地灌丛草甸土→高山寒漠土
	暖温带	河北雾灵山	山地落叶阔叶林→山地针阔混交林→山地寒温性针叶林→亚高山灌丛草甸	褐土→山地淋溶褐土→山地棕壤→山地草甸土
	温带	长白山	山地针阔混交林→山地寒温性针叶林→亚高山矮曲林→高山矮曲林	白浆土→山地暗棕壤→山地漂灰土→山地寒漠土
	寒温带	大兴安岭	山地寒温性针叶林→（山地寒温性针叶疏林）→亚高山矮曲林	黑土→山地暗棕壤→山地漂灰土
大陆性	暖温带荒漠	昆仑山	山地荒漠→山地草原→高寒荒漠或高寒草原	山地棕漠土→山地棕钙土→高山巴嘎土→高山寒漠土
	温带荒漠	祁连山	山地荒漠→山地草原→山地森林草原→亚高山灌丛草甸→高山稀疏植被→高山冰雪带	山地栗钙土→山地黑钙土→山地灰黑土→山地寒漠土
	温带荒漠草原	阿尔泰山	荒漠草原→山地寒温性或温性针叶林（阴坡）、草原（阳坡）→亚高山灌丛草甸→高山蒿草草甸	栗钙土→山地栗钙土或山地褐土（阳坡）→山地淋溶褐土（阴坡）或山地黑钙土（阳坡）→山地灰黑土→山地寒漠土

表 1.7 中国主要山地生态系统类型与分布

<table>
<tr><th colspan="2">类型</th><th>分布</th></tr>
<tr><td rowspan="23">东南部
湿润区</td><td>1. 寒温带落叶针叶林山地生态系统</td><td>1-1 大兴安岭北部丘陵、低山生态系统</td></tr>
<tr><td rowspan="3">2. 温带针叶–落叶阔叶混交林山地生态系统</td><td>2-1 小兴安岭丘陵、低山生态系统</td></tr>
<tr><td>2-2 长白山低山、低中山生态系统</td></tr>
<tr><td>2-3 大兴安岭中南部丘陵、低山生态系统</td></tr>
<tr><td rowspan="4">3. 暖温带落叶阔叶林山地生态系统</td><td>3-1 辽、鲁半岛丘陵生态系统</td></tr>
<tr><td>3-2 燕山、太行山低山、低中山生态系统</td></tr>
<tr><td>3-3 晋陕南部黄土丘陵、低山生态系统</td></tr>
<tr><td>3-4 秦岭北坡低山、低中山生态系统</td></tr>
<tr><td rowspan="2">4. 北亚热带常绿阔叶与落叶阔叶混交林山地生态系统</td><td>4-1 大别山丘陵、低山生态系统</td></tr>
<tr><td>4-2 秦巴低中山、中山生态系统</td></tr>
<tr><td rowspan="6">5. 中亚热带东部常绿阔叶林山地生态系统</td><td>5-1 闽浙丘陵、低山生态系统</td></tr>
<tr><td>5-2 湘赣丘陵、低山生态系统</td></tr>
<tr><td>5-3 鄂西低山、低中山生态系统</td></tr>
<tr><td>5-4 黔桂石灰岩低山、低中山生态系统</td></tr>
<tr><td>5-5 四川盆地紫色丘陵、低山生态系统</td></tr>
<tr><td>5-6 四川盆地周边低中山、中山生态系统</td></tr>
<tr><td rowspan="3">6. 中亚热带西部常绿阔叶林山地生态系统</td><td>6-1 川西滇北横断山山系中山、高山生态系统</td></tr>
<tr><td>6-2 滇中丘陵、低山生态系统</td></tr>
<tr><td>6-3 滇西低中山、中山生态系统</td></tr>
<tr><td rowspan="3">7. 南亚热带东部常绿阔叶林山地生态系统</td><td>7-1 台中北低中山、中山生态系统</td></tr>
<tr><td>7-2 闽中南、粤北低山、丘陵生态系统</td></tr>
<tr><td>7-3 桂中南石灰岩低山、丘陵生态系统</td></tr>
<tr><td>8. 南亚热带西部常绿阔叶林山地生态系统</td><td>8-1 滇中南丘陵、低山生态系统</td></tr>
<tr><td rowspan="4"></td><td rowspan="2">9. 热带东部季雨林、雨林山地生态系统</td><td>9-1 台中南低中山、中山生态系统</td></tr>
<tr><td>9-2 粤西南、桂南、海南岛低山、丘陵生态系统</td></tr>
<tr><td rowspan="2">10. 热带西部季雨林、雨林山地生态系统</td><td>10-1 滇南低山、丘陵生态系统</td></tr>
<tr><td>10-2 藏东南中山、高山生态系统</td></tr>
<tr><td rowspan="7">西北部
干旱区</td><td>11. 半湿润–半干旱森林草原山地生态系统</td><td>11-1 晋陕北部和甘肃东部黄土高原生态系统</td></tr>
<tr><td rowspan="4">12. 半干旱–干旱草原山地生态系统</td><td>12-1 内蒙古高原东南缘温带丘陵、低山生态系统</td></tr>
<tr><td>12-2 大青山、阴山北坡温带低山、低中山生态系统</td></tr>
<tr><td>12-3 大青山、阴山南坡低山、低中山生态系统</td></tr>
<tr><td>12-4 贺兰山东坡暖温带低中山生态系统</td></tr>
<tr><td rowspan="2">13. 干旱荒漠草原山地生态系统</td><td>13-1 贺兰山西坡低山、低中山生态系统</td></tr>
<tr><td>13-2 祁连山、阿尔金山、西昆仑山北坡中山、高山生态系统</td></tr>
</table>

续表

类型		分布
西北部干旱区	13. 干旱荒漠草原山地生态系统	13-3 天山中山、高山生态系统
		13-4 阿尔泰山南坡中山、高山生态系统
		13-5 西昆仑山、阿尔金山北坡高山、极高山生态系统
青藏高原寒区	14. 半干旱寒冷草甸草原与草甸山地生态系统	14-1 祁连山西段南坡和积石山中山、高山生态系统
		14-2 祁连山东段中山、高山生态系统
		14-3 巴颜喀拉山高山、极高山生态系统
		14-4 冈底斯山、唐古拉山高山、极高山生态系统
		14-5 喜马拉雅山中西段高山、极高山生态系统
	15. 干旱寒冷荒漠草原山地生态系统	15-1 昆仑山、阿尔金山南坡高山、极高山生态系统
		15-2 羌塘丘状高原生态系统

第二节　中国山区地位

中国山区承载着约3.3亿常住人口，也是绝大多数少数民族的聚居区。广袤的国土面积、丰富的自然资源、厚重的历史文化积淀及巨大的发展潜力，使山区成为支撑全国社会经济可持续发展的重要基地，战略地位十分突出。

一、人类重要起源地

中国是文明古国，也是人类和人类远祖重要的演化之地。自1992年起，中国科学院古脊椎动物与古人类研究所齐陶、童永生、王景文等与美国卡耐基自然历史博物馆的Mary Dawson、Christopher Beard等组成联合考察队，先后在江苏溧阳、河南渑池、山西垣曲发现距今4000万~4500万年的中华曙猿、世纪曙猿、克氏假猿等化石，表明东亚是类人猿起源和演化的重要地区。1929~1936年，裴文中、贾兰坡等在北京周口店龙骨山发掘出距今40万~50万年的多个“北京人”头盖骨化石；1964年中国科学院古脊椎动物与古人类研究所野外队在秦岭北坡的陕西蓝田县发现距今115万年的头盖骨化石及石器，称为“蓝田人”；1965年中国地质科学院钱方等在云南元谋发现距今约170万年的“元谋人”两颗门齿化石；1975~1980年中国科学院古脊椎动物与古人类研究所徐庆华、陆庆武和云南省博物馆张兴永等组成联合考察队，在地处云贵高原的云南省禄丰县石灰坝地点发现了多个禄丰古猿头骨和下颌化石，属距今700万~800万年前晚中新世的大猿化石。2022年5月18日，湖北省文物考古研究院、中国科学院古脊椎动物与古人类研究所联合其他科研机构专业人员组成团队在湖北省十堰市郧阳区学堂梁子遗址新一轮考古中发掘出距今约100万年的“郧县人”3号骨头，这是迄今欧亚大陆发现的同时代最为完整的古人类头骨化石之一。

此外，在中国山地还发现其他重要的古人类化石70多处，如安徽的“和县人”、南京的“汤山人”、北京的“山顶洞人”、湖北的“长阳人”、广西的“柳江人”、山西的“丁村人”、广东的“马坝人”等。

距今4万年以来，在西自帕米尔，东至台湾山地，北起黑龙江，南达海南山地，都有大量人类活动遗迹。更值得指出的是，早在4600年前，就有人类在西藏昌都地区活动，在海拔5100 m的藏北纳木错畔就发现有新石器遗址。近年在青藏高原东部四川稻城发现的旧石器遗址——皮洛遗址，海拔达到3750 m左右，证明至少在13万年以前，人类就已经从高原东南麓进入，逐步征服青藏高原。

中国山地作为人类和人类远祖演化之地，其特点是环境复杂，生态异质性高，早期类人猿、古猿、古人类在这样的生态背景下演化，呈现出纷繁复杂的局面。遗存下来的各类化石，是研究灵长类、类人猿和人类起源演化的重要依据。进入史前文明时期，古人类的遗存和遗迹更是广泛分布，几乎涵盖全国各省山地，从丘陵、低山、中山到高原高山都有活动足迹（丁锡祉和郑远昌，1986）。

二、多民族的共同家园

中国山地是少数民族发祥地和历史悠久的家园。中国最古老的民族之一羌族最早活动于青海、甘肃一带的昆仑山、积石山及陇东高原一带，后来向东迁到横断山地及岷江流域，成为先古蜀民。而中国彝族先民最早居住于云南哀牢山一带，后来一部分迁至四川凉山地区。台湾的高山族聚居于台湾中央山脉。满族的前身肃慎部落则活跃于长白山一带。华东地区的武夷山区则是古越族先民的家园。我国少数民族尽管分布范围很广，但仍集中于高原山地和偏远山区及边疆地区，因而山区又是少数民族传统文化、民族语言、风俗习惯、宗教信仰的发祥地，记录着特殊人文历史的印迹（表1.8）（李建新和秋丽雅，2022）。

表1.8　中国少数民族聚居的山地

山地名称	聚居的主要少数民族
横断山	彝族、藏族、羌族、回族、白族、哈尼族、纳西族、傈僳族、拉祜族、怒族、佤族、布朗族、阿昌族、基诺族
喜马拉雅山	藏族、门巴族、珞巴族
苗岭山	苗族、侗族、布依族、水族
昆仑山	藏族、哈萨克族、蒙古族
阿尔泰山	哈萨克族、维吾尔族、蒙古族、回族
大凉山、小凉山	彝族、苗族、傈僳族
大娄山	土家族、苗族、彝族
哀牢山	哈尼族、瑶族、彝族、傣族
祁连山	藏族、回族、蒙古族、裕固族、哈萨克族、土族、撒拉族
大小兴安岭	满族、赫哲族、鄂伦春族、达斡尔族、鄂温克族
武陵山	土家族、苗族、侗族

续表

山地名称	聚居的主要少数民族
南岭山	瑶族、畲族
积石山	东乡族、撒拉族、保安族
长白山	朝鲜族
台湾山地	高山族
六盘山	回族
五指山	黎族、苗族
桂西山地	壮族、瑶族、苗族、水族、仫佬族、毛南族

三、国家重要生态安全屏障

中国三大阶梯的地形构架造就了气势磅礴的西高东低的自然环境和生态系统宏观格局，形成多江春水向东流的流域特征，为现代多条大河流域经济带、城市带的发展奠定了自然基础。青藏高原的隆升避免了东部中纬度地区的荒漠化，东部地区成为农耕时代的鱼米之乡和现代的经济发达区。山地的泥土造就了长江三角洲、珠江三角洲和华北平原、东北平原，同时也为东西部发展的差异留下山地的足迹。著名的胡焕庸人口线就是一条体现人口密度与经济发展差异的贯穿从东北到西南的界线（高吉喜等，2021）。

在各种自然地理区划中，都把山地作为重要的分界线，区划界线大多沿山脊线或分水岭分布。山地是河流内流区与外流区的界线，是东部季风区、西北干旱区和青藏高寒区三大自然区的分界线；温带与亚热带以秦岭为界，是边缘热带与中热带的界线。以山地为自然分界线的情况还有很多，如天山是新疆南北自然地理的分界线，乌蒙山是云南高原和贵州高原的分界线等。这些山地自然分界线的存在，为自然地理区划、主体功能区规划、生态功能区区划等提供了客观的识别与分区基础，同时为全国和区域社会经济发展战略的制定与空间布局提供了自然基础。中国山系的走向对于阻挡冷空气和寒潮入侵、改变大气环流模式等都起到了重要作用。山脉走向改变了温度、降水、风向及风力的时空变化，进而对山区植被覆盖和农业生产产生深刻的影响（全国生态功能区划，2018）。

山地构建起生态安全屏障的基本格局。生态屏障是为人类生活、生产、生态提供安全保障的生态系统功能及其所依托的空间格局，包括三大要素：①客观存在的生态系统及其所提供的服务功能；②生态系统功能服务的对象，即对人类社会经济发展起基础支撑和安全保障作用；③自然生态系统所在区位及其服务的空间格局（如长江上游生态屏障存在于长江上游，而其服务功能却超越上游，遍及全流域）。无疑，山地是构建生态屏障的主体，生态屏障就是以山地为基本依托、以良好生态系统为本底，起着维护远远超出山地系统本身范围的生态安全保护功能的山地、山脉、山区的自然体系。

已确定的全国性生态屏障有：青藏高原生态屏障、黄土高原–川滇生态屏障、东北森林防护带、北方防沙带、南方丘陵山地带、秦岭–大巴山生态屏障、沿海丘陵山地带，其功能与健康决定着全国生态安全的命脉。另外，遍布全国各省的山地、山区、丘陵，不仅对当地生态安全起着重要作用，而且与前者一起构成完整的生态安全屏障体系。

生态屏障建设，是为谋求区域发展和安全而对现存与之相关的特定生态屏障系统进行保护、修复、完善、提高和优化的战略行动，其目的是满足人类（区域居民）社会经济发展的顺利进行和安全保障。生态屏障本身具有自然属性，遵循自然规律，而对其建设则具有人类特殊的功利性，遵循人类利益和价值取向。生态屏障建设主要任务包括：植被恢复、生物多样性保护、水资源合理利用及其调控与保护、水土流失治理、山地灾害防治、自然资源合理利用与保护、生态系统质量提高、生态安全系数提高及积极应对全球气候变化、维护山地系统良性循环等。

四、自然资源富集区

山区是自然资源的重要宝库。主要资源类型包括土地资源、水资源、矿产资源、生物资源、清洁能源资源等（Chong et al., 2016）。这些自然资源无论种类还是数量方面均在全国占有重要地位；这不仅为山区各类产业发展提供了条件与场所，为山区可持续发展打下坚实的基础，同时，也为社会经济可持续发展提供强大支撑。

（一）土地资源

我国山地多、平地少、优质耕地稀缺。合理开发利用广袤的山区土地资源，与新时代落实乡村振兴战略和提高山区居民福祉密切相关，更关系到国家粮食安全和农业现代化发展。我国山区储备有大量宜农荒地，至2019年，宜农荒地面积70.7万km^2，绝大部分位于新疆、黑龙江、内蒙古和云南等地。

2019年，我国山地丘陵地区林地和草地的面积分别为20.7万km^2和21.9万km^2，分别占全国林地和草地的63.17%和66.84%，林地资源和草地资源优势突出。山区是最大的林业生产基地，同时林地对维护山区生态安全起到重要作用。在山区的林地资源中，用材林面积最大，主要分布在东北、西南、中南、华东南部山区。其中，兴安岭为全国最大的用材林地区，横断山区是全国第二大用材林地区。著名的“三北”防护林西起新疆，经由内蒙古等省份，东至黑龙江，是中华人民共和国成立以来所实施的最大一项绿色工程。从各省森林资源分布来看，随山分布特点十分显著，浙江、福建、江西、广东、广西、海南等山地面积较大的省份，其森林覆盖率均超过50%，而江苏、山东等以平原为主的省份则不足20%（表1.9）。

表1.9 中国各地区森林资源状况

地区	林业面积（万hm^2）	森林面积（万hm^2）	人工林面积（万hm^2）	森林覆盖率（%）	森林蓄积量（万m^3）
河北省	775.64	502.69	263.54	26.78	13 737.98
山西省	787.25	321.09	167.63	20.50	12 923.37
内蒙古自治区	4 499.17	2 614.85	600.01	22.10	152 704.12
辽宁省	735.92	571.83	315.32	39.24	29 749.18

续表

地区	林业面积（万 hm^2）	森林面积（万 hm^2）	人工林面积（万 hm^2）	森林覆盖率（%）	森林蓄积量（万 m^3）
吉林省	904.79	784.87	175.94	41.49	101 295.77
黑龙江省	2 453.77	1 990.46	243.26	43.78	184 704.09
江苏省	174.98	155.99	150.83	15.20	7 044.48
浙江省	659.77	604.99	244.65	59.43	28 114.67
安徽省	449.33	395.85	232.91	28.65	22 186.55
福建省	924.40	811.58	385.59	66.80	72 937.63
江西省	1 079.90	1 021.02	368.70	61.16	50 665.83
山东省	349.34	266.51	256.11	17.51	9 161.49
河南省	520.74	403.18	245.78	24.14	20 719.12
湖北省	876.09	736.27	197.42	39.61	36 507.91
湖南省	1 257.59	1 052.58	501.51	49.69	40 715.73
广东省	1 080.29	945.98	615.51	53.52	46 755.09
广西壮族自治区	1 629.50	1 429.65	733.53	60.17	67 752.45
海南省	217.50	194.49	140.40	57.36	15 340.15
四川省	2 454.52	1 839.77	502.22	38.03	186 099.00
贵州省	927.96	771.03	315.45	43.77	39 182.90
云南省	2 599.44	2 106.16	507.68	55.04	197 265.84
西藏自治区	1 798.19	1 490.99	7.84	12.14	228 254.42
陕西省	1 236.79	886.84	310.53	43.06	47 866.70
甘肃省	1 046.35	509.73	126.56	11.33	25 188.89
青海省	819.16	419.75	19.10	5.82	4 864.15
宁夏回族自治区	179.52	65.60	43.55	12.63	835.18
新疆维吾尔自治区	1 371.26	802.23	121.42	4.87	39 221.50
北京市	107.10	71.82	43.48	43.77	2 437.36
天津市	20.39	13.64	12.98	12.07	460.27
上海市	10.19	8.90	8.90	14.04	449.59
重庆市	421.71	354.97	95.93	43.11	20 678.18

注：数据来源于《中国环境统计年鉴（2020）》；台湾省及香港、澳门特别行政区数据未统计

我国草地资源丰富，类型多样，绝大部分都分布在山地丘陵区。我国草地面积约4亿 hm^2，占国土面积的40%以上，是世界第三草地大国。草地提供饲草饲料支撑畜牧业生产，在防风固沙、水土保持、水源涵养及生物多样性保护和陆地生态系统碳循环中也扮演着重要角色。天然草地主要分布在西藏、内蒙古、青海、新疆、四川、甘肃、黑龙江及云南等地，占全国草地总面积的80%以上（图1.3）（沈海花等，2016）。

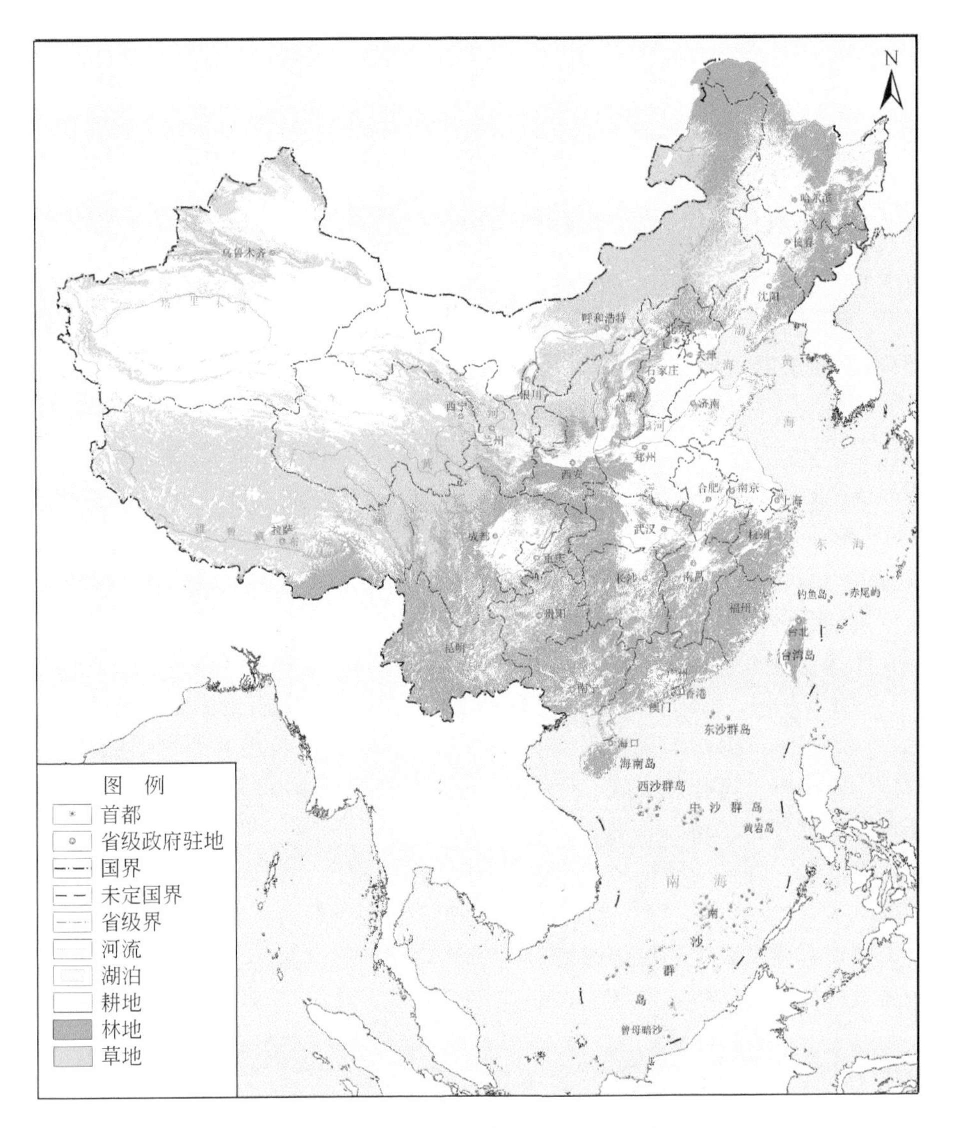

图 1.3　中国耕地、林地、草地空间分布

（二）生物资源

我国地跨世界多个动植物区系亚区，山地是众多野生动植物的主要分布区。山地垂直地带的多姿多彩，使得在一个平面不大的山区，就可以聚集起丰富多样的生物资源。据国家林业和草原局统计，我国山区自然分布的野生动物中，有大熊猫、朱鹮等 400 多种为中国特有种；高等植物有 3 万多种，居世界前三位，其中特有植物种类 1.7 万余种，如银杉、珙桐、银杏、百山祖冷杉等，均为中国特有的珍稀濒危野生植物种。为加强生物多样性保护，我国持续加大自然保护地体系建设，各类保护地总数现达 1.18 万个，占陆域国土面积的 18.7%，有效保护了我国 85% 的野生动物种群、65% 的高等植物群落，其中我

国山区涵盖78%的生物多样性保护极重要区、83%的生物多样性保护重要区。

据中国农业科学院统计，截至2020年，我国保存作物种质资源总量突破52万份，位居世界第二。我国山区因其独特的地理位置、多样的气候条件和丰富的生态系统类型，是作物种质资源研究的“圣地”，已成为基因多样性、物种多样性、生态系统多样性和景观多样性的天然储存区和保护区，以及重要珍稀、濒危物种的主要保护地。例如，横断山区，区系复杂，气候多样，这里的植物种类繁多，并存在多种古老植物的孑遗种属。以横断山区为中心的西南区，是中国动物种类最为丰富的地区，栖息着中国50%以上的兽类、鸟类和鱼类。

21世纪是生物工程的时代，山区定会成为生物工程的原料基地、试验示范基地、清洁生产基地。山区生物资源中无数有益于人类社会经济发展的微观成分，如生物化学功能团、药效化学成分、维生素、微量元素、油类、脂类、芳香类、纤维类等将越来越多地被发现，其形成新兴产业的潜力巨大。从区域来看，武陵山区物种丰富，有种子植物201科1005属4119种，是中国三大特有植物分布中心之一的“川东-鄂西”区的重要组成部分甚至核心地带，同时也是“华中药库”，野生中药资源和地方栽培品种众多。秦巴山区是我国天然植物基因库，牧草种类繁多，有109科420属702种，其中优良牧草186种，占全国优良牧草的26.5%（唐学军和陈晓霞，2018）。秦巴山区气候条件的复杂性为野生果树的生长提供了良好的条件，成为我国一个重要的野生果树聚集区。五台山相对高度2450 m，野生果树种质资源丰富，为发展果树提供了宝贵的原始材料。著名的水杉、银杏、鹅掌楸、珙桐、银杉、连香树、荷叶铁线蕨、金钱蕨、杜仲等植物，在横断山和长江三峡地区等山地广有分布（白红英，2014）。

山地丘陵区也为野生动物提供了宝贵的栖息地。例如，青藏地区的绵羊资源十分丰富，具有适应高海拔、耐粗饲、抗病力强、体格健壮等特点。横断山区分布有大熊猫、小熊猫、金丝猴、野牦牛、羚羊等中国特有的珍稀动物，世界自然遗产地的四姑娘山-夹金山更是闻名遐迩的大熊猫栖息地和生物多样性保护地。

（三）矿产资源

中国是世界上矿产资源种类齐全、资源储量丰富的少数国家之一。山区是矿产资源的主要产地和集中开发区域，中国矿产资源开发的八大热点区域几乎都集中在山区，如大兴安岭地区、秦巴山区等都是著名的矿产开发区。我国90%以上的能源和80%以上的工业原料来源于矿产资源，支撑了70%的GDP。据2021年中国国际矿业大会数据，截至2020年年末，我国已发现矿产173种，其中，能源矿产13种，金属矿产59种，非金属矿产95种，水气矿产6种。近年在贵州铜仁松桃武陵山发现中国首个特大型锰矿床，碳酸锰矿石资源量达到700万t，为目前亚洲储量最大的锰矿床；青海省大风山锶矿储量居全国第一（马伟东，2008；袁良军等，2018；徐琳瑜等，2020）。

（四）能源资源

能源资源是我国国民经济的支柱，是国家安全的战略依托。我国以煤炭、石油和天然气为代表的化石能源，以及以太阳能、风能和地热能为代表的清洁能源都主要分布在山区，资源种类众多，蕴藏量极为丰富，为我国的国民经济发展提供强有力支撑（吕清刚和柴祯，2022）。2020 年，我国全年能源消费总量为 49.8 亿 t 标准煤，其中化石能源消费占比近 85%，煤炭、石油和天然气消费量分别占能源消费总量的 56.8%、18.9% 和 8.4%。我国已探明的煤炭储量为 1660 亿 t，全球占比为 13.3%，山西省、陕西省和内蒙古自治区位列前三位。我国累计探明天然气地质储量已达 16.3 万亿 m^3，天然气资源探明率为 18.05%，主要位于东北及新疆、甘肃、陕西等地（张玉卓，2014；莫神星，2012）。

我国水能资源蕴藏量达 6.8 亿 kW，居世界首位。我国地势西高东低，呈三级阶梯状分布，北部有天山、昆仑山、秦岭、阴山、大兴安岭等，南部有喜马拉雅山、横断山、武夷山等。在阶梯交界处，河流落差大，如发源于“世界屋脊”青藏高原的雅鲁藏布江的天然落差高达 5000 m（黄继德，1989）。山区水能资源丰富的另外一个重要原因是降水丰沛。我国许多大山系地区，尤其是山脉的迎风坡地区都是各自所在地区的降水量中心，如墨脱（海拔 1130 m）和樟木（海拔 2300 m）两地，年降水量分别为 2300 mm 和 2800 mm，其他多雨中心有南岭山地、桂西山地、湘西山地、川西山地和滇南山地等，年降水量也高达 2000 mm 以上。

我国太阳能资源丰富，太阳能光热设备的产量多年来保持世界第一。2018 年我国太阳能在能源生产中已替代了约 9000 万 t 标准煤，2021 年，全国太阳能光伏电站累计并网容量 305.99 GW，大型光伏电站主要分布在西北山地丘陵区的荒漠，居世界第 2 位（夏轶捷，2020）。

我国风能资源分布特征与中国季风气候和西高东低的阶梯式地貌紧密相关，我国 80 m 高度上年平均风速大于 7 m/s 的风能资源主要分布于青藏高原、蒙古高原、黄土高原和云贵高原，中国陆地 80 m 高度以上技术开发总量为 168 亿 kW，100m 高度上风能开发土地可利用率 0.6～1.0 的区域面积占全国风能开发可利用总面积的 58%（于振红，2012；巫卿等，2017；朱蓉等，2021）。

全国 336 个地级以上城市浅层地热能年可开采资源量折合 7 亿 t 标准煤，水热型地热资源年可开采资源量折合 19 亿 t 标准煤。中低温水热型地热能资源主要分布于东南沿海、胶东半岛和辽东半岛等山地丘陵地区，高温水热型地热能资源主要分布于西藏南部、云南西部、四川西部山区，西南山区的高温水热型地热能年可采资源量折合 1800 万 t 标准煤，可满足四川西部、西藏南部少数民族地区约 50% 人口的用电和供暖需求。

五、国民经济重要组成部分

我国山区是全国社会经济发展的重要组成部分与贡献者，在农业、工业、旅游等产业中占有重要特殊地位。

（一）重要农业生产基地

山区自古以来都是我国的农业生产基地。特别是通过实施一系列的农业综合开发，我国山区大幅度增加了稳产高产农田、农田水利设施，农业产业化加工基地和加工原料等农业综合开发资源的供给量。据《中国县域统计年鉴》数据显示，2019 年我国山区县第一产业增加值占全国的比重为 20.6%，高于丘陵县占比；油料作物产量占全国的比重为 18.1%；农业机械总动力占全国的比重为 18.0%。

（二）重要的特色资源产业基地

山区是中国原材料工业的主要原料产地，为全国提供茶叶、油桐子、生漆等大批经济林木产品，以及冶金、化工、建材等工业原料。中华人民共和国成立以来，众多工业企业向内陆山区搬迁，形成了以东风汽车集团、攀枝花钢铁、贺兰山煤炭基地等为代表的山区工业体系。目前，我国山区已形成了诸多在国内占有重要地位的特色产业集群，尤其体现出当代山区工业生态友好、高技术高附加值、精细化的现代化特征，如浙江省的 26 个山区县已培育出百亿产业集群 7 个、近百亿产业集群 3 个，涵盖水饮料、医药、不锈钢、特种纸、汽车零部件等诸多传统产业领域和新兴产业领域，并已实现专精特新中小企业全覆盖，为实现我国首个共同富裕示范区提供了重要产业支撑（图 1.4）。

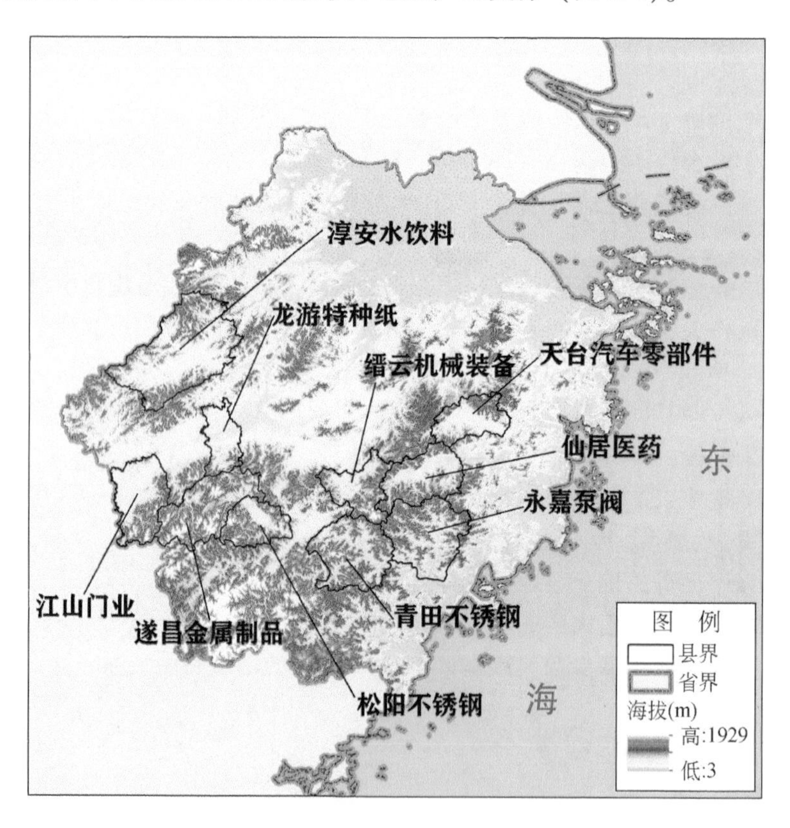

图 1.4　浙江省部分山区特色产业集群

六、民族文化及景观荟萃地

山区作为一种独特的地貌，形成了与其相对应的文化特点，是我国少数民族文化（包括物质文化、精神文化和行为文化)、宗教文化、红色文化的集中分布地域，其汇集了不同的语言、种族、宗教和信仰而成为文化多样性最为丰富的地区（江娟丽和江茂森，2021)。

（一）文化遗产源远流长

我国山区的文化遗产是中华民族记忆的重要储存器，包含了大量的山区各民族共同发展及民族文化交融等方面的集体记忆内容。广大山区广泛分布着具有历史、艺术与科学价值的物质文化遗产和体现各民族世代传承的非物质文化遗产，成为中华民族优秀文化的重要宝库（林继富，2021)。

山区拥有众多名山大川和人文古迹，已为世人瞩目。截至 2021 年 7 月，我国的世界遗产总数增至 56 处，是拥有世界遗产最多的国家之一；自然遗产为 14 处，自然遗产总数位列世界第一，有 2/3 以上位于山区。其中，泰山、黄山、峨眉山–乐山大佛、武夷山 4 处世界文化与自然双重遗产均位于山区。同时，我国共分 8 批公布了 5060 处国家重点文物保护单位，其中 2297 处位于山地丘陵区，占总数的 45.4%（图 1.5），山地丘陵区人类活动对文物的影响较小，文物保存相对完好，其背后深厚的文化内涵具有较高的开发价值(马翀炜和戴琳，2013)。

随着山区旅游的发展和游客需求的日益多样，地方非物质文化遗产逐渐成为游客关注的对象。例如，截至 2020 年 6 月，渝东南民族地区共有 163 项市级以上非遗项目，以传统手工技艺、传统音乐、民俗、传统戏剧、传统舞蹈为主体，资源丰富多彩，这些非遗文化已经深深根植于渝东南民族文化之中。山区文化资源的有形价值（旅游价值、科考价值）和无形价值（文化价值、环境价值）现都成为重点保护的对象。至 2020 年年底，我国已先后建立了 23 处国家级文化生态保护区或保护实验区，这些区域基本都处于山地丘陵地区，仅武陵山区土家族苗族文化生态保护区就包括湘西、鄂西南和渝东北三大区域(周星和黄洁，2021)。

（二）民族文化多姿多彩

山区是我国少数民族聚居区集中分布的地区，是民族生存和发展的主要载体。大部分少数民族有着世居高原山地的传统。根据 2020 年全国第七次人口普查，我国共有少数民族人口 1.25 亿，占全国总人口的 8.9%。各少数民族主要交错分布在我国的西南、西北和东北山地丘陵地区，而少数民族聚居山区与少数民族的历史文化传统和风俗习惯息息相关。许多少数民族，如藏族、羌族、彝族等世世代代生活在高原和山区，形成了特有的民俗与传统，如极富民族特点的村寨，都是特殊人文历史的印迹。各少数民族由于所居住的地理环境差异、历史传统不同，生产与生活方式呈现多样化的态势，形成各自独特的文化与传统，一些民族传统文化，其简单的物化形态包含了很深的文化意义，是社区凝聚力的物化形式。特别是宗教这一复杂的文化现象，既渗透到民族传统文化的诸多方面，又具有维系社会稳定、形成民族内聚、传播与发展民族文化的重要功能，对社区重构、关系整合和社会发展具有重要意义。

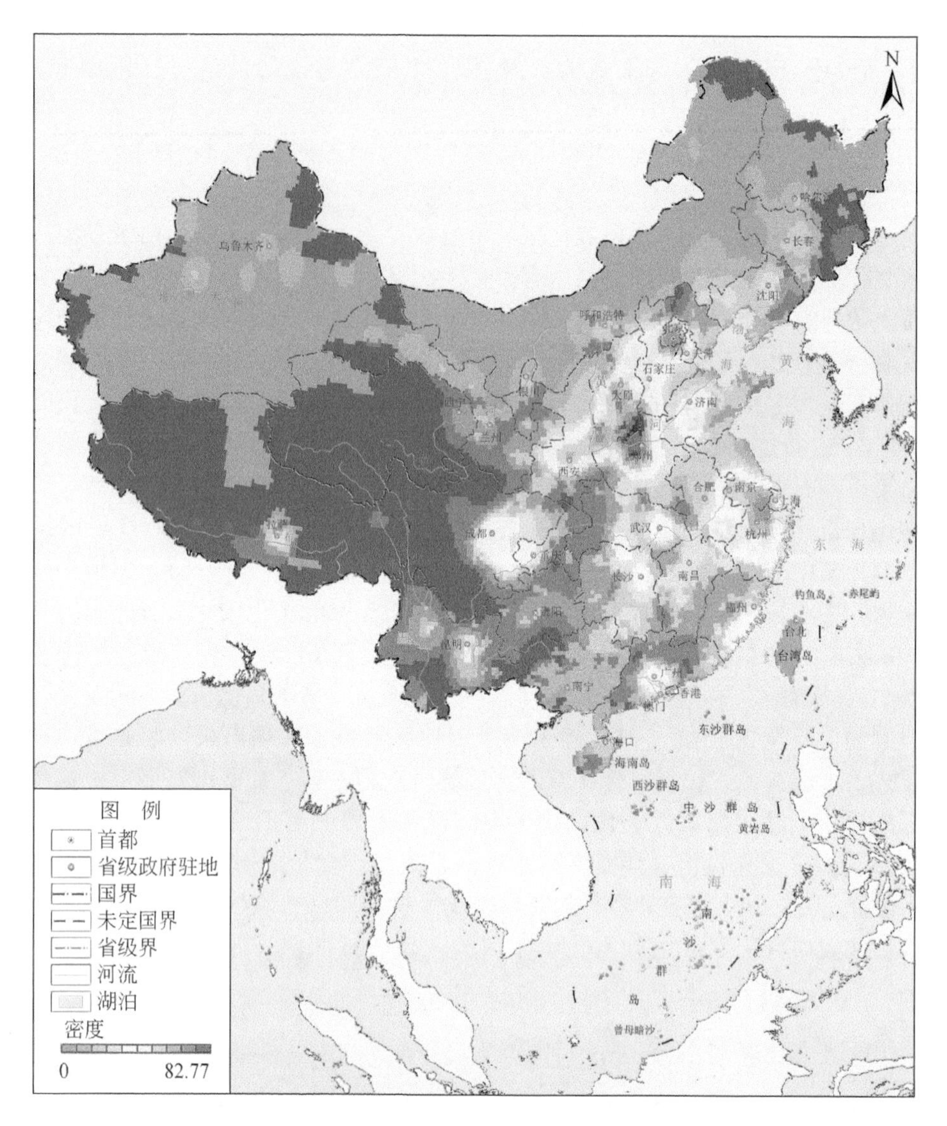

图 1.5　中国山区国家重点文物保护单位空间密度分布

（三）景观资源蕴藏丰富

我国从东海之滨到西部边陲，纵横交错的各大山系，无不分布着各具特色的自然景观和人文资源。自然保护区良好的生态功能与珍贵的生态秘境，对广大旅游消费者具有巨大吸引力，在部分自然保护区外围地区进行生态旅游观光已成热门活动，从山川风光到虫鱼鸟兽、花草树木，从文物古迹到民族风情、文化艺术，都有许多令中外游人叹为观止的奇景，特别是具有中国特色的风景，更是让国际游人感到新奇，耳目一新。例如，黄山以奇松、怪石、云海、温泉构成“黄山之奇”；青藏高原被称为“世界屋脊”，世界大河源地；西南区内喀斯特景观发育典型，山川秀美。

现在山区已成为生态旅游的重点区域，文化和旅游部数据显示，截至2021年6月9日，中国有306个“国家5A级旅游景区”，如乐山峨眉山、安徽黄山、安顺黄果树瀑布等都是“国家5A级旅游景区”的代表，旅游业已成为许多山区的重要产业（图1.6）。我国山区旅游资源丰富，景色各异，非常适合山区生态旅游的发展，而旅游业作为一个全球性的新兴行业，正在不断地发展壮大。

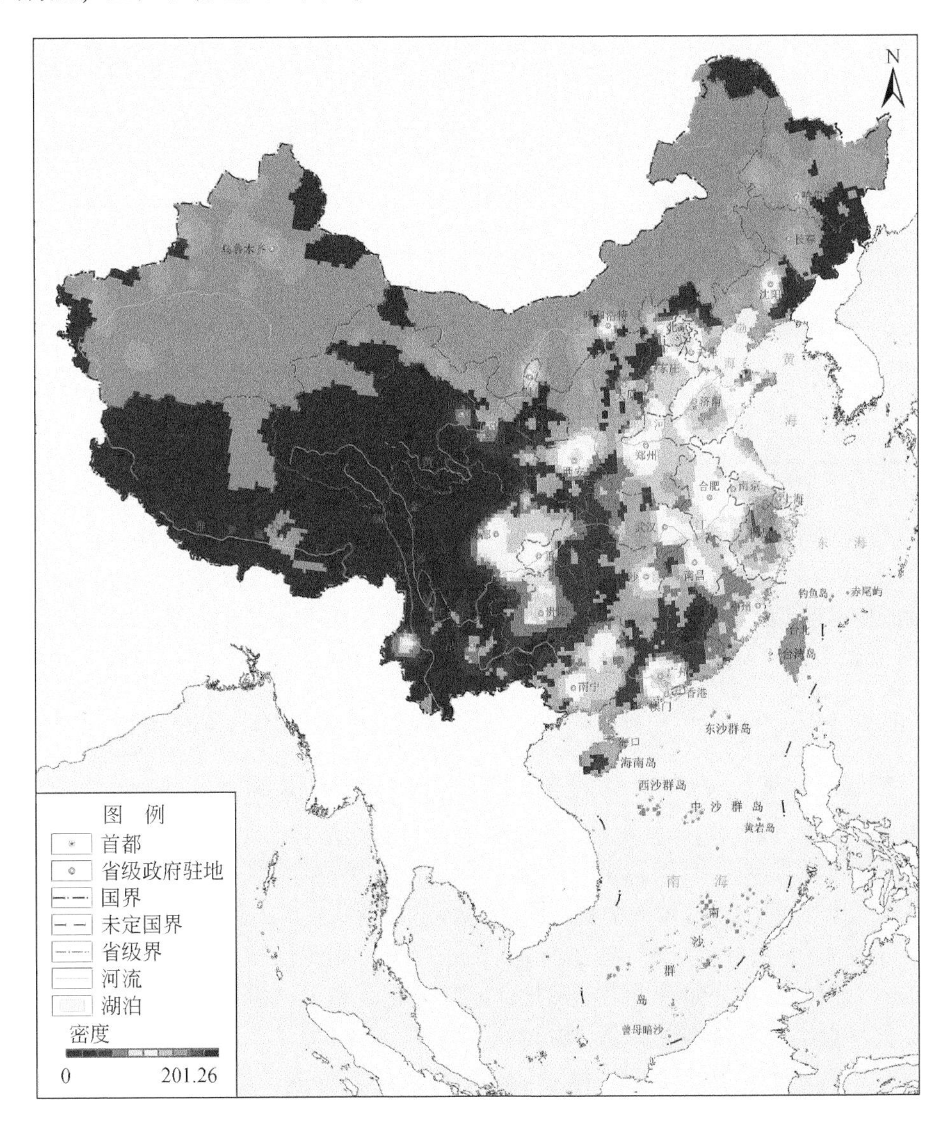

图1.6　中国山区A级旅游景区空间密度分布

七、中国未来发展的潜力区

中国山区面积广阔，资源丰富，是民族生存、国家发展的基础和支撑。随着我国进入发展的新时代，全国形成一体化大循环的格局和协同发展的潮流，山地和山区的功能必将得到更大的发挥，潜力会得到释放。

（一）自然资源潜在价值巨大

随着新技术的发展，许多山地目前还闲置的资源不仅会得到开发，而且价值不可估量。其中提取能服务于人类健康的各种植物的基因、功能团、维生素、特有有机成分、微量元素、纤维素等，都是世界各国正在努力开发的技术和产业。例如，从红豆杉提取紫杉醇、从银杏提取黄酮、从薯蓣提取皂苷等，一种植物可形成一个新产业。南方山区的硒茶、魔芋、山药等健康食品也都有很大的发展前景。而过去很不起眼的竹林、桉树林等现在都被发现有巨大的利用价值。总之，生物产业是现代蓬勃发展的大产业，山地是这一产业的主要基地。

山地现在已是我国清洁能源的生产基地，不论是水能、风能、太阳能都还有巨大的开发潜力，不仅是我国碳达峰、碳中和的重要支撑，更是能源安全的长远保障（Gironès et al.，2017）。

（二）农业安全的重要配套基地

我国山区面积广，农业资源丰厚，农业现代化的提升空间大，特别是利用山区独特的自然环境和农业条件，发展山区特色的五谷杂粮、干果、木本食物、油料、林下养殖、林副产品、菌类、畜产品、蜂蜜、水产品等潜力巨大，山区许多特色的中药材、健康补品、珍稀食品也独具市场价值。随着农业生产规模化、机械化、专业化的逐步实施，山区农业将在我国粮食安全和农业现代化中发挥更大、更独特的配套作用。

（三）山地文旅休闲产业前景广阔

在自然旅游资源中，山区景观雄伟而独特，空气新鲜，负离子含量高，千姿百态的山地地貌壮丽、景色迷人。湍急的江河波涛汹涌、奔腾轰鸣，是观光、休憩、康养、避暑，以及登山、滑雪、攀岩、漂流、探险、体育运动、科学考察和欣赏特殊气候气象的最佳场所。在人文旅游资源中，有传统浓郁的民族风情、宗教文化、礼仪礼节、农耕生活、民居及古建筑、古寺庙等，而合理开发的世界自然遗产和世界文化与自然双重遗产，更是人们的向往之处。可以预见，随着全国人民生活水平的提高和进出山区的交通条件、安全条件与时间距离的改变，山地将成为全国旅游的热点区。

未来，山地旅游业、康养业、休闲业、避暑业、探险业、科考业将构成新的大产业链，并带动交通、金融、服务、商业、文化等多行业的发展。这不仅能推动山区对全国内需扩大、经济发展作出重大贡献，而且为推动城乡一体化、山区-平原互动发展提供平台与动力。

（四）为全球山区发展贡献“中国模式”

当前，世界正经历百年未有之大变局。我国社会经济发展正面临前所未有的巨大挑战。国家层面上，迫切需要从外向型经济发展格局迅速转变为国际国内并重的双循环格局。作为我国资源富集地，同时聚居着大量人口的广大山区，发展潜力巨大，在国家“双循环”战略中或将成为重要的支撑极。

山区发展是世界发展中国家面临的至今未能突破的难题。一些拥有广阔平原的发达国家如美国、加拿大、澳大利亚等山区人口少，山地除作为休闲康养旅游之地外，有条件保持其自然状态。而一些发达的山地国家如日本、瑞士等基本上不发展山地农业，以进口粮食和农产品为主。因此，以上国家都不具备现代山区发展的典型示范意义。我国作为山地大国、人口大国，应构建我国特色的山区发展新模式、开拓新道路，为全球山区发展作出独特贡献，为发展中国家提供榜样，中国山区发展的成功必将成为世界特别是许多发展中国家山区发展的引路者。

第三节　中国山地研究

人类对山的认识和研究经历了漫长的历史时期，我国在距今2000多年前的战国时代编写的地理著作《山海经》，集中反映了当时人们对山的认识和研究水平。公元16世纪末至17世纪初的明末清初时期，中国著名地理学家徐霞客的《徐霞客游记》，写有天台山、雁荡山、黄山、庐山等，详细记录了地理、水文、地质、植物等现象。20世纪30年代我国开始重视山地气候的研究，50年代，重点开展了中国东北、西北和西南地区有关国土资源的专题考察与综合研究；60年代世界上出现地理学的数学革命，这种变化极大地促进了山地地理定量化研究工作的深入，开始重视将相关分析、判别分析、因子分析与聚类分析等方法引入山地自然与社会问题的研究。中国科学院于1966年年初正式批准在成都建立以山地为主要研究对象的中国科学院地理研究所西南分所（现中国科学院、水利部成都山地灾害与环境研究所，简称成都山地所），重点开展中国西南山区山地资源的开发利用与保护及山地防灾减灾研究。

一、山地科学体系

山地科学研究的对象是山地系统，山地系统是集水圈、土壤圈、生物圈、大气圈、岩石圈表层相互作用的复杂区域和受全球气候变化与人类影响变化的关键区域，山地的自然和人文属性决定了山地科学问题的复杂性，表现为山地组成要素复杂多样，空间结构跨度大，地域差异非常明显。山地科学问题牵涉山地自然科学和山地人文科学两大方面，按照学科性质划分，山地自然科学可分为山地地质学、山地地貌学、山地气候学、山地水文学、山地土壤学、山地生物学等；山地人文科学可分为山地（区）经济学、山地（区）社会学、山地（区）人口学、山地（区）民族学、山地（区）运输学等。山地自然科学学科着重研究山地自然规律，山地人文科学学科主要研究人文社会发展规律。显然，山地科学研究内容十分庞杂，是一个涉及自然和人文系统所有学科的学科群。随着人口增加、社会经济快速发展和全球环境问题的出现，特别是山地环境与社会经济问题的日趋突出，已出现并将继续出现以“山地”冠名的局域性山地学科，如山地环境学、山地生态学、山地资源学、山地生态经济学、山地旅游学、山地灾害学，乃至山地技术科学学科群将会进一步出现（钟祥浩和刘淑珍，2015）。

二、山地科学重点研究范畴

（一）山地动力系统

山地作为地球陆地表面具有显著起伏度和坡度的三维高地，经受着多种动力系统的综合作用，这些动力系统包括构造动力系统、重力系统、水动力系统、风化营力系统和各种阻力系统等。多种系统彼此互为影响，相互制约，形成山地人-山关系地域系统所特有的复杂动力系统，影响着山地自然过程的强度和速率，进而制约人文过程的效能和效率。在自然状态下，山地地表形态和生态环境特征及各种自然资源类型、分布和储量都处于系统综合作用下的动态平衡状态，这种平衡对外力作用的响应极为敏感，既易受自然力（如地震、水流动力等）变化而失衡，也极易受人类活动的影响而改变（钟祥浩等，2000）。

（二）山地物质流和能流循环系统

山地系统的物质流和能流受山地三维特征的影响，形成物质和能量以输出为主的不完整的循环系统，具有自然输出和经济交换两重性质。在自然状态下，受重力、动力等多种外力综合作用，具有物质、能量输出快、数量大，而自然补偿过程又很慢的特点；在人类不合理开发利用山地资源，特别是对山坡地植被的破坏和不合理的坡地开挖，促使系统物质和能量输出的速度加快和强度加强，使本来就以物质和能量输出为主的不平衡系统进一步加大输出而失去平衡，以致出现石漠化和荒漠化。只有输出而没有输入的系统，必然出现系统功能的紊乱，结果带来人-山关系地域系统结构与功能的破坏（钟祥浩和刘淑珍，2015）。

（三）山区人地系统

山地具有自然环境多样性和自然过程极其复杂性的特点，使得山区人与自然关系的协调较之平原要困难得多。另外，山地自然和区位条件差，造就了山区特有的人文属性，即边际性、封闭性和难达性，这不仅造成山区与平原和城市的社会利益分配的巨大差异，而且在不同山区及同一山区内部不同部门和不同利益集团之间利益分配差异也极为显著。可见，处理山地人-山关系更复杂和更困难的还在于处理人-山关系中的“人与人”之间的关系。山地人-山关系的协调，既要考虑不同山区内部人与自然关系的协调，更要考虑山区人们社会利益分配与国家其他地区社会利益分配的协调（陈国阶等，2010）。

三、山地科学主要内容

我国山地科学已陆续发展并形成了以地理学、生态学、水土保持学等多学科交叉综合的学科体系，并大致划分为山地生态环境保护、山地灾害防治、山区发展、数字山地与遥感应用四大类主要研究内容。

（一）山地生态环境保护

以山地环境退化与重建、重大建设工程环境影响与评价、山地环境遥感、典型山地环境形成与演化、重要生命元素山地表生地球化学及水土流失为重点的地面侵蚀为研究内容，分析各要素的变化特点，以及多要素组合相互作用/效应机理。在全球气候变化背景下，不同尺度上的山地系统响应和效应机理，尤其是山地垂直带谱变化特征、差异对全球变化的响应与适应机理研究。以成都山地所为代表的中国科学家群体系统性开展了生态环境影响综合评价理论、方法和指标体系，创建了高原生态环境安全屏障理论与技术体系，研发集成了大型库区消落带植被重建与面源污染控制的理论及技术体系，并与美国、巴基斯坦、尼泊尔、德国、英国、日本、孟加拉国、意大利、加拿大、澳大利亚等国家开展了广泛的合作研究。这些研究成果在国际山地环境演变与调控研究领域具有重要的地位和影响力。

（二）山地灾害形成与防治研究

山地灾害研究主要以泥石流、滑坡、崩塌、落（滚）石、堰塞湖及山洪等为研究对象，研究内容包括山地灾害发生机理、动力学过程、区域分布规律、风险评估、监测预警与工程防治及数据库和信息系统平台等。以成都山地所为代表的中国科学家群体，经过半个多世纪的研究积累，建立了泥石流野外观测数据库和中国泥石流滑坡数据库，编制了泥石流滑坡危险区划图，建立了在国际上具有重要影响的一系列山地灾害计算公式，发展了一套适合于发展中国家及“一带一路”地区的山地灾害防灾减灾理论和不同保护对象的灾害防治技术体系，在国际抵御自然灾害研究领域产生了重要影响。

（三）山区发展与山区城镇聚落

山区发展研究主要围绕山区经济、山区城镇建设和山区聚落重构等核心问题，研究山区发展地位、战略定位、发展态势、发展潜力、优势与短板、区域差异与形成原因、未来发展战略及发展路径等，包括山区承载力与国土规划、山区环境与发展协调、山区功能区划、主体功能区规划、山区地缘经济与发展战略、山地旅游与景观规划等。山区城镇主要围绕着发展模式与优化路径、空间规划与灾害防治等，包括城镇绿色发展与转型、城镇体系建设、发展质量评价、公共服务分析、产业调整与布局优化、城镇发展动力机制、城镇发展与资源环境承载力等（陈国阶，2007）。山区聚落主要体现在山区乡村地域系统和空间重构、土地利用转型与农业发展、山区乡村人口迁移与空心化、农业转型与粮食安全、生态环境屏障构建、生态环境演替和格局变化、山区聚落居民的生计、山区聚落的适应性发展对策、山区聚落灾害风险管理等（陈国阶等，2010）。

（四）数字山地与“3S”技术

山地的广域性和地形的复杂性都给山地研究带来了许多难以逾越的困难，特别是对山地系统的整体自然情况的全面了解和掌握，数字山地与山地遥感研究围绕山地陆表空间信息获取、管理及综合应用中的关键科学问题，发展以地球空间信息科学与技术为基础的山地环境、山地灾害、山区发展综合集成研究方法，形成山地定量遥感、山地遥感应用、数字山地信息综合集成等技术体系，发展面向山地复杂系统的高精度、高分辨率、高频次监测能力。未来将发展山地空间大数据科学发现与研究新范式、新技术，推动智慧山区科学系统建设，服务山区安全与可持续发展。

参考文献

白红英 . 2014. 秦巴山区森林植被对环境变化的响应 . 北京：科学出版社 .

陈国阶 . 2007. 对中国山区发展战略的若干思考 . 中国科学院院刊，(2)：126-131.

陈国阶，方一平，高延军 . 2010. 中国山区发展报告 . 北京：商务印书馆 .

陈钦强 . 2021. 国内地热资源储量、开发利用情况及技术现状 . 中国石油报，4：12-14.

陈述彭 . 1954. 中国地形鸟瞰图集 . 上海：中华书局 .

陈昱 . 1983. 遥感信息与山地研究 . 山地研究，1（4）：1-8.

德梅克 J. 1984. 详细地貌制图手册 . 陈志明，尹泽生译 . 北京：科学出版社 .

邓伟，李爱农，南希，等 . 2015. 中国数字山地图 . 北京：中国地图出版社 .

丁锡祉，郑远昌 . 1986. 初论山地学 . 山地研究，4（3）：179-186.

高吉喜，张小华，邹长新 . 2021. 筑牢生态屏障建设美丽中国 . 环境保护，49（6）：17-20.

黄继德 . 1989. 开发水能资源振兴山区经济 . 可再生能源，(2)：29.

江娟丽，江茂森 . 2021. 非物质文化遗产传承与旅游开发的耦合逻辑——以重庆市渝东南民族地区为例 . 云南民族大学学报（哲学社会科学版），38（1）：48-56.

李爱农，边金虎，靳华安，等 . 2017. 山地遥感 . 北京：科学出版社 .

李建新，秋丽雅 . 2022. 我国少数民族人口生育及其影响因素分析——以壮族、回族、满族、维吾尔族、藏族、蒙古族为例 . 西北民族研究，(1)：139-155.

林继富 . 2021. 民族地区非物质文化遗产扶贫实践路径研究——基于文化生态保护区建设视角 . 湖北民族大学学报（哲学社会科学版），39（1）：149-159.

凌成树 . 2015. 我国山区林地草地资源开发与保护研究 . 宏观经济管理，(4)：60-62，70.

吕清刚，柴祯 . 2022. "双碳"目标下的化石能源高效清洁利用 . 中国科学院院刊，37（4）：541-548.

马翀炜，戴琳 . 2013. 民族文化遗产的国家认同价值 . 云南社会科学，(4)：96-100.

马伟东 . 2008. 金属矿产资源安全与发展战略研究 . 长沙：中南大学博士学位论文 .

莫神星 . 2012. 论低碳经济与低碳能源发展 . 社会科学，(9)：9.

沈海花，朱言坤，赵霞 . 2016. 中国草地资源的现状分析 . 科学通报，(2)：16.

沈玉昌 . 1959. 中国地貌区划 . 北京：科学出版社 .

唐学军，陈晓霞 . 2018. 秦巴山区生态安全屏障建设中的低碳能源法律及政策研究 . 华北电力大学学报（社会科学版），(1)：9.

巫卿，俞雷，赵晓明 . 2017. 云南某山区风电场风能资源评估 . 通信电源技术，34（6）：3.

夏轶捷 . 2020. 中国太阳能产业发展的困境与路径研究 . 上海：上海财经大学硕士学位论文 .

徐琳瑜，孙博文，王兵 . 2020. 面向水源保护的秦巴山区生态补偿研究 . 环境保护，48（19）：33-37.

于振红 . 2012. 谈山区风能资源的开发与利用 . 民营科技，(10)：51.

袁良军，周琦，姚希财 . 2018. 贵州松桃高地特大型富锰矿床主要地质特征 . 贵州地质，35（4）：314-318.

张玉卓 . 2014. 中国清洁能源的战略研究及发展对策 . 中国科学院院刊，29（4）：429-436.

中华人民共和国地貌图集编辑委员会 . 2009. 中华人民共和国地貌图集（1：100 万）. 北京：科学出

版社.

中华人民共和国环境保护部 . 2016. 全国生态保护“十三五”规划纲要 . 北京：中华人民共和国环境保护部.

钟祥浩，刘淑珍 . 2015. 山地环境理论与实践 . 北京：科学出版社 .

钟祥浩，余大富，郑霖，等 . 2000. 山地学概论与中国山地研究 . 成都：四川科学技术出版社 .

周成虎，程维明 . 2010. 《中华人民共和国地貌图集》的研究与编制 . 地理研究，29（6）：970-979.

周万村 . 1985. 遥感数字图象处理在山地研究中的应用 . 山地研究，3（3）：189-192.

周星，黄洁 . 2021. 中国文化遗产的人类学研究（上）. 中国非物质文化遗产，（4）：20-35.

朱蓉，王阳，向洋，等 . 2021. 中国风能资源气候特征和开发潜力研究 . 太阳能学报，42（6）：409-418.

Chong L，Liu Y，Gang L. 2016. Evaluation of wind energy resource and wind turbine characteristics at two locations in China. Technology in Society，47（NOV.）：121-128.

Gironès V C，Moret S，Peduzzi E. 2017. Optimal use of biomass in large-scale energy systems：insights for energy policy. Energy，137（oct. 15）：789-797.

Li S F，Li X B. 2017. Global understanding of farmland abandonment：a review and prospects. Journal of Geographical Sciences，(27)：1150.

第二章 中国山地的生态环境保护与建设

近十多年以来，我国生态环境保护与建设力度大为加强，初步构建起以青藏高原、长江黄河上游、东北森林带和南方低山带为主体的山地生态安全屏障骨干体系。至2020年年底，森林草地的综合植被覆盖达到79.4%，与2010年相比，十年增加8.16个百分点；山地绿色覆盖指数（MGCI）达82.1%，已接近联合国2030年可持续发展目标之山地绿色覆盖指数，山地生态系统的水源涵养量、土壤保持量、植被固碳量均占到全国相应生态系统服务总量的85%以上。2010~2020年我国陆地生态系统植被指数（NDVI）增加6.0%，尤其是山地生态系统NDVI指数增加幅度更大，平均增长8.5%~9.0%；2020年植被总初级生产力（GPP）平均值为1680 gC/($m^2 \cdot a$)，10年增加6.25个百分点。2020年全国以国家公园为主体的生物多样性保护地达到180万km^2，占陆地国土面积的18.8%，超过了联合国《生物多样性公约》目标（2020年保护区面积达到国土面积的17%）；十年间全国自然保护地面积增加20.48%，其中山区的自然保护地面积约为117.6万km^2，增加14.4%；野生动物栖息空间不断拓展，种群数量持续增加；112种我国特有珍稀濒危野生植物实现野外回归。近十多年来，通过全面推进山区生态环境保护，累计治理水土流失面积近80万km^2，水土流失面积减少了27.5万km^2，流域土壤侵蚀呈现面积和强度双下降态势；主要山区河流的径流含沙量下降了44%，长江上游年输沙量减少到1亿t以下，黄河上游年输沙量降低到3亿t以下。在侵蚀泥沙大幅度减少的同时，主要山区河流的径流量呈现轻微上升趋势，平均增加幅度为4.45%；同时，由于主要江河上游大型水库的建设，这些河流的平均库容系数达到约55.5%，工程性水资源保障能力大为提高。

综上表明，我国山地生态环境保护与建设取得了巨大的成就，山地生态环境质量发生了全局性的显著提升。

第一节 中国山地的生态环境特征

我国山地辽阔，山地环境具有显著的强烈动力特征，年轻山地占优，不同抬升阶段的山地均有分布，经历新生代隆升或变形的山体是我国高海拔区域的主体。在新构造运动与气候变化的共同作用下，我国山地地貌类型丰富，地形起伏巨大。此外，我国山区人类活动历史悠久、作用强烈，对生态环境的影响大，是山区发展的基本背景条件。我国山地气候主要受印度洋季风和东南季风控制，类型多样。

山地环境类型的多样性，导致山地生命系统的复杂性。不同地区的山地或同一山体不同部位都有相应的山地生命系统和环境系统的空间组合，形成复杂多样的山地生态系统。我国地势的变化特点与山地系统走向及其组合特征的复杂性，以及地表水热条件的地域差异性，导致山地生态系统区域分异显著。

山地环境是山区人民生存和社会经济发展的基础。类似于世界多数山地，我国山地生态环境脆弱，对气候变化和人类活动的响应敏感。在全球气候变化和人类活动日益加剧的背景下，了解山地生态环境的变化趋势，掌握山地生态系统的空间分布及其多样性特征，对于我国开展生态环境保护与建设，构建国家生态安全屏障，促进山区生态文明建设和可持续发展，具有十分重要的意义。

一、中国山地的主要环境特征

山地环境系统是指山地表层各种自然环境因素及其相互关系的总和，是陆地表层系统的重要组成部分，它具有复杂的能量体系、物质体系和人类生存环境体系，具有整体性、多样性、开放性和易变性特点。

（一）山地的环境动力学特征

山地环境动力系统是地球动力系统的组成部分，由构造动力系统和地表外营力系统两大部分组成。构造动力系统中的板块碰撞与挤压力引起地壳的隆升与山脉的形成。山地外营力系统是地球表层最活跃和最重要的外营力系统，它由山地风化营力系统、山地水文动力系统和山地重力动力系统组成，又被称为山地表层动力系统（钟祥浩和刘淑珍，2016），该系统使山脉和高地产生剥蚀并使高度降低。它与构造动力系统中的板块作用构造力和山地阻力系统综合组成山地动力系统。山地表层动力系统对山地坡面生态环境系统的功能与演化有重要的影响。山地表层动力系统的特点，决定了山地坡面生态环境系统的物质和能量循环的不平衡性，属于以物质和能量输出为主的不完整的循环系统。

山地具有不同于平原的自然属性，其显著特征是地形高差控制下的不规则山坡地貌，其中具有一定海拔和起伏度的斜坡是决定山地自然属性的关键要素。山地斜坡的存在使坡面物质势能自下而上增加、坡面热能自下而上降低，并经受着多种动力要素的作用，进而使山地斜坡具有其他自然地面所没有的表层物质不稳定性、生态垂直分异性和过程梯度变异性。这些动力包括雨水和冰雪融水的冲刷力及风化分解力，边坡物质的重力、岩石和土体的构造应力，昼夜和季节温差变化引起的冻胀力与收缩力，山坡物质组成变化的梯度应力、地质构造应力及地震力等。斜坡体某一动力作用的变化，还可引起其他动力的改变，坡面各种动力的耦合，往往引起斜坡效应而发生表层物质的结构变化和空间移动，进而引发地表岩土和植物的牵动效应形成灾害链。山地环境是一种自组织能力低下的系统，具有稳定性差和脆弱性高的特点。

（二）山地环境要素的垂直分异性

山地环境要素的垂直分异性表现为自然地理要素或生态要素及生物资源的垂直变化。最明显的表征是气候、土壤、植被沿海拔呈现出类似于平面上由低纬度向高纬度的类型变化，而且其变化率较水平方向快约 700 倍，即高度每增加 160 m 相当于纬度方向增加 1 个纬度即 110 km。由于自然要素的垂直变化强烈，类型间水平距离短，每种类型看似横坡方向的一条条带子，这就是地理学上著名的垂直地带性理论。垂直地带性的形成与温度垂直递减直接相关。自然垂直地带性变化受多种因素影响而变得极为不规整，在宏观尺度上，影响气温垂直递减率的因素除海拔外，纬度和经度的影响也很大。通常低纬度带的山地气温垂直递减率高于高纬度带山地；经度对气候的影响的实质是海陆度差异，一般近海洋带空气湿润，远离海洋的内陆地区空气相对干燥，湿润空气上升时由于水汽凝结释放内能而加热空气，其气温垂直递减率将低于干旱地区。山地环境受纬度、经度、高度的共同作用，三者的叠加作用导致植被、土壤、降水、气温的宏观带谱结构上的差异。

（三）山坡地表物质易地迁移性

与平原、高原相比，山地表层的风化物、土壤，特别是其中的养分物质和其他化学元素的易地迁移（空间位移）作用强，主要是由于物质的势能、坡面径流的推力和上部物质对下部物质的挤压作用。通常在自然状态下观察到的“侵蚀坡”基岩裸露或土层瘠薄，“堆积坡”、麓坡、谷底出现的厚层堆积物及冲洪积扇就是这种作用的产物；高含量的河溪泥沙也是这种作用的结果。山地物质的易地迁移常常是通过水土流失、滑坡、崩塌、泥石流、河流输移等实现的。易地迁移作用使山地表层化学元素特别是可溶性物质大量淋失。

坡地物质的易地迁移性导致山地生态系统物质–能量输出趋势显著，在无人工干预的情况下，山地生态系统基质中的物质–能量几乎总是输出大于输入。易地迁移性对山地自然资源及开发利用的环境效应都有很大影响。就土地资源而言，在大多数情况下，坡上半部较中下部土壤贫瘠，土壤幼年性（质地粗骨性、无结构性、养分贫乏）特征显著，生产力低。易地迁移性与势能、动能梯变性结合，导致山坡上部土壤及其营养物质大量流失而在下部低洼处聚集。因而一般山（坡）麓、谷地、下游土壤土层深厚、营养丰富、水分充足。阻滞、减缓、降低易地迁移性，对于保持山地环境稳定和生态平衡具有重要的理论和实践意义。

二、中国山地的生态系统特征

（一）山地生态系统基本特征

1. 山地生态系统的结构与功能特征

山地生态系统的结构与功能具有垂直地带性、镶嵌性、孤岛性、廊道性（如沿山脊或沟谷出现线性生态景观）等特征，同时，还具有以下特征。

（1）山地生态系统结构的脆弱性。山地生态系统脆弱性本质上就是山地环境脆弱性。山地环境先天脆弱，抗扰动力弱，环境的退化也将导致整个山地生态系统的结构和功能的退化。山地生态系统的脆弱性显著影响生态系统的稳定性，因而在很大程度上限制了山地资源开发的方式、程度和效果。山地环境和生态系统一旦遭到破坏，恢复难度远远大于平原和丘陵区。即使没有人类活动干扰，山地环境特有的地质灾害也容易导致山地生态系统的破坏。因此，如何维护和加强山地环境和生态系统的稳定性，是山区资源开发需要高度关注的理论和技术难题。

（2）山地生态系统物质传输的单向性。山地系统基质中物质的输出单向地从分水岭

（山脊）沿斜坡向谷地、由上一级小流域谷口向下游更高一级流域谷地输出。由于重力势能作用，山地生态系统的物理环境（地面和地下）中物质运动方向总是由上部向下部移动，同时，由于这种作用广泛发生在表土层即生态系统的营养库，导致山地生态系统中的活性物质易地迁移作用较强；而“输入”的无机物质实际上主要是由系统自身基质和土壤母质分解、释放，不仅速度慢而且活性相对较低。因此，山地生态系统的物质输出强于输入，容易出现营养亏缺。山地生态平衡就需要补充输入，或者减少自然输出机制，降低输出速度和输出量，以及促进基岩和母质分解等人为干预措施。

（3）山地生态系统生态位空位多、余位丰。所谓生态位“空位”“余位”是基于实际生态位和潜在生态位而言的。在一定时期一个区域正在被利用或占据的生态位被称为实际生态位，未被利用或占据的生态位则为潜在生态位。实际生态位越少，生态位空位就多；潜在生态位越多，生态位余位越丰富。山地生态系统生态位空位多、余位丰的原因主要在于“最小因子定律”的限制作用。例如，山区河谷地带属于结构复杂、稳定且生产力高的山地生态系统，生态因子组合条件较好，但是有一些谷地系统如干热河谷，受水分因子的限制而成为结构相对简单、功能低下的脆弱生态系统，但是这里有大量实际生态位（营养、光热、空间、时间生态位）未被利用和占据。水是大多数斜坡生态系统的“最小因子”。除水以外，山地生态系统的关键性限制因子还有光、热、营养元素等。山地生态系统中种群生态位的空余或富裕表明，不同种群可以占据不同的生态位，从而在一个地区可以容纳丰富的种群，各个种群各取所需、互不影响，为山区生态建设和农林复合生态系统营造提供了更大的潜力。

2. 山地生态系统空间分布特征

我国大地势的规律变化和山地系统走向及其组合特征的复杂性，以及水热条件明显的地域差异性，导致山地生态系统分布表现出明显的纬度、经度和垂直“三向”地带性。热量条件的纬向变化，形成热带、亚热带、温带、寒温带等不同基带山地生态系统及其功能的纬向变化规律，以亚热带山地生态系统分布面积最大，集中分布于东南沿海山系、秦巴山系、乌蒙山–大娄山–武陵山山系及横断山系等。水分条件的经向变化，形成湿润、半湿润、半干旱、干旱等山地生态系统经向分布特征，湿润山地生态系统主要分布于我国大陆地势变化的第一级阶梯和第二级阶梯的南部，主要特征是森林生态系统发育；半湿润山地生态系统的基带植被主要为森林草原、草甸、草原和偏干性森林；半干旱山地生态系统的基带植被主要为干旱草原；干旱山地生态系统基带植被主要为荒漠草原和荒漠。

我国雅鲁藏布江大峡谷地区，由于水汽通道的强烈影响，热带季风气候沿谷地延展至29°N 的南迦巴瓦峰南坡坡麓，使这里发育了北半球分布最北的雨林，从山麓的海拔 600 m 上至峰顶的海拔 7782 m，沿坡依序发育着低山季风雨林、山地常绿阔叶林、中山半常绿阔叶林、亚高山常绿针叶林、高山常绿革叶灌丛、高山草甸、高山冰缘、高山冰雪等完整的山地垂直生态系统。因此，我国在雅鲁藏布江大峡谷地区拥有生态系统垂直带谱最完整的山地。横断山系的山地生态系统垂直变异亦十分明显，自河谷到山岭一般可分出常绿阔叶林、常绿落叶阔叶混交林、针阔叶混交林、暗针叶林等多个森林植被带，而位于湿润寒温带的大兴安岭北部的山地生态系统，垂直变异不甚明显，山体自下而上主要为兴安落叶松林或兴安落叶松与樟子松林，表明山地生态系统垂向变异程度与山地所在水平地带气候及山地海拔与相对高度特征有密切关系。

3. 山地生态系统对全球气候变化的敏感性

根据2021年IPCC第六次评估报告及《中国气候与生态环境演变：2021》，高纬度和高海拔地区生态系统是受全球气候变暖影响最明显的生态系统。由于山地垂直梯度大，它对气候变化反应的灵敏度比水平过渡带高许多倍，可作为气候变化的“监测器”。相比低海拔的气候而言，高山/亚高山地区气候变化更为突出。例如，近几十年来，西南山地气候变化显著，尤以西部高原地区气温上升较快，20世纪80年代以来青藏高原升温速率为全球平均升温速率的2倍左右，是我国气候变化的敏感地带（陈德亮等，2015）。高山/亚高山生态系统不仅对全球变化十分敏感，而且变化的高山生态环境对区域乃至全球气候系统具有显著反馈作用，几乎所有高山生态系统都可潜在地作为生物对全球变化响应的敏感指示剂。山地生态系统对全球变化响应所产生的一系列地表环境过程，可能对整个地球系统产生深刻影响，山区尤其是高山/亚高山区域对全球变化的响应与适应策略对于国家层面应对全球变化的可持续发展战略至关重要。

气候变暖、氮沉降、土地利用变化等全球变化因素深刻影响着山地环境与生态，全球变暖导致高山冰川消融加速，山地冰川和积雪面积呈退缩趋势，雪线和林线位置上升，多年冻土区解冻深度普遍增加，终年冻土面积减少并逐渐过渡为季节性冻土。许多亚高山/高山积雪消融时间提前，融雪期延长，河流径流量增加和早春最大流量提前。气候变化已经或正在对山地生态系统和生物多样性产生着显著影响，包括使生境退化或丧失，物种灭绝速度加快，物种分布范围发生变化，生物物候期和物种繁殖行为发生改变，种间关系发生变化等。

（1）气候变化对山地生态脆弱性的影响。生态脆弱区具有资源环境系统稳定性差、抗干扰能力弱等特征，尤其是脆弱区的生态系统对全球变化的响应更为敏感。气候变化尤其是极端气候显著影响山地生态系统结构和功能，受气候变化影响严重的地区是生态系统本底比较脆弱的地区（吴绍洪等，2007）。总体上，未来气候变化情景下我国自然生态系统的脆弱性格局没有大的变化，仍呈现西高东低、北高南低的特点，受气候变化影响严重的地区是温带区和暖温带区，而青藏高原区南部和西北干旱区受气候变化影响脆弱程度减轻（赵东升和吴绍洪，2013）。

（2）气候变化对山地生态系统结构的影响。气候变化影响山地物种分布。由于气候变化的影响，冰川消融和永久冻土的解冻速度均逐渐增加，物种海拔分布的迁移速率也逐渐增强，气候变化将导致生物物种分布的显著改变，特别是对山地森林生态系统的生物群落组成产生了不同程度的影响。山地因其特殊的地理环境、多样化的气候和相对较低的人类活动干扰，可能比平原地区维持着更高的生物多样性，但山地物种对气候变化的敏感性可能更高（祖奎玲和王志恒，2022）。气候变暖是全球生物多样性丧失的主要原因之一。青藏高原野外模拟增温实验表明，温度升高显著降低了高寒草原群落植物物种丰富度和多样性，但增温对高寒草甸群落多样性没有显著影响（朴世龙等，2019），全球变暖对未来高山植物区系具有潜在的胁迫作用。由此可见，山地对未来生物多样性保护具有重要意义，有可能成为物种应对未来气候变化的避难所。

气候变暖导致高山/亚高山林线和树线位置上升。气候变暖使山地植被带逐渐上移，最终可能导致原有的高山带生境缩小或消失。林线位置确定了高山带的下限，林线的移动成为高山带变化最明显的标志。目前，气候变暖对林线位置的影响还存在争议，一些研究认为数十年林线的位置维持不变，如西南高山/亚高山过去 200 多年林线位置并没有显著变化（Liang et al., 2016），但多数研究认为林线已沿海拔梯度上移，如过去的几十年里乔木向苔原带扩张、幼苗沿海拔梯度向上推进，林线种群更新速率加快，种群密度增加（Liang et al., 2011）。高山树线作为树木（树高 2 m 以上）分布的最高海拔界限，对气候变化十分敏感。在过去 100 年的变暖背景下，青藏高原高山树线有向更高海拔爬升的趋势，但不同地区树线爬升幅度具有显著的空间差异，大空间尺度上树线上升幅度并不存在显著的种间差异，但是相同树种的树线上升速率在同一山区可能存在显著差异（朴世龙等，2019）。灌木线相比林线，分布海拔更高，响应全球变化更为敏感。在 2010 年之前，气候变暖导致西南山地高山灌木线显著爬升，最大爬升幅度为 59.3 m，而 2010 年之后，灌木线基本保持稳定，温度升高造成的水分亏缺是造成灌木线稳定的主要原因（Wang et al., 2021）。

气候变化影响山地植被物候。近几十年来，随着气候变暖，青藏高原植被物候在物种、生态系统、景观、区域水平上均发生了显著变化，高山/亚高山植被返青期总体呈提前趋势。在物种水平上，20 世纪 80 年代以来青藏高原典型优势物种如小蒿草等，其萌动期、展叶期、开花期均存在提前趋势。

（3）气候变化对山地生态系统服务功能的影响。全球变化通过改变生态系统结构和功能，显著影响全球生态系统服务的提供，严重威胁着人类的生存环境及社会经济的可持续发展。维持和提高生态系统服务是可持续发展的基础。当全球变化对生态系统的影响超过一定阈值时，则系统功能必然会在某些方面表现出不可逆转的损伤或退化，其表现形式包括系统退化、生产力下降、生物多样性减少等诸多方面。以全球变暖为主要特征的气候变化已导致许多山区的水资源短缺、生态系统服务退化和巨灾风险增加等一系列生态环境问题。Runting 等（2017）通过综合全球 1567 篇相关文献，发现气候变化对大多数（59%）生态系统服务都具有负面影响，而且未来还会逐渐增强。例如，以温室效应为主要特征的气候变化对森林自然灾害发生频率、程度、种类的影响范围越来越大，包括森林火灾、森林病虫鼠害及极端气候事件对森林资源的破坏等，导致森林生产力和生物多样性下降。

（二）山地生态系统分区与分类

根据中国地势变化和热量、水分条件的纬向与经向变化规律及山地生态结构的变异特征，将我国山地生态系统的地域差异分为 3 个大区和 8 个亚区；在山地生态系统分区的基础上，以植被为重要标志，将我国山地生态系统划分为 15 个大类和 44 个亚类，大类划分主要体现温度和水分的差异，亚类划分强调山系的连续性和完整性、山系的高度和形态的相似性、山系地表组成物质的特殊性，以及不同大坡向生态系统垂直结构的差异性（钟祥浩和刘淑珍，2016）。东南部湿润区突出温度的作用，加上体现温度差异的气候带名称，划分为 10 个大类和 27 个亚类；西北部干旱区（含半干旱、干旱区）突出水分的作用，加上体现水分差异的气候干湿类型名称，划分为 3 个大类和 10 个亚类；青藏高原寒区突出水分的差异性，划分为 2 个大类和 7 个亚类。我国主要山地生态系统类型与分布见表 1.7。

1. 东南部湿润区

该区范围为大兴安岭–燕山–太行山一线以东和秦岭–横断山系北部至喜马拉雅东段南部以南，在气候上属于季风湿润区，山地生态系统中森林植被占优势。该区既是我国森林主要分布区，又是生物种类最丰富的地区，同时又是山地人工农林复合生态系统大面积分布区。根据区内热量条件的南北差异、山地系统组成结构，特别是海拔与相对高度的不同及山地地表组成物质（土壤与岩性的组合类型）的区域差异，可将该区分为如下 5 个亚区。

（1）东北山地生态系统亚区：包括分布于东北地区的大兴安岭、小兴安岭东部完达山、张广才岭、老爷岭及长白山等主要山系。

（2）华北山地生态系统亚区：包括辽东和山东半岛的丘陵低山区、沈阳法库–铁岭古松辽至冀北燕山山系和太行山山系及鲁西南山地等。

（3）华中山地生态系统亚区：位于龙门山–小凉山–贵州高原西部以东、秦岭–大别山山系以南和南岭以北的山地丘陵区，包括秦岭、大巴山、四川盆地丘陵低山、贵州高原山地丘陵、湘赣低山丘陵、闽浙丘陵低山、南岭和广西北部低山丘陵等。

（4）华南山地生态系统亚区：位于福建、广东、广西的南部，包括台湾和海南岛等。区内有福建、广东沿海丘陵和台湾中央山系及其低山丘陵，桂南丘陵和海南岛山地丘陵等。

（5）西南山地生态系统亚区：包括龙门山–夹金山–小相岭–陀峨山（蒙自附近）以西和横断山系北部–喜马拉雅山东段南部以南的山地，主要山系有横断山系、哀牢山系和东喜马拉雅山南侧山系。

2. 西北部干旱区

该区范围为大兴安岭–太行山以西、西昆仑山–阿尔金山–祁连山–秦岭以北的山地丘陵。属于半干旱和干旱气候，降水少、水资源贫乏，气候干燥。区内森林生态系统不发育，以荒漠生态系统为主，发育有大面积荒漠草原和干草原，以及小面积森林草原为特色的山地生态系统景观，是我国山地生态系统最脆弱，退化山地生态系统分布面积最大、最严重的山地地区。根据区内水分条件的经向变化和山地生态系统垂直结构的差异，可将该区分为如下 3 个亚区。

（1）内蒙古东部高原丘陵生态系统亚区：包括大兴安岭以西和阴山–大青山以北的内蒙古东部高原丘陵及高原东南部边缘山地丘陵；

（2）黄土高原山地生态系统亚区：包括太行山以西、秦岭以北、阴山–大青山以南和贺兰山–六盘山以东的丘陵及山地，包括山西高原、陕北、陇东高原和陇西高原；

（3）甘新干旱山地生态系统亚区：包括贺兰山–六盘山以西，西昆仑山–阿尔金山–祁连山以北的我国内陆高大山系及其山前低山丘陵区。

3. 青藏高原寒区

该区是指青藏高原内部的高山和高原上的丘状山地，山地生态系统划分为 2 个大类和 7 个亚类。青藏高原面平均海拔 4000 m 以上，其间分布着若干海拔超过 6000 m 的极高山。由于海拔高，形成了气候高寒、少雨的特殊气候类型，发育了以高寒草原为特色的植被类型。在极端干寒区出现高寒荒漠，在水分条件较好地带形成高寒草甸。高耸于高原面上的极高山山地生态系统一般可分出 2 个植被带，即高寒草原带、流石滩稀疏植被带或高寒草甸带。

（三）山地生态系统构成及分布

山地生态系统类型的复杂多样性主要表现在山地植被类型的复杂多样，以及山地植被生态系统结构组合类型的多样性。我国共有自然植被型 699 种，其中山地涵盖了 634 种，占 90.7%。山地自然植被类型中，草原和草甸分布最广，以高寒嵩草、杂类草草甸与高寒禾草、薹草草原为主，主要分布在西南、西北山地；森林、灌丛分布面积大，亚热带针叶林、温带落叶阔叶林、亚热带常绿阔叶林、落叶阔叶灌丛（常含稀树）是最为典型、分布最广的山地植被，主要位于东南丘陵、东北山地地区（图 2.1）。

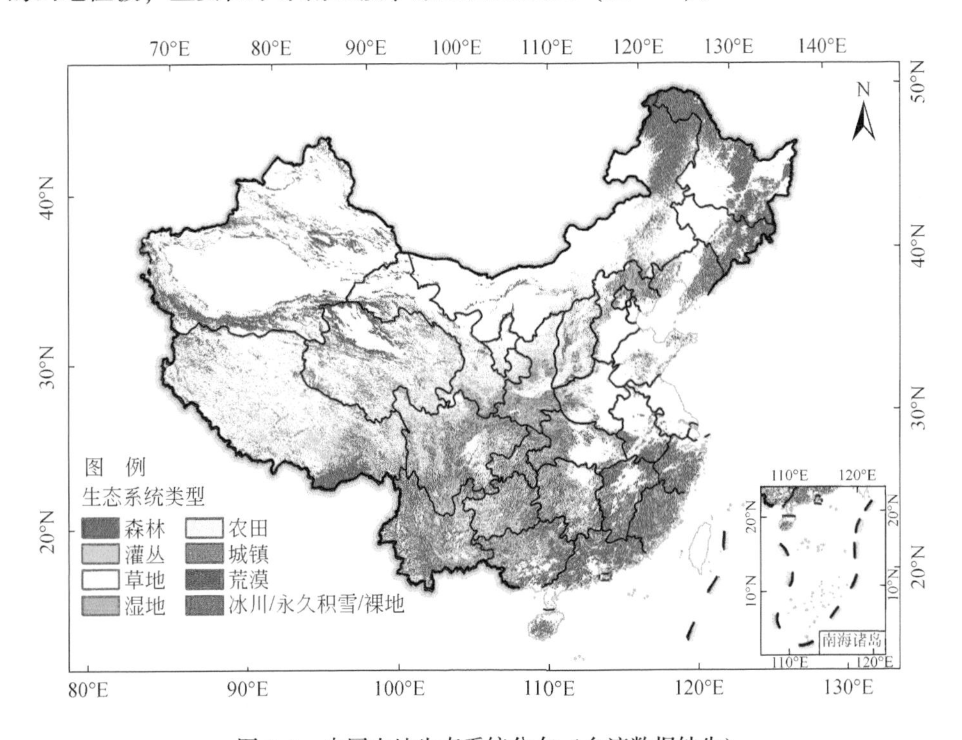

图 2.1　中国山地生态系统分布（台湾数据缺失）

从山地植被生态系统构成来看，我国山地以草地和森林植被为主。根据中国科学院生态环境研究中心 2020 年遥感调查，山地草地面积为 205.8 万 km^2，森林面积为 191.0 万 km^2，分别占山区面积的 30.9% 和 28.7%；其次是农田和灌丛生态系统，面积分别为 77.13 万 km^2 和 54.06 万 km^2，分别占山区面积的 11.6% 和 8.1%。山地占我国国土面积的 65%，但拥有全国 95% 的森林、84% 的灌丛、84% 的冰川/永久积雪/裸地、74% 的草地、43% 的湿地及 24% 的荒漠生态系统。相比之下，山区农田、城镇等人工生态系统占比较小，分别为 45% 和 35%，尤其是山区城镇在所有山地生态系统中面积最小，仅有 11.75 万 km^2（图 2.2）。

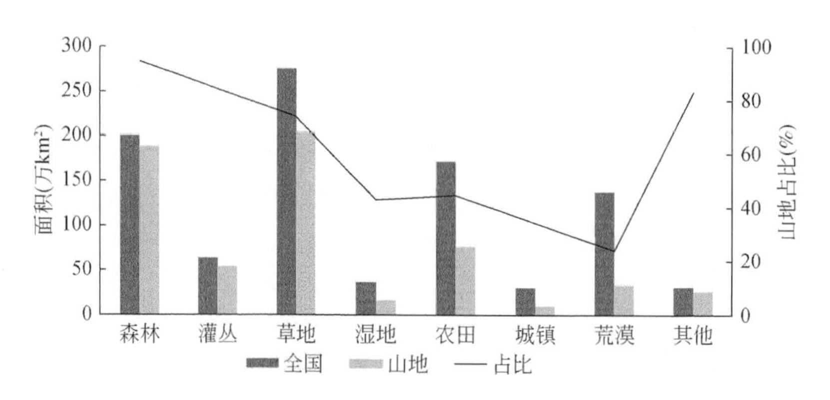

图 2.2　中国山地生态系统面积及其占比

第二节　中国山地植被覆盖与初级生产力变化

生态系统健康的关键标志是植被总量增长，植被总量的最重要指标是植被覆盖度和植被指数（NDVI），可反映植被在地域上的分布广度。此外，植被初级生产力变化可在一定程度上反映生态系统服务功能的强弱。

一、山地植被覆盖时空变化

山地由于其高度的时空异质性和复杂性，基于高分辨率卫星观测的山地生态系统监测对理解气候变化和人类活动影响、制定山地生态系统保护政策、促进联合国2030可持续发展目标的实现至关重要。我国山地绿色覆盖指数高分辨率监测成果近三年连续入选《地球大数据支撑可持续发展目标报告》，并同步入选地球大数据支撑联合国可持续发展目标（SDGs）之山地绿色覆盖指数（SDG15.4）监测和评估成果，为促进全球山地可持续发展目标评估提供了中国方案和中国经验。

（一）山地绿色覆盖指数

图2.3显示了我国2015年和2020年高分辨率山地绿色覆盖指数空间分布特征（Bian et al.，2020）。总体而言，山地绿色覆盖指数呈西低东高格局，其中第二、第三阶梯山地具有较高的山地绿色覆盖指数，第一阶梯的低值区域主要集中在青藏高原北部和西部地区，山地绿色覆盖指数能够较好地反映我国山地植被覆盖空间特征。2020年，我国山地绿色覆盖指数平均值为82.1%，与2015年（82.53%）基本持平，略高于全球平均山地绿色覆盖指数（80.56%）。考虑到高海拔地区环境限制，我国已接近或达到联合国2030年可持续发展目标中对该指标（SDG15.4）的要求。

进一步分析2015年和2020年我国六大山地分区山地绿色覆盖指数发现（图2.4），2020年东北山地大区（Ⅰ）、东南山地大区（Ⅱ）和西南山地大区（Ⅳ）山地绿色覆盖指数与2015年相似，均具有较高的山地绿色覆盖指数（高于97%），大区范围内山地绿色

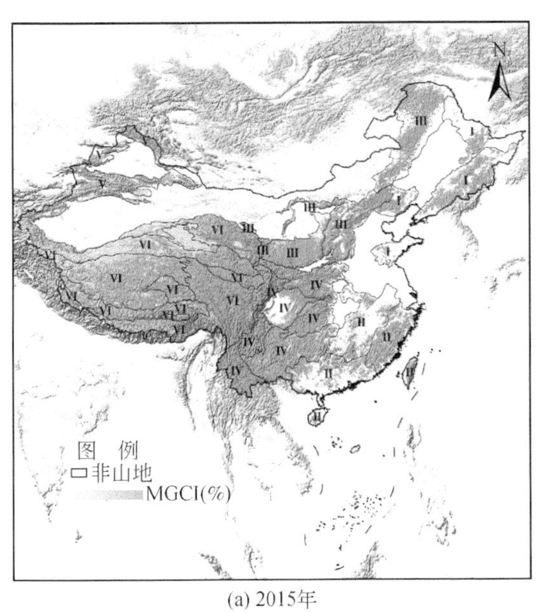

(a) 2015年

(b) 2020年

图 2.3　中国山地绿色覆盖指数对比

覆盖指数标准差较小。北部山地大区（Ⅲ）也具有较高的山地绿色覆盖指数均值(97.68%)，但区域内标准差略高于上述三个大区，主要受阴山–贺兰山山系贫瘠土壤和裸露岩石影响，植被覆盖度较低，2020 年山地绿色覆盖指数较 2015 年增加 0.06%。西北山地大区（Ⅴ）和青藏山地大区（Ⅵ）呈现出较其他大区较低的山地绿色覆盖指数，西北山地大区和青藏山地大区是我国典型的寒区、旱区，其中，西北山地大区生态系统脆弱，易受干旱影响，水资源有限，不利于植被生长。青藏山地大区山地绿色覆盖指数较低区域主要位于阿尔金山–祁连山山系西部和昆仑山系中西部，该区域地质构造复杂，多年冻土发育，年平均气温低，受温度胁迫的影响，植被发育较差。

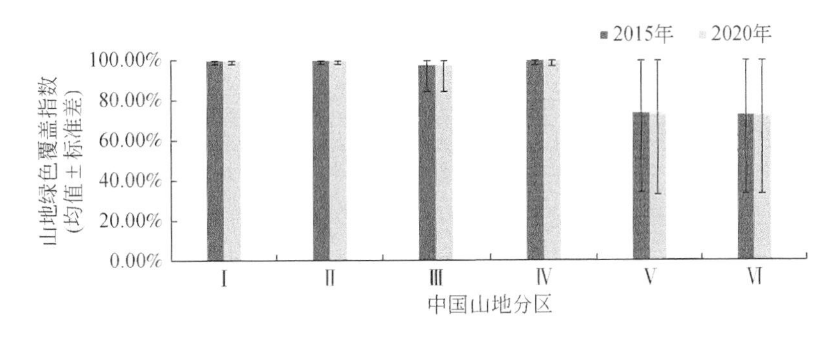

图 2.4　中国各分区山地绿色覆盖指数统计

（二）2010～2020 年我国陆地植被覆盖率变化

根据国家林草局和生态环境部的公报，2010～2020 年我国陆地植被覆盖变化明显，森林覆盖率由 2010 年的 20.36% 增加到 2020 年的 23.3%，十年增加了 2.94 个百分点；2020 年全国草原综合植被盖度为 56.1%，比 2010 年提高 5.1 个百分点。2020 年我国陆地森林草地的综合植被覆盖率达到 79.4%，十年增加了 8.16 个百分点，陆地植被生态系统处于快速增长阶段。

二、山地生态系统植被指数变化

自 20 世纪 80 年代以来，我国为应对全球气候变化，保护生态环境，相继启动了“三北”防护林工程、长江防护林工程、珠江防护林工程、天然林资源保护工程、退耕还林还草工程、森林质量提升工程、退牧还草工程、京津风沙源治理工程、生物多样性保护行动等一系列重大的生态环境保护与建设工程，在典型生态系统尺度和全国尺度上，植被指数均呈显著增加趋势。

在典型生态系统尺度上，根据中国生态系统研究网络（CERN）中位于山地、具有较好的区域代表性和生态系统类型代表性的 34 个野外观测站（森林站 10 个、农业站 15 个、荒漠站 6 个、草地站 2 个、湿地站 1 个）长期观测，以及观测站 3 km×3 km 缓冲区及所处行政区县多源遥感数据分析表明，2000～2019 年 CERN 5 种典型生态系统整体 NDVI 呈极显著上升趋势（图 2.5），3 种典型生态系统类型（农业>森林>荒漠）年均 NDVI 呈极显著上升趋势（图 2.6）。除草地和湿地在春季出现退化外（这两种类型样本太少，难以代表全国实际），农业、森林、荒漠站的四季 NDVI 均呈显著上升趋势，其中夏季对年 NDVI 变化的贡献最大。总体而言，CERN 植被指数变化整体呈上升趋势，植被生长的年际稳定性较好，但不同生态系统类型、不同地理尺度、不同时间阶段的植被动态变化存在较大差异。气候变化和人类活动对 CERN 典型生态系统植被变化影响明显，总解释能力为 67.9%，其中气候变化是主导因素，60.1% 的 NDVI 变异由水热条件变化引起（蔡超琳，2021）。

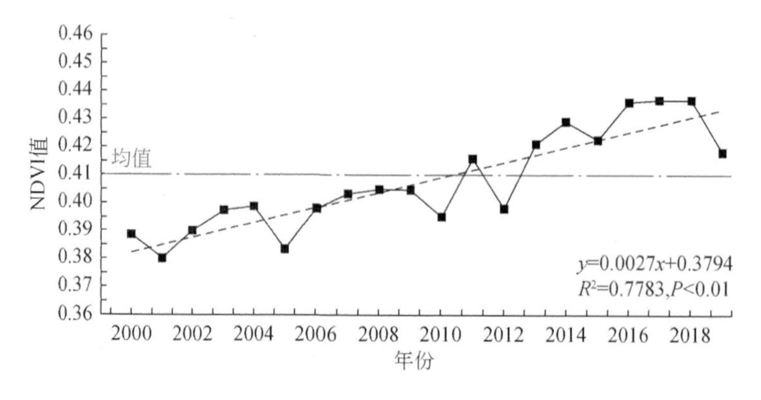

图 2.5　2000～2019 年 CERN 5 类生态系统类型年平均 NDVI 变化趋势（蔡超琳，2021）

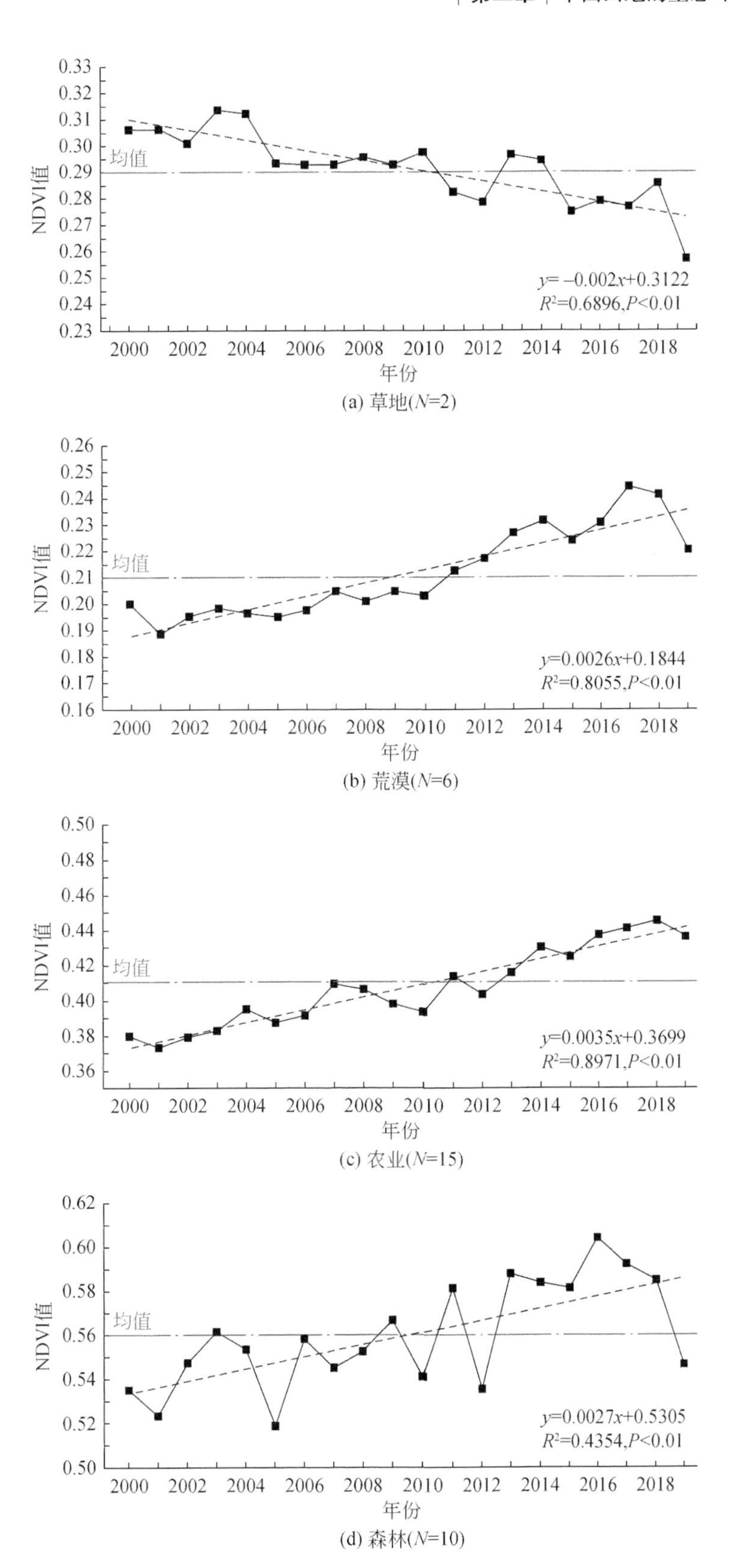

(a) 草地(N=2)

(b) 荒漠(N=6)

(c) 农业(N=15)

(d) 森林(N=10)

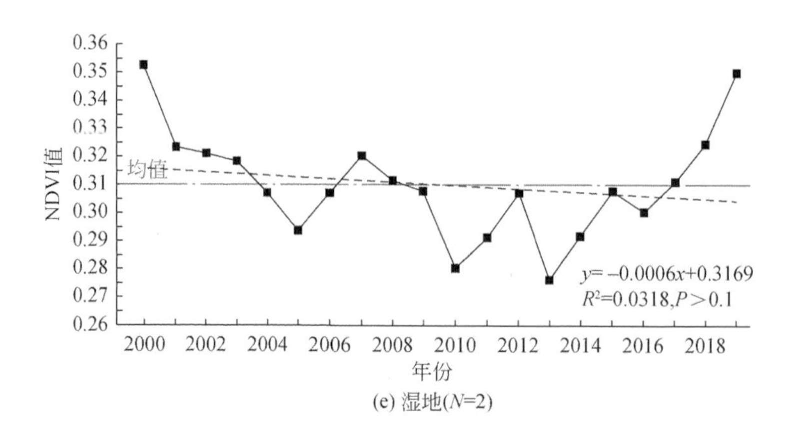

图 2.6 2000 ~ 2019 年年平均 NDVI 指数变化趋势（蔡超琳，2021）

在全国尺度上，采用土地利用、气候、地形、植被、土壤等多源遥感数据，基于 2000 年和 2020 年我国陆地生态系统类型和结构时空变化分析表明，2000 ~ 2020 年我国整体生态状况明显改善，92.06% 的生态系统 NDVI 指数增加，平均 NDVI 指数增幅为 0.74%/a，受益于退耕还林还草等生态保护政策，农牧混合和农林混合生态系统 NDVI 增幅较大，分别为 1.26%/a 和 0.86%/a。受生态保护政策和气候暖湿化影响，牧草地、林地和湿地生态系统 NDVI 增幅分别为 0.64%/a、0.60%/a 和 0.68%/a，干旱荒漠和冻土寒漠生态系统 NDVI 亦呈增加趋势（图 2.7）。林地和湿地生态系统面积显著增加，尤其是青藏高原湿地生态系统受气候变暖影响扩张明显。气候暖湿化导致部分干旱荒漠和冰冻寒漠生态系统盖度增加，使牧草地生态系统面积增加，而干旱荒漠和冰冻寒漠生态系统面积减少。2000 ~ 2020 年我国生态系统的数量和空间分布都发生了一定变化，整体景观的蔓延度指数显著增加，景观呈现类型多样化，有利于生物多样性提升（刘亚群等，2021）。

综上表明，2010 ~ 2020 年我国陆地生态系统 NDVI 指数呈现增加趋势，估算增加幅度在 6.0% ~ 6.5%。从图 2.7 中可见，我国横断山区、秦岭山区、祁连山区、天然山区、太行山区和华南山区的生态系统 NDVI 增加幅度更大，平均增加 8.5% ~ 9.0%。

三、山地植被初级生产力（GPP）变化

植被 GPP 遥感监测表明，1982 ~ 2020 年我国山地区域的植被年均 GPP 为 863.8 gC/m^2，空间异质性较大，主要与东南山区和西南山区植被光合能力强、西北山区和青藏山区的植被光合能力相对较弱有关。六大山地分区的植被光合能力按照从大到小的排序，依次为东南山地大区 [1708.19 $gC/(m^2 \cdot a)$] > 西南山地大区 [1629.15 $gC/(m^2 \cdot a)$] > 东北山地大区 [983.75 $gC/(m^2 \cdot a)$] > 北部山地大区 [632.42 $gC/(m^2 \cdot a)$] > 青藏山地大区 [340.35 $gC/(m^2 \cdot a)$] > 西北山地大区 [302.27 $gC/(m^2 \cdot a)$]（图 2.8）。

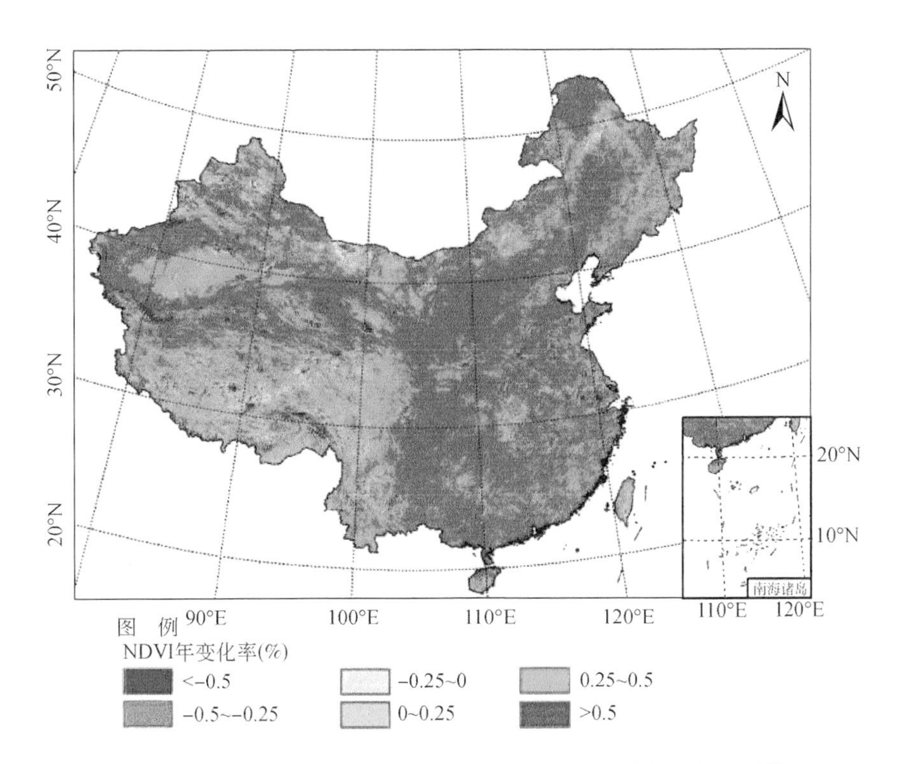

图 2.7 2000 ~ 2020 年我国生态系统 NDVI 变化率的空间分布（刘亚群等，2021）

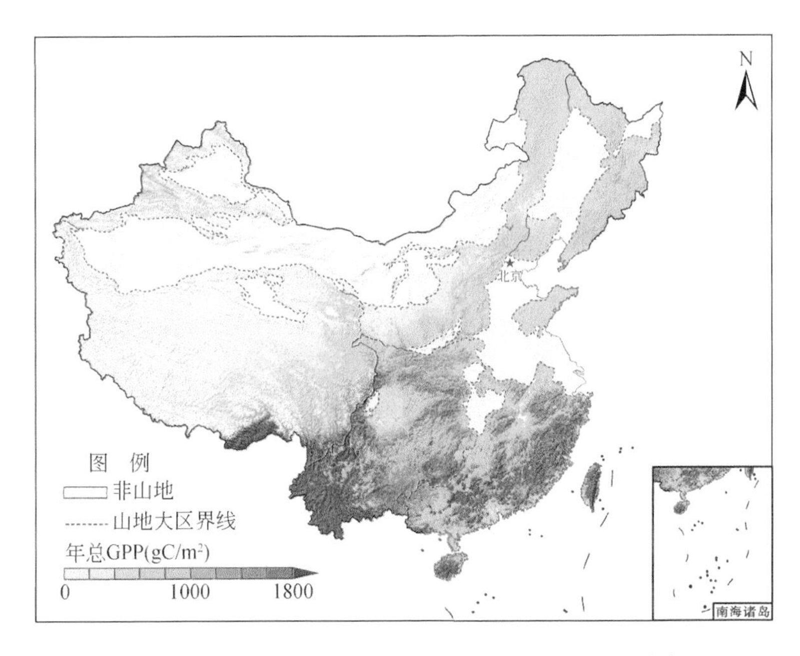

图 2.8 1982 ~ 2020 年中国山地区域平均 GPP 空间分布

图 2.9 表明，山地植被 GPP 总体呈稳定或略有增加态势，平均 GPP 从 2010 年的 1580 gC/(m^2·a) 增加到 2020 年的 1680 gC/(m^2·a)，10 年增加 6.33 个百分点。其中，北部山地大区、西南山地大区和东南山地大区变化相对较大，而东北山地大区、青藏山地大区和西北山地大区植被 GPP 相对稳定。整体来看，海拔对植被 GPP 的影响更强烈。其中，青藏山地大区的植被光合作用随着海拔的上升迅速减弱；而东北山地大区、东南山地大区、西南山地大区和西北山地大区随着海拔增加，植被光合作用增强。我国山地区域的坡度主要集中于 0°～30°，随着坡度增加，植被 GPP 整体呈现出上升的趋势。此外，对于六大山地区域，除了青藏山地大区之外，其余大区植被光合作用对于坡向的变化并不明显。

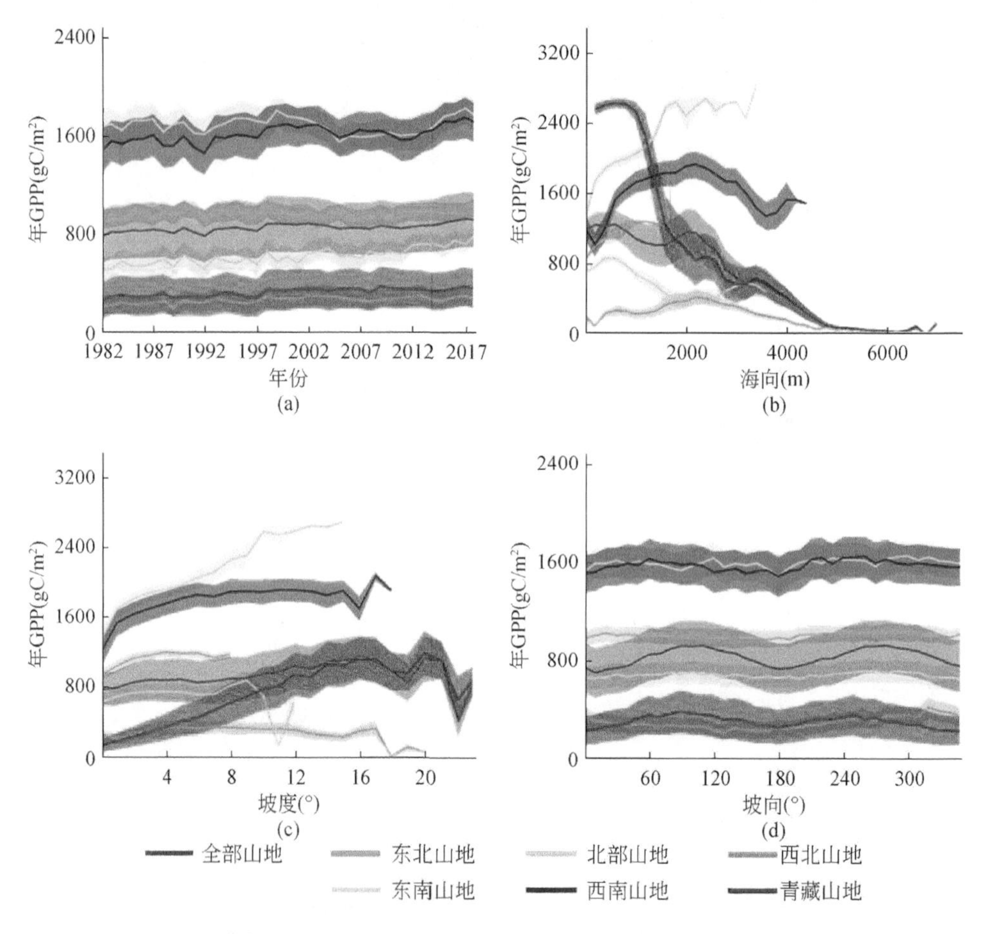

图 2.9　中国不同山地分区 GPP 变化趋势及其与地形因子的关系（1982～2020 年）

第三节　中国山地生物多样性与保护

近十多年来，我国确立了全面加强生物多样性保护的基本国策，协同推进生物多样性保护与绿色发展，深度参与全球生物多样性治理，为共建地球生命共同体贡献了中国方案。

本节主要从生物多样性的生态系统、物种两个视角，在分析山地优先保护生态系统与生态服务功能重要区域、山地物种多样性特征，以及山地生物多样性保护关键区域的基础上，重点阐述了我国生物多样性保护取得的重大成就。

一、山地优先保护生态系统与生态服务功能重要区域

（一）山地优先保护生态系统及分布

1. 陆地优先保护生态系统

明确优先保护生态系统类型及其区域分布对于提高我国生物多样性的保护效率及全面、合理规划自然保护区具有重要意义。徐卫华等（2006）以《中国植被》《中国湿地》和《中国植被图集》为主要数据源，以生态区的优势生态系统类型、反映了特殊的气候地理与土壤特征、只在中国分布、物种丰富度高、特殊生境5项指标为评价准则，划分出我国683类陆地生态系统中有优先保护生态系统类型135类，其中，森林生态系统75类，灌丛生态系统8类，草原生态系统12类，草甸生态系统6类，荒漠生态系统7类，湿地生态系统27类。优先保护生态系统主要分布在山区，占全国优先保护生态系统总面积的75%以上。

优先保护森林生态系统主要集中分布于大小兴安岭山地、秦巴山地和横断山区，其他相对集中地区包括湘黔鄂渝交界处山地、长白山、新疆阿尔泰山地区、闽浙赣皖交界处山地、海南中南部山区、广西西南部石灰岩地区、西双版纳地区及南岭山地等。优先保护森林生态系统集中分布区往往也是物种分布与濒危物种保护的热点地区，以横断山区尤为突出，不仅是我国三大特有植物分布中心之一，而且是新特有中心和物种分化中心，更是全球生物多样性关键地区和生物多样性优先重点保护的热点地区之一，被世界自然基金会列为全球25个生物多样性重点保护地区之一。优先保护灌丛生态系统主要分布在祁连山、青藏高原东南部、横断山区、天山、太行山区。优先保护草原、草甸生态系统广泛分布于青藏高原地区、天山地区、祁连山区、大兴安岭西侧。优先保护荒漠生态系统主要分布于青藏高原。优先保护湿地生态系统分布较散，主要分布在东北地区，相对集中分布的地区包括东北穆棱湿地地区、三江平原湿地地区、大小兴安岭山地湿地地区、东北平原中北部湿地地区、长江河源区及青海湖湿地地区、川西北若尔盖高原湿地地区、长江中下游湿地地区、新疆天山和阿尔泰及山间盆地湿地地区、海南沿海湿地地区。

2. 陆地优先保护生态系统重点区域

根据各优先保护生态系统的分布情况，确定了优先保护生态系统类型多样的阿尔泰山地区、西部天山地区、阿拉善–鄂尔多斯地区、大兴安岭地区、三江平原地区、祁连山地区、新青藏交界处高地、青海高原湖泊湿地地区、秦岭地区、横断山北端–岷山及周边地区、横断山南端地区、湘黔川鄂交界处山地、岷江中下游湿地、闽浙赣皖山地、广西西南部石灰岩地区、云南西南部地区、海南北部–雷州半岛沿海地区、海南岛中南部山区共18个区域为我国优先保护生态系统的重点地区，其中绝大多数属于山地，这些地区包含优先保护陆地生态系统所有类型的90%左右。

（二）山地生态系统服务功能重要区域

生态系统服务包括支持服务、供给服务、调节服务和文化服务 4 个维度。生态功能包括初级生产力、碳固持、水源涵养、土壤保持、防风固沙、生物多样性维持等，核心内涵是支持服务和调节服务。

山地是我国生态系统服务的主要供给区，贡献的年水源涵养量、年土壤保持量、年固碳量均占到全国相应生态系统服务总量的85%以上。就生态系统服务价值而言，以森林生态系统为最高，占生态系统服务总价值的46.0%；其次是水域和草地，分别占21.16%和19.68%。就生态系统服务类别而言，调节服务价值最高，占71.31%，支持服务占19.01%，供给服务占5.87%，文化服务占3.81%（谢高地等，2015）。生态系统服务功能价值总体呈现“东部高、西部低”的态势，2000～2015年生态系统服务功能价值增加的区域集中在西部和北部（陈俊成和李天宏，2019）。

山地生态系统水源涵养功能重要区域主要包括武夷山脉、南岭山区、武陵山区、大巴山区、云贵高原东部地区、藏东南–川西北地区，以及长白山与大小兴安岭地区等。山地生态系统土壤保持功能重要区域主要包括滇西南地区、岷山–邛崃山地区、藏东南–横断山区、秦巴山区、黄土高原、太行山地区、大兴安岭、长白山地区、新疆天山山脉、海南中部山区、东南沿海丘陵地区等。山地生态系统固碳功能重要区域主要包括浙闽丘陵地区、青藏高原东南部地区、横断山区、云贵高原地区、秦巴山区、武陵山区、南岭山区、大小兴安岭–长白山地区，以及海南中部山区等（图2.10）。

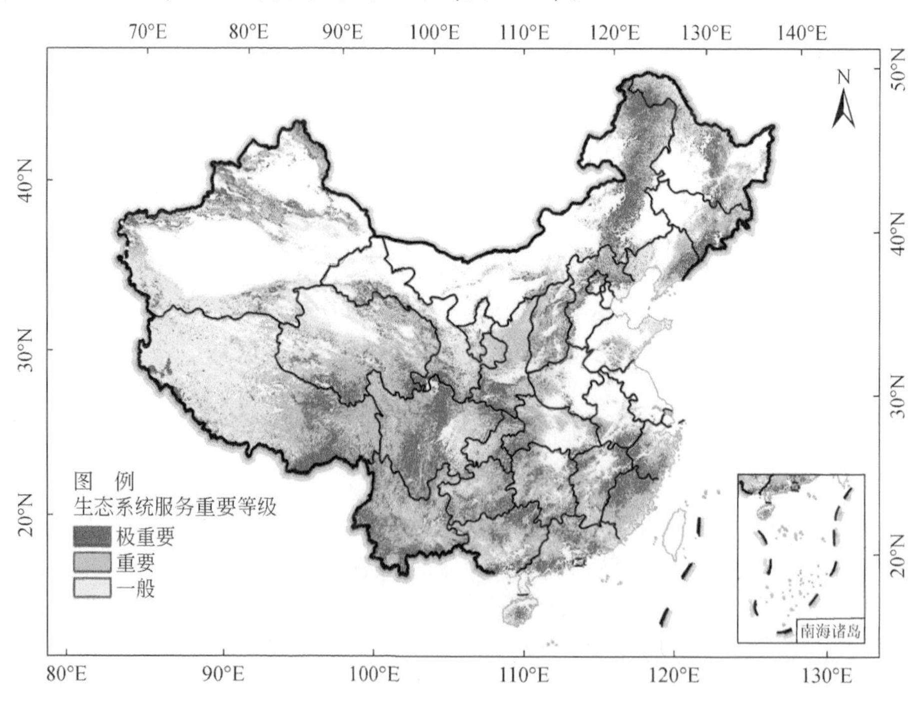

图2.10 中国山地生态系统服务功能的重要性及其分布（台湾数据缺失）

二、山地物种多样性特征

山地由于具有浓缩的环境梯度和高度异质化的生境、相对较低的人类干扰强度，在地质历史上常成为大量物种的避难所和新兴植物区系分化繁衍的摇篮，发育和保存着较高的物种多样性（方精云，2004）。

（一）山地物种多样性丰富

我国生物种类绝大多数分布在山地，其中热带、亚热带山地是我国生物多样性十分丰富的地区。其中，横断山脉、滇西南山地河谷、喜马拉雅山脉东南缘、秦岭–大巴山脉、南岭山脉等是我国生物多样性的分布中心。大多数野生生物物种生长与栖息于山地。根据2004～2016年全国自然保护区科学考察报告的评估结果，山地哺乳动物约500种，鸟类约1200种，爬行类约300种，两栖类约250种，鱼类约1200种，高等植物约26 700种，分别占我国该类生物总种数的89%、83%、65%、52%、24%、83%。山地不仅物种丰富，而且常是新种分化地和起源中心，如喜马拉雅–横断山脉地区拥有天南星属植物61种，57种为该区特有，只有9种跨越分布到该区之外，10种局限在喜马拉雅山地，26种偏居横断山区，该山脉是世界天南星属植物的现代分布中心和分化中心，横断山区还是画眉亚科鸟类的分化中心。横断山区是我国许多动植物种类的分布中心和新种分化地。

（二）山地生物特有性程度高

山地生物物种特有现象十分明显，有许多仅分布于我国的特有种，甚至特有属、特有科，如鸟类就有63种，约占我国鸟类总特有种数的81%。山地还栖息着许多现存种群数量小、极为珍稀的物种，如大熊猫、亚洲象、滇金丝猴、四川山鹧鸪、绿尾虹雉、山瑞鳖、极北蝰、高山掌突蟾、川北齿蟾，以及百山祖冷杉、梵净山冷杉、金钱松、山楂海棠等。从山地生物特有种分布区域来看，以横断山区山地生物特有性程度为最高，独特的地理环境和生物历史发展因素，使之成为古北界和东洋界两大生物区系交会的地区，并保存了众多的孑遗物种和特有种。

（三）山地生物多样性区域差异明显

由于山地的地理位置不同，山地生物多样性亦发生变化，在东部湿润区域，从南到北，随着热量递减，各自然带的山地生物多样性逐渐降低。在同一热量带内（尤其是温带地区），从东向西，随着水分递减，山地生物多样性逐渐降低。不同地区山地的植被、动物群景观差异甚大，表现出各种不同的生态系列，有着它们各自的演化途径。山地植物物种多样性呈现明显的海拔分布格局、纬度变化趋势等规律（方精云，2004）。例如，西南山地拥有较高比例的特有鸟类和特有植物，主要源于相对稳定的古气候；树木物种丰富度与温度显著正相关；气候、地形异质性和物种性状共同决定脊椎动物的分布范围（米湘成等，2021）。

植物多样性分布的横断山脉地区、华中地区、岭南地区3个热点地区，物种多样性高，特有程度接近或超过60%。植物多样性最丰富的地区包括西双版纳、粤桂湘赣南岭山地、藏东南山地、秦岭山地、川西山地、浙闽山地、海南岛中南部山地、湘黔川鄂交界山地、长白山山地等；植物多样性比较高的地区包括大别山山区、冀北山地、泰山等；植物多样性中度的地区包括晋冀豫交界山区、大兴安岭地区、贺兰山、祁连山、阿尔泰山等。植物多样性较低的地区主要是南疆、藏北及内蒙古西部、甘肃西部及青海西部等生态系统脆弱的地区。

动物多样性分布较植物多样性复杂，兽类分布格局呈现与种子植物基本一致的态势；鸟类多样性高的地区有藏东南、云南、东北平原、东南沿海地区；两栖类和爬行类分布格局在35°N以南，与纬度平行，由南向北递减，大于30°N，沿经度方向，由东向西递减。两栖类和爬行类的分布主要受水分和热量的限制，而兽类和鸟类的分布受经度和海拔的影响较为明显。

三、山地生物多样性保护关键区域

山区是我国生物多样性保护的关键区域，涵盖78%的生物多样性保护极重要区、83%的生物多样性保护重要区。

《中国生物多样性保护战略与行动计划》（2011—2030年）中明确的32个陆地及水域生物多样性保护优先区域中，25个分布在山区（环境保护部，2010），包括东北山地的大兴安岭区、小兴安岭区、呼伦贝尔区、长白山区；蒙新高原的阿尔泰山区、天山山区、祁连山区、西鄂尔多斯-贺兰山-阴山区；华北平原黄土高原的六盘山-子午岭区和太行山区；青藏高原高寒区的三江源-羌塘区、喜马拉雅山东南地区；西南高山峡谷区的横断山南段山区、岷山-横断山北段山区；中南西部山地丘陵区的秦岭山区、武陵山区、大巴山区和桂西黔南石灰岩区；华东华中低山丘陵区的黄山-怀玉山区、大别山区、武夷山区、南岭山区；华南低山丘陵区的海南岛中南部区、西双版纳区和桂西南山地区（图2.11）。

四、生物多样性保护成效

近十多年来，我国将生物多样性保护上升为国家战略，坚持在发展中保护、在保护中发展，统筹推进生物多样性保护各项工作，提出并实施国家公园体制建设和生态保护红线划定等重要举措，不断强化就地与迁地保护，加强生物安全管理，持续改善生态环境质量，协同推进生物多样性保护与绿色发展，深度参与全球生物多样性治理，生物多样性保护取得显著成效，为共建地球生命共同体、推动人类可持续发展贡献了中国方案。

（一）优化生物多样性就地保护体系

不断推进自然保护地建设，启动国家公园体制试点与建设，构建以国家公园为主体的自然保护地体系，率先在国际上提出和实施生态保护红线制度，明确了生物多样性保护优先区域，保护了重要自然生态系统和生物资源，在维护重要物种栖息地方面发挥了积极作用。

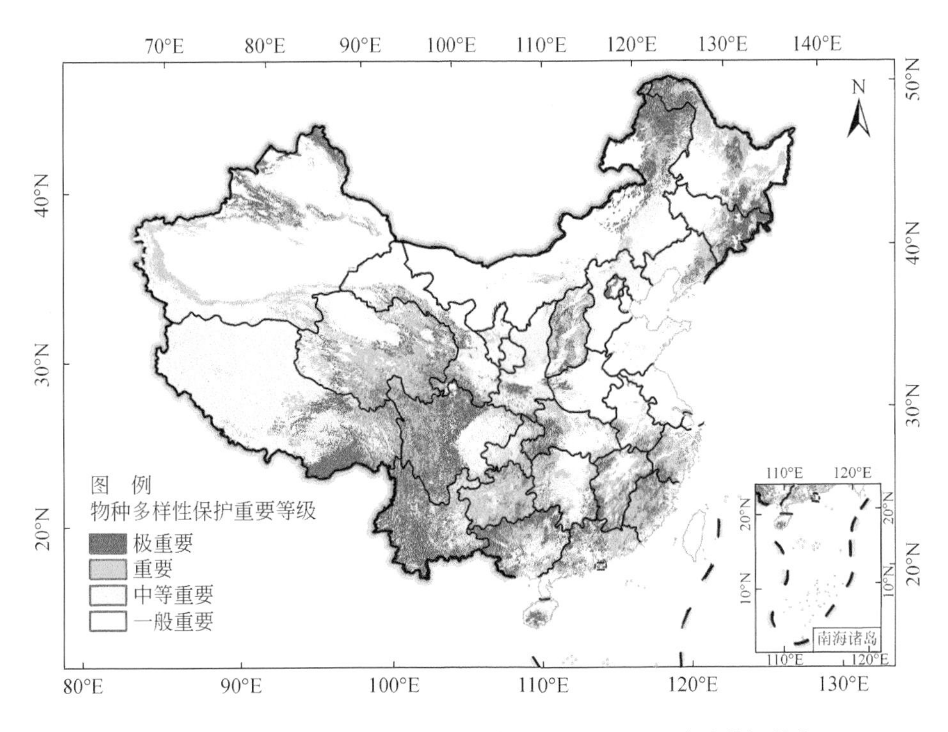

图 2.11 中国山地生物多样性保护关键区空间格局（台湾数据缺失）

1. 自然保护地体系日趋完善，野生动植物保护恢复成效明显

近十多年来，我国已建成以自然保护区及国家公园为主体，风景名胜区、森林公园、湿地公园、地质公园、海洋特别保护区、农业野生植物原生境保护点（区）、水产种质资源保护区（点）、自然保护小区等类型为补充的生物多样性保护体系，2016 年以来，相继启动了三江源、东北虎豹、大熊猫、祁连山、神农架、武夷山、钱江源、湖南南山、普达措和北京长城 10 个国家公园体制试点，2021 年正式设立三江源、大熊猫、东北虎豹、海南热带雨林、武夷山 5 个国家公园。截至 2020 年，我国自然保护地总数量达到 1.18 万个，总面积达 180 多万 km^2，约占陆地国土面积的 18.8%，超过联合国《生物多样性公约》设定的“爱知目标”（到 2020 年保护 17% 的土地面积）。全国自然保护地中，分布于山地的自然保护地数量约占我国已建自然保护地总数的 70%，总面积占全国自然保护地总面积的 65.3%，占山区总面积的 17.4%。2010～2020 年十年全国自然保护地面积增长了 20.48%，其中山区的自然保护地面积约为 117.6 万 km^2，增加了 14.4%。首批 5 个国家公园均设立于山区，三江源国家公园地处青藏高原腹地，大熊猫国家公园涉及秦岭、岷山、邛崃山和大小相岭山系，东北虎豹国家公园位于长白山支脉老爷岭区域，海南热带雨林国家公园覆盖海南中部山区，武夷山国家公园更是直接以其所在山系命名。

根据 2020 年数据分析，我国就地保护网络体系的建立，有效地保护了全国 90% 的陆地生态系统类型、85% 的野生动物种群类型和 65% 的高等植物群落类型，以及全国 20% 的天然林、50.3% 的天然湿地和 30% 的典型荒漠区。数据显示，我国物种受威胁趋势明显好于全球的总体趋势，其中种子植物和兽类已经出现受威胁程度降低的趋势。野生动物栖息地空间不断拓展，种群数量不断增加，1980～2020 年大熊猫野外种群个体数量增长了 67%；朱鹮由发现之初的 7 只增长至 2020 年野外种群和人工繁育种群总数超过 5000 只；亚洲象野外种群数量从 20 世纪 80 年代的 180 头增加到 2020 年的 300 头左右，增长了 67%；1980～2020 年海南长臂猿野外种群数量从 1980 年的仅存两群不足 10 只增长到 2020 年 5 群 35 只，增长了 250%。

我国自然保护地建设得到了国际认可，一些自然保护地相继加入了国际保护网络。截至 2021 年年底，我国已有 18 处世界自然遗产（含自然与文化双遗产），是世界自然遗产较多的国家之一，在生物多样性就地保护方面发挥了重要作用；同时，有 34 个自然保护地加入联合国教育、科学及文化组织世界生物圈保护区，有 39 个世界地质公园，64 处国际重要湿地。另外，还有 6 处自然保护地列入了首批世界自然保护联盟（IUCN）自然保护地绿色名录。

2. 创新自然保护模式，率先在国际上提出和实施生态保护红线制度

创新生态空间保护模式，将具有生物多样性维护等生态功能极重要区域和生态极脆弱区域划入生态保护红线，进行严格保护。我国生态保护红线集中分布于青藏高原、天山山脉、内蒙古高原、大小兴安岭、秦岭、南岭，以及黄河流域、长江流域、海岸带等重要生态安全屏障和区域。生态保护红线涵盖森林、草原、荒漠、湿地、红树林、珊瑚礁及海草床等重要生态系统，覆盖全国生物多样性分布的关键区域，保护绝大多数珍稀濒危物种及其栖息地。截至 2021 年，我国初步划定的生态保护红线面积约占全国总面积的 25%，覆盖了大量重点生态功能区、生态环境敏感区与脆弱区、生物多样性分布关键区域，保护了全国近 40% 的水源涵养地，约 32% 的防风固沙功能，以及实现了约 45% 的固碳量。我国“划定生态保护红线，减缓和适应气候变化”行动倡议，入选联合国“基于自然的解决方案”全球 15 个精品案例。

3. 确定我国生物多样性保护优先区域

打破行政区域界限，连通现有自然保护地，充分考虑重要生物地理单元和生态系统类型的完整性，划定 35 个生物多样性保护优先区域。其中，32 个陆域优先区域总面积 276.3 万 km^2，约占陆地国土面积的 28.8%，对于有效保护重要生态系统、物种及其栖息地具有重要意义。

（二）完善生物多样性迁地保护体系

1. 进一步完善迁地保护体系

系统实施濒危物种拯救工程，生物遗传资源的收集保存水平显著提高，迁地保护体系日趋完善，成为就地保护的有效补充，多种濒危野生动植物得到保护和恢复。构建了植物园、野生动物救护繁育基地及种质资源库、基因库等较为完备的迁地保护体系。截至 2020 年，建立了覆盖我国主要气候区的植物园（树木园）近 200 个，2022 年北京、广州 2 个国家植物园揭牌成立，保存植物 2.3 万余种，其中濒危植物 1289 种，占中国濒危植物种类的 41%；建立动物园 230 个、野生动物救护繁育基地 250 处，60 多种珍稀濒危野生动物人工繁殖成功。

2. 加快重要生物遗传资源收集保存和利用

实施战略生物资源计划专项，完善生物资源收集收藏平台，建立种质资源创新平台、遗传资源衍生库和天然化合物转化平台，持续加强野生生物资源保护和利用。截至2020年年底，形成了以国家作物种质长期库及其复份库为核心、10座中期库与43个种质圃为支撑的国家作物种质资源保护体系；建立了199个国家级畜禽遗传资源保种场（区、库）；建设99个国家级林木种质资源保存库，以及新疆、山东2个国家级林草种质资源设施保存库国家分库；建设31个药用植物种质资源保存圃和2个种质资源库。不断创新生物多样性保护与减贫“双赢”模式，推动生物多样性友好型绿色产业发展，构建高品质、多样化生态产品体系。

3. 系统实施濒危物种拯救工程

通过实施濒危物种拯救工程，对部分珍稀濒危野生动物进行抢救性保护，开展人工繁育扩大种群。人工繁育大熊猫数量呈快速优质增长，针对德保苏铁、华盖木、百山祖冷杉等120种极小种群野生植物开展抢救性保护，112种我国特有的珍稀濒危野生植物实现野外回归。中国科学院昆明植物研究所建成中国西南野生生物种质资源库，搜集和保存了上万种野生生物种质资源。

（三）推进山水林田湖草沙冰系统保护与修复

通过生态修复提升生态系统服务功能。对森林、草原、荒漠、河湖、湿地等生态系统开展了一系列重大生态修复工程，不仅有助于野生动植物的保护，而且极大地提升了生态系统服务功能和生态系统稳定性。2020年印发的《全国重要生态系统保护和修复重大工程总体规划（2021—2035年）》，明确当前和今后一段时期推进全国重要生态系统保护和修复重大工程的目标和主要任务。以提升生态系统的质量和稳定性为目标，实施生物多样性保护重大工程，推进山水林田湖草沙冰一体化保护和系统治理，自然生态系统总体稳定向好。森林面积和森林蓄积量连续30年保持“双增长”。2000～2017年全球新增绿化面积中，中国贡献约25%，居世界首位。以改善生态环境质量为核心，深入打好污染防治攻坚战，为生物物种提供良好栖息环境，有效缓解生物多样性保护压力。推动生态保护与污染防治协同发力，对于维持生物多样性和大自然生命力、不断厚植高质量发展的绿色底色发挥着不可替代的作用。

（四）提升生物多样性保护管理能力

将生物多样性保护上升为国家战略。把生物多样性保护纳入各地区、各领域中长期规划，完善政策法规体系，加强技术保障和人才队伍建设，加大执法监督力度，引导公众自觉参与生物多样性保护，不断提升生物多样性治理能力。

完善政策法规。2010年发布并实施了《中国生物多样性保护战略与行动计划》（2011—2030年）；持续加强生物多样性法治建设，近十年来颁布和修订了20多部生物多样性保护相关的法律法规，为生物多样性保护与可持续利用提供了坚实的法律保障；成立中国生物多样性保护国家委员会，统筹推进生物多样性保护工作。《中华人民共和国国民经济和社会发展第十四个五年规划和2035年远景目标纲要》明确将实施生物多样性保护重大工程、构筑生物多样性保护网络作为提升生态系统质量和稳定性的重要内容。

（五）加强生物多样性监测与研究

强化能力保障，完善监测观测网络。组织开展全国生物多样性调查，建立完善生物多样性监测观测网络，不断加大资金投入和科技研发力度。陆续发布《中国植物红皮书》《中国濒危动物红皮书》《中国物种红色名录》《中国生物多样性红色名录》。建立完善各类生态系统、物种的监测观测网络，其中，中国生态系统研究网络（CERN）、国家陆地生态系统定位观测研究网络（CTERN）涵盖所有生态系统和要素，中国生物多样性监测与研究网络（Sino BON）覆盖动物、植物、微生物等多种生物类群，全国生物多样性观测网络（China BON）构建了覆盖全国的指示物种类群观测样区。2011 年以来，我国建立了 380 个鸟类观测样区、159 个两栖动物观测样区、70 个哺乳动物观测样区和 140 个蝴蝶观测样区，构建了由 749 个观测样区组成的全国生物多样性观测网络。中国科学院主导的 Sino BON 自 2013 年启动建设以来，已建成覆盖全国 30 个主点和 60 个辅点，包含针对动物、植物、微生物等多种生物类群的 10 个专项监测网和 1 个综合监测管理中心。在中国科学院战略性先导科技专项（A 类）的支持下，2018 年启动建设了生物多样性与生态安全大数据平台（BioONE），整合了国内外现存物种、古生物及其物种多样性、系统发育多样性、遗传多样性、生态系统多样性与生物安全到区域生物多样性动态监测的数据，实现在线共享数据 26 亿条。国家林业和草原局建立了国家尺度的林业清查系统，每 5 年清查 1 次，监测林业资源和生物多样性的变化，开展森林质量评估。

生物多样性研究取得重要进展，为我国自然保护地建设、生物多样性评估、生物多样性保护决策等提供了重要科技支撑。在生物多样性机制与过程方面，从青藏高原的隆升为生物多样性进化创造了条件，青藏高原东南缘（横断山脉、云贵高原）、三峡山区及秦岭和南岭等许多其他山脉成为孑遗物种的避难所，以及动植物驯化研究等方面，揭示了中国生物多样性的起源和演变规律；从分类多样性分布和潜在驱动力、系统发育和功能多样性分布及潜在驱动因素等方面，探讨了功能多样性与跨时空尺度的生态系统功能和生态系统服务之间的关系，理清了生物多样性的地理分布；重构了中国被子植物生命树；提出了解释生物多样性快速演化的“混合–分离–再混合假说”；验证了“密度制约假说”的普遍性，并拓展了“Janzen-Connell 假说”；验证了森林和草地生物多样性对生态系统功能及其稳定性的正效应；系统评估了国家和区域尺度上的生态系统服务，以及国内重大生态工程对生态系统服务的影响。在生物多样性致危因素及其对全球变化的响应方面，从外在因素（包括栖息地丧失、退化和破碎化、过度开发、全球气候变化、环境污染和生物入侵等）及内在因素（包括遗传多样性丧失）等方面揭示了不同时期的气候变化和人类活动在物种濒危过程中的驱动因素及其作用，以及物种如何应对全球变化的机制（Mi et al.，2021）。

（六）深化生物多样性保护国际交流与合作

我国是全球生物多样性保护的重要参与者和贡献者，率先签署《生物多样性公约》，建设性地推动全球生物多样性治理。坚持多边主义，注重广泛开展合作交流，凝聚全球生物多样性保护治理合力；借助“一带一路”“南南合作”等多边合作机制，为发展中国家保护生物多样性提供支持，努力构建地球生命共同体。2021 年成功举办《生物多样性公约》缔约方大会第十五次会议（COP15）第一阶段会议，并达成《昆明宣言》，为推动达成兼具雄心与务实平衡的“2020 年后全球生物多样性框架”奠定了坚实基础。习近平总书记在 COP15 领导人峰会上强调“国际社会要加强合作，共建地球生命共同体”，共建地球生命共同体是实现人类可持续发展的必然选择，是推进全球生物多样性保护的中国方案，充分彰显了我国作为全球生态文明建设参与者、贡献者、引领者的历史担当。

第四节　中国山地生态安全屏障保护与建设

生态安全是 21 世纪人类社会可持续发展所面临的一个新主题（陈星和周成虎，2005），是国家安全的重要组成部分（陈国阶，2002）。生态屏障是我国生态文明建设体系中国家生态安全战略格局的重要组成部分，通过生态屏障建设奠定全国生态安全格局（樊杰，2015）。生态安全是生态屏障建设的目标，而生态屏障是生态安全的保障。生态文明建设与筑牢生态屏障相互交融、不可分割，筑牢生态屏障是走绿色发展之路的必然趋势。

一、生态安全屏障总体布局与理论框架

（一）生态安全屏障建设背景与总体布局

我国自 20 世纪 90 年代开始开展不同区域生态屏障建设，这些区域生态系统功能重要而敏感，空间上呈现多层次的结构和有序化的格局（陈国阶，2002；钟祥浩，2008；孙鸿烈等，2012）。随着美丽中国建设的不断深入，我国生态屏障建设日益深化。

我国生态屏障建设经历了逐步递进、不断完善的发展历程。“十一五”时期，国家出台了《全国主体功能区规划》，对国家生态安全屏障首次进行了系统论述，提出了以青藏高原生态屏障、黄土高原–川滇生态屏障、东北森林带、北方防沙带和南方丘陵山地带及大江大河重要水系为骨架，以其他国家重点生态功能区为重要支撑，以点状分布的国家禁止开发区域为重要组成，构建“两屏三带”为主体的生态安全战略格局。“十二五”时期，作为国家生态环境建设的重要内容，生态屏障建设持续推进，提出“促进生态保护和修复，构筑国家生态安全屏障”，推动“两屏三带多点”的生态安全战略格局保护与建设。2015 年，中共中央、国务院印发《关于加快推进生态文明建设的意见》，进一步强调“加快生态安全屏障建设”。“十三五”时期，党和国家继续将生态屏障建设作为生态保护和修复、生态文明建设的重要内容，提出“主体功能区布局和生态安全屏障基本形成”的目标，要求“加强生态保护修复”“筑牢生态安全屏障”“全面提升各类生态系统稳定性和生态服务功能，筑牢生态安全屏障”国家生态安全大格局。要构建陆海国土生态安全格局，除延续了原有以“两屏三带”为主体的陆域生态安全战略格局外，还增加了以海岸带、海岛链和各类保护区为支撑的“一带一链多点”海洋生态安全格局；党的十九大将“加大生态系统保护力度，优化生态安全屏障体系”列为加快生态文明体制改革、建设美丽中国的重要内容。

进入“十四五”时期，党和国家进一步加强“建设美丽中国”“筑牢国家安全屏障”

等生态文明建设，将“守住自然生态安全边界”“完善生态安全屏障体系”等作为生态保护与修复、建设美丽中国的重要内容。《全国重要生态系统保护和修复重大工程总体规划(2021—2035年)》指出，全国重要生态系统保护和修复重大工程规划重点布局在以青藏高原生态屏障区、黄河重点生态区、长江重点生态区、东北森林带、北方防沙带、南方丘陵山地带、东南海岸带为主的“三区四带”生态屏障总体格局。

（二）生态安全屏障的理论框架

生态安全屏障作为一种耦合了人与自然关系的复合生态系统，内部具有良好的自我维持和调控能力，同时对相邻环境和大空间尺度内的生境具有保护作用，为人类生存发展提供着良好的生态服务功能（钟祥浩，2008）。生态屏障概念应包含三个关键含义：第一，生态屏障是一个特定区域或关键地段；第二，生态屏障是一个健康的复合生态系统；第三，生态屏障能提升生态系统服务，起到维护区域或国家生态安全的作用。

生态安全的基础是生态系统自身的安全和健康（钟祥浩，2008）。在自然条件下，一定区域内生态系统结构及其服务功能处于与当地自然环境条件相适应和相协调的状态，这种系统就是健康系统。当这种系统同时具有既能满足当地人类生存发展需要的环境服务和物质产品服务功能，又能对邻近地区环境起调节与保护作用时，可称之为一种生态安全系统。该系统对系统内部和系统外部周边环境起着调节、过滤、缓冲等生态安全屏障作用。作为一种生态安全系统，生态安全屏障作用是不一样的，其安全水平取决于生态系统所处区域的自然环境条件，如高寒干旱环境条件下的生态系统，面临较大的自身稳定和健康风险，其生态安全水平相对较低。生态安全屏障的构建应遵循以下基本原理。

1. 生态系统地带性原理

陆地生态系统格局具有明显的水平地带性和垂直地带性，在空间上形成了由水平地带性与垂直地带性互为交错的三维地带性多层次结构体系。因此，生态安全是多层次生态系统体系的安全，这个体系在空间上的有机组合与布局，决定了生态安全屏障是由多层次生态屏障组成的安全屏障体系。此外，以湖泊、沼泽湿地为特色的非地带性生态系统，以斑块状镶嵌于具有水平地带性特点的植被生态安全屏障之中，在维系区域生态安全上发挥着重要作用，也是生态安全屏障的重要组成部分。

2. 生态系统服务功能重要性原理

生态系统服务功能包括生态功能和生产功能，即环境服务功能和提供物质产品功能。环境服务功能包括水源涵养与水文调节、土壤保持、气候与大气调节、生物多样性保护、水质净化等；提供物质产品功能包括食物、原材料生产等。生态系统所具有的这些服务功能处于不受或少受威胁状态，通过自身的调节和人为的辅助干预，达到和保持与当地自然条件相适应的服务功能，能满足当地一定人口容量下人类目前和长远生存与发展的需要，并对相邻区域环境起着保护和调节作用。因此，生态屏障建设要在地带性分异规律基础上，针对不同的生态问题，根据不同的生态位，在保护地带性植被基础上，通过生态建设提升区域生态系统服务功能，合理构建生态屏障–生态系统服务–生态安全的级联框架。

3. 系统性和综合性原理

生态安全屏障的构建，应突出生态保护与生态建设并举。生态保护包括自然保护区保护、重要生态功能区保护、生态敏感区保护等。生态建设包括退化植被修复、水土流失和沙化土地治理等，建设区域既涵盖重要生态功能区和生态敏感区，又包括自然环境条件相对较好的经济发达地区。生态安全屏障保护与建设具有长期性、复杂性、系统性和综合性特征。

二、我国山地生态安全屏障的宏观构架

我国地势西高东低，呈阶梯状分布。第一阶梯是号称“世界屋脊”的青藏高原，从第一阶梯外缘向北是塔里木盆地和准噶尔盆地，向东是内蒙古高原、黄土高原、四川盆地和云贵高原，这是我国地势的第二阶梯，其东部边缘是大兴安岭、太行山、巫山、雪峰山等山脉。从第二阶梯外缘向东是我国地势的第三阶梯，分布有东北平原、华北平原、长江中下游平原和东南丘陵（钟祥浩和刘淑珍，2016）。Ⅰ级和Ⅱ级阶梯区面积约占全国陆地面积的70%，Ⅲ级阶梯区约占30%。

分布于我国大陆三级阶梯上的山地，从海拔、相对高度和山体坡度到岭谷形态组合特征和地表破碎度都表现出明显的差异。三级阶梯从宏观上奠定了我国山地三大类型区的构架，即以高亢高原为主体的Ⅰ级阶梯山地，以高差明显山地和山原（中高原）为主体的Ⅱ级阶梯山地，以及以丘陵为主体兼具少量低山的Ⅲ级阶梯山地，由此划分出我国三级阶梯山地生态安全屏障，不同阶梯山地生态安全屏障功能及其环境效应不同。

（一）Ⅰ级阶梯山地生态安全屏障

作为Ⅰ级阶梯的青藏高原，其高原面伸入对流层高度达1/3，高原地表热动力变化对高原季风的形成和我国东部乃至东亚地区气候系统的稳定有重要的影响。青藏高原是我国长江、黄河和亚洲多条大江大河的发源地，高原“水塔”功能地位十分重要，如西藏高原冰川年融水径流达325×10^8 m^3，约占全国冰川融水径流的53%，西藏高原森林生态系统水源涵养总量约达355×10^8 m^3，相当于雅鲁藏布江年径流总量的21%，西藏草甸、草原、草甸草原和荒漠草原四大类草地生态系统水源涵养量达1065×10^8 m^3。青藏高原生态系统类型多样，生物多样性丰富，拥有许多保护价值极高的特有物种，有“高寒生物自然种质库”之称。然而，青藏高原生态环境脆弱，对外力作用反应敏感，微小的环境变化就可引起生态系统结构与功能的改变。因此，加强青藏高原生态安全屏障保护与建设，显得十分重要和必要。基于高原生态环境和生态系统的特有性、脆弱性、敏感性和生态安全的重要性，依据国家主体功能区规划，青藏高原国土空间总体上属于限制开发区，生态极脆弱区和自然保护区纳入禁止开发区，局部山间盆地和谷地可作为适度发展区和重点发展区。通过不同功能区的保护与建设，充分发挥高原“水塔”功能、防风固沙功能、土壤保持功能、大气调节功能及生物多样性保护功能，筑牢青藏高原生态安全屏障。

（二）Ⅱ级阶梯山地生态安全屏障

作为Ⅱ级阶梯的中-西北部区，以山地和（中）高原为主体，黄河和长江中上游流经该区域，分布于Ⅲ级区的嫩江、辽河、滦河、海河、淮河及沅江和珠江西支、西江等众多

中小河流都发源于该区，该区河流“水塔”功能作用对我国东部地区影响较大。Ⅱ级阶梯处于Ⅲ级与Ⅰ级阶梯的过渡带，既是生态环境脆弱带，又是风沙和水土灾害多发区，对东部平原的生态安全威胁较大。秦岭山脉以北地区半干旱和干旱面积大，既有生境极脆弱的农牧交错带和水土流失严重的黄土高原区，又有沙漠化、荒漠化易发区和沙尘暴多发区。秦岭山脉以南地区为亚热带–热带湿润区，山高谷深，水土流失和山地灾害严重。因此，建立能减轻泥沙和沙尘物质对东部危害的生态安全屏障的重要性不言而喻。基于Ⅱ级阶梯生态环境脆弱性和生态破坏对东部平原区的危害性及区域内自然资源的丰富性，依据国家主体功能区规划，Ⅱ级阶梯国土空间定位应为总体上限制开发，局部地域重点开发。通过不同功能区保护与建设，恢复和提升该地区山地“水塔”功能、土地沙化防治和水土流失治理功能，筑牢Ⅱ级阶梯山地生态安全屏障。

（三）Ⅲ级阶梯山地生态安全屏障

Ⅲ级阶梯海拔 100 ~ 500 m 和相对高差小于 200 m 的丘陵低山占有较大的比重，这些丘陵低山既是东部平原农村、城镇的水源地，又是支撑东部经济社会发展的农林果产品生产基地，其中南方丘陵山地有林地面积约占全国有林地面积的 50%，人工林和经果林发展潜力大，是我国山地发展潜力最大的区域。建设兼具生态功能和生产功能的南方丘陵山地生态安全屏障，十分重要。Ⅲ级阶梯水、热条件和对外区位条件优越，国土空间开发密度高，依据国家主体功能区规划，该区国土空间定位主要为优化开发和重点开发，基本农田等局部地区为禁止开发。

基于我国大陆地势三级阶梯特征，以我国大陆地势变化和主要山系、山原的空间分布为基础，依据温度和水分组合特征的相似性，将 3 个山地生态屏障大区（三级阶梯）划分为 40 个山地生态屏障功能区和 66 个山地生态屏障功能亚区（钟祥浩，2008）。其中，Ⅰ级阶梯山地生态屏障功能大区划分为 12 个山地生态屏障功能区和 17 个山地生态屏障功能亚区；Ⅱ级阶梯山地生态屏障功能大区划分为 20 个山地生态屏障功能区和 28 个山地生态屏障功能亚区；Ⅲ级阶梯山地生态屏障功能大区划分为 12 个山地生态屏障功能区和 20 个山地生态屏障功能亚区。三级分区为我国生态安全屏障体系的构建提供了基础。

三、北方生态安全屏障保护与建设

北方生态安全屏障是新时期我国“三区四带”生态安全格局重要组成部分，被纳入全国重要生态系统保护和修复重大工程总体布局。习近平总书记多次强调，必须以更大的决心、付出更为艰巨的努力，加强生态环境保护，构筑我国北方生态安全屏障，把祖国北疆这道风景线建设得更加亮丽。北方生态安全屏障保护与建设，对服务京津冀协同发展、西部大开发等国家战略和“一带一路”倡议的顺利实施，以及保障北方生态安全、构建我国生态安全格局、改善全国生态环境质量、保障中华民族生存和发展空间，具有重要意义。

（一）生态功能定位

北方生态安全屏障区跨越我国东北、华北、西北“三北”地区，涉及黑龙江、吉林、辽宁、北京、天津、河北、内蒙古、甘肃、新疆（含新疆生产建设兵团）9个省（自治区、直辖市），总面积183万 km^2，是“三区四带”中的北方风沙带，涵盖京津冀协同发展区域，拥有阿尔泰山地森林草原、塔里木河荒漠、呼伦贝尔草原、科尔沁草原、浑善达克沙漠、阴山北麓草原6个国家重点生态功能区，在维护国家生态安全、推动北方地区高质量发展中具有不可替代的地位。该区域为高山盆地高原平原相互交错的地貌，属于旱、半干旱地区，生态环境十分脆弱。该区域是我国防沙治沙的关键性地带，是我国生态保护和修复的重点、难点区域。基于北方生态屏障区6个国家重点生态功能区，统筹考虑自然条件相似性、生态系统完整性、地理单元连续性，结合区域生态特征和资源禀赋，将北方生态屏障区划分为京津冀山地平原生态屏障亚区、内蒙古高原生态屏障亚区、河西走廊生态屏障亚区、塔里木河流域生态屏障亚区、天山和阿尔泰山森林草原生态屏障亚区5个生态屏障亚区。

北方生态屏障的生态功能定位是防风固沙。保护与建设的重点是，综合治理区域风沙危害，改善河湖、湿地生态状况，使可治理沙化土地得到基本治理，水土流失得到全面治理，废弃矿山得到全面修复，森林、草原、河湖、湿地、荒漠等自然生态系统质量和稳定性显著提升，生态系统服务功能显著提升，助力碳达峰、碳中和，筑牢北方生态安全屏障。

（二）保护与建设重点

1. 统筹推进各项重大生态工程建设

自20世纪70年代末以来，我国在北方生态屏障区陆续实施了“三北”防护林、京津风沙源治理工程、天然林资源保护工程、退耕还林还草工程、退牧还草工程、草原生态保护补助奖励政策、水土保持重点建设工程、河湖和湿地保护恢复、矿山生态修复等一系列重大生态环境建设工程，统筹山水林田湖草沙一体化保护和修复，科学配置自然保护和人工修复措施，全域推动上下游、左右岸、山上山下、荒漠绿洲协同治理，全面加强监测监管、资源保护、生态气象等领域重点项目建设，全面助力北方生态屏障保护与建设。

2. 着力建设“三北”防护林工程

“三北”防护林体系建设工程涉及我国“三北”地区的13个省（自治区、直辖市）551个县（旗、市、区），建设范围东起黑龙江省的宾县，西至新疆维吾尔自治区乌孜别里山口，东西长4480 km，南北宽560～1460 km，总面积406.9万 km^2，占陆地国土面积的42.4%。从1978年开始到2050年结束，历时73年，分3个阶段、8期工程进行，规划造林3508.3万 hm^2，森林覆盖率由工程建设前的5.05%提高到15.95%。其中，第一阶段（1978～2000年）包括3期，第二阶段（2001～2020年）包括2期，第三阶段（2021～2050年）包括3期。“三北”防护林工程是迄今世界上最大的林业生态工程，建设重点是，在保护好现有森林草原植被基础上，采取人工造林、飞机播种造林、封山封沙育林育草等措施，营造防风固沙林、水土保持体、农田防护林、牧场防护林及薪炭林和经济林等，着力构建由乔、灌、草结合，林带、林网、片林组成，多种林、多种树合理配置，农、林、牧协调发展的防护林体系。“三北”防护林工程是改善我国生态环境，减少自然灾害，维护生存空间的战略需要。“三北”地区大部分地方年降水量不足400 mm，干旱等自然灾害十分严重；水土流失面广，黄土高原尤为严重。“三北”防护林工程涵盖我国95%以上的风沙危害区和40%的水土流失区。“三北”防护林涵盖的八大沙漠、四大沙地总面积为133万 km^2，占工程总面积的32.69%；水土流失面积达55.4万 km^2（水蚀面积），占工程总面积的13.62%。

3. 强化生态系统保护

筑牢祖国北方生态安全屏障，短期看关键在保护，长远看关键在发展方式的转变。坚持保护优先、自然恢复为主，守住自然生态安全边界。推进落实林地、草地、湿地、野生动植物、自然保护地等保护，加快建立以典型性、原真性、完整性为核心内容，构建以自然保护区及国家公园为主体，布局合理、保护有力、功能完善、管理高效的自然保护地体系，让人民群众共享蓝天、碧水、净土的深厚福祉。

（三）主要成效

通过以“三北”防护林为重点的一系列重大生态工程的实施，我国北方生态屏障功能得到显著提升。尤其是，经过几代人40多年来的艰苦努力，“三北”防护林体系建设取得巨大成就，在祖国北疆筑起了一道抵御风沙、保持水土、护农促牧的绿色长城，为生态文明建设树立了成功典范。“三北”防护林工程为全球生态安全建设贡献了中国智慧和“三北”方案。根据国务院新闻办公室发布的《三北防护林体系建设40年综合评价报告》（2018年）和国家林业和草原局2020年三北防护林建设公告，截至2020年年底，一是森林生态系统服务功能大幅提升。“三北”工程累计完成营造林保存面积达3174.3万 hm^2，工程区森林覆盖率由5.05%提高到13.84%，活立木蓄积量由7.2亿 m^3 提高到33.3亿 m^3，工程区森林生态系统累计固碳达23.1亿t，相当于1980～2015年全国工业二氧化碳排放总量的5.23%；工程区森林水源涵养功能持续增强，单位面积水源涵养量增加约2%，空间格局呈东高西低、南高北低态势，针阔混交林是工程区水源涵养功能最强的森林类型（王耀等，2019）。二是水土流失和土壤侵蚀得到遏制。工程区水土流失面积相对减少67%，按水土流失土壤侵蚀级别（轻度、中度、强度、极强度、剧烈）来看，其中，“剧烈”级别面积减少87.9%，“极强度”级别面积减少93.7%，“强度”级别面积减少95.8%。防护林对水土流失面积减少的贡献率达61%。三是沙化治理成效显著，45%以上可治理沙化土地面积得到有效治理，累计营造防风固沙林788万 hm^2，治理沙化土地33.5万 km^2，年均沙尘暴天数从6.8天下降到2.4天，工程区沙化土地面积连续缩减，实现了从“沙进人退”到“绿进沙退”的历史性转变，防风固沙林对沙漠化面积减少的贡献率达14.9%，主要集中在轻度沙漠化面积减少上。在重点地区，如科尔沁沙地、毛乌素沙地、呼伦贝尔沙地、河套平原等地，均呈现出沙化土地减少、生态状况明显好转的局面。四是农田防护林有效改善了农业生产环境，提高了农田区域抵御自然灾害的能力。在东北、华北、黄河河套平原等农业产区，累计营造带、片、网相结合的区域性农田防护林166万 hm^2，有效防护农田3021万 hm^2，45.6%以上的农田实现林网化，基于景观尺度上作物单产（以玉米为标准）与农田防护林防护效应的关系分析发现，在防护效应程度为50%～80%条件下，农田防护林对高、中、低不同生产潜力区的粮食增产率分别为4.7%、4.3%、9.5%，即农田防护林对低产区增产效果更显著。五是在维系区域生态安全中发挥着重要作用。“三北”工程40年的建设成果初步形成了北方生态屏障，并已对区域生态安全产生一定有益影响，重点表现在水土流失控制、改善区域小气候和固碳等方面。“三北”工程通过水土保持林和水源涵养林建设增加森林植被覆盖，冠层、枯落物和根系等有效减弱降雨侵蚀，从而减少入河输沙量、降低河流泥沙含量，涵养水源；如黄河流域各水文站1981～2016年输沙量减幅78%～89%，2003～2016年输沙模数减幅达42%～69%；“三北”工程对黄河流域泥沙减少的贡献率约为67%（朱教君和郑晓，2019）。六是促进了区域经济社会综合发展，部分工程区农牧民50%以上的收入来自经济林果，“三北”防护林工程所形成的经济林成为当地农牧民收入的主要来源，特色林果业、森林旅游等对群众稳定脱贫贡献率达27%。

2010年以来，我国北方生态屏障区坚持生态优先、绿色发展，全面强化自然资源保护管理，积极推进自然生态系统修复，开展了“三北”防护林体系建设、太行山绿化、草原保护修复、防沙治沙等工程，取得了如下显著成效。

（1）沙区生态环境逐步好转。2011～2020年累计完成沙化土地综合治理126.4万hm^2，沙化土地面积持续净减少，十年共减少11.8万hm^2，实现了由“沙进人退”向“人进沙退”的转变。沙尘天气次数年均减少20.3%，可吸入颗粒物总量由2010年的109 $\mu g/m^3$下降至2020年的96 $\mu g/m^3$，沙区生态环境逐步好转。

（2）水土流失治理成效显著。十年累计完成水土流失综合治理1277万hm^2，水土流失面积减少了6.3%，其中中度及以上水土流失面积减少了31.3%。通过采取生物、农业、工程等相结合的综合治理措施，土壤侵蚀强度减弱，土壤保水保肥能力提高，水土流失得到初步控制。

（3）森林草原功能稳步提升。森林面积增加328万hm^2，森林覆盖率从2010年的11.73%增加到2020年的13.84%，十年增加了2.11个百分点，森林蓄积量增加31 405万m^3，实现森林面积和蓄积量“双增长”。累计完成退化草原治理面积2609万hm^2，“三化”草原面积不断减少，草原综合植被盖度稳步增加。通过开展“三北”防护林体系建设、京津风沙源治理等以林草植被建设为主的生态系统保护和修复，生态状况逐步改善，生态质量逐步提升，生态安全屏障功能不断增强。

（4）民生得到有效改善。各类生态建设工程在实施过程中始终坚持协同推进生态环境治理与民计民生改善。持续深化改革释放生态富民活力，加强生态富民政策扶持，推进生态经济型产业模式，不断丰富生态旅游业态和产品，初步实现资源建设和开发利用相结合，初步建设生态宜居的美丽乡村，推动产业转型升级和绿岗就业，有效促进农村剩余劳动力就业，增加农民可支配收入，助力绿色发展和生态帮扶。

四、西藏高原生态安全屏障保护与建设

青藏高原被誉为世界屋脊，是我国重要的生态安全屏障、战略资源储备基地和高寒生物种质资源宝库，也是亚洲乃至北半球气候变化的“调节器”，在我国生态保护和修复工作中具有特殊重要地位。党的十八大以来，习近平总书记多次就青藏高原生态保护工作作出重要指示批示，强调“保护好青藏高原生态就是对中华民族生存和发展的最大贡献。要

牢固树立绿水青山就是金山银山的理念，坚持对历史负责、对人民负责、对世界负责的态度，把生态文明建设摆在更加突出的位置，守护好高原的生灵草木、万水千山，把青藏高原打造成为全国乃至国际生态文明高地”。

西藏是青藏高原的主体，是除南北极之外地球上最洁净的环境本底区。习近平总书记在中央第七次西藏工作座谈会上进一步强调，保护好高原生态环境是西藏的“四件大事”（稳定、发展、生态、强边）之一，要突出西藏是重要的国家生态安全屏障、中华民族生态文明高地的战略定位。为切实加强西藏生态环境保护，2009 年国务院批准并实施了《西藏生态安全屏障保护与建设规划（2008—2030 年）》，按照生态保护–生态建设–支撑保障统筹的新模式，西藏生态屏障保护与建设正有序推进，并取得了显著成效。

（一）建设目标与总体布局

1. 建设目标

西藏高原生态屏障保护与建设的目标是，通过生态环境保护与建设工程的实施，减轻和消除重要生态保护区的人为干扰，使自然保护区、重要生态功能区和生态脆弱区自然生态系统得到有效的保护。对重点和适度发展区实施必要的生态建设与恢复工程，基本遏制由人类活动造成的生态环境退化趋势和减缓由自然因素造成的退化速度，形成多层次有序化的生态系统结构与格局，改善和提升高原生态系统生产功能，以及水源涵养、生物多样性保护、水土保持、防风固沙等生态服务功能。到 2030 年，基本建成藏北高原区以草甸–草原–荒漠生态系统为主体的生态屏障区、藏南及喜马拉雅山中段以灌丛草原生态系统为主体的生态屏障区、藏东和藏东南以森林生态系统为主体的生态屏障区，并在维护国土安全、改善农牧区生产生活条件、增加农牧民收入、促进经济社会可持续发展等方面发挥重要作用。

2. 总体布局

在总体空间格局上，西藏高原生态安全屏障由以草地生态系统为主体的藏北高原草原生态安全屏障区、以灌丛草地生态系统为主体的藏南灌丛–草原生态安全屏障区、以森林生态系统为主体的藏东和藏东南森林生态安全屏障区三大生态屏障区构成（王小丹等，2017）。

（1）藏北高原草原生态安全屏障区。该生态屏障区面积最大，自然环境最为严酷，气候寒冷干旱，冻融区面积大，草地生态系统十分脆弱，是西藏生态安全屏障中以保护为主的重点地区，建设重点以天然草地保护工程为主。该生态屏障区可划分为 6 个生态屏障亚区，即 I_1 羌塘高原北部高寒特有生物多样性保护亚区、I_2 阿里地区西部土地沙化–荒漠化预防亚区、I_3 羌塘高原西南部天然草地保护–土地沙化预防亚区、I_4 羌塘高原南部湿地生物多样性保护–牧业适度发展亚区、I_5 羌塘高原东部水源涵养–牧业重点发展亚区、I_6 雅鲁藏布江上游水源涵养–土地沙化预防–牧业适度发展亚区。依据各生态屏障亚区功能的定位和主要生态环境问题，保护工程布局有所不同。其中，I_1 亚区重点实施以国家级自然保护区为基础的野生动植物保护工程、自然保护区建设工程，国家级生态功能保护区保护工程及自然保护区核心区生态搬迁安置工程；I_2 ~ I_6 亚区重点实施以天然草地保护为主的禁牧、休牧等退牧还草工程，游牧民定居工程，天然草地改良和牧区传统能源替代工程等。通过上述工程的实施，生态极其脆弱的冻融区高寒草地生态系统功能得到有效的保护与提高，高寒特有野生动植物种类（如藏羚羊等）得到保护，退化草地区草地植被覆盖有显著提高，作为我国重要沙源地之一的土地沙化得到缓解，使该区大风扬沙与沙尘对周边地区乃至中国东部地区的影响得到减轻。

（2）藏南灌丛–草原生态安全屏障区。该生态屏障面积较前者小得多，自然环境条件较前者好，属温性半干旱气候，是西藏自治区人口较多、经济较发达的地区。该生态屏障区可划分为 3 个生态屏障亚区，即 II_1 雅鲁藏布江中游土地沙化与水土流失预防–农牧业重点发展亚区、II_2 喜马拉雅山中段北侧土地沙化预防–牧业适度发展亚区、II_3 喜马拉雅山中段南侧生物多样性保护–山地灾害预防亚区。该屏障区地处冻融侵蚀与水力侵蚀的过渡地带，由自然和人为影响下的冻融侵蚀和水力侵蚀导致的水土流失、沟蚀与土地沙化等生态环境问题较突出，应采取保护与治理并重的措施。在高山区和山原地带，重点实施以天然草地保护为主的保护封育工程，包括退牧还草、游牧民定居、鼠虫毒草害防治等工程；在河谷平坝区，重点实施以防沙治沙和水土流失治理为主的生态建设工程、农牧区传统能源替代工程和生态搬迁安置工程等。通过这些工程的实施，构建以灌丛–草原自然生态系统与人工林、草、农生态系统有机结合的生态屏障，提高地表植被盖度，改善雅鲁藏布江水资源环境，减轻风沙危害，有效保障区域经济社会发展。

（3）藏东和藏东南森林生态安全屏障区。该生态屏障区面积不大，约占西藏自治区面积的 23%，境内自然环境条件较好，属于湿润、半湿润气候，森林类型多样，生物多样性丰富，而且是多条亚洲重要江河的重要水源涵养区。该生态屏障区可划分为 4 个生态屏障亚区，即 III_1 昌都地区北部江河上游水源涵养–水土保持–农牧业发展亚区，III_2 昌都地区南部生物多样性保护–水土保持–农牧、旅游业发展亚区，III_3 雅鲁藏布江中下游水源涵养–生物多样性保护–农林、旅游业发展亚区，III_4 喜马拉雅山东段南翼生物多样性保护亚区。

由于人类活动造成的原始森林破坏及河谷地区水土流失和地质灾害较严重，该屏障区应以保护保育为主、治理建设为辅的措施，重点实施以水源涵养和生物多样性保护为主的保护工程。依据各生态屏障亚区功能定位和主要生态环境问题，保护工程及建设工程布局有所不同。III_1 亚区重点实施河流源头区天然草地保护和生态公益林保护工程及河谷区水土流失治理工程；III_2 亚区和 III_3 亚区重点实施以自然保护区和重要生态功能区为基础的野生动植物保护工程、自然保护区建设工程和重要生态功能区保护工程，同时在河谷区实施水土流失治理和地质灾害防治工程及农区传统能源替代工程等；III_4 亚区重点实施以生物多样性保护为主的野生动植物保护及自然保护区建设工程。通过这些工程的实施，有效保护屏障区天然林，提高林草植被覆盖率，改善与提升森林生态系统水源涵养、水土保持和生物多样性保护功能，有效保障长江和重要国际河流水资源持续利用和水环境安全。

（二）保护与建设重点

1. 突出生态系统保护

生态系统保护重点是自然生态系统的保护。西藏自然生态系统类型多样，特有性高，生态服务功能极为重要，生态保护价值高，在维系西藏高原乃至周边地区和国家的生态安全等方面发挥着重要作用，是西藏高原国家生态安全屏障保护与建设的重点。统筹好天然草地保护工程、生态公益林保护工程、自然保护区保护工程（含野生动植物保护工程）、重要生态功能区保护工程、重要湿地保护工程等自然生态系统保护工程，提高自然生态系统质量，促进生态系统功能的恢复与提升。

天然草地保护工程以天然草原生态系统保护和退化草原植被修复为主，采取禁牧、休牧围栏、补播及鼠虫毒草害防治等措施，使生态极脆弱区自然草原生态系统得到有效保护和中度以上退化草地基本得到治理。生态公益林保护工程加强以原生森林植被为主的重点公益林保护，对容易恢复的迹地实行自然保育修复，开展森林防火和病虫害防治等。自然保护区保护工程（含野生动植物保护工程）要加大保护区保护与建设力度，建设内容包括天然植被保护与恢复工程、科研与监测工程、种质资源本底工程、宣传教育工程、基础设施工程（管护能力建设）、社区发展工程等。重要生态功能区保护工程主要开展西藏雅鲁藏布江源头国家级重要生态功能保护区、藏西北羌塘高原荒漠国家级生态功能保护区、横断山南部生物多样性国家级生态功能区及怒江源和拉萨河–易贡藏布源头自治区级生态功能保护区的规范化建设的试点与示范。重要湿地保护工程重点实施玛旁雍错、麦地卡湿地、班公错、然乌湖、洞错湿地、昂拉错–马尔下错湿地、扎日南木错湿地、马泉河流域湿地、桑桑湿地、拉萨周边湿地和日喀则城郊湿地 11 个湿地保护工程建设。

2. 加强生态系统建设

由于长期受人类活动的影响，西藏大多数自然生态系统不同程度受到干扰与破坏。生态系统保护工程着重针对特殊重要地域自然生态系统。西藏有许多水热和土地条件较好的区域，由于人类活动强度大，生态系统破坏较严重，但是自然环境的潜力还较大，通过实施生态系统建设工程，可有效恢复和重建退化生态系统结构与功能。生态系统建设工程的重点是防护林体系建设工程、人工种草与天然草地改良工程、防沙治沙工程、水土流失治理工程、矿山迹地修复工程、地质灾害防治工程等。

防护林体系建设工程着重针对生态区位重要的局部地区及造林困难和风、沙、洪水等灾害较严重地带或地段，营造大江大河护岸护堤林、公路干线两侧及城镇周边地区防护林，在条件较好的地带营造生态经济型防护林。人工种草与天然草地改良工程主要开展草种繁育基地建设、水利设施建设及草料加工厂房建设等。防沙治沙工程主要开展重要区域重度沙化土地治理，治理重点为“一江两河”流域日喀则、山南和拉萨三地（市）的城镇和机场周边地区及藏西北狮泉河流域。水土流失治理工程重点治理中度以上水土流失区域，基本控制人为因素产生新的水土流失。矿山迹地修复工程主要针对历史遗留的矿山迹地进行生态修复。地质灾害防治工程主要在西藏已开展地质灾害调查县的基础上，选择对城镇、交通和人口密集区危害大的地质灾害进行预防和治理。

3. 配套支撑保障体系建设

配套开展生态监测与监管能力和科技支撑建设，实时监控西藏高原生态屏障区生态环境动态变化，科学评价生态屏障功能效应。在生态监测与监管能力建设方面，重点整合规划区内现有的监测资源，在 9 个生态安全屏障亚区建设若干地面生态观测站，加强野生动植物监测、水土保持监测、地质环境与灾害监测等监测体系建设。科技支撑的重点是，围绕生态安全屏障保护与建设，开展高寒干旱退化生态系统恢复与重建技术集成，以及生态屏障功能评价体系构建与应用。

（三）主要成效

通过近20年（2000～2020年）的生态保护与建设，西藏高原草地、森林、灌丛、湿地等生态系统得到有效保护与恢复，生态退化趋势得到有效遏制；水、气、土壤及生态环境质量均保持在良好状态；气候调节、碳固持和生物多样性保育等生态功能有效维持，生态保护与建设取得阶段性成果，西藏高原生态屏障功能稳定向好，生态安全屏障进一步筑牢。

1. 自然保护地体系进一步完善，生物多样性保护成效显著

截至2020年年底，西藏共建立自然保护地81处，总面积41.23万km^2，占西藏国土面积的35.94%，自然保护区进一步完善；实行最严格的生态保护政策，西藏约50%的国土面积划入生态保护红线。生物多样性保护成效显著，217种国家重点保护野生动物、38种国家重点保护野生植物得到有效保护。绝大多数保护物种种群数量呈恢复性增长，藏羚羊种群数量由20世纪最低谷时的7万余只至今已超过30万只，保护等级从“濒危物种”降级为“近危物种”。截至2020年，西藏野牦牛种群数量由不足1.5万头增加到4万多头，黑颈鹤由不到3000只上升到万余只，滇金丝猴由不足600只增加到800余只，曾被国际社会认为已经灭绝的西藏马鹿已突破800头，雪豹、盘羊、岩羊等野生动物种群数量恢复性增长明显，野生植物生境、野生动物栖息地基本保持原生自然状态。

2. 林草植被覆盖持续增加，生态系统质量稳步提升

据2021年5月21日国务院新闻办公室发布的《西藏和平解放与繁荣发展》白皮书，2020年西藏森林覆盖率达到12.31%；森林蓄积量22.8亿m^3，实现了森林面积和蓄积量“双增长”。据西藏自治区第二次森林资源二类调查成果，西藏森林中天然林占绝对优势，占森林面积的99.23%，森林群落结构完整，森林生态系统功能达到中级以上的占99.22%，生态系统稳定，森林健康率达到98.39%，森林生态系统质量明显提升。2010～2020年累计完成生态公益林造林1.98万hm^2，工程区森林覆盖率由原来的38.6%提高到39.5%，增加率为0.9%；森林年均净初级生产力为106.1 gC/m^2，总体上呈波动上升趋势，整体增长率为2.62%；森林面积和质量缓慢提升，地上生物量轻微增加，森林固碳量增加0.105亿t。高原草地生态系统质量有好转的趋势，2020年天然草原综合植被覆盖度达到47%，2010～2020年草地年净初级生产力增长率为2.62%，较高等级植被覆盖度的草地面积呈增加趋势，较低和中间等级的草地面积整体保持平稳，低等级植被覆盖度的草地面积变化不大。林草植被覆盖度持续增加。2010～2020年西藏累计治理水土流失面积2500 hm^2，中度和重度水土流失治理区得到有效治理，土壤侵蚀强度向轻度和微度转化。

3. 沙化土地面积不断减少，防沙治沙成效显著

“十二五”以来，西藏采取“截沙源、降风速、固流沙、增植被”的河谷防沙治沙技术体系，应用“水利配套先行、工程措施紧跟、多措并举集成、实现生物固定”的防沙治沙模式，推广草方格、树枝、砾石、尼龙网沙障等机械固沙措施，“乔灌草”相结合的生物防风固沙措施，完成各类防沙治沙工程26.49万hm^2，其中，“十二五”期间治理12.56万hm^2，“十三五”期间治理13.93万hm^2。沙化土地面积由2010年的2170万hm^2，减少到2020年的2158.36万hm^2，减少11.64万hm^2，年均减少1.16万hm^2；荒漠化土地面积较2010年减少1.36万hm^2，实现荒漠化与沙化土地面积“双缩减”。极重度沙化土地向重度沙化或中度沙化转化，人口密集的“一江两河”中部流域，到2020年，流动沙地减少了3.84万hm^2，半固定沙地减少了1.55万hm^2，沙化耕地减少了1.96万hm^2，极重度沙化土地面积减少了29.45万hm^2。西藏沙化扩展趋势的逆转，有效改善了雅鲁藏布江中上游流域沿岸、拉萨河、狮泉河流域等的生态环境，减轻了风沙、盐碱、干旱等危害。

4. 高原环境质量持续向好，世界净土得到有效守护

自实施蓝天、碧水、净土守护和污染防治攻坚等系列行动以来，西藏主要城镇环境空气质量平均优良率常年保持在95%以上，2020年达到99%以上，PM_{10}、$PM_{2.5}$年均浓度较2010年分别降低28.1%、37.5%，沙尘天气大幅减少。主要河流、湖泊水质达到或优于国家Ⅲ类标准，饮用水水源地水质达标率100%。土壤环境总体处于自然本底状态，大部分耕地土壤重金属元素含量优于国家一级土壤标准。目前，西藏仍然是世界上生态环境质量最好的地区之一。

5. 高原生态系统格局整体稳定，生态屏障功能稳中有升

西藏生态系统格局整体保持稳定，总体变化率低于1.0%。与2000年相比，2020年西藏高原草地、森林、湿地、农田的面积变化速率分别为-0.61%、0.53%、0.30%、-0.18%，森林和湿地面积增加，草地和农田面积略有减少。表征景观格局的斑块数和边界密度指标值略微减小，平均斑块面积和聚集度指数呈增加趋势，景观格局完整性增强。

2010~2020年西藏高原植被生态系统年固碳量以0.27 gC/m^2的速率增加，约53.70%的国土面积固碳量呈增加趋势。水源涵养和土壤保持功能基本稳定，年均土壤保持量为20.53亿t，年均水源涵养量维持在618.9亿m^3，高原生态安全屏障功能稳中有升。同时，在生态屏障建设中，积极吸纳农牧民参与，促进农牧民就地就近务工和多渠道增收，仅防沙治沙工程累计实现农牧民增收2亿余元；重点生态功能区转移支付、国有公益林和草原生态补偿等持续惠及农牧民，生态公益岗位数量得到巩固，生态为民富民利民取得实效，生态红利溢出绿色福利。

五、长江上游生态屏障保护与建设

作为长江经济带国家战略的生态支撑，长江上游生态屏障是国家生态安全战略的重要组成部分，是当前我国“三区四带”生态安全格局中“长江重点生态区（含川滇生态屏障）”的主体。习近平总书记多次明确指出，要把建设长江上游生态屏障、维护国家生态安全放在生态文明建设的首要位置，坚持“共抓大保护、不搞大开发”，筑牢长江上游生态屏障。长江上游生态屏障建设既是长江上游地区高质量发展的重要战略举措，又是推动上中下游区域协调发展、维护全流域生态安全、促进长江经济带可持续发展的重要保障。

（一）生态功能定位

长江上游从源头到湖北宜昌，地跨我国大地形的第Ⅰ和第Ⅱ级阶梯，地貌类型复杂多样。流域面积105.4万km^2，占整个长江流域面积的58.9%；人口占长江流域的40%左右，是我国藏、羌、彝、苗和土家等少数民族的重要聚居区。长江上游是我国天然林最为集中的区域，是长江流域生态环境维持良性循环的天然生态屏障，对整个长江流域发挥着重要的屏障作用，长江上游生态环境变化极大地影响着全流域生态系统的稳定性。长江上游是我国生物多样性的宝库，长江上游独特的地理环境、气候、土壤条件，汇聚了我国西南、青藏高原和华中三大动植物区系的繁多种类，野生动物资源丰富，动植物起源古老、特有性高，是我国重要的生物资源宝库、物种资源宝库和基因宝库，长江上游生态屏障建设，将能较好地保护这些生物资源。长江上游地区是长江流域乃至全国水资源保护的核心区域，长江上游是长江的水源区，拥有丰富的水资源，其河川径流量分别占全流域的48%和全国的17%，决定着长江水资源的变化情势，影响着全国水资源利用战略的决策，是长江和全国水资源保护的核心地区。

长江上游是长江流域生态环境建设的关键地区（孙鸿烈，2008），长江上游自然地理条件复杂，地带交错性明显，地质构造活跃和自然作用强烈，生态环境脆弱，容易诱发山地自然灾害。长江上游是整个流域生态保护与重建的攻坚地段，尤其水土流失依然是长江上游地区重要的生态问题，根据2018年水利部全国水土流失动态监测数据，该区域以水力侵蚀为主的水土流失面积达35万多km^2，主要集中在金沙江下游、嘉陵江沱江流域、乌江上游、赤水河流域及三峡库区，对长江干流上游及中下游构成较大的防洪压力。

长江流域6个国家重点生态功能区中，有5个位于长江上游，分别是川滇森林及生物多样性生态功能区、桂黔滇喀斯特石漠化防治生态功能区、秦巴山区生物多样性生态功能区、三峡库区水土保持生态功能区、武陵山区生物多样性与水土保持生态功能区。长江上游生态环境整体上处于中度、高度敏感的状态，其中土壤侵蚀敏感性最为突出；长江上游生态系统服务功能总体上呈现较重要、极重要的态势，其中水源涵养和生物多样性保护的贡献较大（洪步庭等，2019）。长江上游生态屏障功能主要体现在水源涵养、水土保持、生物多样性保护、净化水质4个方面。

（二）保护与建设重点

长江上游生态屏障建设，是以提升长江上游生态功能、建设绿色屏障为目标，以严格保护、积极培育、合理开发和综合利用自然资源为核心，通过实施生物措施、工程措施、经济措施、社会措施和技术措施，实现长江上游地区和长江流域的生态可持续发展的系统工程。长江上游生态屏障建设要兼顾整体性、区域性、层次性。整体上，牢固树立“共抓大保护、不搞大开发”的理念，以推动森林、草地、湿地生态系统恢复为导向，立足川滇森林及生物多样性生态功能区等5个国家重点生态功能区，加强森林、草地、湿地生态系统保护，继续实施天然林保护、退耕还林还草、防护林体系建设、水土流失和石漠化综合治理、珍稀濒危野生动植物及其栖息地保护恢复、矿山生态修复、小流域综合治理等工程，加强珍稀濒危野生动植物及其栖息地保护恢复，增强上游水源涵养、水土保持、生物多样性等生态功能，进一步筑牢长江上游生态安全屏障。区域性上，重点搞好川滇生态屏障、秦巴山区生态屏障、三峡库区生态屏障三大区域性生态屏障保护与建设。

1. 川滇生态屏障

川滇生态屏障区位于川西、滇西北地区，总面积约30万km^2；属青藏高原东延部分，地形地貌交错复杂，主要包括高山峡谷、丘状高原和山原等，地势由西北到东南逐步下降；气候类型以寒温带季风气候、高原山地温带为主，是典型的农牧交错地带。主要河流有金沙江、雅砻江、大渡河、岷江等。该区是中国–喜马拉雅植物区系的分布、分化中心，是世界云冷杉等高山植被集聚分布分化的区域，是大熊猫和其他濒危物种的分布区。同时，该区具有自然环境的复杂性、生态环境的脆弱性和敏感性，以及崩塌、滑坡和泥石流等山地灾害的频繁性等特征。

川滇生态屏障区是长江、黄河上游重点水源涵养和生物多样性保护重点区域，是长江上游的天然生态屏障，对控制川滇屏障区内的高山峡谷水土流失及维护三峡库区的生态安全，保护秦岭、武陵山和横断山地区的生物多样性具有十分重要的作用，生态屏障战略地位十分突出，对维护长江流域生态安全，促进四川、云南乃至长江经济带高质量发展具有举足轻重的作用。建设重点是，天然植被及生物多样性保护，退化森林、草地恢复，水土流失治理，山洪、泥石流、滑坡等山地灾害防控等。

2. 秦巴山区生态屏障

秦巴山区生态屏障区位于我国秦岭主脉和大巴山所在区域，总面积约 14 万 km^2。秦巴山区生态屏障区是我国中部北亚热带和暖温带过渡区山地垂直带结构最复杂、最完整的山地，以森林生态系统类型为主，占国土面积的 57.30%，依次为农田、草原、湿地生态系统。秦巴山核心区内有世界级全球生物圈保护区 4 处、国家级自然保护区 40 处。

秦巴山区生态屏障是长江上游生态安全屏障的重要组成部分，向西、向南分别连通我国三大植物多样性分布中心的横断山脉和华中地区两处，处于动植物区系交会处，为多种珍稀古老物种提供了庇护场所，具有区系成分丰富、新老兼备、多成分汇集的特点，动植物物种非常丰富，是我国生物多样性保护的关键地区。秦巴山区是我国长江、黄河两大河流的分水岭，良好的植被条件对流域内水源涵养、水文调节及水质净化具有较大的贡献，对确保南水北调中线工程和三峡工程等重大水利工程安全运行具有举足轻重的作用。

秦巴山区生态屏障的生态功能定位为生物多样性保护。主体功能为我国中部的物种基因库、中国特有物种资源保护区、重要水利工程的生态安全区。保护与建设的重点是，以保护和修复生态环境、提供生态产品为首要任务，保持并恢复野生动植物物种和种群的平衡，实现野生动植物资源的良性循环和永续利用。保护自然生态系统与重要物种栖息地，防止生态建设导致栖息环境的改变。在生物多样性保护较好的区域，强调生态系统优化；在生物多样性保护仍有提升空间的区域，以改善生境为重点；对于需要优化经济结构、城镇居住环境的点状区域，根据自然条件分类对待，或优化开发、服务居民，或保护环境、扩大绿色生态空间，使生态质量和居民生活均得到有效提升，为生物多样性保护建立长效机制。

3. 三峡库区生态屏障

三峡库区是长江上游生态屏障的最后关口，生态问题敏感，三峡水库维系了全国 35% 的淡水资源涵养，是我国重要的淡水资源战略储备库，关乎长江中下游 3 亿多人的饮水安全，也是南水北调中线工程重要的补充水源地，为全国近 1/4 幅员范围提供用水。借鉴国内外对生态屏障及其河岸带的研究成果，考虑到三峡水库第一道山脊线范围内人类活动最频繁、污染物直接流入水库水体、库区生态环境和水库水资源安全、移民群众居住安全和经济发展等因素，三峡库区生态屏障区范围设置为三峡水库土地淹没线（坝前正常蓄水位 175 m 接5年一遇洪水和11月5年一遇来水回水水面线）至第一道山脊线之间。鉴于河岸带区域在水库生态屏障中的重要作用，在沿库周土地征用线以上水平投影 100 m 宽的区域，设置库周生态保护带，其主导功能是保持水土、削减入库污染负荷、改善库周景观等；生态保护带以外的其他生态屏障区农村区域，按照生态功能要求，设置为生态利用区，其主导功能是在满足生态建设和环境保护的同时，通过合理利用土地，满足留居人口环境改善、生产生活的需要。根据该划分，在三峡库区约5.8万 km^2 的辖区面积中，生态屏障区总面积约 5530 km^2。其中，城镇面积 540 km^2，农村面积 4990 km^2；农村区域中，生态保护带 470 km^2，生态利用区 4520 km^2（郑轩等，2013）。三峡库区生态屏障区的功能定位主要体现在环境净化、水土保持、水源涵养、生态与生物多样性保护等方面，即通过植物和土壤微生物的代谢，消耗、转移农业面源污染（氮、磷等），滞留、富集有毒重金属和有机物等，降低消落带和水体的污染负荷；通过植物根系保土固岸，或阻拦泥沙进入消落带和水体，减少水土流失、涵养水源；通过生态系统中生物和土壤对水分的吸收和蒸腾作用，保持正常的生物地球水循环，缓解极端水情，如削洪或防旱；减少人类活动对生态屏障区的干扰，提高生物的多样性，促进生态系统稳定和健康。辅助功能还包括：库岸稳固、气候调节、景观美化、径流调节等，其中重要的景观美化功能就是通过生态屏障区植被恢复建设，打造“一江碧水、两岸青山”的优美画卷。

三峡库区生态屏障保护与建设重点是，通过在库区及周边各流域开展天然林保护、公益林建设、水土流失等综合治理，加强三峡库区坍塌、滑坡变形的预防治理工作，提高库区消落带生态功能；提升库区及其小流域水土保持能力和水源涵养能力，减少库区及汇入流域的水土流失，减少泥沙淤积；开展屏障区农村面源污染防治，实施屏障区及重要支流集镇和居民点点源污染治理，做好农田氮磷控源减排、坡耕地径流污染综合控制、农业和农村固体废物循环利用、农村污水生态处理等综合防治工程建设，从源头和过程控制污染物排放，提升库区水生态整体质量和稳定性；加强水生物多样性保护，综合性、立体化加强三峡库区生态环境治理，筑牢三峡库区生态安全屏障。

（三）主要成效

在国家的大力支持和地方政府的全力推进下，长江上游重点生态屏障工程顺利实施，全面推进“天然林保护”“长江流域防护林体系建设工程”“长江流域水土流失防治工程”和“退耕还林”等生态建设工程，主要骨干工程体系基本完成，经过近30多年的治理，长江上游生态系统得到明显恢复与改善，生态系统的生态服务功能增强。

植被覆盖显著增加，长江上游森林、灌丛、草地、湿地等生态系统得到极大的保护，林草面积呈现恢复性增长，2020年森林覆被率达到35%，灌丛覆被率18%，林草覆盖度达到85%，生态系统稳定性增加，结构得到优化，生态安全屏障的骨干框架得到巩固加强。水土流失得到基本遏制，侵蚀面积和强度显著下降。到2020年，长江上游水力侵蚀面积为20.54万 km^2，约占长江上游地区总面积的20.4%，较2000年降低11.87万 km^2，下降36.6%。侵蚀强度以轻度为主，面积为14.55万 km^2，占侵蚀面积的70.84%，较2000年增加2.49万 km^2；中度、强烈侵蚀面积分别为3.05万 km^2、1.66万 km^2，与2000

年相比，分别下降 78.57% 和 67.1%，与 2015 年相比分别下降 69.9% 和 56.0%（表 2.1），长江上游严重的水土流失已得到基本遏制。

表 2.1　2000～2020 年长江上游水土流失面积及强度比较

年份	项目	合计	轻度	中度	强烈	极强烈	剧烈
2000	面积（10^4 km^2）	32.41	12.06	14.23	5.04	0.91	0.18
	比例（%）	/	37.2	43.91	15.56	2.79	0.53
2015	面积（10^4 km^2）	27.84	12.85	10.13	3.77	0.9	0.19
	比例（%）	/	46.15	36.39	13.53	3.23	0.68
2020	面积（10^4 km^2）	20.54	14.55	3.05	1.66	0.97	0.31
	比例（%）	/	70.84	14.85	8.08	4.72	1.51
对比	面积（10^4 km^2）	−11.87	2.49	−11.18	−3.38	0.06	0.13
	比例（%）	−36.6	20.65	−78.57	−67.1	6.6	72.2

1. 川滇生态安全屏障

（1）森林草原生态质量稳步提升。通过实施天然林保护、退耕还林、长江防护林体系建设等重点生态工程，川滇生态屏障区森林资源总量、质量全面提升，2010～2020 年十年间屏障区森林覆盖率提高约 6 个百分点，森林蓄积量约增加 15%，森林生态系统涵养水源、保持水土、固碳释氧、净化大气环境、保育生物多样性等服务功能显著增强。截至 2020 年，屏障区草原综合植被盖度约为 80%，高于全国平均水平约 20 个百分点，草原生态恶化势头得到初步遏制，草原生态质量得到改善。

（2）生物多样性保护成效显著。自然保护地体系进一步完善，普达措国家公园列入国家公园体制试点，大熊猫国家公园正式设立，屏障区 90% 以上的重要生态系统和 90% 以上的重点保护野生动植物得到有效保护，大熊猫、亚洲象、川金丝猴、滇金丝猴、珙桐、华盖木、苏铁及兰科植物等濒危动植物种群数量稳中有升。

（3）水土流失治理成效显著，水土保持效果明显。2010～2020 年屏障区实施水土流失综合治理 4 万 km^2 以上，水土流失综合治理率达到 30% 以上，水土保持率约 80%。人为活动产生的水土流失总体得到有效遏制。金沙江、岷江末段的泥沙输出量显著减少。2010～2020 年，金沙江控制站屏山站年均输沙量由 2.46 亿 t 减少至 2.17 亿 t，减幅 11.79%；岷江控制站高场站年均输沙量由 3137 万 t 减少到 1721 万 t，减幅达 45.14%。

2. 秦巴山区生态安全屏障

（1）自然保护体系日趋完善，野生动植物保护效果显著。屏障区森林景观格局总体呈有利于生物多样性维持方向发展，人类扰动总体呈减少趋势。野生动植物种群规模持续恢复，大熊猫由最少时的 109 只增加到 345 只，增幅全国最高，野外种群密度居全国之首。朱鹮野外种群数量由 7 只发展到 4450 余只，被称为“世界拯救濒危物种的成功典范”。羚牛数量近 5000 头，金丝猴数量超过 5000 只。

（2）植被覆盖稳步增加，生态服务功能明显提升。基于 MODIS-EVI 数据，结合气温、降水和 DEM 数据分析表明，2000～2020 年秦巴山区年均植被增强指数（EVI）呈现波动上升趋势，增长速率为0.74%/a；在空间上，秦巴山区西北部和东部地区植被EVI均值较低，北部及南部EVI均值较高，总体来看，秦巴山区植被EVI处于较高值，植被覆盖状况较好；在空间变化趋势上，分别有80.67%和13.29%的区域为明显改善和轻微改善，表明生态环境得到不断改善（樊艺等，2022）。2000~2020年秦巴山区向暖湿方向发展，有利于植被生长和生产力的提高，水源涵养量及其稳定性提升明显；土壤保持量总体呈现略有增加趋势，土壤保持服务功能较好。

（3）生态环境质量持续改善。蓝天、碧水、净土、青山保卫战持续开展，环境污染逐年降低，生态环境质量综合指数显著提高，生态环境综合指数优良等级面积占比超过95%；秦巴山区出境断面水质稳定全部保持100%优。基于MODIS时序数据的遥感生态指数（RSEI）提取与分析表明，2002~2020年秦巴山区RSEI均值从0.66增至0.81，增长率为0.0081/a，生态环境质量持续改善；生态环境质量较好区域主要分布在秦岭、大巴山区域；人为因素对生态环境质量的影响主要表现在退耕区的生态环境质量明显高于未退耕区和秦巴山区全区整体水平，说明生态恢复工程有利于改善区域生态环境质量（王建等，2021）。

3. 三峡库区生态安全屏障

（1）三峡库区植被覆盖持续增加，生态服务功能明显提升。通过工程建设，三峡库区森林面积和蓄积大幅度增长，2020年库区森林覆盖率达58.49%，比长江流域平均水平高18个百分点。森林植被保水固土、涵养水源功能不断增强，土壤侵蚀量显著减少，为改善长江上游生态环境、减少入库泥沙量、保障三峡水库运营安全发挥了重要作用，库区生态安全综合指数不断增加（杨光明等，2021）。基于Landsat数据集分析，三峡库区最大植被覆盖度由2010年的67.32%增加到2019年的74.37%，年均增加0.78个百分点，植被增加区域面积占库区总面积的75.35%（杨凯祥等，2021）。水源涵养和土壤保持能力分别由2010年的4.42亿m^3/hm^2和13.9万t/hm^2增加到2018年的4.51亿m^3/hm^2和14.3万t/hm^2，增加幅度分别为2.04%和2.88%；土壤碳固持量由2010年的579.54 g/m^2增加到2018年的615.92 g/m^2，增加6.28%；生物多样性服务空间格局基本保持不变（孟浩斌等，2021）。

（2）农业农村面源污染防治初见成效。基于三峡库区典型小流域面源污染多尺度监测发现，农村、农业污染源（面源污染）占流域养分负荷的比重较大（50%~72%），农村（小城镇）居民点以很小的土地利用面积（不足5%），贡献了流域30%~56%的面源污染负荷，其次坡耕地和园地也有较大贡献。研发集成了库区坡地减肥增效和农业面源污染源头控制技术、适用于农村小城镇生活污水和高负荷坡面径流污染治理的山区环境自净功能与面源污染过程阻控技术，以及面源污染全程控制技术与生态清洁小流域构建模式。通过实施化肥农药减量使用行动，推进养殖污染防治、综合防治示范区建设等污染防治工程，面源污染得到有效管控，土壤环境质量点位达标率超过73.5%。通过开展土壤污染防治专项行动，严格管控和修复受污染建设用地，受污染土壤环境质量明显改善，受污染耕地安全利用率达到88%。

（3）库区江河湖库水质总体优良。通过全面落实河长制，滚动实施“碧水行动”，库区水质总体优良，纳入国家考核的42个断面水质优良比例达到100%，库区支流全面消除劣Ⅴ类水质断面。实施岸线整治专项行动，岸线布局和使用更加优化。重要湖库水域功能达标率达到92.3%。

(4) 库区消落带生态治理初见成效。三峡水库消落带位于水库水域和陆地生态系统的过渡区域，是库周坡地径流污染物进入水库水体的最后一道生态屏障，具有巨大的生态服务功能，在发挥植被固土护岸功能的基础上，对其生态重建还有拦沙截污、美化景观等现实需求。结合土质消落带地形条件及区位特性，充分考虑生态服务功能与生态环境问题区域分异规律，利用林草植被恢复、简易工程护岸、人工湿地构建等手段，形成了自然恢复模式、景观植被生态恢复模式、分区固土护岸模式、生态湿地拦沙截污模式、生态渔业饲草种植模式等多种生态治理综合模式。

水库消落带植被恢复是世界性难题。“十二五”以来，在三峡库区15 km的消落带范围内沿长江干流、支流和库湾建立总面积66.67 hm^2 的试验示范基地，提出了消落带固岸护堤植被恢复、消落带拦沙截污湿地构建、消落带景观植被生态恢复、消落带季节性土地环境友好利用等模式。示范区内柳树、池杉、扁穗牛鞭草、狗牙根等长势良好，植被覆盖率达到86%以上，为多种动物提供栖息、繁殖场所，效果显著。消浪植生型护坡成本低，仅为传统浆砌石护岸成本的70%。涝渍土地快速排水技术使消落带土地退水后得以迅速恢复为植被生长的良好生境，加快土地排水速率15～25倍，同时可提高消落带成陆期降水利用率10%以上，有力保障了消落带植被的生长，提高植被保存率85%，减蚀效益达到80%以上。同时，狗牙根、牛鞭草等牧（饲）草等植物能在消落带极端干旱和长期深水淹没条件下复活与生长；草本植物可牧（饲）草利用，避免了淹没腐烂后对库区消落带环境和水质产生二次生物污染，牧（饲）草还具有较好的水土保持效益和生态效益，促进消落带污泥养分的消耗和污染物的解析。

第五节　中国山地地表水资源变化

由于地质历史期的板块挤压和碰撞运动，形成了我国独特的山地系统，如青藏高原、天山、太行山、秦岭及长白山等都是我国典型的山地地区。隆起的山地可拦截大气水汽，使山区具有相对丰富的降水资源，此外，降水在山区可迅速形成径流，导致山地系统是众多河流的发源地，其水资源不仅影响了周边地区，对下游的社会经济发展也具有重要作用。

一、山地水资源的重要价值

全球山地水资源超过河流总水资源的30%，而一些地区山地水资源的占比能达到95%（Viviroli et al., 2007）。山地作为“世界水塔”，为下游地区提供了源源不断的优质水源。此外，下游地区的人类社会对水资源的依赖性也急剧增加，近50年来增加了约3倍，因而山地的“水塔”作用更加凸显。我国山地面积广大，山区河流是大多数江河的发源地，山地深刻影响了全国水资源的时空分配格局，如青藏高原是长江、黄河、澜沧江、怒江及雅鲁藏布江等大江大河的发源地；“中亚水塔”天山发源的伊犁河、开都河和清水河等是重要的水资源富集地，对新疆和中亚邻国的发展至关重要；“中央水塔”秦岭是汉江、嘉陵江、渭河等河流的发源地，也是我国“南水北调中线工程”和“引汉济渭工程”的水源涵养区；太行山是“华北水塔”的重要组成，发源了沁河、滹沱河、漳河等河流；“东北水塔”长白山是松花江、鸭绿江和图们江等河流的发源地。山区通常海拔较高，其形成的丰富水资源在重力作用下，可以通过河流网络或地下水含水层输送至较远的低海拔地区，如长江、黄河横跨我国18个省级行政区，将青藏高原的水资源运输至东部平原低地，哺育了无数生命，而天山地区丰富的水资源被河流输送至较为干旱的下游地区，成为当地的重要水源。

二、中国山地地表水资源的演变趋势

根据1970~2020年的水文记录，中国山地地表水资源均出现明显变化，且各山区的变化趋势存在差异。近50年来青藏高原地表水资源总体呈增加趋势，但各流域的地表水资源变化亦有不同（张建云等，2019；Hu et al.，2020）：长江源区直门达水文站以上流域地表水资源呈明显增加趋势，尤其在近20年增加最为明显，其增加趋势通过MK检验，达到显著水平，但途经横断山区后，长江上游金沙江屏山水文站观测的地表水资源增加趋势减弱，呈非显著性增加趋势；澜沧江源区（昌都水文站以上）、怒江源区（嘉玉桥水文站以上）及雅鲁藏布江源区（奴下水文站以上）的地表水资源增加趋势稍弱，未达到显著水平；然而黄河唐乃亥水文站以上源区地表水资源却呈现一定减少趋势，尽管未达到显著水平，但与青藏高原其他源区的地表水资源变化趋势明显不同。近50年来天山地区地表水资源总体也呈现增加趋势，其中清水河源区（克尔古提水文站以上）、阿拉沟河源区（阿拉沟水文站以上）等地表水资源具有显著增加趋势，奎屯河源区（将军庙水文站以上）、开都河源区（大山口水文站以上）等地表水资源增加趋势较弱（张慧等，2017；李玉平等，2018；向燕芸等，2018）。不同于高海拔的青藏高原和天山地区，近50年来秦岭地区地表水资源总体呈现减少趋势，其中秦岭的灞河流域（马渡王水文站以上）、丹江流域（紫荆关水文站以上）和旬河流域（向家坪水文站以上）等地表水资源均呈现显著减少趋势（陈伏龙等，2010；柯新月和汪妮，2019），而秦岭南部的堵河流域（竹山水文站以上）流域地表水资源减少趋势并不显著（梁小青等，2019）。

近50年来太行山地区地表水资源也呈现出显著的减少趋势，其北部的永定河流域（官厅水库水文站以上）、中部的漳河流域（匡门口水文站以上）及南部的滹沱河流域（小觉水文站以上）地表水资源均呈现显著减少趋势（王盛等，2020；杜勇等，2021；申滔滔等，2021）。近50年来长白山地区地表水资源呈现出稍弱的减少趋势，其西流松花江流域（扶余水文站以上）、图们江干流以上流域及穆棱河流域（梨树镇水文站以上）地表水资源均呈现非显著性减少趋势（汪雪格等，2017；曹振宇，2019；孙凡博等，2019）。近50年来南方的云贵高原山区地表水资源亦呈现出减少趋势，其中珠江流域上游的南盘江流域（江边街水文站以上）呈现出显著的减少趋势（谷桂华等，2020），而乌江流域（鸭池河水文站以上）和元江流域（蛮耗水文站以上）地表水资源均呈现非显著性减少趋势（李雪等，2016；肖杨等，2021）。

近50年来中国山地地表水资源年内分布也存在变化。青藏高原地表水资源年内峰值发生在6～9月，基本与降水和气温峰值同期出现（汤秋鸿等，2019），近50年来其地表水资源在春季、秋季和冬季增长趋势更为明显，夏季变化则不显著，使得地表水资源年内分布格局出现较大变化。天山地区地表水资源年内分配不均，多集中在夏季（6～8月），占全年的50%左右，但近50年来天山地区地表水资源峰值出现提前或推后倾向，阿拉沟源区地表水资源峰值从7月提前到6月而开都河源区地表水资源峰值推后了近半个月，秦岭地区地表水资源在年内主要集中在夏、秋两季，其峰值一般出现在9月，近50年来秦岭地区各季节地表水资源均有减少趋势，但不同流域的变化趋势存在差异，如灞河流域地表水资源除冬季外的其他季节都明显减少，而金钱河流域（南宽坪水文站以上）春季和冬季地表水资源减少趋势极为显著，但夏季只有较弱的减少趋势（白红英等，2012；舒媛媛等，2015）。太行山地区地表水资源年内多集中在汛期（6～10月），占全年地表水资源的70%左右，近50年来各季节地表水资源皆呈减少趋势，但汛期地表水资源减少的绝对量值最大，导致太行山地区地表水资源年内趋向于均化（王盛等，2020）。长白山地区地表水资源年内分布也较为集中，地表水资源主要集中在4～10月，约占全年地表水资源的90%，近50年来长白山地区地表水资源年内分布变化趋势稍有不同，其北部的穆棱河流域地表水资源年内分布不均匀趋势增加（曹振宇，2019），而东部的图们江流域各季节地表水资源存在不同程度减少，但夏季地表水资源减少趋势最为明显。云贵高原地区地表水资源年内主要集中在5～11月，近50年来云贵高原地区地表水资源年内分配不均匀性减弱（谷桂华等，2020；肖杨等，2021），尤其是南盘江流域近20年来枯季径流占比增加，汛期减少趋势明显。

三、近10年主要山区河流径流变化

选择我国典型山区的代表性河流进行分析，这些河流的中上游均属于山区，因此我们以这些河流的中上游代表水文站2012～2021年的径流数据进行水资源变化分析(图2.12)。其中，长江上游控制点为宜昌站，黄河上游控制点为潼关站，淮河上游控制点为息县站，珠江的干流西江控制点为梧州站，黑河控制点为莺落峡站，辽河控制点为铁岭站。

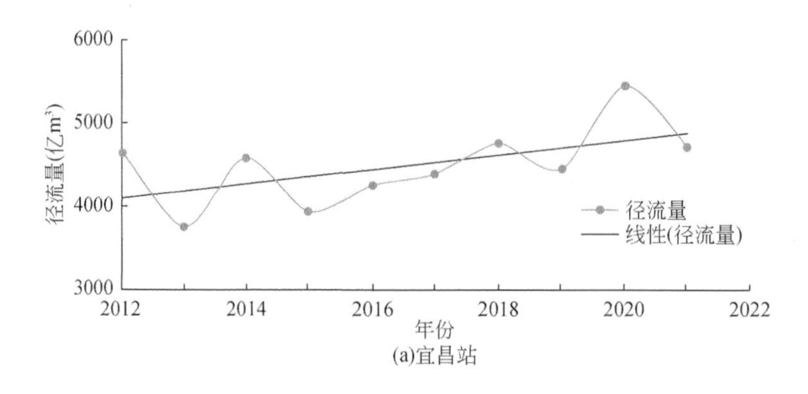

(a)宜昌站

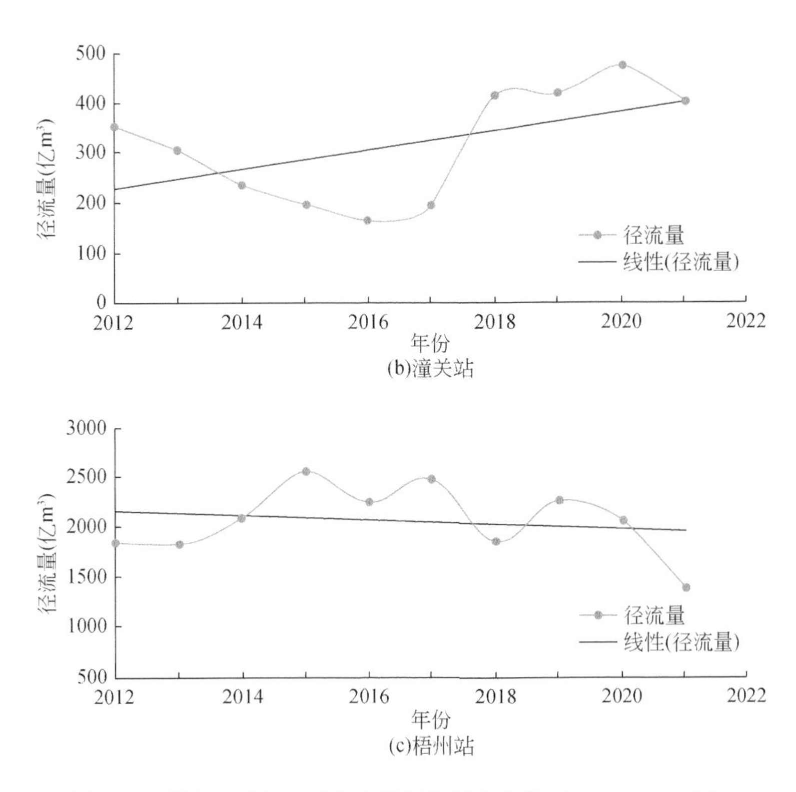

图 2.12 长江、黄河、珠江上游河流径流变化（2012 ~ 2021 年）

对所选定的各个代表站的近十年径流变化进行分析，得到统计结果如表 2.2 所示。从统计结果来看，2012 ~ 2021 年的近十年来，大部分山区河流年径流量呈现增加的趋势，这些河流合计增加了 288 亿 m^3/a，平均增加率为 4.45%。其中，长江上游宜昌站径流量增加幅度为 226 亿 m^3/a，黄河上游潼关站径流量增加幅度为 81 亿 m^3/a，淮河上游息县站径流量增加幅度为 2.36 亿 m^3/a，辽河上游铁岭站径流量略有增加，增加幅度为 20 万 m^3/a。

表 2.2 中国代表性山区河流径流量变化（2012 ~ 2021 年）

河流	水文控制站	控制面积（万 km^2）	多年平均径流量（亿 m^3）	2012 ~ 2021 年平均径流量（亿 m^3）	2020 年径流量（亿 m^3）	2021 年径流量（亿 m^3）	近十年径流量变化	
							变化趋势	变化量（亿 m^3/a）
长江	宜昌站	100.55	4 330	4 497	5 442	4 723	增加	226
黄河	潼关站	68.22	335.3	314.6	469.0	395.1	增加	81
淮河	息县站	1.02	35.91	27.65	39.71	38.26	增加	2.36
西江	梧州站	32.7	2 028	2 054	2 057	1 379	减少	-21.34
黑河	莺落峡站	1.0	16.67	20.57	19.83	17.42	略减少	-0.16
辽河	铁岭站	12.08	28.62	24.60	30.13	35.88	略增加	0.002
合计						6 588.66	略增加	288

四、山地地表水资源变化的驱动机制

（一）气候变化对山地地表水资源的影响

气候变化是近50年来山地地表水资源变化的重要因素，而不同区域山地地表水资源对气候变化的响应存在着明显差异，这也是各山地地表水资源变化趋势不同的重要原因。青藏高原与天山地区作为高纬度、高海拔的地区，其地表水资源来源包括降水及冰川、冻土和积雪融化等过程［图2.13（a）］，相似的水文过程导致其地表水资源变化趋势对降水、温度等气象因子变化有着较为直接的响应。近50年来青藏高原和天山地区降水和温度总体都呈现增加趋势［图2.13（b）~（d）］，“暖湿化”效应明显，降水增加直接导致地表水资源增多，而温度的增加也会导致这两个区域冰川、冻土和积雪的融化，成为地表水资源的重要补给来源（Zhang et al.，2013；王一冰等，2021），因此青藏高原和天山地区大部分流域地表水资源均呈现增加趋势。但局部地区气象因子的变化趋势仍有不同，如黄河源区东部降水呈减少趋势［图2.13（b）］，这也是近50年来黄河源区地表水资源呈下降趋势的部分原因。此外，温度增加虽然能够加速冰川冻土融化，增加水资源补给，但冻土融化也会引发新的水文效应，如横断山区长江上游部分低海拔季节性冻土融化现象明显，土壤渗透性能增加，导致地表水资源减少，而在高海拔多年冻土区往往具有较高的径流系数，有利于地表水资源量的产生。

尽管秦岭、太行山及长白山等其他山地地区温度也呈增加趋势，但这些区域并没有冰川融化等过程，加之这些地区降水存在减少趋势［图2.13（a）~（d）］，不同程度上导致这些地区地表水资源呈减少趋势。事实上，太行山整个地区降水皆呈现显著的减少趋势，而秦岭和长白山两个地区南、北部的降水变化趋势存在一定差异，秦岭南部地区降水有一定增加趋势，但北侧呈减少趋势，相反，长白山北部降水呈增加趋势，而南部呈减少趋势［图2.13（b）］。这部分解释了太行山的各流域地表水资源均呈现显著减少趋势，而秦岭部分流域地表水资源呈显著减少，一些流域地表水资源没有明显变化，长白山地区地表水资源呈非显著性的减少趋势。

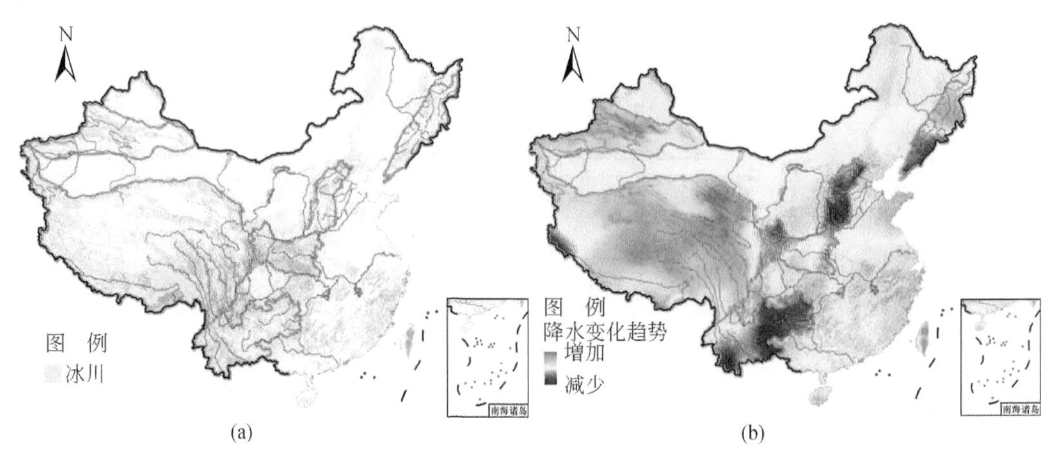

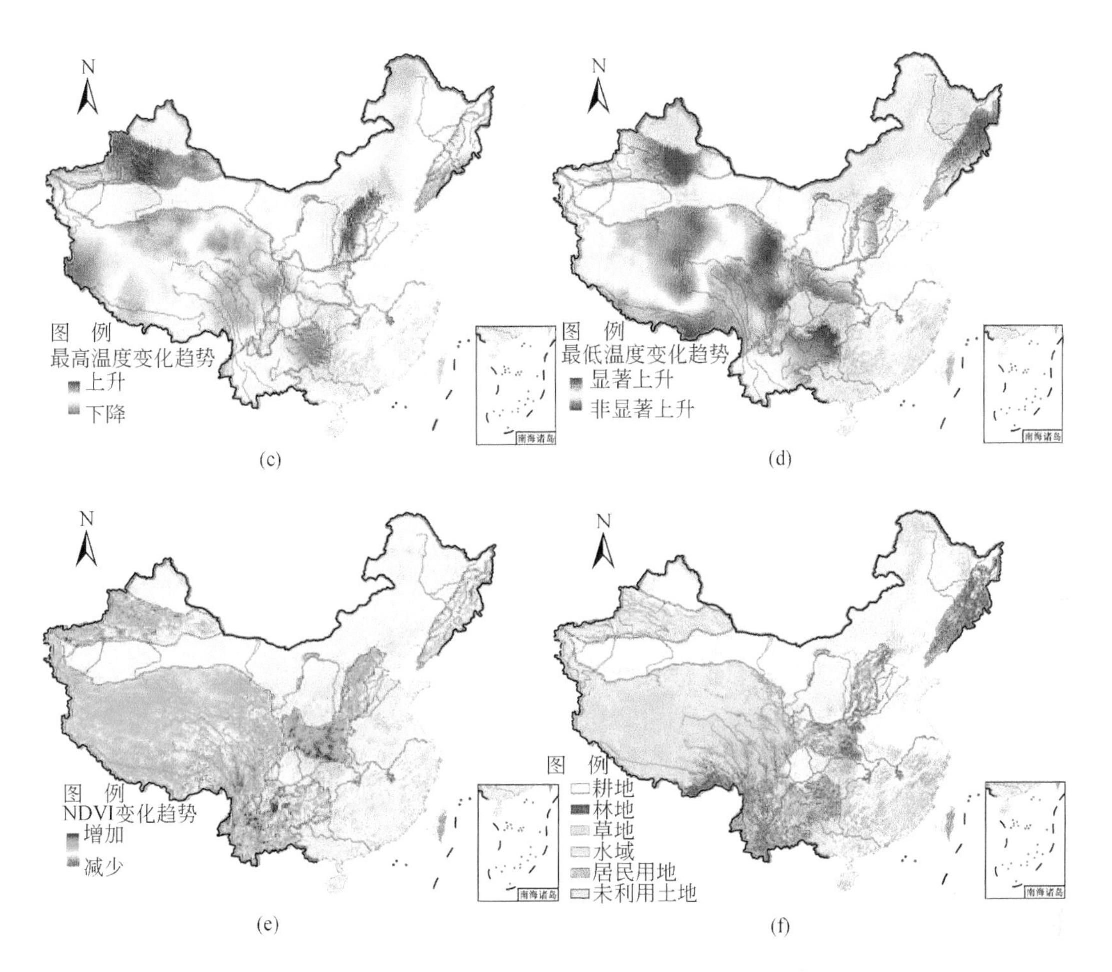

图 2.13 中国山区地表水资源变化的主要影响因素

此外，气候变化也改变了山地地表水资源的年内分布状况。青藏高原近 50 年来降水季节性变化趋势较为显著，尤其在春季和冬季降水增加极为突出（冯川玉等，2022），这主导了青藏高原地表水资源的季节性变化；同时，气温的上升，尤其在春、秋、冬 3 个季节，会改变气温分布的“临界点”，加剧冰川、冻土及积雪等融化，因此青藏高原地区冰川冻土覆盖较高流域的地表水资源季节性变化也与各季节气温的变化密切相关。由于冰川与冻土融化对地表水资源的补给，以及强降水发生季节的变化，天山地区地表水资源峰值的出现时间也发生了改变，但各流域冰川、冻土覆盖面积的不同，导致了它们对降水、气温变化的敏感性不一致，如冰川冻土覆盖率更大的阿拉沟流域对气温更为敏感，而清水河流域对降水变化更为敏感。在没有冰川冻土覆盖的秦岭地区，降水的年内变化很大程度上决定了该地区地表水资源的季节性变化，近 50 年来秦岭部分流域径流系数呈减少趋势，其原因主要是该地区气温和植被覆盖的增加导致更多降水转为蒸散发，说明气温和植被覆盖的变化在一定程度上也能够影响该地区地表水资源的季节性变化。相似地，近 50 年来太行山地区径流系数也呈减少趋势，同时各季节地表水资源均明显减少，这与该地区降水减少和气温上升密切相关。

而长白山近 50 年来南、北部降水分别呈减少和增加趋势，其产生的重要影响包括北部的穆棱河流域地表水资源年内分布不均匀性增加，而图们江流域各季节地表水资源均呈减少趋势。

（二）人类活动对中国山地地表水资源的影响

人类活动主要通过耕地、放牧、植树造林等方式改变流域下垫面条件，间接影响了区域地表水资源，同时也可通过农业灌溉、调水、水库建设等过程直接影响区域地表水资源。青藏高原和天山地区是我国重要的牧场，过度放牧导致区域水源涵养能力降低，进一步影响地表水资源变化，而近些年相关草地生态工程的实施，植被覆盖呈现增加趋势，也促进了地表蒸散发过程，但总体而言这两个区域人类活动影响较为有限，对地表水资源变化的贡献为 10% ~30%，其中黄河源区地表水资源受人类活动影响相对较大，贡献超过了 50%，横断山区的岷江流域受到的影响更为显著，贡献为 60% 左右（考虑梯级水库建设、天保工程与退耕还林等生态工程建设）。秦岭与太行山地区人类活动影响较为明显，秦岭地区由于植树造林与退耕还林等生态工程的实施，该区域植被覆盖呈显著增加趋势［图 2.13（e）］，增加了植被对地表水资源的消耗，间接影响了秦岭地表水资源，同时秦岭相关水利工程的实施直接影响了地表水资源的时空格局，近 50 年人类活动对秦岭的地表水资源影响愈加显著，其对地表水资源变化的贡献接近 50%；太行山地区近 50 年耕地扩张显著，城镇化进程较快，工农业耗水增多，且兴修水利工程，显著影响了该地区的地表水资源变化，人类活动的影响高达 70%，同时由于植被恢复工程的实施，永定河等部分流域植被覆盖存在明显增加趋势，对地表水资源减少也起着重要作用。长白山地区林地覆盖度较高，耕地较少［图 2.13（f）］，同时建立的长白山国家级自然保护区，有效减少了人类活动对该地区地表水资源的影响，但自然保护区内的相关交通、旅游设施修建，引起了局部植被覆盖减少，在一定程度上也会引起地表水资源变化。

对水径流影响最大的是河流水库工程，根据水利部水利水电规划设计总院、长江水利委员会、黄河水利委员会、淮河水利委员会和珠江水利委员会的相关设计资料，长江上游建成的特大型水库约为 80 座，加上其他大型水库总库容 1165 亿 m^3；黄河上游建成的特大型水库 10 座，加上其他大型水库总库容 565 亿 m^3；淮河上游河南境内建成的大型水库 11 座，总库容 178 亿 m^3；珠江上游西江流域建成大型水库 10 座，总库容 414 亿 m^3，这些河流的水库容量分别占该江河年径流量的 27%、102%、63% 和 30%，即平均库容系数 0.555。按照水库调节能力的分类，这些大型水库分别可以对该河流的径流进行季调节、多年调节和年调节。因此，通过水库的调蓄作用，河流汛期的洪水可以被拦蓄，并在汛期之后根据需要利用。这些大型水库的调蓄应用，使得我国河流的水资源保障率得到更大的提升，这个提升的比例正比于上述调节系数，即总体上江河水资源的工程性保障率平均提高 55.5%，相当于增加了该比例的可以利用的水资源总量。水资源保障程度的提高来源于水库的调蓄作用，可以将汛期洪水拦蓄起来，并在后期需要的时候作为有效水资源来供应。洪水的资源化利用率大约为江河水库的库容系数的 2 倍，即对于库容系数 0.2 的季调节水库，洪水的利用率约为 40%。因此对于上述河流水库群，洪水的资源化利用率达到 80% 以上，突出地显示出水利工程的重要作用。

(三)气候变化和人类活动对山地水资源的联合影响

气候变化与人类活动对山地地表水资源的影响存在着联合作用。不同山区自然条件与人类社会存在明显差异，也导致气候变化与人类活动之间的联合作用机制并不一致。青藏高原气候变化与人类活动对地表水资源的联合作用主要通过共同影响其陆地生态系统而实现。作为地球第三极，青藏高原的陆地生态系统主要为草地［图2.13（f)］，一方面其生态系统较为脆弱，受损后需要较长的恢复期，另一方面其对气候变化极为敏感。气候“暖湿化”及相关生态环境工程共同驱动了该地区植被覆盖的增加［图2.13（e)］，并促进了降水转化为蒸散发，因此气候变化与人类活动驱动的植被变绿在一定程度上还会消减气候“暖湿化”对地表水资源的增加效应。秦岭地区气候状况并没有明显的“暖湿化”现象，而该地区植被却显著增加［图2.13（e)］，这表明天保工程及退耕还林工程主导了植被覆盖增加，并在一定程度上增加了植被对水资源的消耗。然而太行山地区近50年来降水呈显著减少趋势，加上该地区耕地扩张，农业灌溉用水需求增大，两者共同导致了该地区地表水资源的显著减少。对于人类活动相对较少的长白山地区，气候变化主导了该地区的地表水资源变化。云贵高原地区气候变化对其地表水资源的年际变化影响较大，但人类活动主要导致了该地区地表水资源的年内分配发生变化。

第六节　中国山地土壤侵蚀与河流泥沙变化

作为我国一项基本国策，近十多年来，水土保持得到进一步加强。2012年1月中央一号文件明确要求搞好生态建设，加强水土保持重点建设工程；同年11月党的十八大报告明确指出，要大力推进生态文明建设，加快水土流失治理。2012年习近平总书记对福建长汀县水土流失治理作出批示，“要总结长汀经验，推动全国水土流失治理工作”。

根据水利部水土流失公报（2011～2021年），以及河流泥沙公报（2011～2021年）数据，本节分析讨论了我国山区土壤侵蚀和河流泥沙变化。

一、山区水土流失现状

2021年，我国水土流失面积267.4万km^2，水力侵蚀110.6万km^2，总面积比2020年减少了0.69%。各个区域的流失面积见表2.3。除北方风沙区和青藏高原西北部外，其他地区都是以水力侵蚀为主，其中西南紫色土区、西南岩湾区和南方红壤区全部为水力侵蚀。从水土流失面积的年度变化看，各区域水土流失均呈现下降趋势，其中中度和强烈侵蚀面积全部下降，变化率在-1.0%～-12%。部分区域轻度侵蚀面积增长是因为原来的中度侵蚀降低为轻度之后产生的。因此，总体来看，我国山区水土流失治理成效显著，水土流失面积和强度呈现双下降趋势。

表 2.3 我国各大区域水土流失面积变化（2021 年）

全国水土保持区划一级区	年份	水土流失面积（km^2）			
		轻度	中度	强烈及以上	合计
东北黑土区	2021	168 812	28 734	16 511	214 057
	2020	163 145	32 305	20 570	216 020
	变化情况	5 667	-3 571	-4 059	-1 963
北方风沙区	2021	737 381	255 359	343 996	1 336 736
	2020	733 936	259 766	346 923	1 340 625
	变化情况	3 445	-4 407	-2 927	-3 889
北方土石山区	2021	139 528	14 129	6 368	160 025
	2020	141 063	14 647	6 793	162 503
	变化情况	-1 535	-518	-425	-2 478
西北黄土高原区	2021	123 957	52 276	29 275	205 508
	2020	124 700	52 059	31 666	208 425
	变化情况	-743	217	-2 391	-2 917
南方红壤区	2021	110 352	12 325	8 002	130 679
	2020	110 579	13 286	8 645	132 510
	变化情况	-227	-961	-643	-1 831
西南紫色土区	2021	99 273	18 419	19 209	136 901
	2020	100 494	18 972	19 312	138 778
	变化情况	-1 221	-553	-103	-1 877
西南岩溶区	2021	118 790	27 162	33 629	179 581
	2020	120 413	27 566	34 001	181 980
	变化情况	-1 621	-404	-372	-2 399
青藏高原区	2021	224 676	36 793	49 259	310 728
	2020	210 767	44 376	56 716	311 859
	变化情况	13 909	-7 583	-7 457	-1 131

从流域来看，与2020 年相比，2021 年代表性的五大河流（长江、黄河、淮河、海河、珠江）水土流失面积都呈现明显下降的特点（表 2.4），水土流失面积下降率在 0.5% ~ 1.5%，且以中度以上侵蚀面积下降更多。从总的侵蚀面积看，长江和黄河是最大的两个主要土壤侵蚀区域，其次是松辽河与西南诸河，海河、太湖流域因为地形比较平缓，流域土壤侵蚀相对较弱。

表 2.4　我国主要江河流域侵蚀面积变化（2021 年）

全国水土保持区划一级区	年份	水土流失面积（km^2）			
		轻度	中度	强烈及以上	合计
长江流域	2021	251 423	41 781	39 409	332 613
	2020	250 910	44 254	41 786	336 950
	变化情况	513	-2 473	-2 377	-4 337
黄河流域	2021	170 263	57 196	31 875	259 334
	2020	167 940	59 690	35 042	262 672
	变化情况	2 323	-2 494	-3 167	-3 338
淮河流域	2021	18 828	847	283	19 958
	2020	19 181	953	379	20 513
	变化情况	-353	-106	-96	-555
海河流域	2021	62 671	1 841	1 164	65 676
	2020	63 503	2 041	1 291	66 835
	变化情况	-832	-200	-127	-1 159
珠江流域	2021	57 041	11 784	10 033	78 858
	2020	57 615	12 038	10 275	79 928
	变化情况	-574	-254	-242	-1 070
松辽河流域（片）	2021	208 074	37 484	20 076	265 634
	2020	202 847	41 006	24 223	268 076
	变化情况	5 227	-3 522	-4 147	-2 442
太湖流域	2021	658	91	44	793
	2020	639	95	34	768
	变化情况	19	-4	10	25
西南诸河流域	2021	83 526	16 769	22 518	122 813
	2020	83 454	17 504	22 702	123 660
	变化情况	72	-735	-184	-847

二、近十年水土流失变化

近十年（2012～2021 年）来，我国迈入生态建设快车道，水土保持得到大力加强，通过生态恢复、天然林保护、农田水利和专项水土保持工程措施，坡地侵蚀显著减弱，流域土壤侵蚀和河流泥沙大为减少。2010 年，我国水土流失面积总计约 300 万 km^2，其中 115 万 km^2 为山区的水力侵蚀，山区因此成为水土流失治理的重点区域。2012～2021 年的十年期间，每年治理重要水土流失面积 8 万 km^2，十年累计治理水土流失面积约 80 万 km^2，水土流失面积年均减少 0.6%～0.8%；减少水土流失面积约 27.5 万 km^2，占水力侵蚀总面积的23%。

由于水利部公告的各个区域侵蚀数据2015年前后系列的统计方法不一致，2014年和之前是按照流域侵蚀总量发布的，这个数据是根据河流输沙量和输移比反推出来的；而2015年及其之后是按照流域侵蚀面积发布的，两者不具有对比性。为了便于前后期对比，我们采用各个流域的河流泥沙输沙量的对比方法，该数据系列十年前后是统一的。

根据2021年的河流泥沙公报数据，得到以上各个主要江河的输沙量如表2.5所示。为了能够体现山区河流的特点，这里选取的我国主要江河的控制站都是在上游，这些地区也是典型的山区，因此表2.5中的数据代表的是山区河流的特点。

表2.5 我国主要江河年输沙量（2012～2021年） （单位：万t）

年份	长江宜昌	黄河潼关	淮河鲁台子	珠江梧州	黑河莺落峡	闽江竹岐	合计
2012	4 270	20 600	90.8	898	165	166	28 201.8
2013	3 000	30 500	49.4	1 092	134	40.9	36 829.3
2014	940	6 910	148	1 560	84.7	164	11 820.7
2015	370	5 500	224	2 040	27.4	108	10 284.4
2016	850	10 800	440	1 900	40.4	475	16 521.4
2017	330	13 000	292	2 500	53.5	83.4	18 275.9
2018	3 620	37 300	211	606	66.1	40.5	43 861.6
2019	880	16 800	19.6	1 800	36.8	526	22 081.4
2020	4 680	24 000	266	1 640	42.4	88.5	32 736.9
2021	1 110	17 100	804	396	3.3	126	21 560.3
平均							24 217.37

由2021年的主要江河输沙量观察，其年输沙量比十年平均值（表2.5最后一行）降低了11%，比2012年减少了24%，减少幅度显著。其中长江、黄河、珠江上游的输沙量低于近十年的平均输沙量，其他河流的输沙量低于多年平均输沙量。由于流域侵蚀量与河流输沙量呈线性关系，说明我国主要山区流域的侵蚀量有同样比例的下降，也即是说，2021年的流域侵蚀量比十年前降低了24%，特别是长江、黄河和珠江上游山区的水土流失降低明显。

三、近十年山区河流的输沙量变化

（一）长江上游（西南山区）

以长江上游末端的宜昌站为控制性水文站，分析长江流域山区河流输沙量变化特征。宜昌站控制面积101万km^2，占全流域面积的58.9%，是长江流域主要侵蚀产沙区，多年平均径流量4330亿m^3，多年平均输沙量3.76亿t。近十年输沙量变化过程显示（图2.14），2012～2021年宜昌站平均输沙量为2010万t。其中，最小值为2017年的330

万 t，最大值为 2020 年的 4680 万 t。从近十年的宜昌站输沙量变化看，长江上游的输沙量保持在 1 亿 t 以下。2021 年宜昌站输沙量为 1110 万 t，与近十年平均值比较，年输沙量偏小 45%。在输沙量减少的同时，宜昌站含沙量也呈现降低的趋势，近十年来，宜昌站年平均含沙量为 0. 043 kg/m^3，与多年平均含沙量 0. 87 kg/m^3 相比，减少 95%，其中 2017 年仅为 0. 007 kg/m^3。

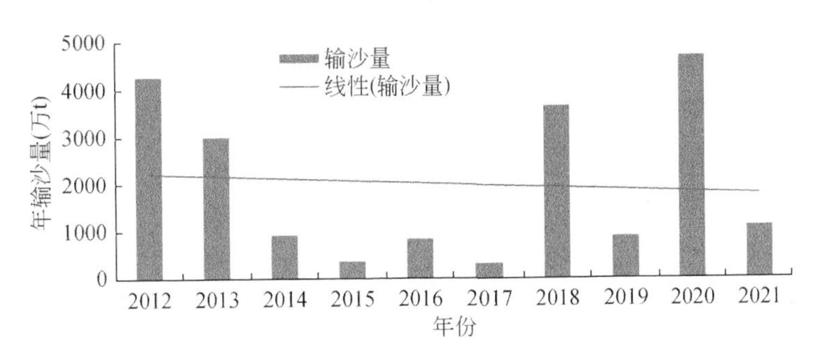

图 2. 14　长江上游宜昌站径流输沙量变化

（二）黄河上游（西北山区）

以黄土高原末端的潼关站为控制性水文站，分析黄河流域山区河流输沙量变化特征。潼关站控制黄河 91% 的流域面积、90% 的径流量和几乎全部泥沙。近十年输沙量变化过程显示（图 2. 15），2012 ~ 2021 年潼关站平均输沙量为 1. 83 亿 t。其中，2015 年输沙量为近百年最低点 0. 55 亿 t；但 2013 年和 2018 年输沙量均达到 3 亿 t 以上，分别为 3. 05 亿 t 和 3. 73 亿 t，分别较 2001 ~ 2018 年均值增加 20% 和 53%，为近年来的典型“大沙”年份。2013 年输沙量大幅增加主要是黄河中游长历时暴雨导致渭河下游及泾河河道泥沙冲刷所致；而 2018 年主要是万家寨、龙口水利枢纽工程利用干流大流量联合排沙致使库区泥沙大量冲刷下泄所致。总体来看，近期黄河上游的输沙量保持在 3 亿 t 以下。近十年来，潼关站年平均含沙量为 5. 72 kg/m^3，与多年平均含沙量 27. 5 kg/m^3 相比，减少 79. 2%，其中 2015 年含沙量仅为 2. 79 kg/m^3。

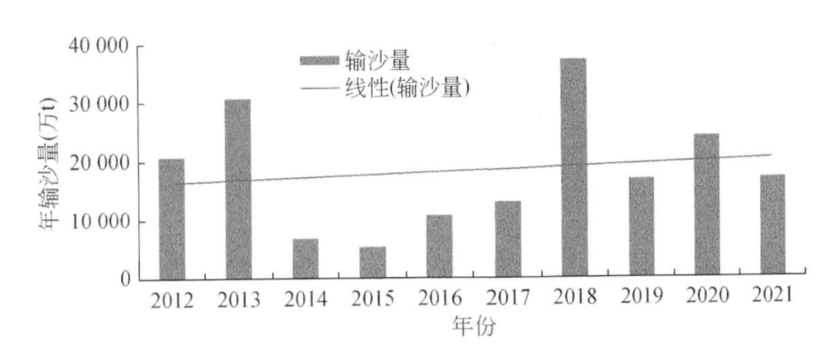

图 2. 15　黄河上游潼关站径流输沙量变化

（三）淮河上游（华中山区）

以淮河上游息县站为控制性水文站，分析淮河流域山区河流输沙量变化特征。息县水文站集水面积 10 194 km^2，多年平均降水量 800 ~ 1400 mm，多年平均径流深约 371 mm，流域内主要土地利用类型为旱地、林地、水田和灌木丛。淮河上游平均土壤侵蚀量 1.08 亿 t，属于水田流失较为严重的区域。近十年输沙量变化过程显示（图 2.16），2012 ~ 2021 年息县站平均输沙量为 61.1 万 t，其中，最小值为 2019 年的 2.47 万 t，最大值为 2017 年的 139.0 万 t。进入 2000 年后，息县站输沙量呈显著下降趋势，但 2012 年后表现为略有增加，这一趋势与流域内径流量变化相一致，说明淮河上游水沙变化主要受到地理环境的影响，尤其是气候和降水。息县站含沙量的变化趋势与输沙量不一致，表现为显著的降低趋势，近十年来，息县站年平均含沙量为 0.22 kg/m^3，与多年平均含沙量 0.53 kg/m^3 相比，减少 58.5%，其中 2019 年含沙量仅为 0.03 kg/m^3。

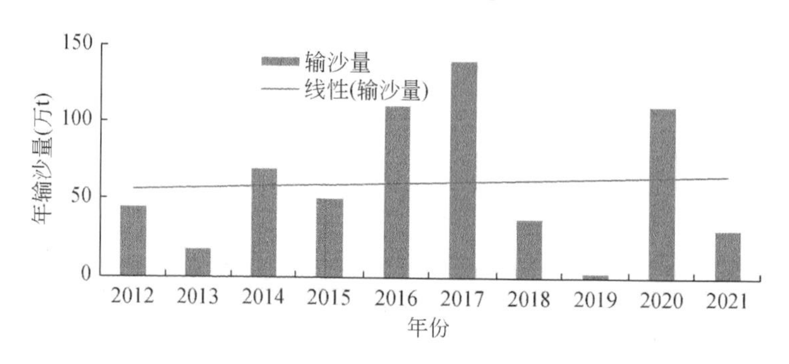

图 2.16　淮河上游息县站径流输沙量变化

（四）珠江上游（东南山区）

以珠江主干流西江的重要控制站梧州站为控制性水文站，分析珠江流域山区河流输沙量变化特征。梧州站位于西江下游，集水面积 32.7 万 km^2，占西江流域总集水面积的 92.6%，分析梧州站泥沙变化特征，对了解珠江流域山区水库建设后对泥沙变化的影响有着重要意义。近十年输沙量变化过程显示（图 2.17），2012 ~ 2021 年梧州站平均输沙量为 1443 万 t，其中，最小值为 2021 年的 396 万 t，最大值为 2017 年的 2500 万 t（当年遭遇自 2008 年以来最大洪水）。结合近 60 年输沙量的变化来看，西江中上游输沙量呈显著下降趋势，并具有持续性，气候变化是造成流域输沙量年际波动的主要原因，但人类活动，主要表现在水库修建、水土保持工程等，是造成流域输沙量减少的主要因素。在输沙量减少的同时，梧州站含沙量也呈现降低的趋势，近十年来，梧州站年平均含沙量为 0.07 kg/m^3，与多年平均含沙量 0.26 kg/m^3 相比，减少 73.1%，其中 2008 年和 2021 年含沙量为 0.03 kg/m^3。

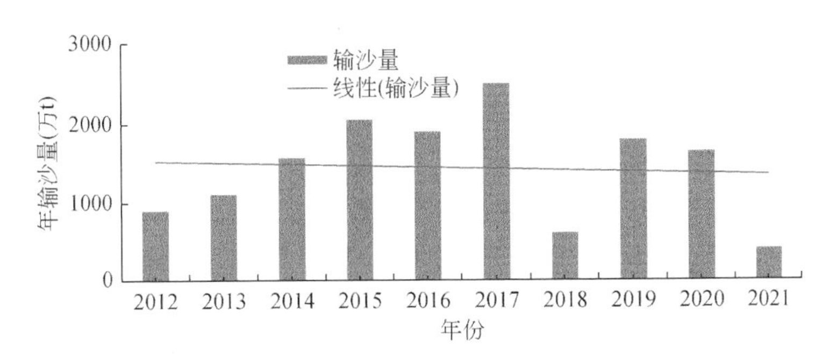

图 2.17 珠江上游（西江）梧州站径流输沙量变化

（五）黑河上游（西北山区）

黑河流域是中国第二大内陆河流域，是河西走廊绿洲赖以生存和社会经济发展的重要水资源基地，其上游山区的径流泥沙变化对中下游地区的社会经济发展和生态环境演变有着举足轻重的影响。以上游控制站莺落峡站为控制性水文站，分析黑河流域山区河流输沙量变化特征。莺落峡水文站集水面积 10 009 km^2，多年平均气温不足 2℃，年降水量 350 mm，多年平均输沙量 2.08×10^6 t，是流域主要产流产沙区。近十年输沙量变化过程显示（图 2.18），2012～2021 年莺落峡站平均输沙量为 65.36 万 t，其中，最小值为 2021 年的 3.3 万 t，最大值为 2012 年的 165.0 万 t。黑河上游输沙量年际变化剧烈，莺落峡水文站在 2001 年和 2012 年变化最为剧烈，输沙量显著降低。黑河上游输沙量的变化与人类活动密切相关，水库建设导致泥沙淤积是莺落峡水文站输沙量减少的主要原因，其中龙首水库于 2001 年投入运行，黑河上游干流库容最大的宝瓶水电站建于 2011 年。在输沙量减少的同时，莺落峡站含沙量也呈现降低的趋势，近十年来，莺落峡站年平均含沙量为 0.32 kg/m^3，与多年平均含沙量 1.15 kg/m^3 相比，减少 72.2%，其中 2021 年含沙量仅为 0.02 kg/m^3。

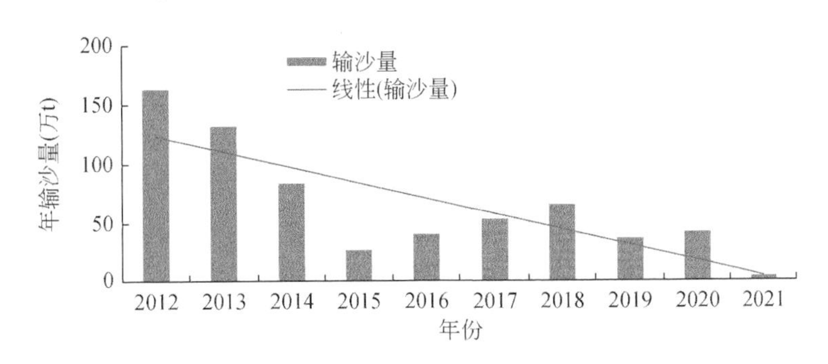

图 2.18 黑河上游莺落峡站径流输沙量变化

（六）辽河上游（东北山区）

辽河是中国七大河流之一，是一条典型的北方河流。以干流铁岭站为控制性水文站，分析辽河流域山区河流输沙量变化特征。铁岭水文站集水面积120 764 km^2，多年平均径流量29.7亿m^3，多年平均输沙量473.7万t。近十年输沙量变化过程显示（图2.19），2012～2021年铁岭站平均输沙量为99.7万t，其中，最小值为2015年的11.2万t，最大值为2013年的267.0万t。整体来看，辽河上游输沙量具有年际变幅大的特征，输沙量与径流量关系密切。辽河泥沙主要来源是老哈河水库以下河段、西拉木伦河、柳河，具有水沙同频的特点。虽然近十年铁岭站输沙量呈不显著上升趋势，但相比于多年平均含沙量来说，近年来其含沙量还是有显著的降低，近十年其年均含沙量为0.37 kg/m^3，相比多年平均含沙量3.47 kg/m^3，减少89.3%。

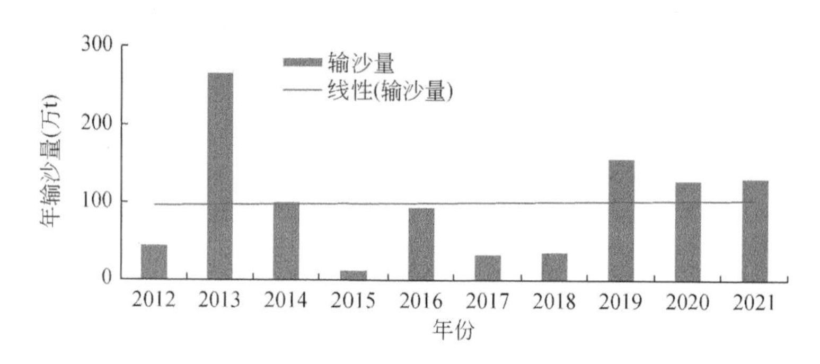

图2.19　辽河上游铁岭站径流输沙量变化

四、近十年山区河流的含沙量变化

（一）河流含沙量变化

不同区域山区河流输沙量变化存在一定差异（表2.6），2012年以来表现出轻微的上升或下降，但变化都不大，而如果从河流水体的含沙量来看，近十年的含沙量呈现下降趋势。从历史长序列（近30年）来比较，无论是输沙量还是含沙量都呈现显著的下降趋势。

表2.6　主要山区河流含沙量变化（2012～2021年）

河流	水文站	多年平均输沙量（万t）	多年平均含沙量（kg/m^3）	近十年平均输沙量（万t）	近十年平均含沙量（kg/m^3）	2021年输沙量（万t）	2021年含沙量（kg/m^3）	近十年变化趋势
长江	宜昌站	37 600	0.869	2 010	0.22	1 110	0.024	显著下降
黄河	潼关站	92 100	27.5	18 251	5.11	17 100	4.33	显著下降
淮河	息县站	191	0.532	61.1	0.15	30.2	0.079	显著下降
珠江西河	梧州站	5 280	0.260	1 440	0.08	396	0.029	显著下降
黑河	莺落峡站	193	1.15	102	0.25	3.30	0.024	显著下降
辽河	铁岭站	992	3.47	99.7	0.66	131	0.365	显著下降
合计/平均		136 356	5.630	21 963.8	1.078	18 770.5	0.808 5	系统减少

从表2.6的统计数据可以看出，我国山区河流的径流含沙量出现了系统性的下降，2021年的平均含沙量与多年平均含沙量相比，下降幅度从50%到95%；与2012年平均含沙量相比，2021年的主要江河含沙量也减少了44%。归纳我国山区河流泥沙的变化情况，我国江河普遍出现了泥沙含量减少（图2.20）、河流输沙量降低的特点，特别是原来的多沙的黄河水显著变清，长江中下游出现清水下泄情况。江河输沙量降低将会对河流演变和江河防汛产生重要的影响。

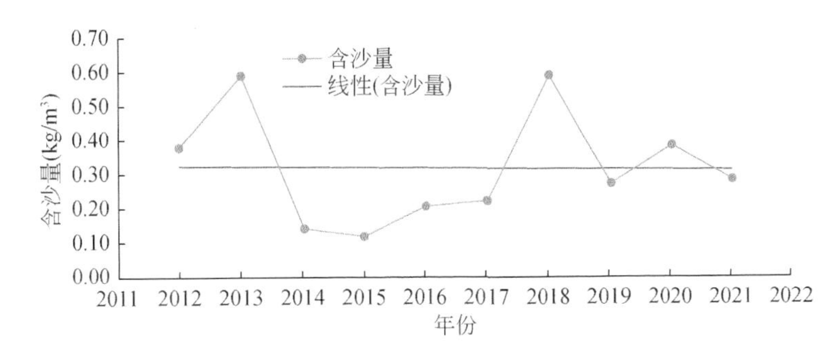

图2.20　重点山区河流平均含沙量变化

（二）泥沙变化原因

影响流域侵蚀产沙和泥沙输移的因素可分为自然和人为两个方面。其中自然因素中的地质地貌、土壤植被等条件相对稳定，对侵蚀产沙变化影响较小，而自然因素中的气候变化和人类活动下的水土保持工程、水利工程、河道采砂等是流域侵蚀产沙和输沙量变化的重要因素。

以下以长江上游的水沙变化为例，分析影响河流输沙量的主要因素。

1. 气象条件变化

降水是造成水土流失的直接动力和主要气候因子，长江上游67个气象站的降水资料显示，整个长江上游地区年降水量近50年呈现下降趋势，尤其是屏山站以下流域秋季降水量显著减少，这都将导致流域土壤侵蚀量减少，从而减少流域产沙量。嘉陵江流域研究结果表明，在地表下垫面保持不变的情况下，近50年单纯由气象条件导致的嘉陵江流域径流总量减少约3.59%，输沙总量减少约5.14%，气象条件变化对嘉陵江流域径流减少的贡献率为23.8%，对输沙量减少的贡献率仅为8.2%。

2. 水利工程拦沙

上游干支流已建的大型水库通过拦蓄粗砂，减少了河道输沙量，大型水利工程是近期金沙江流域泥沙减少的主要原因，2013年向家坝站输沙量仅为203万t，同期径流为1106亿m^3，相比2003~2012年径流量和输沙量均值分别减少了20%和99%，这主要是受溪洛渡水电站蓄水的影响。2013年5月溪洛渡水电站开始初期蓄水，向家坝水电站也于2012年10月初开始蓄水，2013年汛末进行二期蓄水，水库初期蓄水，将上游泥沙拦截并蓄积在水库中，从而导致向家坝站沙量大幅减少。据统计，截至20世纪80年代末，乌江流域内已建成各类水库1630座，总库容44.06亿m^3，水库年均拦沙约3260万t，其中乌江渡在1980~1985年年均淤沙约2310万t，1986~1993年年均淤沙1500万t，1994年东风电站开始蓄水后，乌江渡入库沙量大幅减少，年均拦沙仅13万t。1991~2004年干流修建的东风电站、普定电站、引子渡电站、洪家渡电站等，总库容达69.19亿m^3，年均拦沙量约2170万t，其中，东风电站年均拦沙量1320万t，洪家渡电站年均拦沙量600万t。

3. 水土保持减沙

20世纪80年代，长江上游地区严重的水土流失状况引起了社会的广泛关注，先后启动的“长江上游水土保持重点防治区”治理工程、“天然林资源保护工程”和“退耕还林”林业重点水土工程，对减少流域产沙量效果显著。随着三大工程的长期实施，和“长江上游生态屏障建设”工程的进一步推进，长江上游地区土壤侵蚀和水土流失状况得到持续改善，长江上游流域产沙量将进一步降低。金沙江下游早在1989年就被列入长江上游水土保持重点治理区，1990年之后多年的治理取得了成效。据初步估计，金沙江下游“长治”工程年均减沙量220.30万t，对减少长江泥沙作出了贡献。到2020年，长江上游水力侵蚀面积为20.54万km^2，约占长江上游地区总面积的20.4%，较2000年降低11.87万km^2，下降36.6%。流域以轻度侵蚀为主，面积为14.55万km^2，约占总侵蚀面积的70.82%，中度、强烈侵蚀面积分别为3.05万km^2、1.66万km^2，较2000年分别大幅下降78.57%和67.1%，侵蚀强度已由2000年的中度侵蚀下降到2020年的轻度侵蚀。

长江上游1990年之后河流输沙量明显减少，宜昌站的年输沙量从20世纪80年代前的年均5.3亿t到21世纪初的不足3亿t，再到现在的不足1亿t，原因是复杂的。就人类活动而言，干支流的大型水利水电工程，星罗棋布的大中小型水库和塘堰，近20多年来开展的水土保持和生态修复工程，大规模的公路建设都对长江上游主要干支流的输沙量的减少有重要的贡献，其中水利水电工程、城镇和公路等工程建设往往有增加河流泥沙的短期效应。粗略估计，“长治”工程减沙量约占长江上游河流输沙减少量的1/4。

参考文献

白红英，侯钦磊，马新萍，等.2012.50年来秦岭金钱河流域水文特征及其对降水变化的响应.地理科学，32（10）：1229-1235.

蔡超琳.2021.基于多源数据的中国生态系统研究网络（CERN）典型生态系统植被变化趋势及其影响因素识别.上海：华东师范大学硕士学位论文.

曹振宇.2019.穆棱河流域上游径流年内分配特性.水电能源科学，37（1）：21-25.

陈德亮，徐柏青，姚檀栋，等.2015.青藏高原环境变化科学评估：过去、现在与未来.科学通报，60（32）：3025-3035，1-2.

陈伏龙，王京，杨广，等.2010.紫荆关流域降雨径流变化趋势的分析.石河子大学学报（自然科学版），28（1）：101-105.

陈国阶.2002.对建设长江上游生态屏障的探讨.山地学报，20（5）：536-541.

陈俊成，李天宏.2019.中国生态系统服务功能价值空间差异变化分析.北京大学学报（自然科学版），55（5）：951-960.

陈星，周成虎.2005.生态安全：国内外研究综述.地理科学进展，24（6）：8-20.

杜勇，李建柱，牛凯杰，等.2021.1982—2015年永定河山区植被变化及对天然径流的影响.水利学报，52（11）：1309-1323.

樊杰 . 2015. 中国主体功能区划方案 . 地理学报，70（2）：186-201.
樊艺，赵牡丹，王建 . 2022. 秦巴山区增强植被指数长时间序列变化及其自然影响因素分析 . 生态与农村环境学报，38（6）：733-743.
方精云 . 2004. 探索中国山地植物多样性的分布规律 . 生物多样性，12（1）：1-4.
冯川玉，李陈彧，周志浩，等 . 2022. 青藏高原降水变化特征及趋势分析 . 水文，42（1）：75-79.
谷桂华，李学辉，余守龙，等 . 2020. 气候变化和人类活动对南盘江上游径流的定量影响 . 人民珠江，41（2）：21-27.
国家林业和草原局，国家发展和改革委员会，自然资源部，等 . 2021. 北方防沙带生态保护和修复重大工程建设规划（2021—2035 年）. 北京：国家林业和草原局，国家发展和改革委员会，自然资源部 .
洪步庭，任平，苑全治，等 . 2019. 长江上游生态功能区划研究 . 生态与农村环境学报，35（8）：1009-1019.
环境保护部 . 2010. 关于印发《中国生物多样性保护战略与行动计划》（2011—2030 年）的通知 . 北京：环境保护部 .
柯新月，汪妮 . 2019. 秦岭南北典型流域径流变化规律的对比研究 . 西安理工大学学报，35（4）：452-458.
李雪，李运刚，何娇楠，等 . 2016. 1956—2013 年元江–红河流域径流变化及其影响因素分析 . 资源科学，38（6）：1149-1159.
李玉平，韩添丁，沈永平，等 . 2018. 天山南坡清水河与阿拉沟流域径流变化特征及其对气候变化的响应 . 冰川冻土，40（1）：127-135.
梁小青，纪昌明，俞洪杰，等 . 2019. 1962 年—2015 年堵河流域径流变化特征分析 . 水力发电，45（1）：4-8，31.
刘亚群，吕昌河，傅伯杰，等 . 2021. 中国陆地生态系统分类识别及其近 20 年的时空变化 . 生态学报，41（10）：3975-3987.
孟浩斌，周启刚，李明慧，等 . 2021. 三峡库区生态系统服务时空变化及权衡与协同关系研究 . 生态与农村环境学报，37（5）：566-575.
米湘成，冯刚，张健，等 . 2021. 中国生物多样性科学研究进展评述 . 中国科学院院刊，36（4）：384-398.
朴世龙，张宪洲，汪涛，等 . 2019. 青藏高原生态系统对气候变化的响应及其反馈 . 科学通报，64（27）：2842-2855.
申滔滔，任政，颜金玲，等 . 2021. 基于 Budyko 假设的匡门口流域径流变化归因分析 . 水利科技与经济，27（3）：48-52.
舒媛媛，李娜，周维博 . 2015. 灞河流域近 50 年径流量变化特征分析 . 水资源与水工程学报，26（1）：102-105.
孙凡博，余凤，赵春子 . 2019. 图们江干流流域气候因素对径流影响变化分析 . 安徽农业科学，47（21）：1-4.
孙鸿烈 . 2008. 长江上游地区生态与环境问题 . 北京：中国环境科学出版社 .
孙鸿烈，郑度，姚檀栋，等 . 2012. 青藏高原国家生态安全屏障保护与建设 . 地理学报，67（1）：3-12.
汤秋鸿，兰措，苏凤阁，等 . 2019. 青藏高原河川径流变化及其影响研究进展 . 科学通报，64（27）：2807-2821.
汪雪格，胡俊，吕军，等 . 2017. 松花江流域 1956—2014 年径流量变化特征分析 . 中国水土保持，10：61-65，72.
王建，赵牡丹，李健波，等 . 2021. 基于 MODIS 时序数据的秦巴山区生态环境质量动态监测及其驱动力分析．山地学报，39（6）：830-841.
王盛，李文静，王金凤．2020. 滹沱河上游径流演变及其影响因素分析．甘肃农业大学学报，55（3）：162-169.
王小丹，程根伟，赵涛，等．2017. 西藏生态安全屏障保护与建设成效评估．中国科学院院刊，32（1）：29-34.
王耀，张昌顺，刘春兰，等．2019. 三北防护林体系建设工程区森林水源涵养格局变化研究．生态学报，39（16）：5847-5856.
王一冰，谢先红，施建成，等．2021. 多源降水数据驱动下青藏高原径流集合模拟．科学通报，66（32）：4169-4186.
吴绍洪，戴尔阜，黄玫，等．2007. 21 世纪未来气候变化情景（B2）下我国生态系统的脆弱性研究．科学通报，52（7）：811-817.
向燕芸，陈亚宁，张齐飞，等．2018. 天山开都河流域积雪、径流变化及影响因子分析．资源科学，40（9）：1855-1865.
肖杨，周旭，蒋啸，等．2021. 降水和人类活动对乌江上游径流变化的影响分析．水资源与水工程学报，32（3）：91-98.
谢高地，张彩霞，张昌顺，等．2015. 中国生态系统服务的价值．资源科学，37（9）：1740-1746.
徐卫华，欧阳志云，黄璜，等．2006. 中国陆地优先保护生态系统分析．生态学报，26（1）：271-280.
杨光明，桂青青，陈也，等．2021. 基于灰色关联理论的三峡库区 2015–2019 年生态安全时空演变特征研究．水土保持通报，41（5）：348-356.
杨凯祥，刘强，李秀红，等．2021. 三峡库区土壤侵蚀和植被覆盖变化分析．北京师范大学学报（自然科学版），57（5）：631-638.
张慧，李忠勤，牟建新，等．2017. 近 50 年新疆天山奎屯河流域冰川变化及其对水资源的影响．地理科学，37（11）：1771-1777.
张建云，刘九夫，金君良，等．2019. 青藏高原水资源演变与趋势分析．中国科学院院刊，34（11）：1264-1273.
赵东升，吴绍洪．2013. 气候变化情景下中国自然生态系统脆弱性研究．地理学报，68（5）：602-610.
郑轩，杨荣华，王强．2013. 三峡库区生态屏障区建设探讨．人民长江，44（15）：73-76.
钟祥浩．2008. 中国山地生态安全屏障保护与建设．山地学报，26（1）：2-11.
钟祥浩，刘淑珍．2016. 山地环境理论与实践．北京：科学出版社．
朱教君，郑晓．2019. 关于三北防护林体系建设的思考与展望——基于 40 年建设综合评估结果．生态学杂志，38（5）：1600-1610.
祖奎玲，王志恒．2022. 山地物种海拔分布对气候变化响应的研究进展．生物多样性，30（5）：123-137.
Bian J H，Li A L，Lei G B，et al. 2020. Global high-resolution mountain green cover index mapping based on Landsat images and Google Earth Engine. ISPRS Journal of Photogrammetry and Remote Sensing，162：63-76.
Hu J，Ma J，Nie C，et al.2020. Attribution analysis of runoff change in Min-Tuo River Basin based on SWAT model simulations，China. Scientific Reports，10（1）：2900.
Liang E，Wang Y，Eckstein D，et al. 2011. Little change in the fir tree-line position on the southeastern Tibetan Plateau after 200 years of warming. New Phytologist，190（3）：760-769.
Liang E，Wang Y，Piao S，et al. 2016. Species interactions slow warming-induced upward shifts of treelines on the Tibetan Plateau. Proceedings of the National Academy of Sciences of the United States of America，113（16）：4380-4385.
Mi X C，Feng G，Hu Y B，et al. 2021. The global significance of biodiversity science in China：an overview.

National Science Review, 8: nwab032.

Runting R K, Bryan B A, Dee L E, et al. 2017. Incorporating climate change into ecosystem service assessments and decisions: a review. Global Change Biology, 23 (1): 28-41.

Viviroli D, Dürr H H, Messerli B, et al. 2007. Mountains of the world, water towers for humanity: typology, mapping, and global significance. Water Resources Research, 43 (7): W07447.

Wang Y F, Liang E Y, Lu X M, et al. 2021. Warming induced shrubline advance stalled by moisture limitation on the Tibetan Plateau. Ecography, 44 (11): 1631-1641.

Zhang L, Su F, Yang D, et al. 2013. Discharge regime and simulation for the upstream of major rivers over Tibetan Plateau. Journal of Geophysical Research: Atmospheres, 118 (15): 8500-8518.

第三章　中国山地灾害与山区安全

山地灾害防控与山区安全是我国全面建设社会主义现代化强国的重要组成部分，事关更高水平的平安中国建设的成败，事关人民生命财产安全与社会和谐稳定。党的十八大以来，习近平总书记提出了防灾减灾救灾“两个坚持、三个转变”的重要理念，亲自推动自然灾害防治工作，要求精准治理自然灾害，全面提升灾害风险防范能力。《中华人民共和国国民经济和社会发展第十四个五年规划和2035年远景目标纲要》明确提出面向服务国家重大战略、实施川藏铁路、西部陆海新通道、国家水网、雅鲁藏布江下游水电开发等重大工程，更多的重大工程日趋部署在灾害易发、多发和风险较高的高原山地。在当前气候变化条件和人类活动共同作用下，山地灾害的频率和规模有增大趋势，减轻山地灾害风险和损失是山区建设和发展面临的巨大挑战。

近十年来，国内外对山地灾害的研究已从单灾种的研究发展到复合型、多过程的灾害链的研究，从不同灾种的分散研究逐渐形成了山地灾害学的系统研究。崔鹏等（2018）从学科角度提出了山地灾害学。山地灾害学是研究具有明显重力梯度山地环境中各种可能成灾的物质运动现象的形成、分布、运动及成灾规律，各种现象之间的内在联系、相互作用、相互转化、链生过程及其灾害效应，以及为了减灾所采用的获取动态信息、调控物质运动与能量转化技术方法的科学。

中国科学院与高校、国土、水利、地矿、交通等部门对山地灾害开展了系统性研究，立足我国经济发展水平和灾害国情，构建了包括灾害调查评价、应急处置、工程治理和综合治理的相对完备的山地灾害防控体系。面向重大基础设施与城镇规划建设和发展，建立了不同类型灾害的多尺度山地灾害风险定量评估方法，创建了山地灾害学理论框架，提出了山地灾害综合减灾的系统解决方案，形成了一套以人为本的中国特色社会主义的防灾减灾管理体制。国家基本建成了覆盖全国的灾害监测预警和应急管理体系，气象灾害预警信息的公众覆盖率达到92.7%，初步实现了“三个转变”的要求；成功应对了诸如2013年芦山地震、2017年九寨沟地震、2018年金沙江白格堰塞湖和雅鲁藏布江色东普堰塞湖、2022年泸定地震等特大灾害事件，灾害应急处置更高效、因灾损失进一步降低。统计数据表明，我国山地灾害数量呈持续下降趋势，因灾伤亡人数显著下降，“十三五”期间山地灾害造成的人员伤亡比“十一五”期间减少了77.4%，有效地保障了山区城镇人民群众生命安全。

第一节　中国山地灾害分布规律与活动特征

一、山地灾害类型及成灾特征

山地灾害主要是指发生在山区（山地和丘陵区）地球表层，对人类社会、生态环境和自然资源等构成威胁及不利影响的自然现象和人为事件的总称（王士革等，2005）。山地灾害的物理本质是水土物质在重力驱动下沿地球表面运动的现象。

山地灾害的类型可以根据灾害的物质组成、地形条件和运动状态来划分。物质组成反映灾害的基本物理性质，地形条件代表其运动的能量条件，不同的地表过程具有不同的形成条件和运动特征，表现出不同的力学性质与破坏特点。据此，山地灾害的分类如表 3.1 所示。

表 3.1　山地灾害主要类型及其分类指标

山地灾害类型	物质组成	地形条件	运动特征		
			运动方式	速度（m/s）	距离（km）
泥石流	水土充分混合，含水量一般为 20% ~80%	坡度一般在 14° ~30°	流动、紊流、层流	一般为 1.0 ~ 10.0	一般为 10.0 ~ 100.0
山洪	以水为主，含水量 >80%	坡度大多在 5° ~25°	流动、紊流	常见速度为 5.0 ~ 15.0	一般为 10.0 ~ 100.0
滑坡	岩土体固体物质含量 >60%	最集中发生坡度为 20° ~40°	滑动为主	一般为 10.0 ~ 30.0	最大可达 10.0
崩塌	固体物质（岩土）含量 >60%	坡度一般在 45°以上	倾倒、坠落、滚动、跳动	一般为 1.0 ~ 20.0	一般<1.0
碎屑流	固体为主（包括冰雪、岩土），规模>10^6 m^3	多发生在地势高差大、坡降大的山区	主体为流动，启动同滑坡、崩塌	速度多超过 30.0	最大可达 20
雪崩	含固态水，固态水含量 >50%	多发生在海拔 4000 m 以上，坡度 30° ~45°	滑动、滚动、跳动、流动	一般为 1.0 ~ 40.0	最大可达 10
冰湖溃决	液态水为主，有一定固态水（冰）含量，含水量>80%	多发生在海拔 3500 m 以上	流动、紊流为主，有时转化为泥石流	常见速度为 1.0 ~ 15.0	最大可达 20
灾害链	不同阶段和不同灾种，存在相应的上述灾种物质组成	多集中在高陡地形、狭窄河道	大范围淹没、冲刷为主	溃决洪水一般为 5.0 ~ 20.0	一般小于 100

山地灾害的主要类型有：泥石流、山洪、滑坡、崩塌（含落石）、碎屑流、雪崩、冰湖溃决及复合型山地灾害链等（王士革等，2005；钟敦伦和谢洪，2014）。其中，泥石流

是一种介于滑坡和水流之间的含泥、沙和石块的固液两相流（康志成，1987；唐邦兴和章书成，1992；胡凯衡等，2010；马东涛，2010），具有暴发突然、运动快速、历时短暂等活动特点（图3.1）。山洪是发生在山区溪流中的快速、强大的地表径流现象（徐在庸，1981）（图3.2）。滑坡是指斜坡上的岩土体在重力作用下，沿着一定的软弱面或者软弱带整体或分散地顺坡向下滑移的现象（乔建平等，2005；许强等，2017）（图3.3）。崩塌是指较陡斜坡上的岩土体在重力作用下突然脱离山体崩落、滚动，堆积在坡脚（或沟谷）的现象（李秀珍等，2016）（图3.4）。碎屑流特指在高陡、高寒、高位能环境下形成的冰崩、崩塌和滑坡等具有高速、远程特征的物质流动（李秀珍等，2017）（图3.5）。雪崩是指在高寒地区特有的大量的积雪沿沟槽或斜坡的快速崩落或者滑动的灾害现象（易朝路和崔之久，1994；Wang et al.，2020）（图3.6）。冰湖溃决是指冰湖在一定的条件下快速释放大量的湖水，形成溃决洪水的现象（Richardson and Reynolds，2000；Nie et al.，2010；Veh et al.，2018），是一种冰冻圈的链生山地灾害（图3.7）。复合型山地灾害链是指在一种山地灾害发生后，引起其他种类山地灾害也相继或滞后发生的灾变现象，如滑坡→堰塞湖→溃决洪水灾害链和冰湖溃决→洪水→泥石流灾害链等（陈晨等，2015；Wang et al.，2020；Chen et al.，2021；Nie et al.，2021）。

图3.1 2010年“8·8”特大泥石流后的三眼峪与罗家峪及舟曲县城

图3.2 2020年四川省凉山州冕宁县曹古河山洪灾害

图 3.3　2018 年 10 月 11 日金沙江上游西岸白格滑坡

图 3.4　2009 年 6 月 5 日重庆市武隆鸡尾山崩塌

图 3.5　2008 年“5·12”汶川地震激发的成都彭州谢家店子崩滑-碎屑流

图 3.6　2021 年 4 月新疆山地雪崩掩埋公路

图 3.7　冰湖溃决灾害

（a）、（b）2020 年西藏嘉黎金乌错溃决破坏下游道路和桥梁；（c）、（d）2022 年巴基斯坦 Shisper 冰湖溃决冲毁下游桥梁

二、山地灾害成灾条件及分布规律

（一）山地灾害的形成条件及活动特征

山地灾害的形成是物质（含固相物质和液相物质）条件和能量（含固相物质的能量

和液相物质的能量）条件以一定形式组合的结果。

1. 山地灾害孕灾环境条件

（1）地形地貌格局：地貌条件是山地灾害形成发展的必要背景条件，并且是相对稳定、变化缓慢的本底条件；地貌条件制约着山地灾害的形成和运动，影响着山地灾害的规模和特性，对成灾致灾都有重要的作用。山地灾害一般发生在山高谷深坡陡的山区，相对高差大、沟床比降大、有利于集中地表径流搬运物质及有效临空面的形成。无论松散固相物质的重力，还是地表径流的水动力与地下径流的渗透力、静水压力，均是地球重力场不同类型力的表现形式，地形高差可以反映其值的大小。一个流域或区域，其绝对高度越大，松散固相物质的位（势）能、地表水和地下水的动能越大；单位面积的相对高度越大，松散固相物质的位（势）能转化为动能的条件越好、转化的速率越快，地表水和地下水的动能越大。通常极高山–高山区能为山洪、泥石流形成提供巨大的能量条件，高山–中山区、中山–低山区、低山–丘陵区提供的能量条件逐级减少，高陡斜坡提供给滑坡、崩塌和落石的能量较缓坡更大。

在三级阶梯的宏观地势格局下，二级阶梯地壳活动相对活跃，变形也相对剧烈，区域内崩塌、滑坡、泥石流较为发育，其中滑坡数量最多（占全国滑坡总数的59.41%）；三级阶梯处于亚洲板块与太平洋板块交界处，灾害以滑坡、崩塌为主，其中崩塌数量在三大地貌单元中最多（占全国崩塌总数的49.14%）［数据来源于《中国崩塌滑坡泥石流分布图》（GS（2016）1908号，2017）］。大型、特大型泥石流、滑坡和崩塌集中分布于三级阶梯的第一过渡带和第二过渡带上。冰湖溃决洪水灾害主要分布在喀喇昆仑、帕米尔高原、喜马拉雅、天山等。喜马拉雅地区冰湖溃决灾害给我国及尼泊尔、印度等国家山区发展带来了挑战。

（2）地质构造格局：中国是世界上地质构造最复杂的大陆之一。在多期地质构造运动影响下，我国地质构造断裂十分发育，深大断裂差异性升降运动强烈，岩层挤压破碎，形成大量崩塌、滑坡，为泥石流的发生提供了丰富的碎屑物。大型滑坡泥石流等山地灾害往往集中分布在不同的构造体系的结合部、构造体系急剧作弧形转弯的部位、互相穿插交汇或复合的部位、背斜倾没端、向斜翘起端、深大断裂两侧及新构造运动与地震强烈活动区。例如，秦岭以南的川滇经向构造体系，青藏滇缅印尼“歹”字形构造体系的中部、北东向新华夏构造体系，云南“山”字形构造体系及部分纬向构造体系相互穿插交汇和复合的部位。另外，雅砻江断裂带、金沙江断裂带、鲜水河断裂带、安宁河断裂带、元谋–绿汁江断裂带等，这些区域山地灾害都极为发育。秦岭以北，在祁吕山“山”字形构造体系，也集中分布了大型、特大型泥石流、滑坡等山地灾害。

（3）敏感地层岩性：由于力学性质的不同，山地灾害在特定地层岩性表现出聚集效应。大量研究表明，大型滑坡往往集中分布在前古生代至中生代片岩、千枚岩、页岩等软岩出露区；崩塌往往集中发育在岩浆岩、灰岩、砂砾岩及玄武岩等硬质岩层和峡谷地貌组合区；泥石流则集中分布在第四纪坡残积黏土、亚黏土，特别是西南地区的成都黏土、滇北元谋土；西北陕西、甘肃、宁夏、青海、山西黄土及新第三纪–第四纪含盐湖相地层，这些第四纪松散堆积物及软岩，力学强度指标低，遇水软化，易产生崩塌、滑坡，导致泥石流或泥流。

2. 灾害形成的激发条件

（1）新构造运动及地震。地壳在地应力作用下，发生强烈的垂直运动和水平运动，致使地壳被分割为若干大小不同的板块。在板块边缘及板块之间的接触地带产生张性、压张性、剪张性等深大断裂和一般断裂；在水平运动过程中，板块间发生挤压，致使碰撞板块内部的软弱岩石分布区生成褶曲；垂直运动导致地壳隆升，使地表绝对高度增大。断裂带内和褶曲的轴部及其边缘地带的岩体遭到强烈破坏，易于风化形成松散固相物质；地面绝对高度增大，致使地表的松散固相物质和液相物质具有较大的位能。可见，构造运动在山地灾害的形成过程中，无论在能量方面，还是在物质方面都起着极其重要的作用。我国地震动峰值加速度由小到大共分为6个分区，而较高的地震动加速度区域分布于各大型山脉附近，如天山、昆仑山、阿尔金山脉、冈底斯山脉等区域。

地震释放出的强烈动能为崩塌、滑坡、冰崩、雪崩提供激发条件。地震的强地面运动具有高程和凸出地形的放大效应，高强度的震动能在陡坡上诱发崩塌、滑坡，形成大量松散固相物质，并且导致岩土体破裂受损形成震裂坡地等潜在灾害。在高山区，地震还能激发雪崩和冰崩，可能导致冰湖溃决洪水。另外，饱水的松散固相物质，在地震剧烈震动作用下，结构性被破坏而液化，液化后的流体沿沟谷向下流动，可形成一定规模的泥石流。地震期间形成大量的松散固相物质和潜在松散固相物质，为震后崩塌、滑坡、泥石流和山洪的形成和发展创造了极其有利的条件。例如，2008年汶川“5·12”8.0级特大地震触发的崩塌、滑坡约3.5万处（其中安县大光包山滑坡体积达7.5亿m^3，形成690 m高的堰塞体），产生了约30亿m^3的松散土石体，震后多年来泥石流极为活跃。再如，汶川地震极震区的映秀-龙池地区，以分水岭为界，西部映秀镇所在的岷江、渔子溪地区地形陡峭，东部龙池镇所在的龙溪河一带地形较缓（图3.8），汶川地震在该地区内诱发了6727个斜坡灾害，其中崩塌占690个，几乎全部发生在陡峭的西部，东部只有个别小规模崩塌。该区的岩性主要为硬度较大的花岗岩、闪长岩，虽然土质崩塌比岩质崩塌数量多，但规模大小远不及岩质崩塌。

（2）气候气象条件。气候变化等外动力作用能为山地灾害的形成提供激发条件的水，包括大气降水、冰雪融水、冰雪融水-大气降水和地下水等。降水条件：受“阶梯”地貌格局及海洋季风等因素的影响，我国多年年均降水量呈北西至南东递增，其中山地灾害在400 mm/a以上的范围集中发育，崩塌灾害所分布的降水量范围较广，滑坡及泥石流灾害降水量分布集中性显著，分别在800～1200 mm/a和400～800 mm/a集中发育。

降水既是泥石流发生的水源，又是泥石流的组成部分，因此泥石流多出现在多水的年月，特别是多大暴雨的年月。我国是季风气候区，降水丰富，但地域、季节分布不均，变化很大，降水量的分布趋势是东南向西北逐渐减少，局地性暴雨多集中在西部山地，从某种程度讲，季风气候影响和控制我国泥石流、山洪分布的总体格局。我国西部发育有现代冰川的山区，尤其是海洋性气候山区，发育有海洋性冰川，由于冰川进退而形成冰川泥石流、冰崩雪崩和冰湖溃决泥石流。冰川泥石流与天晴突然增温，加剧冰雪消融，形成大量融水关系密切；如果气温突升，又伴随降雨过程，则水源更加充足，更易形成泥石流。这类泥石流主要分布在西藏东南部喜马拉雅山区，活动期以春夏居多。

温度条件：冰川与永久积雪区，在高温期间冰川、积雪和冻土加速融化，在冰雪体内

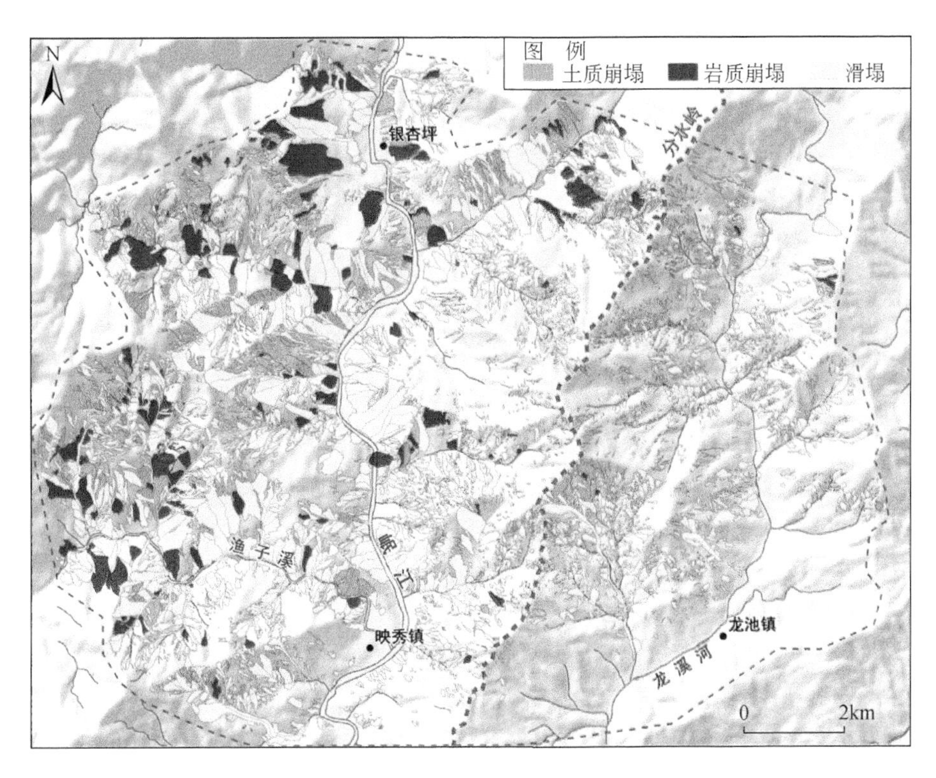

图 3.8 汶川地震在映秀–龙池地区诱发的崩塌

部和表面形成径流，若冰雪融水能持续大规模补给沟谷水流，水流规模增大，形成山洪；如果山洪强烈冲刷沟底和掏蚀两岸，把大量松散固相物质带入流体，当流体内固相物质达到一定浓度时，便转化为泥石流。因而，冰雪融水形成的持续而强大的山洪是冰雪融水型泥石流形成的激发条件。冰川和粒雪盆或山坡积雪在高温作用下消融形成的融水，使得冰川和积雪的物理强度降低，同时进入冰雪内部融水引发孔隙水压力的变化，冰川和积雪的极限平衡状态被打破而发生冰崩、雪崩；另外，大量的冰雪融水也是下方坡体形成崩塌、滑坡的激发条件。冰川和永久积雪遭遇高温时形成的消融水与降雨结合后，能形成比单一的冰雪融水规模更大的冰雪体表面水流和冰雪体内部水流，成为山地灾害形成更有利的激发条件。

3. 山地灾害活动特征

我国山地灾害总体上表现出高强度与高频率、突发性、季节性、准周期性、群发性和链生性的特点。

（1）高强度与高频率：我国大部分地区位于季风气候区，降水的季节变化和年际变化大，同时我国山区面积广大，山地众多，位于板块的交界处，强烈的地壳运动和新构造活动，都易导致我国山地灾害频繁、强度高，造成大量房屋倒塌和破坏，道路、通信等生命线工程及水利等基础设施损坏严重［图 3.9（a）］。

（2）突发性：受地震活动和极端气候的影响，我国西南部高原地区内冰湖溃决、冰崩、雪崩、泥石流、崩塌、滑坡等自然灾害的发生过程表现为突发性特征。以泥石流为例，其活动的突发性表现在暴发突然，历时短暂，一场泥石流过程从发生到结束一般仅几分钟到几十分钟，在流通区的流速可高达 30 m/s 以上。例如，在西藏波密县，1987 年 7 月 14 日，由于冰川跃动，约 36 万 m^3 的冰体脱离冰舌滑入米堆沟光谢错，使得湖水平均上涨 1.4 m 并形成涌浪，导致冰碛堤突然溃决，冰湖排空前后仅持续 2 h，洪水侵蚀沿途的松散固体物质转化为泥石流，演进迅速。

图 3.9　自然灾害对社会经济造成严重危害

（a）尼泊尔地震摧毁西藏樟木镇民房；（b）那曲雪灾危害当地畜牧业（来源：那曲新闻网）；（c）古乡沟泥石流掩埋车辆，阻断交通；（d）易贡错溃决后的右坝肩高达数十米，溃决洪水水位高达 55 m，洪峰流量达 12×10^4 m/s

（3）季节性：泥石流、滑坡、山洪等山地灾害的暴发主要是受连续降雨、暴雨，尤其是特大暴雨的激发。因此，其发生的时间与集中降雨时间相一致，具有明显的季节性。滑坡、泥石流多发生在每年 6 ~ 9 月，据不完全统计，发生在这 4 个月的泥石流占全部的 90% 以上。

雪灾主要集中发生在冬季，以 11 月至翌年 2 月居多，也有个别年份一直到翌年 5 月甚至 6 月，而跨年越冬的大雪灾一般是特大雪灾。例如，2009 年 5 月 25 日至 6 月 1 日，那曲地区出现大面积降雪，平均积雪厚度 10 cm，最厚达 50 cm，造成 58 857 头牲畜死亡 [图 3.9（b）]。

受气温变化影响，高原地区的常年冻土活动层厚度及季节性冻土面积变化也表现出较强的季节性特征。

（4）准周期性：受地震和气候变化（气温和降水）的影响，滑坡、泥石流等灾害活动具有波动性和一定的周期性。当极端气候与地震活动相叠加时，常形成泥石流、滑坡活动的高潮期。例如，西藏波密县古乡沟泥石流在 1953 年首次发生后，至今几乎年年发生，造成 318 国道多次被阻断和车辆被掩埋 [图 3.9（c）]。

(5) 群发性：在同一激发因素（如降雨）作用下，常常在较大区域内同时大量发生山地灾害，特别是泥石流、崩塌、滑坡呈现出明显的群发性。例如，1979 年滇西北怒江州六库、泸水、福贡、贡山和碧江 5 个县 40 余条沟同时暴发群发性泥石流灾害。

(6) 链生性：不同灾种之间在一定条件下能够相互激发和转换，形成灾害链，导致灾害在时间和空间上的延拓。例如，2000 年 4 月 9 日发生在西藏波密县的易贡滑坡就是典型的滑坡→堰塞湖→溃决洪水→泥石流灾害链事件［图 3.9（d）］，造成大峡谷下游印度境内 30 人死亡，100 多人失踪，5 万人无家可归，20 多座桥梁被毁。

（二）山地灾害的区域分布规律

由于我国西高东低的总体地势，大型山脉和构造应力集中带主要分布于中西部地区，因而山地灾害发育数量整体上呈现南西—北东递减的态势（吕儒仁等，1999）。

随着对灾害本底调查的不断增加和持续研究，全国山地灾害的调查编目不断完善、分布规律研究更加深入，进一步拓展了区域山地灾害类型特征、分布区域和孕灾环境的科学认知（沈永平等，2009；钟敦伦等，2013；姚晓军等，2014；Liu et al.，2019）。特别是 2017 年以来，成都山地所基于“第二次青藏高原综合科学考察研究”“川藏铁路山地灾害分布规律、风险分析与防治关键技术”等重大项目的山地灾害调查成果，结合中国地质调查局出版的《中国崩塌滑坡泥石流分布图》［GS（2016）1908 号，2017］，以及历史文献资料、冰川编目数据库（刘时银等，2019）、中国冰湖编目数据库（王欣，2018）等成果，对全国范围内崩塌、滑坡、泥石流、冰川、冰湖等山地灾害分布进行初步分析（图 3.10）。结果显示：中国大陆范围内（未涵盖台湾省、香港及澳门特别行政区）共计

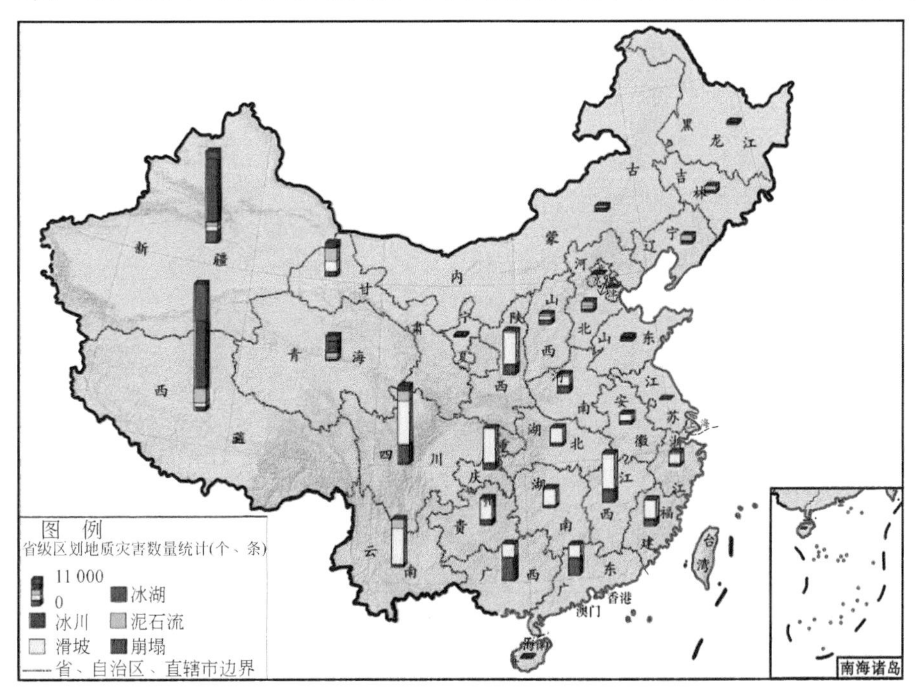

图 3.10　全国山地灾害各省数量统计图（台湾省数据缺失）

分布崩塌 54 563 处，滑坡 108 676 处，泥石流 28 519 条，冰川 48 500 条，冰湖 16 829 个，分别占山地灾害总数的 21. 21%，42. 24%，11. 09%，18. 85%及 6. 54%。

据 2016 年我国山地灾害分布数据（图 3. 10），山地灾害主要在西藏（占 15. 88%）、新疆（占 11. 51%）、四川（占 9. 77%）、江西（占 6. 18%）、云南（占 6. 03%）等地；其中崩塌分布范围广，发育于各地山区，尤其是四川中东部、重庆、贵州南部、广西、广东、江西、福建中部、陕西中北部、山西南部、河南西部、山东中部等处；滑坡主要分布于中部和南部，特别是在四川中东部、重庆、江西、云南中西部、福建中部等处集中发育；泥石流在各地山区均有分布，主要集中在新疆南北部、西藏中南部、四川中西部、甘肃南部、云南北部、浙江中部、河北北部、辽宁东部及吉林东部等。冰川及冰湖空间发育特征与崩塌滑坡、泥石流等有所不同，冰湖水源主要受冰川融水和大气降雨补给，因此其空间分布特征与冰川极为相似，两者主要位于西部高山山区和极高山区，如四川西部、西藏西-南-东部、新疆北部和南部、青海中部、甘肃中部等，而其余地区受海拔和纬度等因素影响，几乎无冰川和冰湖发育。

从流域看，长江流域山地灾害总数最多，以滑坡、崩塌为主，占灾害总数的 38. 05%；新疆疆内流域（占 10. 42%）、雅鲁藏布江流域（占 10. 42%）、珠江流域（占 8. 91%）、黄河流域（占 6. 55%）及东南沿海诸河流域（占 6. 79%）分布灾害数量其次，其中西部流域以冰川、冰湖分布为主，如雅鲁藏布江流域及新疆疆内流域，而东部流域以滑坡、崩塌为主，如长江流域、珠江流域及东南沿海诸河流域等（图 3. 11）。

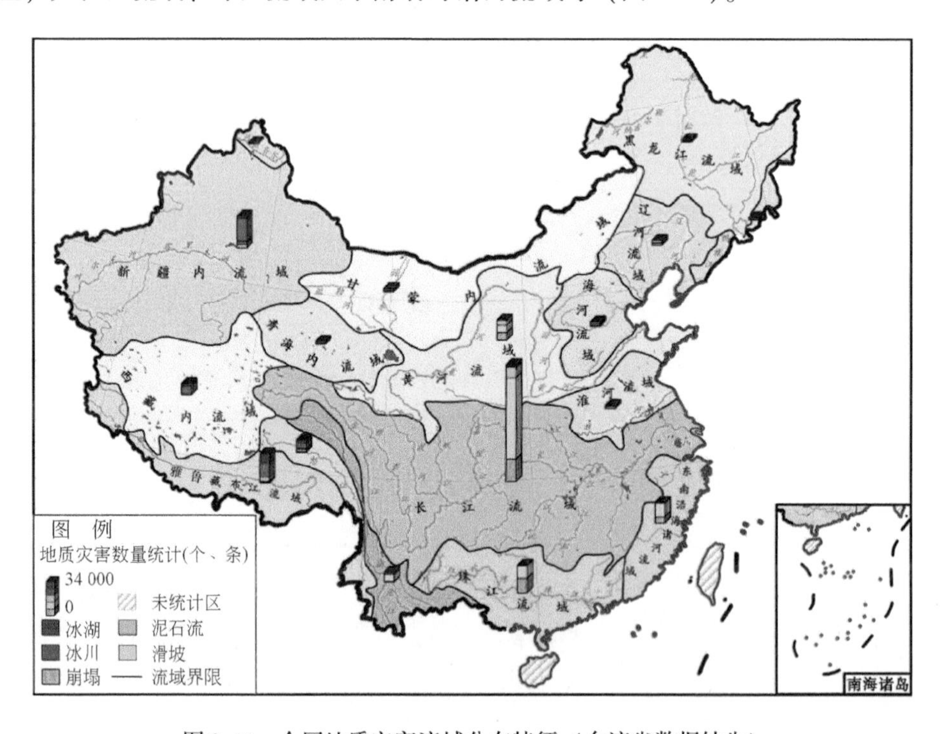

图 3. 11　全国地质灾害流域分布特征（台湾省数据缺失）

三、山地灾害破坏方式和危害

（一）对城镇的危害

在坡陡谷深的山区，由于地形条件的制约，县城、村落往往选址在山洪和泥石流沟沟口、古滑坡堆积体等平缓的老堆积体（扇）上。一旦发生山地灾害，常常冲毁城镇，淤埋村寨，造成严重的经济损失和人员伤亡。党的十八大以来，随着脱贫攻坚、乡村振兴等战略向纵深发展，国家对山区城镇减灾的投入不断增加，防灾减灾能力显著提高。近年通过专项研究和减灾实践，给山区城镇发展和人民生命财产安全提供了极大保障。

（二）对山区基础设施的危害

山区脆弱的生态环境叠加人类工程扰动可能增加山地灾害的活动强度，使得重大基础设施的建设和运营面临重大威胁，如水电开发可能诱发库岸滑坡、泥石流沙石进入主河，造成淤积，减小水库库容，缩短使用寿命，给电站造成危害。山地灾害以冲击、掩埋、阻水淹没等方式危害铁路公路等线性工程，如堵塞桥涵、毁坏桥梁、掩埋道路、摧毁路基，进而彻底中断交通。随着重大基础设施建设向山区进一步拓展，国家对基础设施的防灾减灾日益重视，如川藏铁路穿越我国山地灾害最发育、危害最严重的横断山区，在铁路规划建设过程中汇聚了全国最具优势的科研技术力量，保障了铁路的减灾选线和科学规划，为国家标志性战略性工程的安全奠定科技基础。

（三）对山区环境的危害

山地灾害还可能对山区环境、生态系统和水体等产生一定的影响。山地灾害对山区生态环境的破坏主要体现在对植被的破坏，并导致其难以恢复。泥石流、滑坡等山地灾害是江河泥沙中推移质的主要来源之一，其导致大量固体颗粒输入，使主河发生强烈淤积，影响水质和航道，改变水文条件，进而影响生态环境。2017 年九寨沟地震以后，为进一步落实“绿水青山就是金山银山”的理念，成都山地所完成九寨沟震后山地灾害综合治理调查与规划，为保护景观生态原真性、自然遗产的恢复和重新开放提供了安全保障。

（四）对山区边境口岸的危害

山地灾害，特别是溃决洪水等山地灾害链属于流域性灾害，具有时空拓展和规模放大效应，对下游上百千米范围内都会产生影响，因此很可能会对下游跨境流域和境外国家（地区）产生严重影响，如 2016 年 7 月 5 日，位于西藏聂拉木县境内的贡巴通沙错冰湖发生溃决，形成山洪，沿波曲冲入下游尼泊尔，造成 119 户 680 人受灾，冲毁尼泊尔的 Bhote Koshi 水电站（图 3.12），造成巨大经济损失和国际影响。国家非常重视边境口岸的灾害防治，如为重新开放因 2014 年尼泊尔地震引起的山地灾害而关闭的樟木口岸，成都山地所承担并完成了樟木口岸特大滑坡等山地灾害综合治理，确保了震后治理工程顺利实施，为山区边境口岸安全和边界贸易顺利开展提供了技术支撑。

2012 年以来，随着我国生产力及国民经济的不断发展和提高，国家和地方对防灾减灾工作的投入加大，取得了较好的效果。我国山地灾害数量呈持续下降趋势，因灾伤亡人数显著下降，“十二五”期间，山地灾害（地质灾害+山洪）造成人员伤亡较“十一五”降低了 66.9%，“十三五”期间又减少了 31.8%。总体而言，“十三五”比“十一五”期间伤亡人数减少了 77.4%，有效地保障了山区城镇人民群众生命安全。

(a)溃决前

(b)溃决后

图 3.12　2016 年贡巴通沙错溃决洪水破坏下游水电站

第二节　中国山地灾害风险评估

一、山地灾害风险多尺度评估

山地灾害风险评估是厘清我国山地灾害风险本底，认识山地灾害分布特征和规律，制定减灾方案的重要依据。随着基础数据和评估方法的提升，我国在山地灾害风险评估领域进步显著。山地灾害风险评估主要在灾害危险性和承灾体易损性评估的基础上，采用联合国人道主义事务部（UNDHA）关于灾害风险的定义（风险度=危险度×易损度），开展山地灾害风险评估。本节重点从全国范围、典型区域、典型灾害点三个尺度介绍山地灾害风险多尺度评估工作。

（一）全国山地灾害风险评估

1. 泥石流风险

泥石流风险评估包括危险性和易损性评估两个部分。泥石流危险性评估模型采用可拓物元模型，评估因子主要围绕泥石流的成因选择，其中，能量条件因子选用最大坡度、平均坡度和坡度标准差；物质条件因子选用地层岩性、断层密度、地震烈度和土地利用指数；激发条件因子选用多年平均降水量和降水量年际变差系数。

综合我国 2012 年的基础孕灾环境数据库和灾害分异规律研究结果，分析全国各个泥石流沟评估因子，利用主成分分析法确定各因子的权重，纳入泥石流危险性评估模型，得到 2012 年全国泥石流危险性分区图（图 3.13），泥石流危险性评估结果等级分为 5 级，从 1 级到 5 级依次为低、较低、中、较高、高。

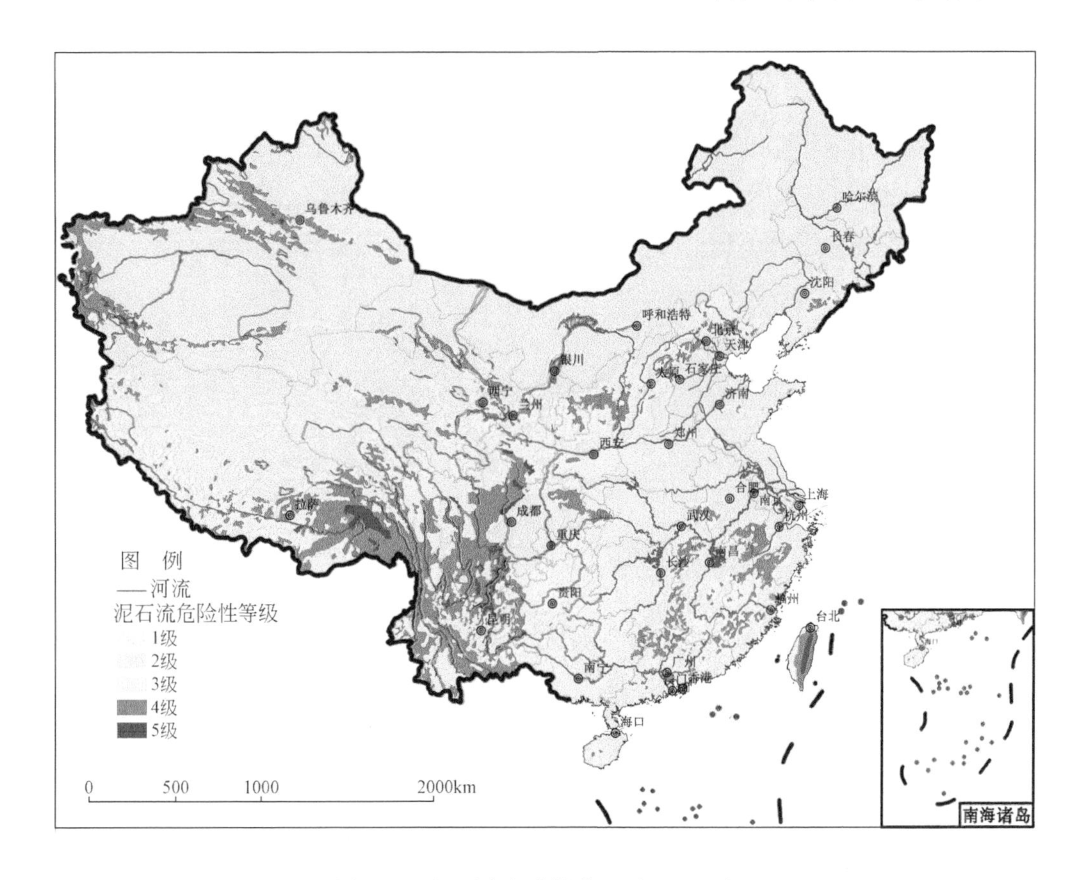

图 3.13　泥石流危险性分区图（2012 年）

泥石流易损性评估以 2012 年人口密度、GDP 密度数据、交通业 GDP 数据为评估因子，对各因子进行格网化和无量纲化处理，对易损性贡献最大的数量值为 1，贡献最小的数量值为 0。合并因子，对各个评估单元易损性进行分级，从 1 级到 5 级依次为低（0 ~ 0.2）、较低（0.2 ~ 0.4）、中（0.4 ~ 0.6）、较高（0.6 ~ 0.8）、高（0.8 ~ 1），从而得到 2012 年全国泥石流易损性分区图（图 3.14）。

通常定义风险的期望值为危险性与易损性的乘积，但对全国泥石流风险评估，受资料所限，易损性评估只有人口、GDP 和道路交通网分布等因子，评估结果具有一定的误差，危险性评估则相对准确。因此，2012 年全国泥石流灾害风险评估采取折中的加权法，结果如图 3.15 所示。泥石流风险评估结果等级从低到高分为 5 级，即从 1 级到 5 级依次为低、较低、中、较高、高。

研究发现，2012 年全国大陆地区泥石流风险评估等级在 3 级中风险及以上面积达 2.749×10^6 km²，占总面积的 27.7%，1 级低风险和 2 级较低风险地区面积为 7.211×10^6 km²，占总面积的 72.3%。

高风险区（5 级）面积约为 1.3×10^3 km²，占大陆地区国土总面积的 0.01%，主要分布在我国自西向东第一阶梯到第二阶梯的过渡带的云南、四川等地区。

较高风险区（4 级）面积约为 7.42×10^5 km²，占大陆地区国土总面积的 7.48%，主要分布在我国自西向东第一阶梯到第二阶梯的过渡带的云南、四川、西藏东南部和新疆北部

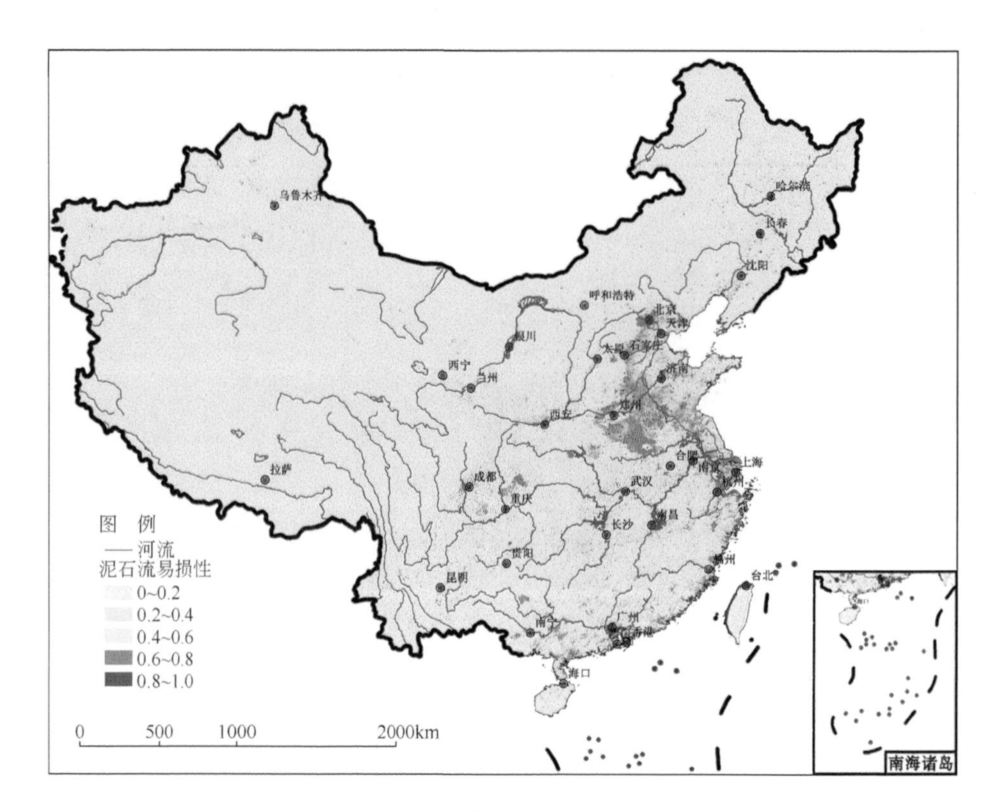

图 3.14　泥石流易损性分区图（2012 年）

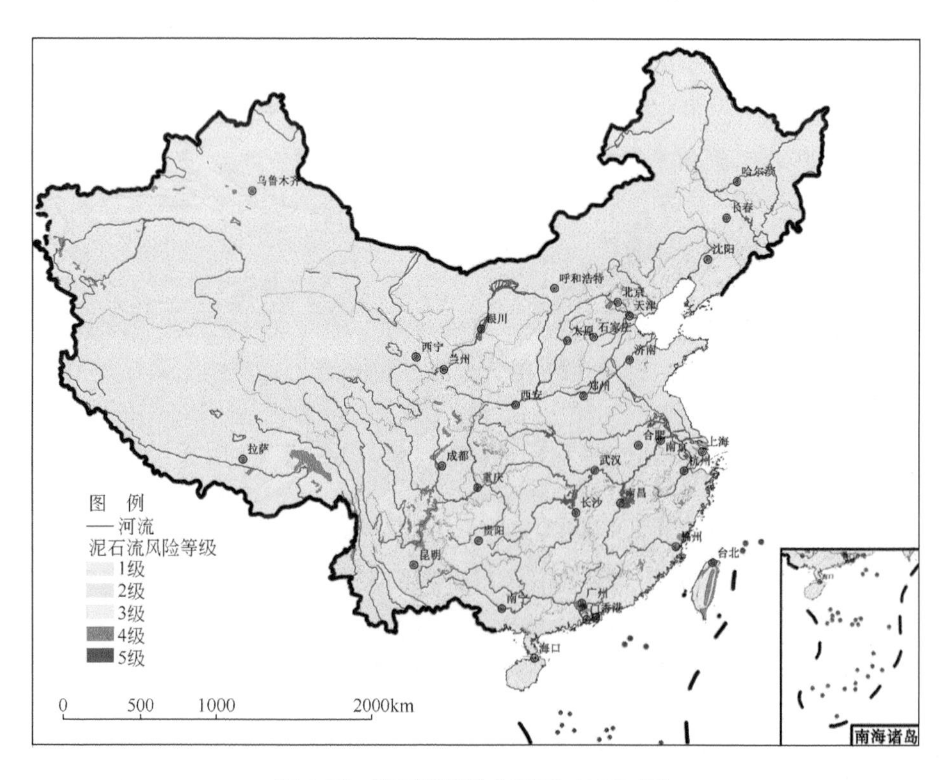

图 3.15　泥石流风险分区图（2012 年）

等地区；第二阶梯向第三阶梯过渡地带的少部分地区；东南沿海受强台风影响的浙江、福建和广东等中低山丘陵区。

中等风险区（3 级）面积约为 $2.006\times10^{6}\ km^{2}$，占大陆地区国土总面积的 20.21%，主要分布在青藏高原东南部、云贵高原大部、秦岭大巴山等高中山区、太行山地区、辽宁东部及东南沿海受强台风影响的浙江、福建和广东等中低山丘陵区。

较低风险区（2 级）面积约为 $2.63\times10^{6}\ km^{2}$，占大陆地区国土总面积的 26.49%，主要分布在青藏高原面上，新疆、内蒙古、东北三省（黑龙江、吉林、辽宁）及广西、湖南等地势相对平缓、经济欠发达地区。

低风险区（1 级）面积约为 $4.581\times10^{6}\ km^{2}$，占大陆地区国土总面积的 45.81%，主要分布在西北的新疆等平原地区、成都平原、内蒙古的大部分地区、东北平原大部，以及河北、河南、山东、江苏等平原地区。

2. 滑坡风险

滑坡风险评估分为滑坡的危险性和易损性评估两个部分。由于滑坡和泥石流两种灾害的关联性，其中滑坡易损性评估采用前述 2012 年全国泥石流灾害易损性评估结果。

滑坡危险性评估模型采用指标驱动模型，具体的评估因子有岩性、地表起伏度、断层密度、地震烈度、水系密度、汛期（5～10 月）月平均降雨量、道路线密度 7 个指标。将 12 009 个滑坡点的危险性评估指标纳入评估模型，从而得到 2012 年全国滑坡危险性分区图（图 3.16），滑坡危险性评估结果等级分为 5 级，依次为低（Ⅰ）、较低（Ⅱ）、中（Ⅲ）、较高（Ⅳ）、高（Ⅴ）。

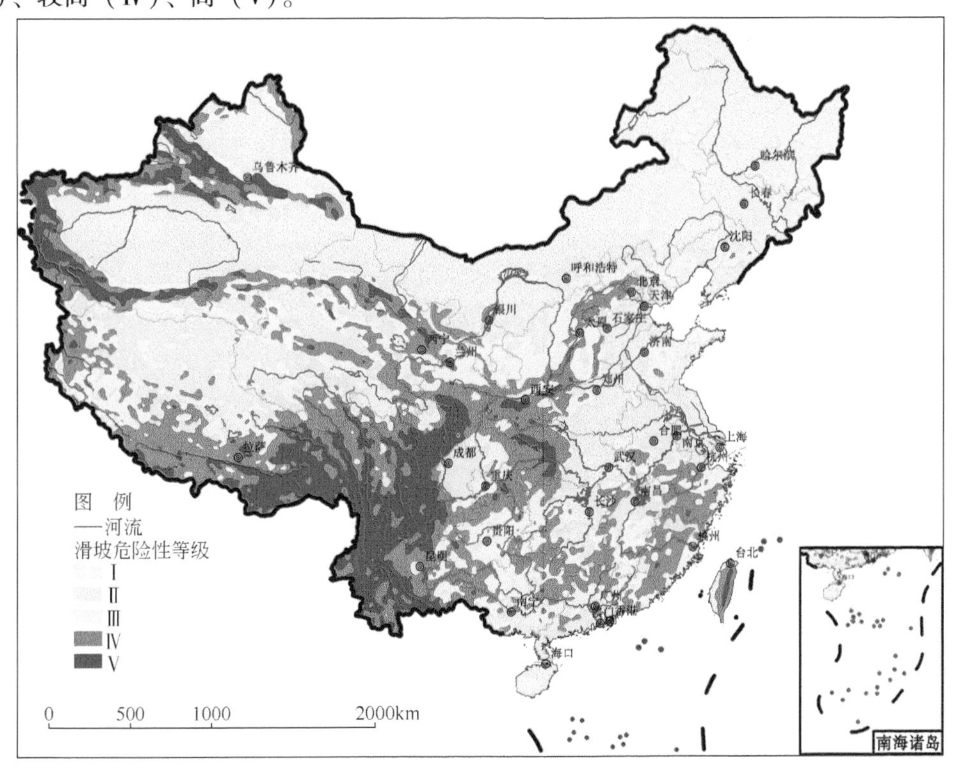

图 3.16　滑坡危险性分区图（2012 年）

滑坡风险评估采取加权方式，其中，滑坡危险性权重为0.7，易损性权重0.3，从而得到全国滑坡风险评估结果如图3.17所示，结果等级从低到高分为5级：低（Ⅰ）、较低（Ⅱ）、中（Ⅲ）、较高（Ⅳ）、高（Ⅴ）。

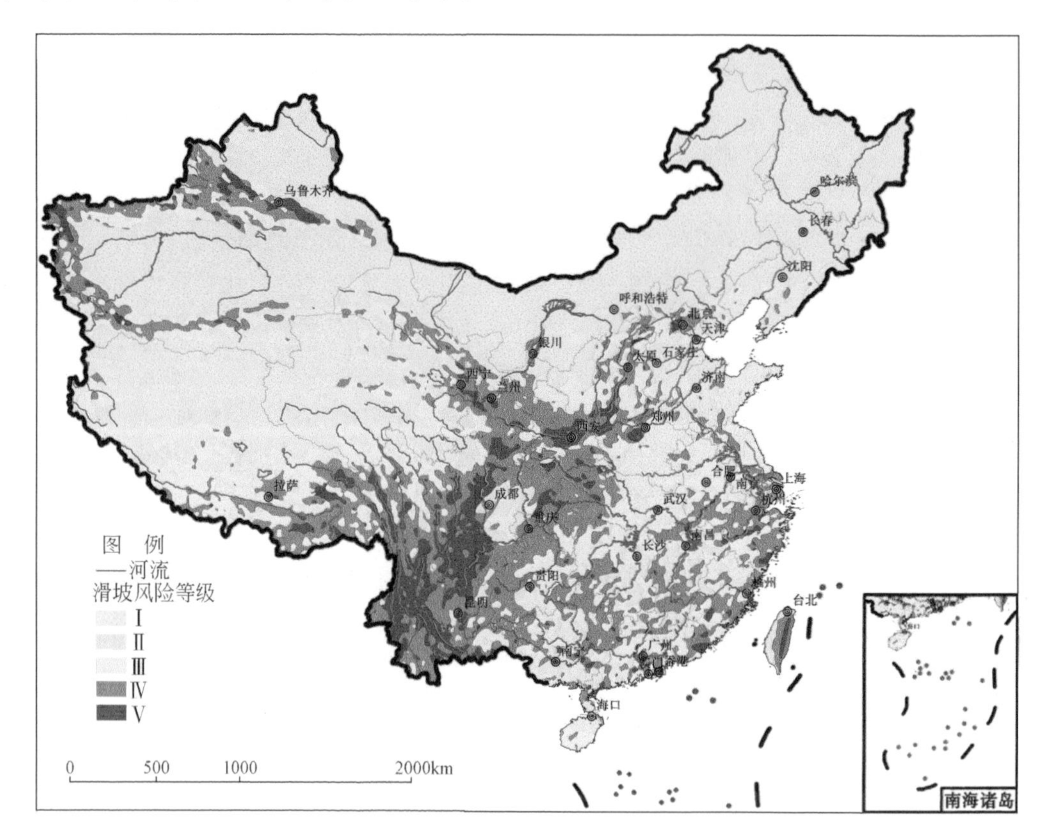

图3.17　滑坡风险分区图

滑坡风险评估结果表明，滑坡高风险区面积约5.60×10^5 km^2，占全国总面积的5.90%，主要分布在云贵高原西南部、青藏高原东南部、秦岭-大巴山区小部分地区；滑坡较高风险区面积约1.96×10^6 km^2，占全国总面积的20.69%，主要分布在青藏高原东南部、云贵高原大部、秦岭大巴高中山区大部、阿尔金-祁连高中山区、天山高中山及华南东南低山丘陵的部分地区；滑坡中风险区面积约2.09×10^6 km^2，占全国总面积的21.93%，主要分布在黄土高原大部、吕梁-太行山区、青藏高原南部、阿尔金-祁连高中山区、天山高中山及华南东南低山丘陵的部分地区；滑坡较低风险区面积约2.20×10^6 km^2，占全国总面积的23.19%，主要分布在四川盆地、大兴安岭地区、长白山地区和青藏高原大部；滑坡低风险区面积约2.69×10^6 km^2，占全国总面积的28.29%，主要分布在东北平原、华北平原、内蒙古中高原、塔里木盆地、柴达木盆地、青藏高原中部。

3. 山洪风险

分析我国2021年山洪灾害事件，以小流域作为统计单元，基于山洪风险评价的关键因子（危险性、暴露性和易损性）和风险立方体模型（中国水利水电科学研究院，

2018)，总面积为 2.383×10^6 km^2 的全国山洪灾害防治区内（图 3.18），共划分小流域 1.44×10^5 个，划分为高、中、低三种不同综合等级的风险程度（表 3.2）。以上基础数据来源于中国水利水电科学研究院。

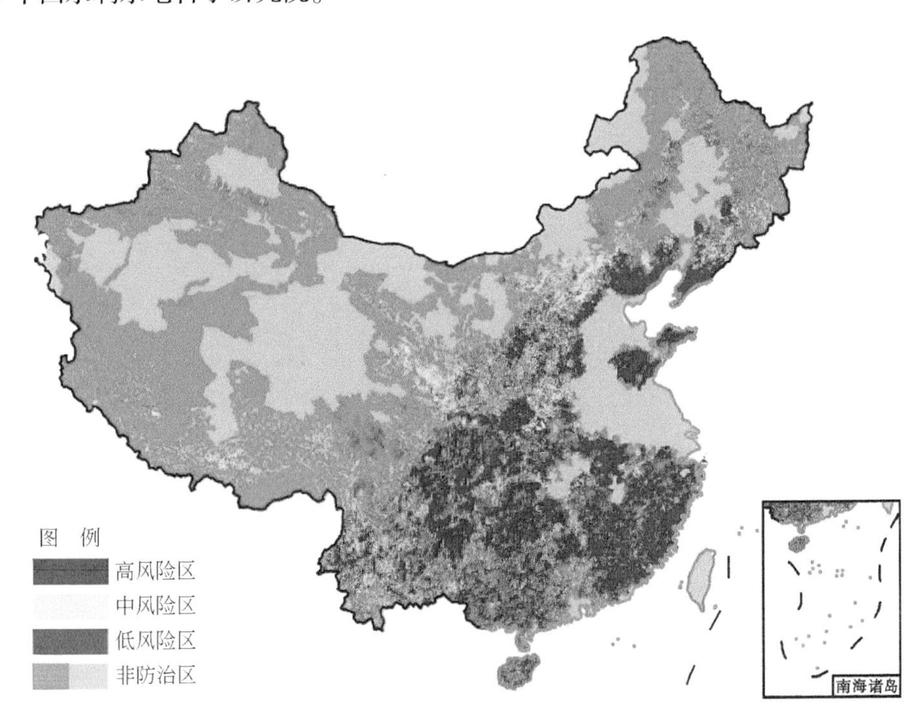

图 3.18　全国山洪灾害防治区综合风险等级分布图（2021 年）

表 3.2　全国山洪灾害综合风险等级分布统计

风险级别	小流域个数	比例（%）	流域面积（10^4 km^2）	比例（%）	人口（10^4 人）	比例（%）	房屋数量（10^4 间）	比例（%）
高风险区	81 535	56.8	135.1	56.7	29 235.7	85.0	8 230.4	84.9
中风险区	55 729	38.8	91.9	38.6	4 879.7	14.2	1 386.5	14.3
低风险区	6 397	4.4	11.3	4.7	281.2	0.8	76.4	0.8
总计	143 661	100	238.3	100	34 396.6	100	9 693.3	100

其中，高风险区主要分布在长江中下游、珠江及辽河流域内，与全国降雨因子和地形因子指标得出的山洪相对危险性具有密切的相关性（图 3.19），涉及小流域 81 535 个、流域面积为 1.351×10^6 km^2、人口 2.924 亿人、房屋数量 8230.4 万间。中风险区涉及小流域 55 729 个、流域面积为 9.19×10^5 km^2、人口 4879.7 万人、房屋数量 1386.5 万间。低风险区涉及小流域 6397 个、流域面积为 1.13×10^5 km^2、人口 281.2 万人、房屋数量 76.4 万间。

根据省份、自治区和直辖市的统计情况（不包括上海市，香港特别行政区，澳门特别行政区及台湾省），按照高风险流域面积排序对比，面临山洪灾害威胁最为严重的三个省份分别为四川省、云南省及湖南省（表 3.3）。

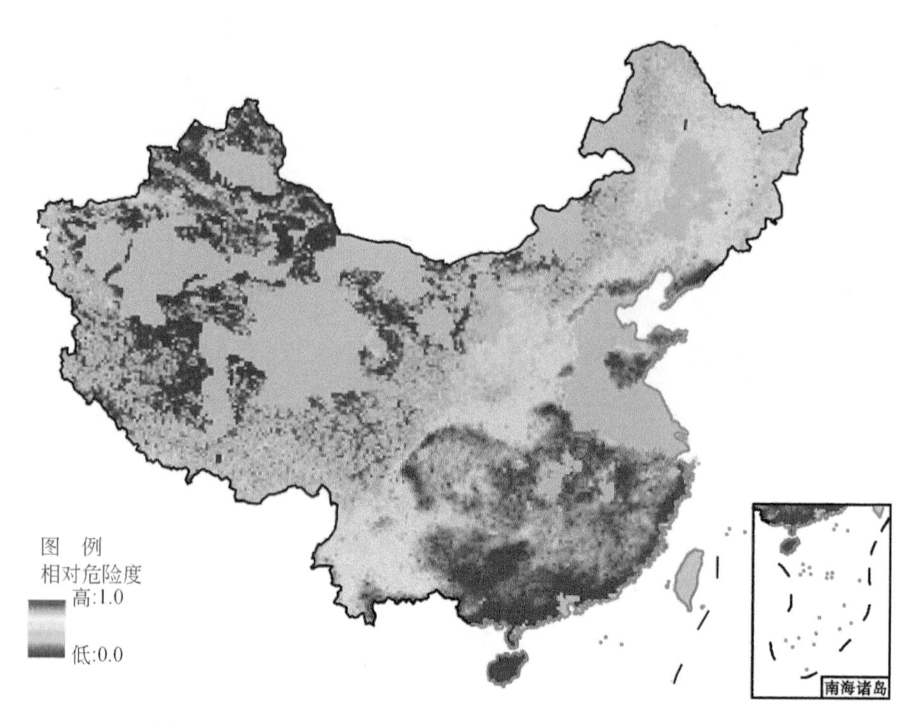

图 3.19 全国山洪灾害防治区相对危险度分布图（2021 年）

表 3.3 各省（自治区、直辖市）山洪灾害综合风险等级分布统计

序号	区域	高风险流域面积（10^4km^2）	中风险流域面积（10^4km^2）	低风险流域面积（10^4km^2）
1	四川省	10.2	4.7	2.5
2	云南省	10.0	10.8	1.4
3	湖南省	9.9	2.8	0.02
4	江西省	9.9	1.8	0.0
5	广西壮族自治区	9.1	2.7	0.0
6	贵州省	8.8	2.6	0.05
7	福建省	8.6	1.6	0.0
8	辽宁省	7.7	3.6	0.5
9	湖北省	7.7	2.7	0.06
10	陕西省	7.6	4.4	0.2
11	河北省	6.1	3.8	4.0
12	山东省	5.4	0.3	0.005
13	广东省	5.1	2.1	0.006
14	浙江省	5.1	0.9	0.004
15	重庆市	4.9	1.6	0.09
16	山西省	4.3	5.4	1.1

续表

序号	区域	高风险流域面积 (10^4km^2)	中风险流域面积 (10^4km^2)	低风险流域面积 (10^4km^2)
17	河南省	3.4	3.2	0.2
18	安徽省	2.9	0.9	0.07
19	吉林省	2.0	3.3	0.5
20	甘肃省	1.8	7.8	0.8
21	内蒙古自治区	1.6	7.6	1.1
22	黑龙江省	1.6	3.1	0.2
23	海南省	1.4	0.4	0.0
24	北京市	0.6	0.2	0.02
25	西藏自治区	0.3	8.6	0.4
26	宁夏回族自治区	0.3	1.2	0.2
27	青海省	0.1	2.1	0.09
28	天津市	0.07	0.004	0.0
29	新疆维吾尔自治区	0.02	2.8	1.6
30	江苏省	0.01	0.0	0.0

注：上海市、香港特别行政区、澳门特别行政区及台湾省不在本次统计范围之内

（二）典型区山地灾害风险评估

1. 青藏高原

青藏高原平均海拔超过4000 m，虽然人口相对稀少，开发程度较低，但人口和经济集中分布于自然灾害易发的河谷区。在构造活动、地震、极端天气等地球内外营力的共同作用下，区域内山地灾害频繁发生，威胁人民生命财产及重大工程的安全。20 世纪 80 年代以来，青藏高原降水量增加趋势明显，极端降水事件频发，并在区域内部呈现较大的空间差异，山洪灾害在部分区域风险日益增大（邹新华等，2013）。山区局地高强度暴雨往往激发大规模泥石流和滑坡，从而使得山地灾害更加活跃。山地灾害的风险评估可为区域减灾、人民生命财产安全保障与经济社会可持续发展提供科技支撑。

（1）灾害危险性评价。危险性是指由灾害的自然属性出发综合分析获得的灾害危险程度，包括灾害发生的频率、破坏力（强度）及影响范围等方面的内容。其影响因素包括地质条件、地貌条件、气候条件等（钟敦伦等，2010）。

对青藏高原山地灾害的危险性进行评估，结果见图 3.20。可见，青藏高原滑坡泥石流高危险区主要分布在藏东南、川西地区和青海东部地区，尤其是雅鲁藏布江中下游地区、三江地区、横断山脉地区和湟水河流域，低危险区主要分布在羌塘高原和柴达木盆地等高原腹地。

（2）灾害易损性评估。选取人口密度、土地利用类型、农林牧渔业、人均 GDP 4 项综合指标进行山地灾害易损性评估。分别将区域受灾人口和财产分布指标的易损性划分为高、中、低、微 4 个等级；叠加人口易损性和财产易损性，形成高度易损、中度易损、低

度易损、微度易损四级灾害易损性等级，评估结果见图 3.21。

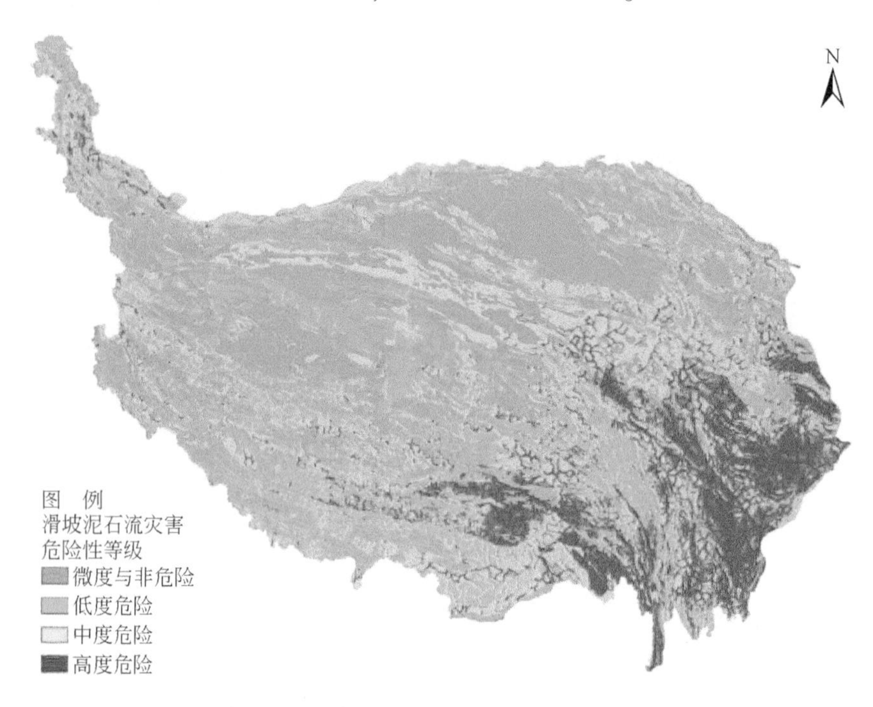

图 3.20 青藏高原滑坡泥石流危险性分区图

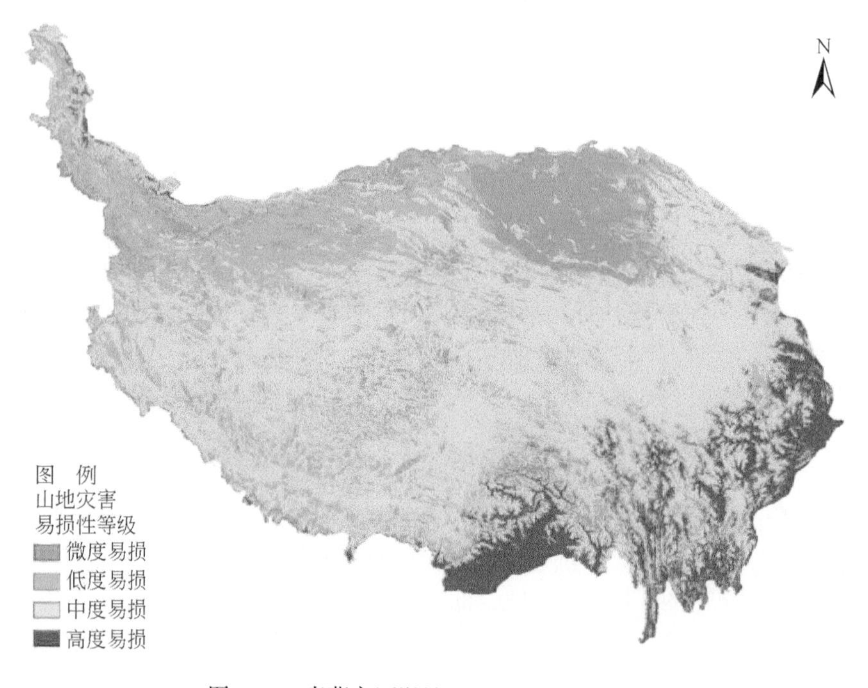

图 3.21 青藏高原滑坡泥石流易损性分区图

山地灾害高度易损区主要分布于青藏高原东南部高山峡谷区，由于受环境条件限制，承灾体（农用地、人口聚集地、山区道路）暴露性和敏感性较高，对山地灾害的抗灾能力较低，成为山地灾害易损性的高值中心。低度和微度易损区主要分布于青藏高原北部与东北部地区。这些地区人口稀少，经济活动较少，承灾体物理暴露性和敏感性较低。

（3）灾害风险评估。在灾害危险性和易损性分析结果的基础上，根据灾害风险的定义（胡胜等，2014）：风险度=危险度×易损度，在单灾种风险评估基础上，综合青藏高原山地灾害、雪灾、干旱灾害风险评估结果，叠加各个灾种的风险度，得到青藏高原多灾种综合风险值。利用自然断点法（杨冬冬等，2020），自动寻找青藏高原区灾害综合风险度的自然转折点和特征点，计算获取的分界点为0.60、0.40、0.25，按高、中、低、微度4个风险级别进行风险分级，制作青藏高原自然灾害综合风险分区图（图3.22）。各个风险分区特征见表3.4。

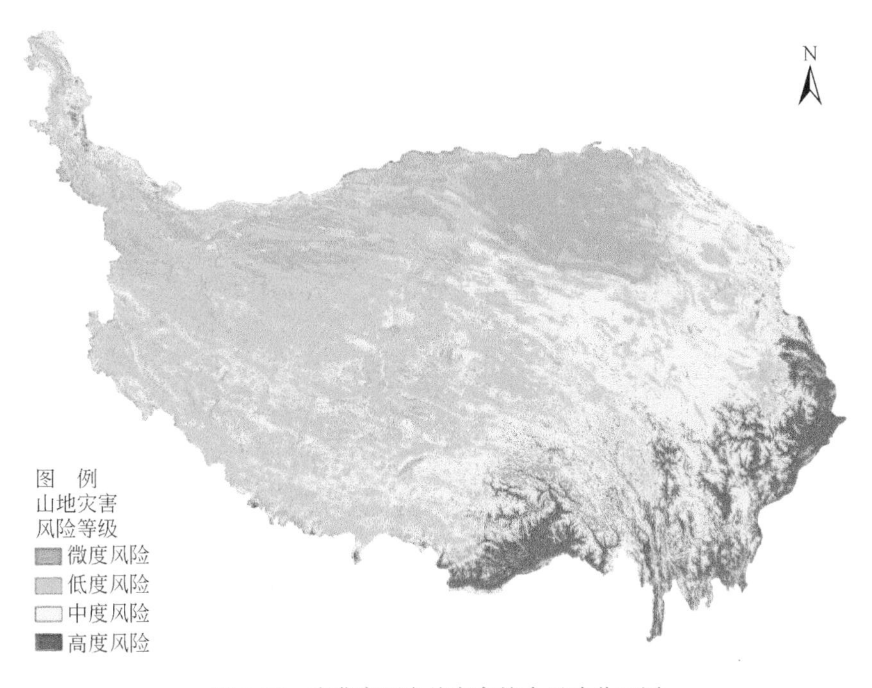

图3.22 青藏高原自然灾害综合风险分区图

表3.4 青藏高原灾害综合风险分区特征

风险等级	面积（km^2）	比例（%）	空间分布与危害特征
微度风险	300 501.50	11.55	微度风险区主要位于青藏高原北部与西北部，包括西藏北部与新疆南部，人口稀少，经济活动极少，受地形、气候影响，该区各类灾害分布很少，灾害综合风险最小
低度风险	979 800.75	37.64	低度风险区主要位于青藏高原中部，包括西藏中北部与青海西南部。人口较少，人类经济活动的影响较小；山地灾害分布较少，灾害综合风险值较低
中度风险	787 683.75	30.26	中度风险区主要位于青藏高原中南部、中东部及东北部，包括西藏南部、青海北部及四川西北部，人口较多，交通干线分布广泛，受气候、地形、地质影响，滑坡、泥石流、山洪等分布广，影响当地的经济活动

续表

风险等级	面积（km^2）	比例（%）	空间分布与危害特征
高度风险	534 830.50	20.55	高度风险区主要位于青藏高原东部、南部边缘地区，包括横断山区、西藏东南部等，人口稠密，农牧业发达，经济活动强烈，地形起伏大、降雨丰沛，滑坡、泥石流、山洪、堰塞湖等分布广泛，严重影响当地的农业生产及其他经济活动，灾害风险较高

2. 黄土高原

黄土高原位于我国地势第二级阶梯之上，地势整体由西北向东南倾斜，高程变化明显。由于黄土特有的遇水湿陷性，黄土高原成为我国水土流失最严重的地区，同时也是滑坡、崩塌、泥石流等山地灾害的易发区和频发区。在极端降雨、地震、人类活动等多因素的共同作用下，黄土高原地区山地灾害风险显著增加，开展黄土高原山地灾害风险评估，为防灾、减灾、治灾、区域安全与经济社会可持续发展提供科学支撑。

（1）灾害危险性评价。黄土高原山地灾害的危险性评估结果见图 3.23。高危险性面积为 133 143 km^2，占整个黄土高原面积的 7.07%，主要分布在五大区域：①陇中高原临夏-兰州-定西三角区域；②陇东高原的陇西、武山、天水、宝鸡、秦安、通渭、固原、平凉一带；③秦岭北麓及山麓台塬过渡地带；④山西北部的吕梁和太行山区；⑤主要水系河流两岸阶地附近、黄土塬和黄土台塬的边坡地带（如甘肃黑方台、宝鸡渭河北岸斜坡带、泾阳南塬、白鹿塬、黄河西岸合阳段）也是黄土滑坡发生的高危险区域。

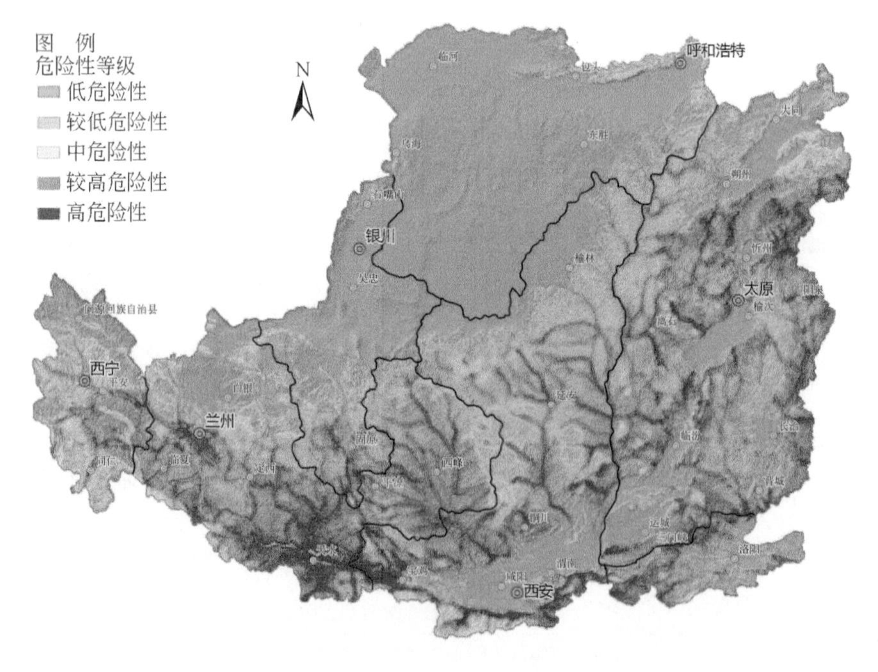

图 3.23　黄土高原山地灾害危险性评估结果

（2）山地灾害易损性评估。选取人口密度、夜间灯光指数、公路网密度 3 项综合指标，进行山地灾害易损性评估。在黄土高原地区，渭河谷地、汾河谷地等地势平坦区域，不具备滑坡、崩塌等山地灾害发育的基本地形条件，虽然这些区域人口密集分布，但仍然是山地灾害易损性低的区域。此外，位于黄土高原西北部的毛乌素沙地与腾格里沙漠南缘同样也属于地势平坦、山地灾害不发育的区域。在对黄土高原山地灾害易损性进行评价时，应将此类区域进行剔除（乔建平等，1994）。

将坡度小于3°的区域划分为山地灾害易损性低的区域，易损性评价及分级研究主要在大于3°的区域开展。黄土高原山地灾害易损性划分为高、较高、中、较低、低5个等级，评估结果见图3.24。山地灾害高易损区主要分布于黄土高原南部及东南部的黄土丘陵区。在这些区域，人口聚集地、农田等承灾体暴露性和敏感性较高，对山地灾害的抗灾能力较低。低易损区主要分布于黄土高原西北部的毛乌素沙地、腾格里沙漠南缘，大致在呼和浩特–鄂尔多斯–榆林–定边–白银–门源一线以西、以北的广大区域与渭河谷地、汾河谷地等区域。这些地区内部较为平坦、起伏度较小，不具备发生黄土滑坡、崩塌的地形地貌条件，承灾体物理暴露性较低。

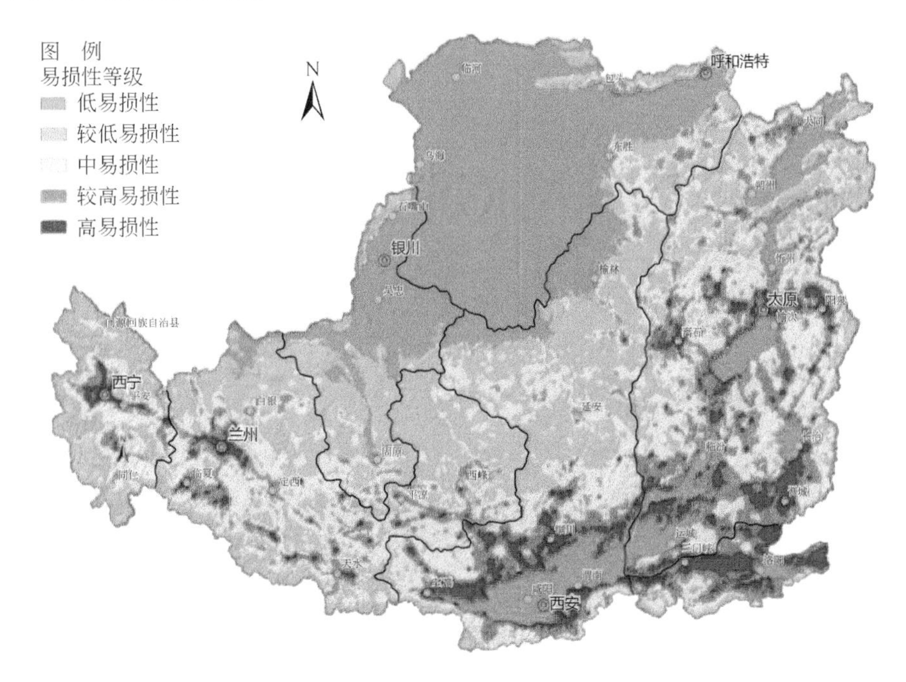

图3.24　黄土高原山地灾害易损性评估结果

（3）灾害风险评估。在山地灾害危险性和易损性评价的基础上，获取黄土高原山地灾害综合风险值。采用自然断点法自动寻找转折点，计算得出的转折点依次为0.07、0.199、0.339、0.507，按转折点将风险度划分为高、较高、中、较低、低5个风险等级，最终得出黄土高原山地灾害风险分区见图3.25。各个风险分区特征见表3.5。

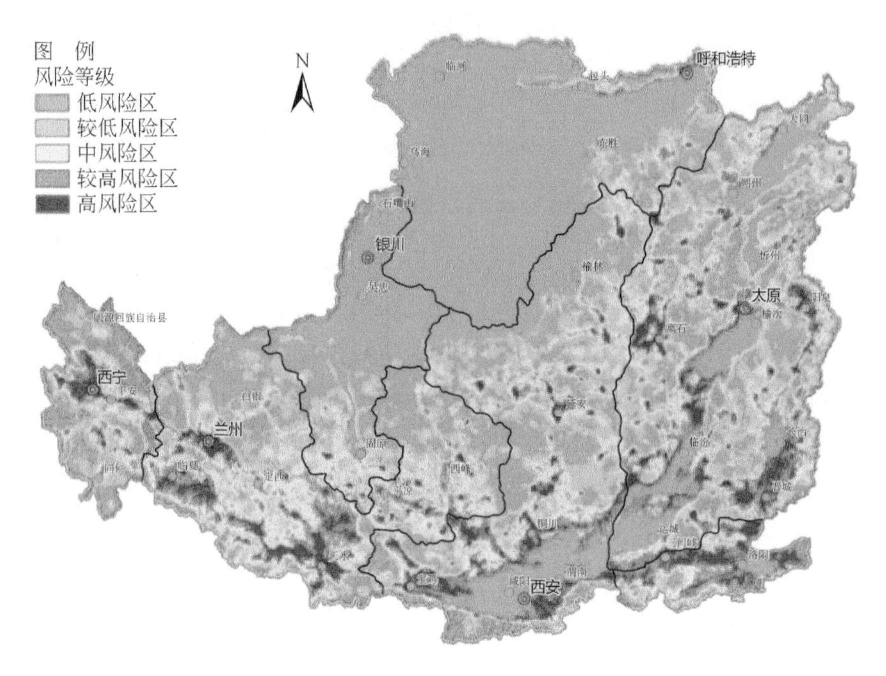

图 3.25 黄土高原山地灾害风险评估图

表 3.5 黄土高原山地灾害风险分区特征

风险等级	面积（km^2）	比例（%）	空间分布与危害特征
低风险	315 452.59	49.99	低风险区主要位于黄土高原西北部与南部至东北部汾渭谷地沿线，包括毛乌素沙地、腾格里沙漠南缘、渭河谷地、汾河谷地等，地势平坦，起伏度较小。虽然汾渭谷地是人口密集分布区，但是不具备山地灾害发育的基本地形条件，山地灾害风险低
较低风险	123 957.77	19.64	较低风险区主要位于黄土高原中部及边缘，人口分布较少，人类经济活动的影响较小；山地灾害分布较少，山地灾害风险值较低
中风险	96 461.35	15.28	中风险区主要位于黄土高原中西部、东北部，人口分布较多，农业生产活动较为活跃，地貌类型为黄土丘陵、黄土梁交错分布，山地灾害分布较为广泛，对当地人类生命安全与经济活动造成一定影响
较高风险	62 343.84	9.87	较高风险区主要位于黄土高原南部，在空间上分布较为分散，人口分布较多，农业活动活跃，以黄土丘陵、残塬、黄土梁为主要地貌类型，属于半湿润气候类型，是黄土滑坡、崩塌、泥石流等的高发区，影响当地的农业生产及其他经济活动，山地灾害风险较高
高风险	32 967.89	5.22	高风险区主要位于黄土高原南部及东南部，包括陇中高原临夏-兰州-定西三角区域、陇东高原的陇西、武山、天水、宝鸡、秦安、通渭、固原、平凉一带、秦岭北麓及山麓台塬过渡地带、山西北部的吕梁和太行山区及汾渭谷地周围与黄土丘陵过渡区域。人口集中分布，坡度大、地形起伏明显，降雨量较大，严重影响当地的农业生产及人类生命安全，山地灾害风险高

3. 长江上游

(1) 危险性评价。滑坡泥石流等山地灾害激发因素包括地震、降雨、冰雪融水、人类活动扰动等因素，不同激发因素引发的灾害评估因子分级指标不同，对于长江上游仅针对降雨等气象因素诱发产生的滑坡泥石流开展危险性评估。

依据长江上游滑坡危险性、泥石流易发性评价所选取指标内容（邹强等，2012），结合山地灾害孕灾环境和成灾特点，选择危险性指标地形特征（坡度、相对高差）、降雨特征（年暴雨日数、年降雨量）、地质特征（岩性、距断裂带距离、地震烈度）共 7 个指标因子进行评估，评估结果如图 3.26 所示。山地灾害高危险区主要分布在四川北部的汶川和茂县地区，四川西部的雅安至康定附近及炉霍地区，四川南部的凉山州的冕宁、西昌、德昌、会理等地区，东部重庆境内长江沿线的云阳、奉节和巫山地区。将评估分为 5 级，分别为低危险区（0～0.0745）、较低危险区（0.0745～0.2235）、中危险区（0.2235～0.3569）、较高危险区（0.3569–0.4824）和高危险区（>0.4824）。表 3.6 统计了不同危险等级的面积及所占比例。高危险区的总面积约 82 392 km^2，占长江上游流域面积的 8%。低危险区主要分布在地势平坦的成都平原和青海境内的长江源地区，低危险区的总面积约 215 604 km^2，占长江上游流域面积的 22%。

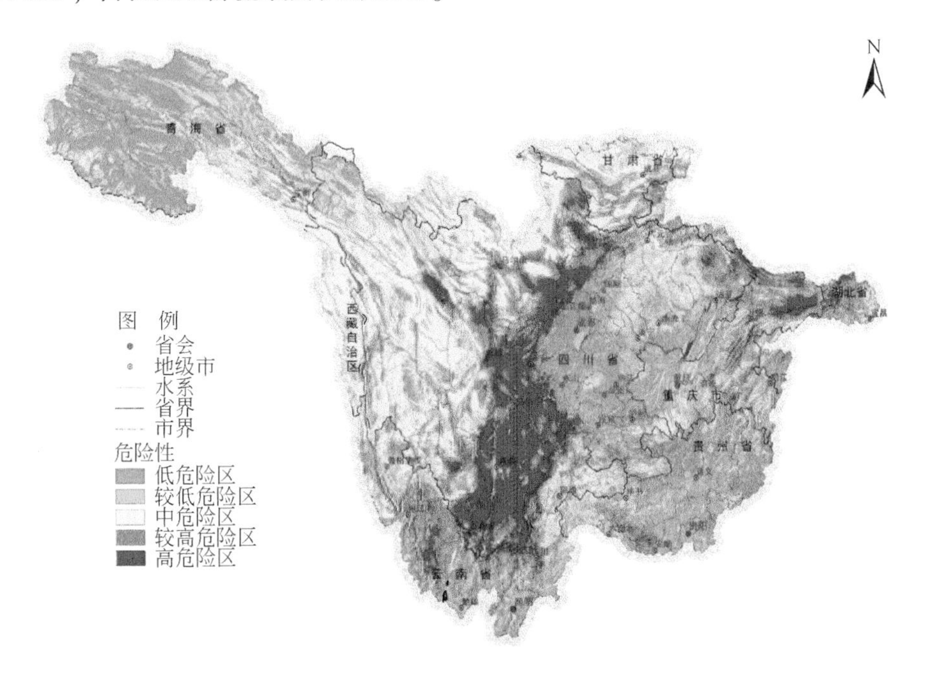

图 3.26　长江上游山地灾害危险性分区图

表 3.6　长江上游山地灾害危险性分区结果统计表

危险等级	低危险区	较低危险区	中危险区	较高危险区	高危险区
面积（km^2）	215 604	122 920	280 955	281 095	82 392
比例（%）	22	12	29	29	8

（2）易损性评价。钟敦伦等（2010）对长江上游的社会经济水平区划的指标分级与分区进行了研究。根据社会经济水平区划指标（人口密度、单位面积国内生产总值、第二产业产值占国内生产总值的比例、单位面积铁路长度和单位面积公路长度），长江上游流域被划为5个不同级别的易损区（图3.27）。

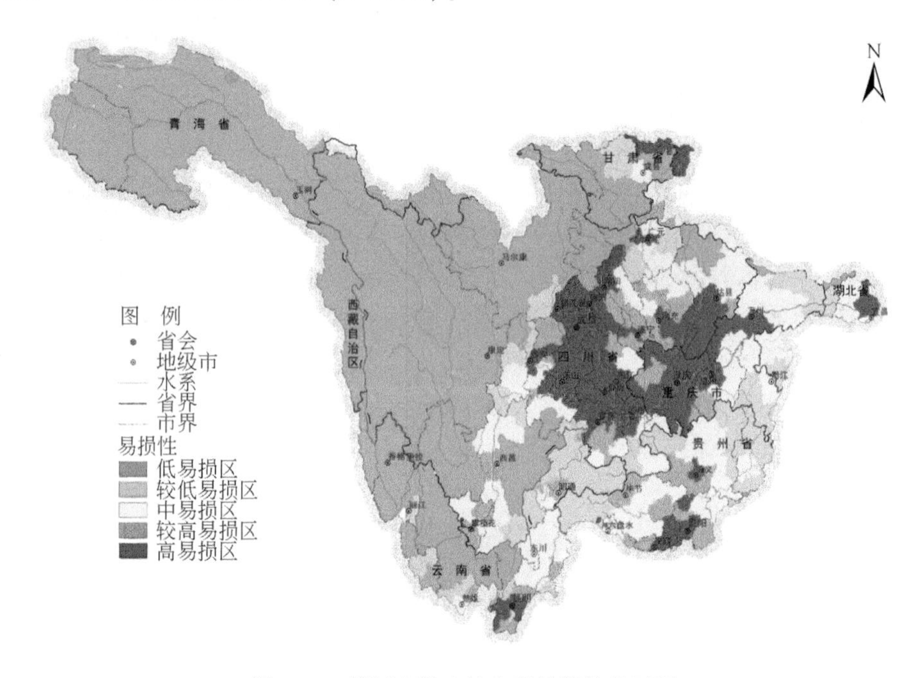

图3.27　长江上游山地灾害易损性分区图

对长江上游山地灾害易损性分区结果进行了统计（表3.7），结果显示高易损区主要分布在昆明、贵阳和成渝城市群，总面积约1.201×10^5 km²，占长江上游流域面积的12%。低易损区主要分布在四川省阿坝藏族羌族自治州、凉山彝族自治州和青海省，总面积约5.4×10^5 km²，占长江上游流域面积的55%。

表3.7　长江上游山地灾害易损性分区结果统计表

易损等级	低易损区	较低易损区	中易损区	较高易损区	高易损区
面积（km²）	540 000	105 400	150 200	67 200	120 100
比例（%）	55	11	15	7	12

（3）风险评价。基于危险性分区与易损性分区结果，完成长江上游山地灾害风险性评价。将研究区划分为低风险区（0～0.1808）、较低风险区（0.1808～0.3154）、中风险区（0.3154～0.4085）、较高风险区（0.4085～0.5190）、高风险区（>0.5190）5级，编制长江上游山地灾害风险分区图（图3.28）。

结果显示（表3.8），长江上游山地灾害高风险区主要分布在四川省汶川、都江堰、炉霍、雅安、甘洛、冕宁、喜德、德昌、会理和攀枝花地区，云南省东川、安宁和晋宁地区，贵州省仁怀、息烽、清镇等地区，重庆市涪陵、万州、云阳、奉节及湖北宜昌等地区。高风险区总面积约 7.89×10^4 km^2，占长江上游流域面积的 8%。

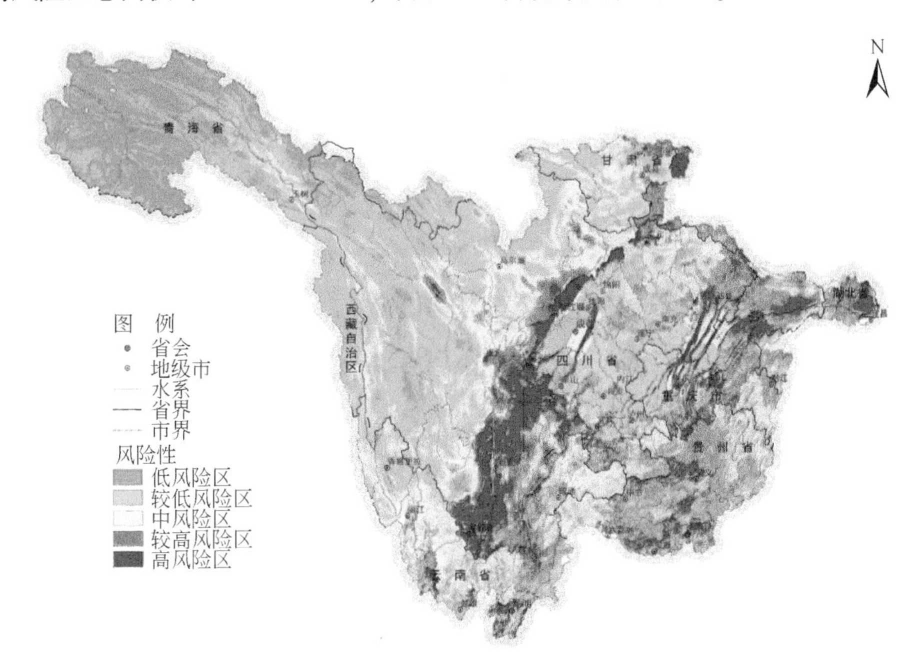

图 3.28　长江上游山地灾害风险分区图

表 3.8　长江上游山地灾害风险性分区结果统计表

风险等级	低风险区	较低风险区	中风险区	较高风险区	高风险区
面积（km^2）	168 600	345 200	227 300	163 000	78 900
比例（%）	17	35	23	17	8

4. 东南沿海

东南沿海区域山地灾害风险评估范围为广东省、福建省和浙江省三省，山地灾害主要受台风影响。

东南沿海滑坡危险性评估指标选用地层、坡度、高差、坡形和坡向 5 个指标，采用多因子线性叠加模型对滑坡危险性进行区划，得到连续空间的滑坡危险性区划，根据自然断点法对连续空间上的滑坡危险性区划进行分区得到 5 个区间：0.033 ~ 0.067、0.067 ~ 0.151、0.151 ~ 0.207、0.207 ~ 0.286、0.286 ~ 0.340，分别对应着 5 个区：安全区（1 级）、低危险度区（2 级）、中危险度区（3 级）、较高危险度区（4 级）和高危险度区（5 级），得到的东南三省（浙江省、福建省、广东省）滑坡危险性区划图如图 3.29 所示。

东南沿海泥石流危险性评估指标选用相对高差、最大坡度、平均坡度、地层岩性、断层密度、地震烈度、土地利用指数、年平均降水量和降水量年际变异系数 9 个因子，将因子纳入可拓物元模型得到东南沿海泥石流危险性评估区划结果，如图 3.30 所示。

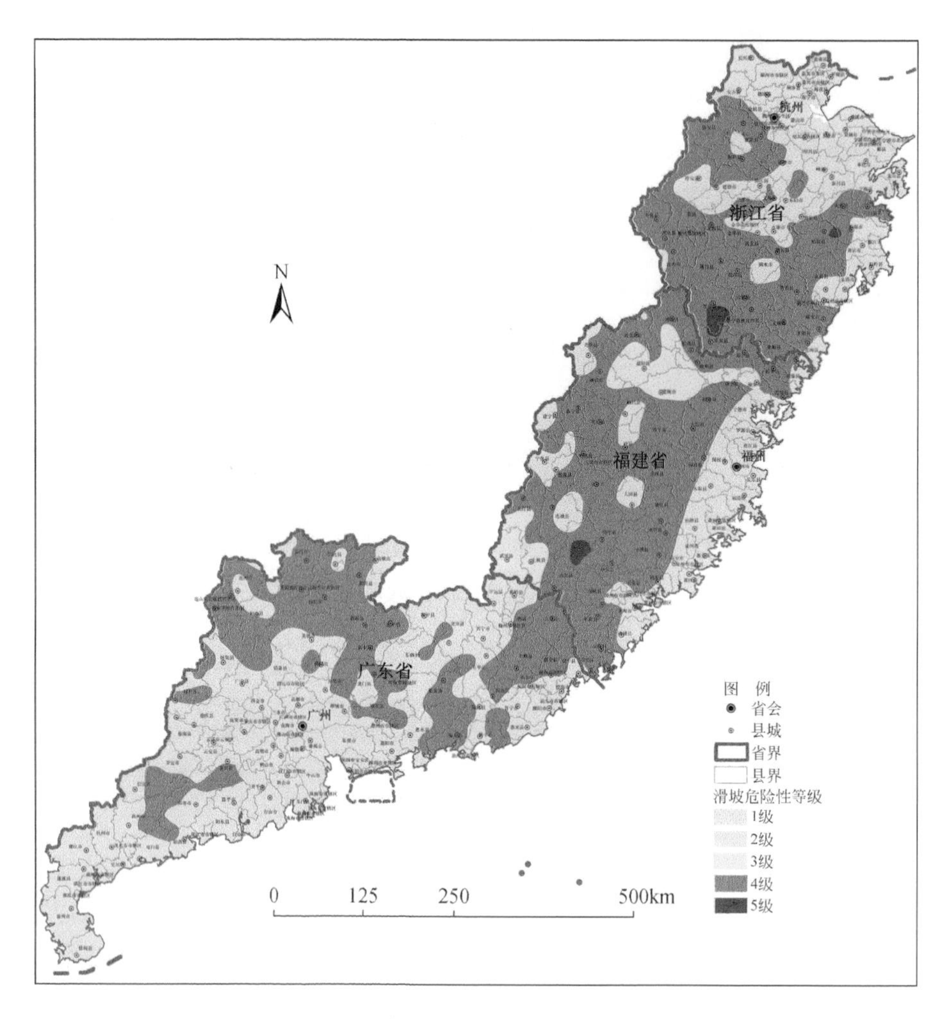

图 3.29 东南沿海滑坡危险性分区图

东南沿海山地灾害易损性指标有 GDP、人口数量、建筑密度、交通干线密度、耕地密度 5 个，对各指标进行归一化处理转化为无量纲的量，各指标累计得到东南沿海山地灾害易损性评估结果如图 3.31 所示。

山地灾害区域风险数值及其分级是由危险性和易损性的数值和分级决定的，一旦危险性和易损性的分级确定下来，风险分级也就相应地确定下来了。通过上述东南沿海山地的危险性和易损性评估，归一化危险性和易损性结果，就可以获得山地灾害的风险性。采用常用的五分法，区域山地灾害危险性和易损性在 0 ~ 1 等分为 0 ~ 0.2（低度）、0.2 ~ 0.4（较低）、0.4 ~ 0.6（中度）、0.6 ~ 0.8（较高）、0.8 ~ 1（高度）5 个区间。由此，可以得到山地灾害风险的 5 个等级：$0.00<R_{区}<0.04$（低风险），$0.04<R_{区}<0.16$（较低风险），$0.16<R_{区}<0.36$（中风险），$0.36<R_{区}<0.64$（较高风险），$0.64<R_{区}<1.00$（高风险）。通过综合滑坡和泥石流风险评价结果，得到东南沿海山地灾害风险区划图见图 3.32。

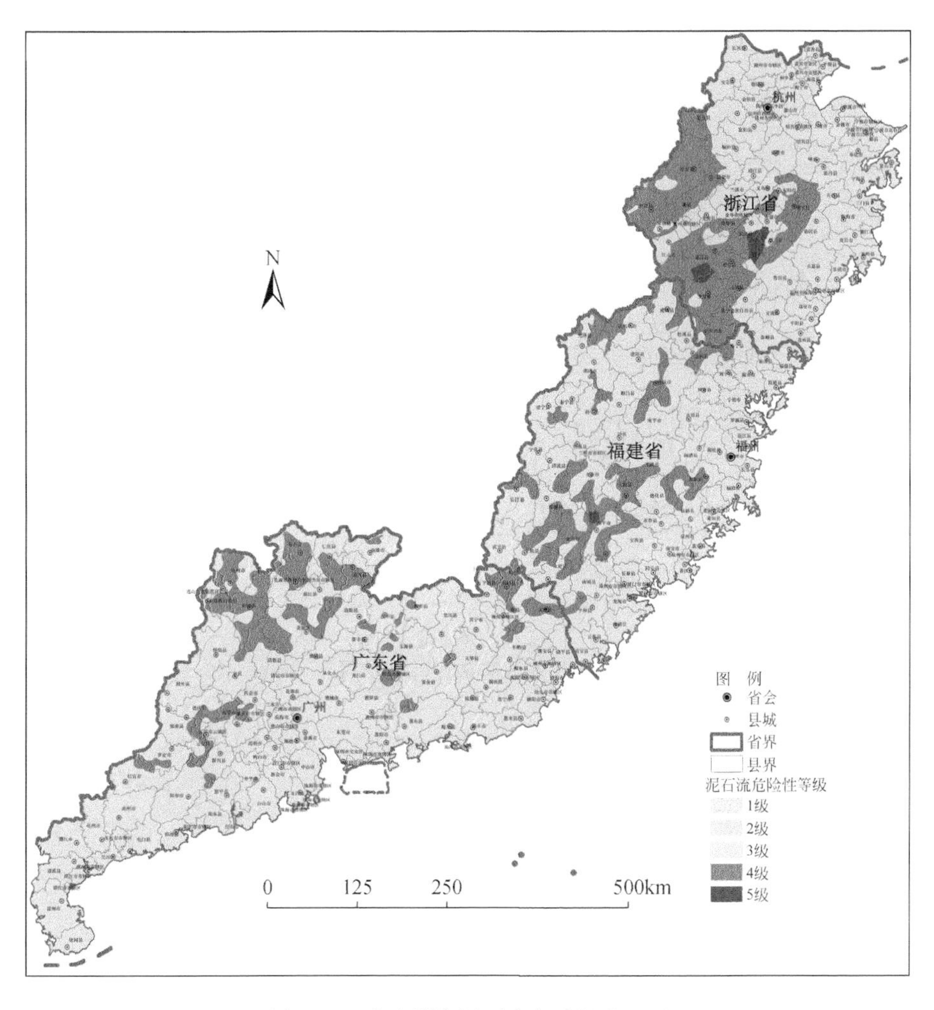

图 3.30 东南沿海泥石流危险性分区图

5. 香港

香港位于我国东南端沿海，靠近珠江口，北部与广东省接壤。包括香港岛、大屿山、九龙半岛和新界，262 个离岛。香港地区总面积约 1100 km^2，其中约 63% 的土地坡度大于 15°，30% 的土地坡度大于 30°。超过一半可用土地的发展潜力受到很高或极端的岩土限制，因而只有不到 25% 的土地被开发，多年来的发展导致香港形成了约 6×10^4 个大型的人造斜坡。在 1970 年前形成的大量人造斜坡由于缺少科学规划与处置，在漫长雨季（4 ~ 9 月）中，极易形成滑坡。除了人造斜坡外，香港还面临着陡峭的地形带来的自然滑坡风险。通过对 1924 ~ 2006 年拍摄的航空照片进行解译发现，有超过 10 万次的自然滑坡发生（Maunsell-Fugro Joint Venture，GEO，2007）。1993 年 11 月 4 日和 5 日的严重暴雨事件中，在大屿山的自然地形上发生了 800 多起山体滑坡。2008 年 6 月 7 日的一场暴雨中，大屿山发生了约 2400 处天然滑坡。随着对土地的需求增加，为满足住房需求和其他用途，城市发展与扩展更加靠近陡峭的天然斜坡，从而增加了山体滑坡所带来的风险。

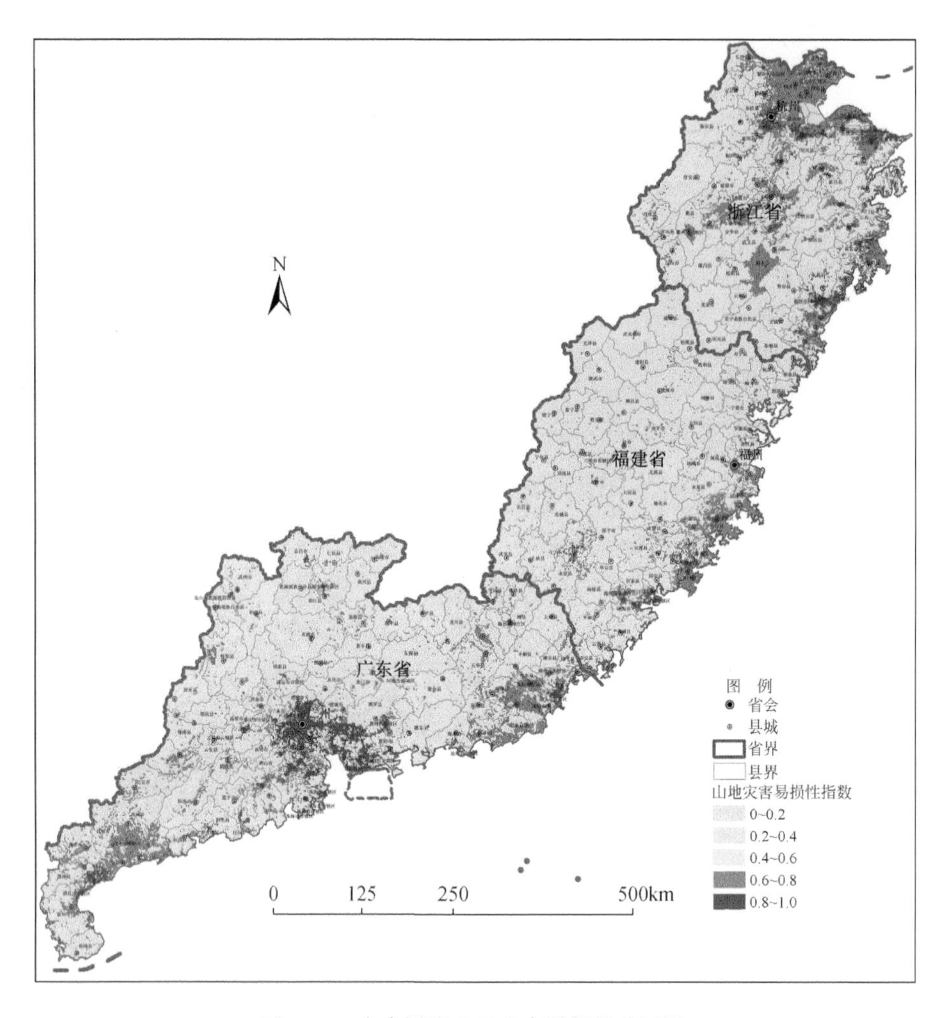

图 3.31　东南沿海山地灾害易损性分区图

Wang 等（2021）利用人工智能技术，进行了滑坡易发性评估与制图（图 3.33）。结果表明，滑坡高易发区域主要位于大屿山中部和西部大澳地区，新界东北部的八仙岭和鹿头地区及九龙的马鞍山、长沙湾地区；中易发区分布在大屿山东涌和新界西南部地区。

气候变暖导致极端降水事件在香港发生得更加频繁。2016 年，香港天文台利用典型分辨率为 200 km×200 km 的耦合模式，对香港 21 世纪的极端降水预测进行了统计降尺度研究（Chan et al.，2016）。结果表明，香港极端降水天数将普遍增加，并且在 21 世纪末增加的情况更为突出，年最大日降水量和年最大 3 天降水量都会增加。气候变化引起的极端降水事件，造成山地灾害易发性和危险性在未来会保持上升趋势，需要进一步通过应急预案制定及减灾技术创新与应用来降低山地灾害的风险。

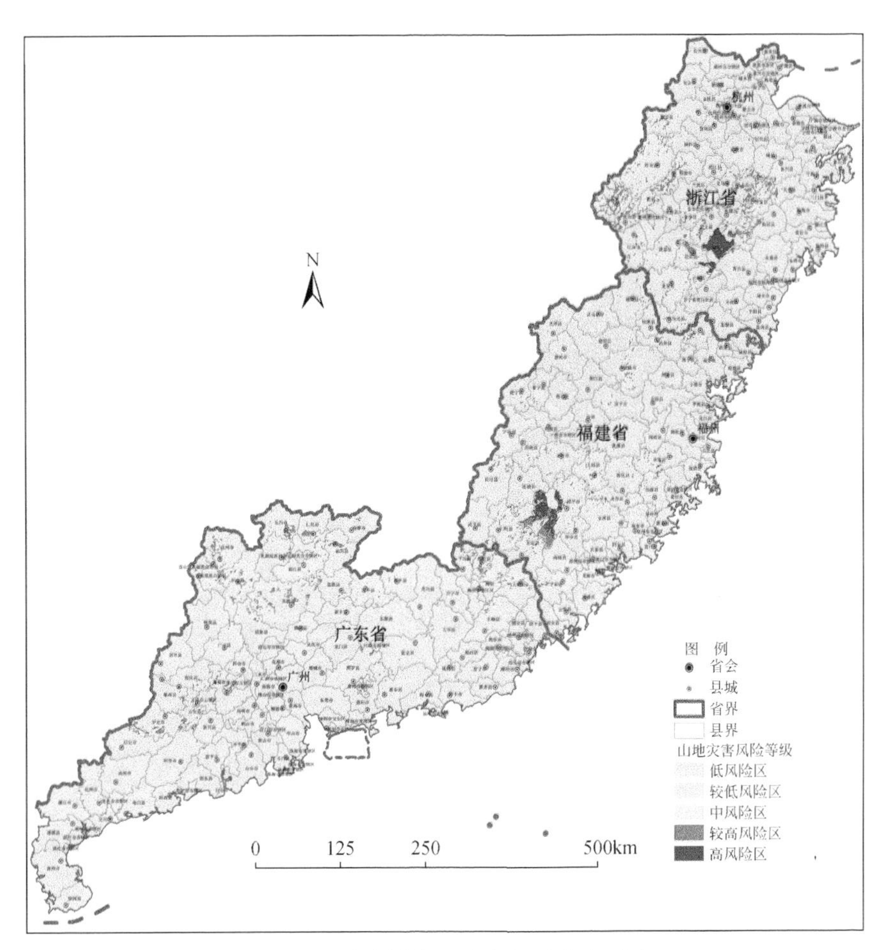

图 3.32　东南沿海山地灾害风险分区图

图 3.33　香港滑坡易发性分区图

6. 台湾省

台湾省的泥石流危险性评估指标体系选用坡度、地形起伏度、地层岩性、距断裂距离、年降水量和河网密度6个指标，采用信息量模型确定每个指标对泥石流的贡献信息量，多因子叠加之后利用自然断点法将研究区划分为低度危险区、较低危险区、中度危险区、较高危险区和高度危险区，如图3.34所示。可知，泥石流较高及以上危险区主要集中在台湾省的东北部、中部和东南沿海的山地，中度危险区主要集中在台湾省西部和中部的丘陵地区，较低和低度危险区主要分布在台湾省西部地形坡度较为平缓的沿海地区。

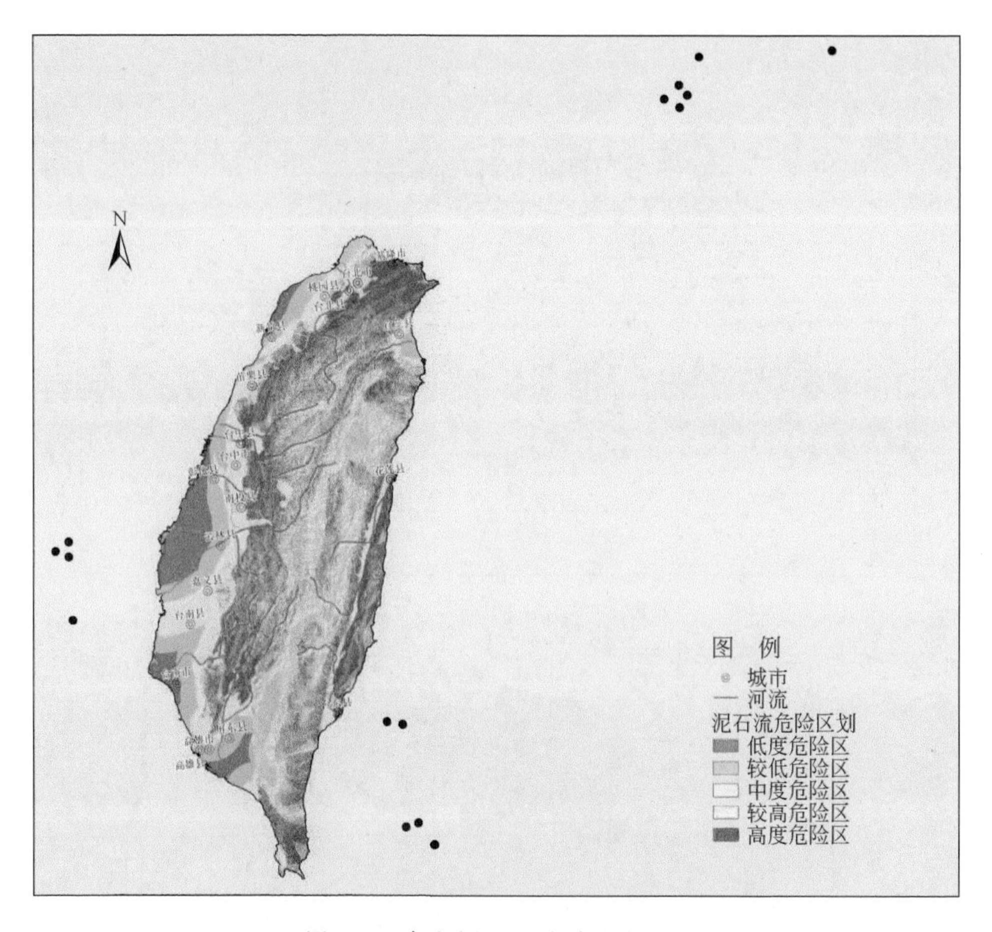

图3.34　台湾省泥石流危险性分区图

台湾省的泥石流危险值由危险性结果进行归一化后获得，泥石流灾害区域易损值由经济易损性（GDP）、环境易损性（土地利用）和社会易损性（人口密度）进行叠加并归一化后获得。将危险值和易损值代入风险计算式，利用自然断点法将区域分为低度风险区、较低风险区、中度风险区、较高风险区和高度风险区5个区域，如图3.35所示，可知，低度风险区、较低风险区主要位于台湾省中部、南部的山地，这些区域虽然泥石流危险性较高，但是人口相对稀少、经济相对落后，因此风险较低；中度及以上风险区主要分布在台湾省北部、西部和西南部的经济发达地区，如台北市、台中市和高雄市等，这些地区人口稠密、土地利用类型价值大，暴露在泥石流威胁范围内的易损性很高，因此风险性很高。

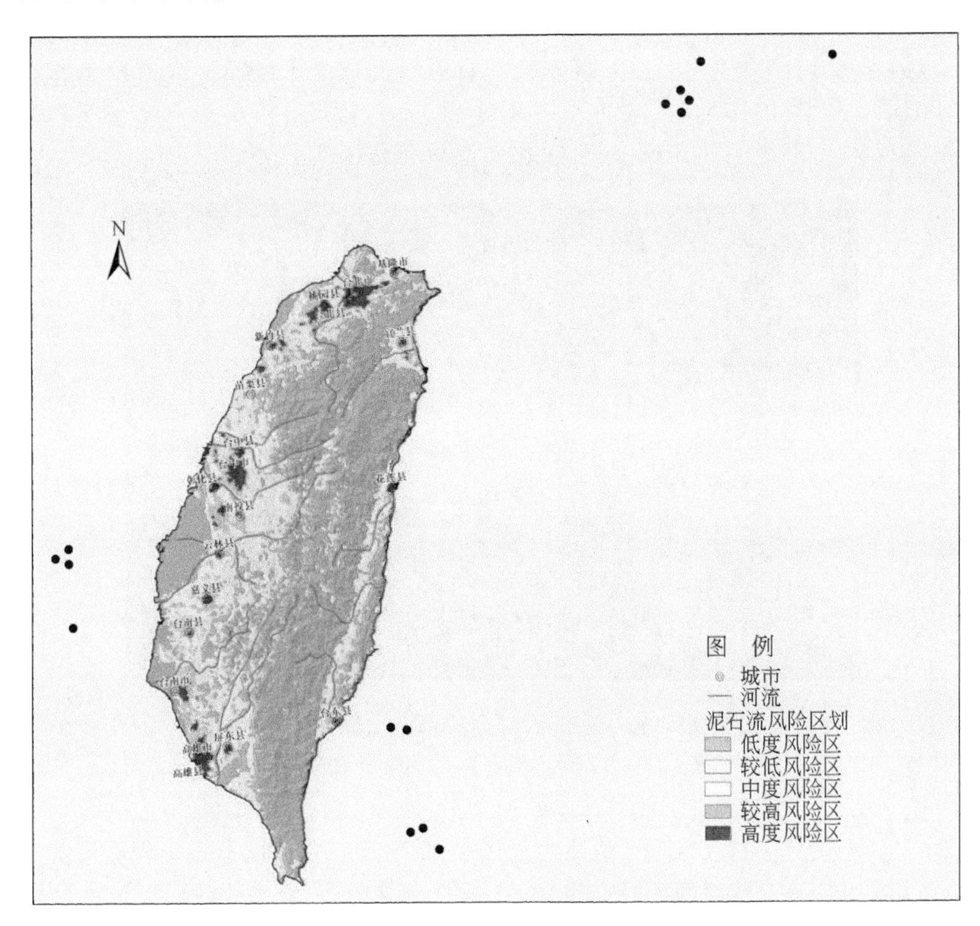

图 3.35　台湾省泥石流风险分区图

（三）山地灾害典型事件风险评估

1. 清平场镇群发性泥石流

受山区地形限制，许多山区城镇坐落在地势相对平坦的多条泥石流沟形成的复合堆积扇上，这些沟在局地性暴雨激发下极易同时暴发泥石流，形成群发性泥石流灾害。这种群发性泥石流在汶川地震灾区比较普遍。评估群发性泥石流风险时，需要考虑多条沟谷同时或相继发生泥石流所造成的危害。另外，城镇受灾的对象和形式也比较复杂，有直接冲毁和淤埋，也有生命线受损后的次生影响，还有河道淤积或堵塞造成的链生灾害。

针对这类山区城镇面临的大规模群发性泥石流带来的灾害链生性、延拓性和叠加性问题，成都山地所提出了城镇泥石流群风险分析与风险区划方法（Cui et al.，2013）。用泥石流的动能来表征冲击破坏能力，用泥石流泥深来表达淤埋危害程度，用洪水流深与淹没深度来表示堰塞湖对城镇的损坏能力，分析承灾体破坏损伤概率，实现群发泥石流风险定量分区。该方法包括空间属性数据采集、评估指标体系构建、风险度计算、风险度分级、风险评估、风险图编制等内容。

四川省绵竹市清平场镇位于龙门山推覆构造带前缘，山高坡陡，平均坡度在25°以上，特别是沟谷上游地段及沟源处坡度多在35°~45°，沟床纵坡降大多为105‰~400‰，有利于泥石流的形成。2010 年“8.13”群发性泥石流事件在清平场镇形成了长 3.5 km、宽 400~500 m，平均厚度约 5 m（最大厚度超过 13 m）、总方量约 6×10^6 m^3 的淤积区（图 3.36），造成 7 人遇难，5 人失踪，33 人受伤，379 户房屋严重受损。

图 3.36　2010 年“8 · 13”特大泥石流危害清平场镇

http：//www. scjky. com. cn/html/2010-08/376. html

清平场镇群发性泥石流风险评估结果如图 3.37 所示。在本次群发性泥石流灾害事件中，高风险区占总受影响面积的 33.4%，即 8.37×10^5 m^2，中风险区为 $7.92\times10^5 m^2$（31.6%），低风险区为 8.75×10^5 m^2（35.0%）。高风险区主要分布在受溃坝洪水影响的低海拔区和受泥石流冲击的泥石流沟出口处。另外，高海拔区一般处于洪水泥石流无法到达的低风险区。风险评估的结果可作为清平场镇泥石流灾害风险控制和防灾减灾的参考，减灾工程规划时，应该优先考虑对高风险区和中风险区采取有效的减灾措施。同时，还可以依据该风险分析结果，制定清平场镇泥石流风险管理的预案，包括灾害发生前的日常风险管理（预防与准备）、灾害发生过程中的应急风险管理、灾害发生后的恢复和重建过程中的危机风险管理，以降低山区场镇遭受泥石流灾害的风险。

2. 金沙江白格特大滑坡

伴随着遥感技术（光学、SAR）、环境地震学及数值模拟等技术手段的不断进步及在地学领域中的应用，滑坡的风险评估已经逐渐形成一套合理化、精细化和科学化的工作。以白格滑坡的风险评估为例，2018 年 10 月 11 日和 11 月 3 日，金沙江右岸（白格村）相继发生大规模山体滑坡（图 3.38），约 2.4×10^7 m^3 和 0.9×10^7 m^3 的碎屑物质相继堵塞金沙江干流，形成链式灾害。成都山地所通过 InSAR 分析、低频地震波反演及数值模拟等技

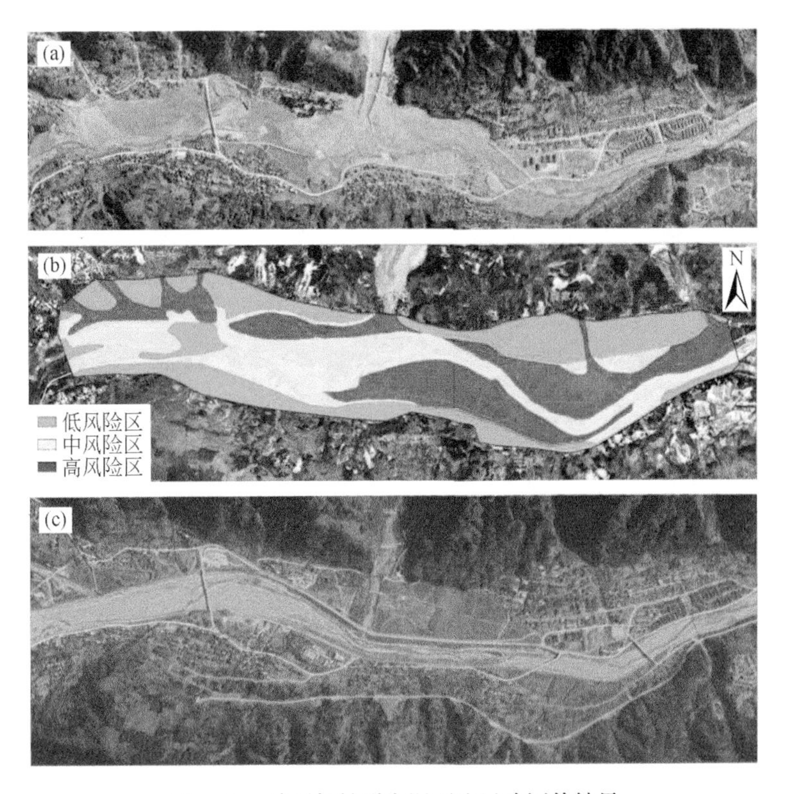

图 3.37　清平场镇群发泥石流风险评估结果
（a）泥石流灾害；（b）风险评估结果；（c）灾后重建

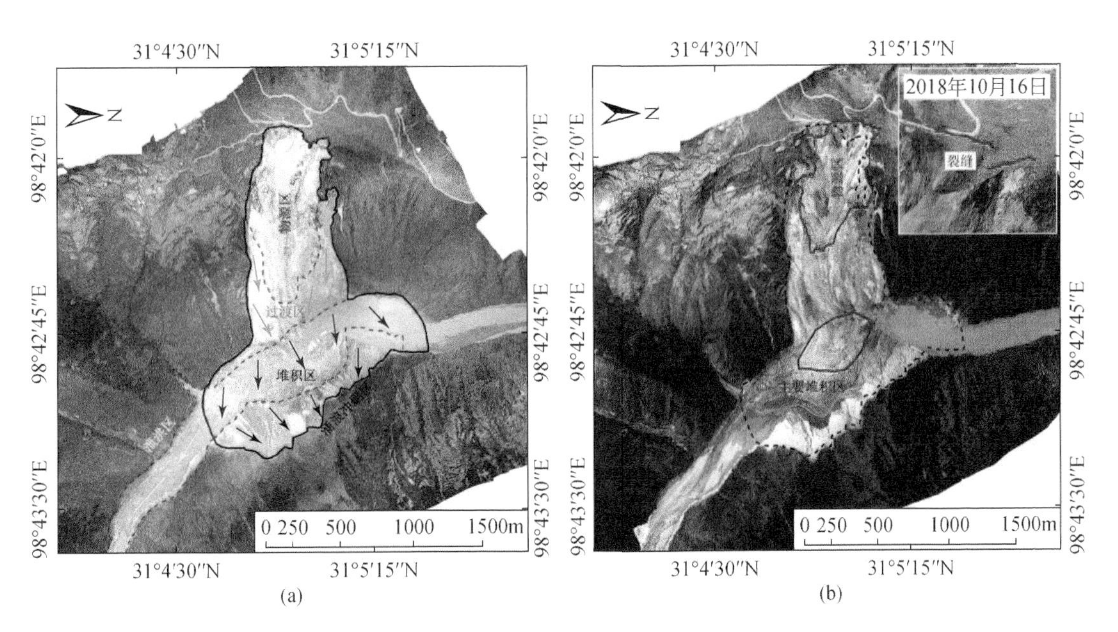

图 3.38　2018 年白格两次滑坡影像图（左图 10 月 11 日，右图 11 月 3 日）

术方法对白格滑坡进行了深入分析，在滑坡隐患体风险评估方面取得了良好效果（Ouyang et al.，2019；Zhang et al.，2019）。白格第一次滑坡发生之后，成都山地所通过光学遥感影像及 InSAR 影像分析确认了滑坡形变区域，之后采用两轨法对滑坡发生之后的 InSAR 影像进行差分干涉处理生成差分干涉图（图 3.39），获取雷达视线方向的形变量，从 D-InSAR 的解译结果中发现滑坡源区的上部出现了较大的形变，有发生二次滑坡的可能，从而为潜在滑坡的风险评估提供了可靠的前期证据与数据支撑（Ouyang et al.，2019）。

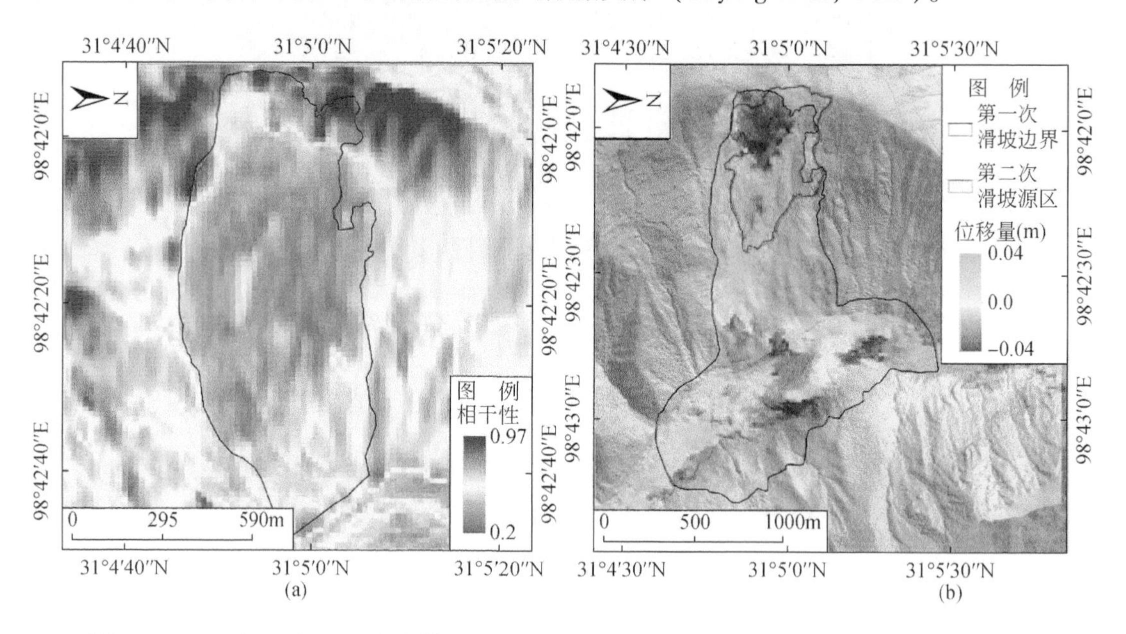

图 3.39　2018 年 10 月 11 日白格第一次滑坡区域平均相干性图及潜在滑坡 D-InSAR 监测结果

不能获取滑坡发生时的动力学特性是以往风险分析的短板所在，成都山地所基于低频地震信号的滑坡动力参数反演模型和理论，迅速反演了白格第一次滑坡的力-时间函数（图 3.40），评估了滑坡发生时间、持续时间、滑坡体体积、各阶段平均滑动速度及基底摩擦系数，并再现了滑坡的运动轨迹（Zhang et al.，2019）。

利用深度积分连续介质法，通过正交设计，分析了白格滑坡在不同工况下的堆积特性与野外观测数据的对比（图 3.41），第一次滑坡计算的最终堆积厚度和范围与野外调查数据具有较好的一致性。由于地质背景、岩土体结构、岩土体风化条件都具有相似性，所以同一地区所发生的滑坡动力学过程也是相似的，可以使用同一动力学模型、同一岩土力学参数对其进行模拟预测。用正交设计反演得到的最优化参数分析白格潜在滑坡的动力学特征，如图 3.41 所示，由于受到第一次滑坡的堆积物在其运动路径上的阻挡作用，其运动距离要小于前一次滑坡，几乎堆积在上一次滑坡堆积体的后缘部分。计算得到的最大堆积厚度为 83 m，其位置也与潜在滑坡体最终发生之后的观测数据吻合度较好。

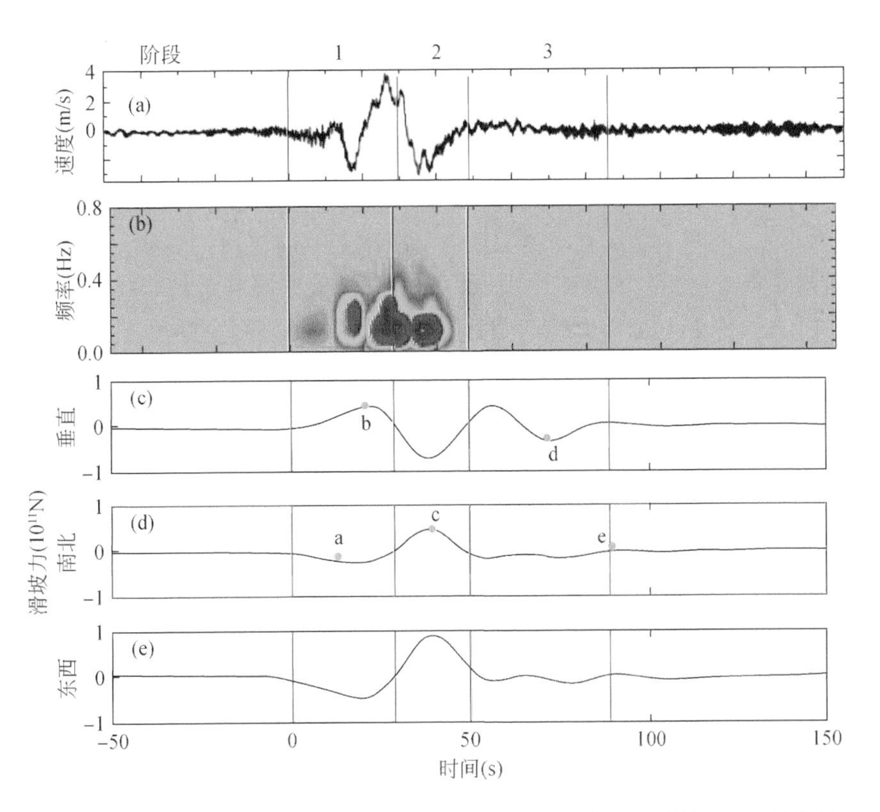

图 3.40 2018 年 10 月 11 日白格第一次滑坡，GZI 地震台网记录的垂向地震信号、频谱图和反演得到的力-时间函数（Zhang et al., 2019）

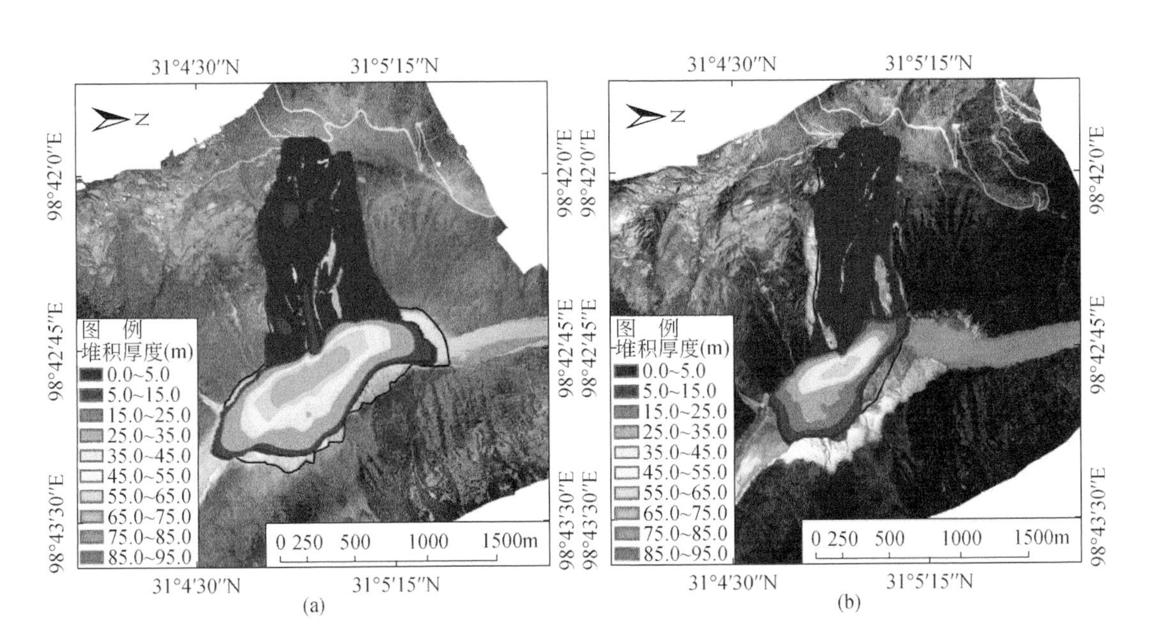

图 3.41 2018 年金沙江沿岸白格两次特大滑坡的运动过程模拟和危害范围评估，基于同一模型和参数能够有效地模拟两次滑坡过程

3. 天魔沟灾害链

天魔沟位于西藏东南部，帕隆藏布左岸，上游距波密县城 53 km，下游距通麦 35 km，位于川藏铁路廊道线路上。天魔沟流域面积 17.8 km^2，山体平均坡度 37°，流域高差 3103 m，主沟长度 5.86 km，平均比降 20.7%。沟内松散固体物质为冰碛物与表层风化物，水源类型为冰雪消融、降水及冰川融水。

2008 年 9 月，天魔沟受到夏季冰雪消融及降雨的共同作用，引发大型泥石流。泥石流沿沟道冲入帕隆藏布，冲上河流对岸山坡，阻断河流形成堰塞湖，并发生溃决，溃决洪水冲刷、掏蚀河流右岸高度达 50 m 的阶地底部，造成台地垮塌 900 m 左右，国道 318 线路基垮塌 430 m（图 3.42）。

图 3.42　天魔沟泥石流堵江，冲毁对岸 G318 路基路面

（1）灾害链危险性定量评估。泥石流灾害链的危险性评估需要在传统动力学因子基础上，考虑多灾种的致灾能力，提出综合性的危险性因子与评估模型。把整个区域划分成正方形的网格，对每个交叉点（网格的角点）计算不同灾种的流深、速度及高程，作为各个灾种危险性的评价因子，通过考虑冲击、淤埋、淹没等不同致灾方式，构建多灾种危险性评价模型。该模型同时考虑了泥石流和洪水的动力致灾及淤埋、淹没致灾，是一个综合危险性评价模型。

通过对天魔沟泥石流及其链生灾害的运动过程的模拟，得到堆积区内每个模拟计算网格的流速、流深，以及洪水淹没范围及其每一计算网格的淹没深度。在此基础上，应用基于动力因子的泥石流灾害链危险性评价方法，分析天魔沟泥石流的危险性，划分灾害链危害范围内各个评价单元的危险等级，实现基于动力学的泥石流危险性定量分区（图 3.43）。评估结果显示，灾害链高危险区主要分布在泥石流主流线区域、溃口下游 10 km。

（2）易损性评估。在危险性计算的基础上，对天魔沟泥石流灾害链中涉及的承灾体进行易损性评估。评估对象主要包括天魔沟与比通沟沟口泥石流灾害链威胁范围内的建筑物、道路、桥梁（图 3.44）。

在易损性评估中，建筑物对泥石流的响应主要表现在结构构件及建筑物整体的应力应变上。对不同结构类型的建筑物展开分类研究，结合野外观察的破坏现象，找出影响其稳定性的关键结构构件，根据泥石流作用力时程变化特征，通过结构构件的弹塑性受力分析，建立不同关键结构构件在泥石流作用下的破坏准则，并提出建筑物破坏标准。进而建立泥石流作用与建筑物构件变形、破坏及建筑物构件破坏与建筑物整体破坏程度的关系，

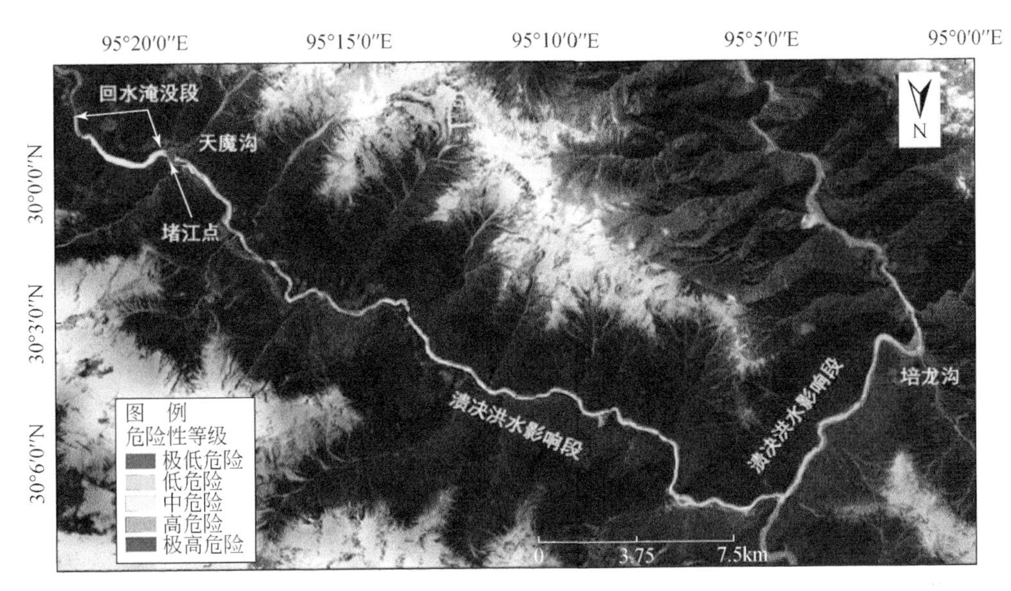

图 3.43　灾害链危险性评估结果

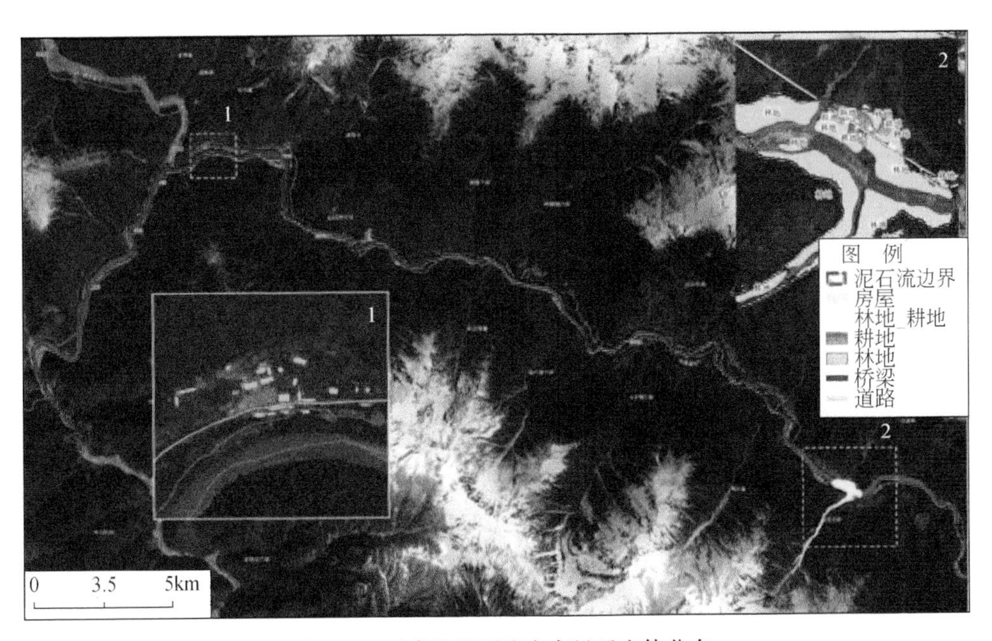

图 3.44　天魔沟泥石流灾害链承灾体分布

提出基于泥石流作用与建筑物动力响应的易损性计算模型，实现建筑物易损性定量评估，获得建筑物易损性值（图 3.45），其他承灾体根据土地利用类型进行计算。

（3）泥石流灾害链风险评估。在泥石流灾害链危险性分析、暴露性分析及承灾体易损性分析结果的基础上，对天魔沟沟口及下游区域进行风险分析，利用 GIS 工具，采用栅格计算方式，对泥石流灾害链影响范围内每一栅格内的危险性因子和承灾体易损性因子进行

图 3.45　建筑物易损性评估

计算，可以获得泥石流灾害链风险评估结果（图 3.46）。可以看出，天魔沟及下游泥石流灾害的风险性分布不均，风险最低的区域主要为沟口堆积扇的林地区域及下游溃决洪水演进覆盖的河道区域，主要原因在于该区域虽然受到泥石流或者洪水覆盖，但是受影响的承灾体多为林地、耕地和河道两侧的河岸，即使它们在沟口处于高危险性区域内，由于其自身经济价值低，所以风险评估结果依然为低，是典型的高危险低风险区域；风险性最高的区域为天魔沟沟口附近的建筑物与桥梁，其主要原因在于它们的危险性与易损性都较高，经济价值也高，评估为高风险；其他下游的高经济价值承灾体，由于其未受到洪水影响，暴露度为 0，因此在评估中为无风险。

二、山地灾害风险分区特征

山地灾害危险性评估因子主要围绕山地灾害的形成条件进行选择，其中地形因子选择坡度、地表起伏度；地质因子选择地层岩性、距断层距离、地震动峰值加速度；气象因子选择日最大降水量、年平均气温；水文因子选择距河流距离。

地形因子中的坡度和地表起伏度不仅可以在一定程度上反映斜坡的稳定性，而且坡度直接影响着物源和水源在山坡上的聚集和分布。地质因子中的地层岩性决定了岩石类型及软硬程度，也反映了岩石的抗风化和抗侵蚀能力；而在断层处岩石破碎，蕴含着丰富的松散堆积物，距断层的距离越近，松散堆积物的量越多。地震也会诱发大量的滑坡、崩塌等，为泥石流等山地灾害提供了丰富的松散固体物源。降水尤其是局地性短历时的暴雨，是泥石流的激发因素，中尺度到大尺度的长历时强降水过程，往往导致大面积群发性滑坡、泥石流等山地灾害，选择日最大降水量表示山地灾害的降水激发因子。气温会影响融雪的速度，进而为泥石流等山地灾害提供水源激发条件，尤其高山地区分布有冰川、冰湖，冰川融化和冰湖溃决都有可能导致大规模山地灾害的发生。

利用层次分析法确定各个因子权重，将各个评估因子进行加权叠加，分析山地灾害危

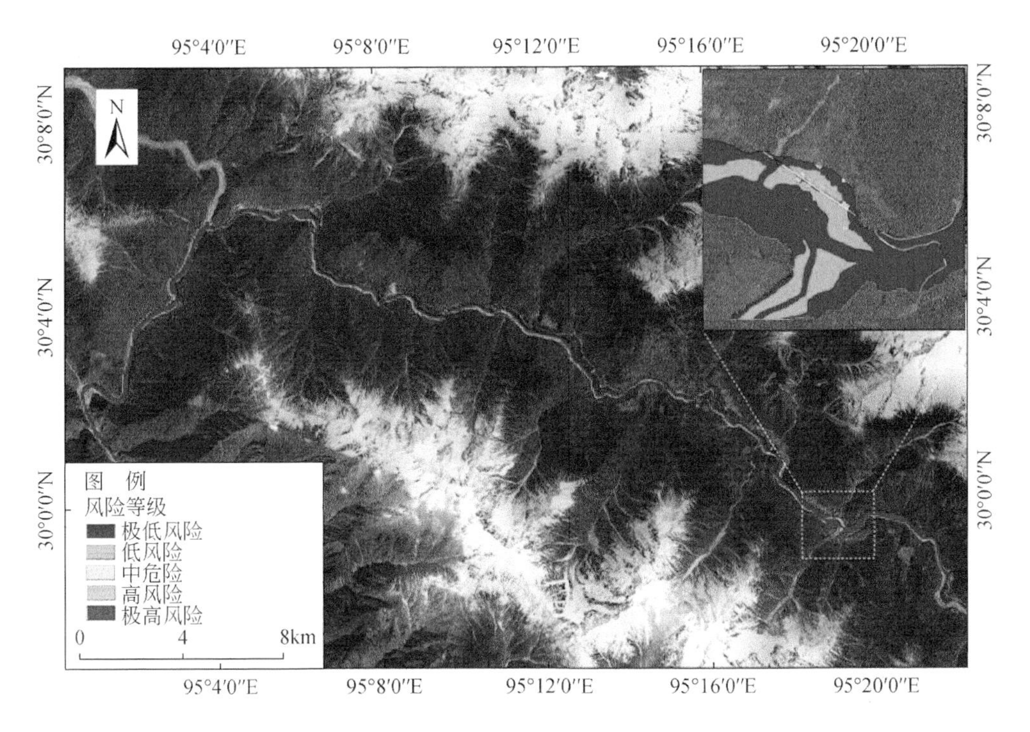

图 3.46 天魔沟泥石流灾害链风险分级图

险性。危险性评价采用模型：

$$H = \sum_{j=1}^{n} X_{h,j} \times W_{h,j} \tag{3-1}$$

式中，H 为灾害危险性指数；$X_{h,j}$ 为各评价指标的归一化值；$W_{h,j}$ 为各评价指标的权重系数，用层次分析法计算权重系数。

将危险性评估结果分为高度、较高、中度、较低和低度危险区 5 个等级，得到 2022 年全国山地灾害危险性分区图（图 3.47）。可以看到，低度危险区所占比例为 38.23%，主要分布在我国东北西部和西北的多个省份；较低和中度危险区所占比例分别为 35.09% 和 6.77%，在全国各地均有分布；较高和高度危险区所占比例分别为 10.33% 和 9.58%，主要集中在云南省、西藏东部、四川西部和台湾省东部等地区。

山地灾害易损性体现一定区域及时间区间内山地灾害可能导致的一切人、财、物的潜在最大损失程度。引入国内生产总值（GDP）表示经济易损性、人口密度表示社会易损性、土地利用类型表示环境易损性。

考虑评价尺度和资料数据获取的可行性，采用区域易损性评价模型（刘希林等，2016）：

$$V = \sqrt{\frac{(G+L) \times \frac{1}{2} + D}{2}} \tag{3-2}$$

式中，V 为山地灾害易损性；G 为国内生产总值归一化处理后的值；L 为土地利用类型归

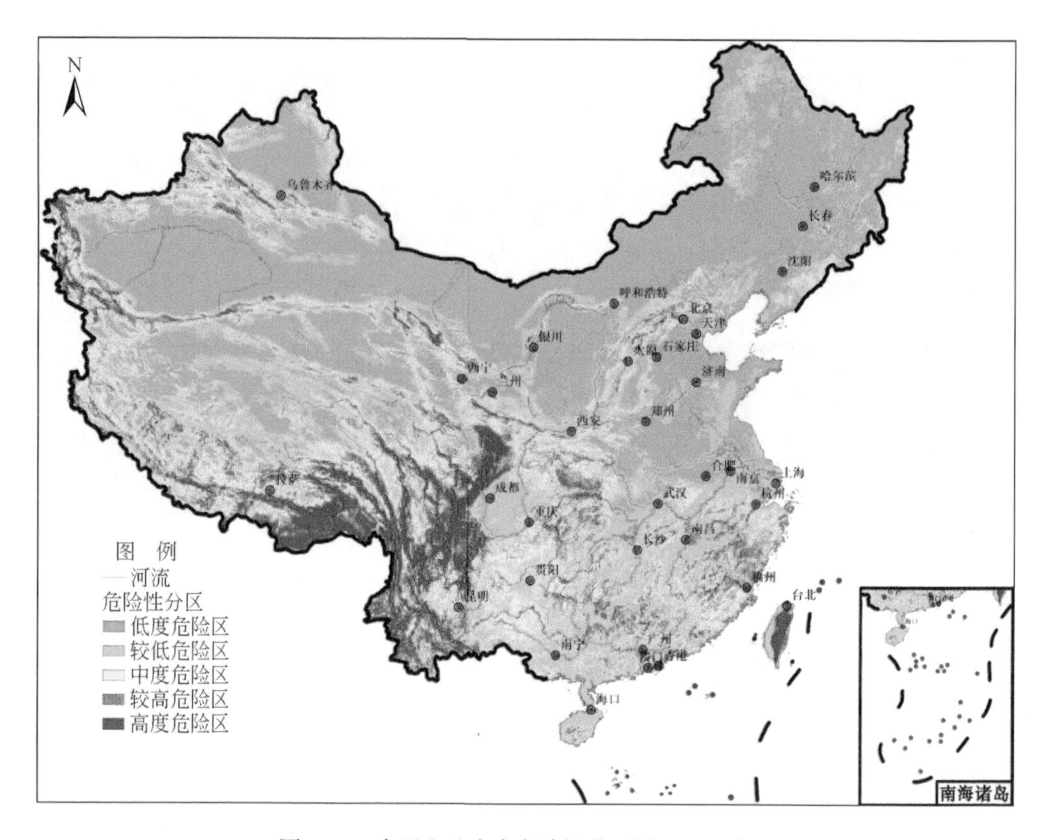

图 3.47 全国山地灾害危险性分区图（2022 年）

一化处理后的值；D 为人口密度归一化处理后的值。

采用极差变换方法对国内生产总值和人口密度进行归一化计算，土地利用类型采用赋值法进行归一化处理，将未利用土地、水域、草地、林地、耕地和城市工矿居民用地 6 类土地分别赋值为 0、0.2、0.4、0.6、0.8 和 1。将归一化后的易损性因子代入公式，再将易损性评估结果分为高度、较高、中度、较低和低度易损区 5 个等级，得到 2022 年全国山地灾害易损性分区图（图 3.48）。低度易损区和较低易损区面积占比分别为 20.67% 和 31.51%，主要位于西北和西南经济相对落后且人口相对稀少的地区，区域各综合评价因子取值低，受山地灾害的影响较小，遭受损失的可能性低。中度易损区面积占比为 23.78%，广泛分布于我国中部、南部及东南部，该区域各综合评价因子取值较高，暴露在山地灾害威胁范围内，可能造成交通设施及人员财产损失。较高和高度易损区面积占比分别为 21.03% 和 3.01%，主要位于四川盆地、东北平原、华北平原及省会城市和省会城市为中心的其他邻近城市群地区，这些地区人口稠密、土地利用价值大，暴露在山地灾害威胁范围内的易损性很高，容易因山地灾害的影响造成人员生命财产损失及交通基础设施受损。

山地灾害风险综合反映了山地灾害的自然属性和社会属性，表达为在既定范围、既定时间内山地灾害对人类生命财产和经济活动产生损失的可能性或期望值。山地灾害危害性

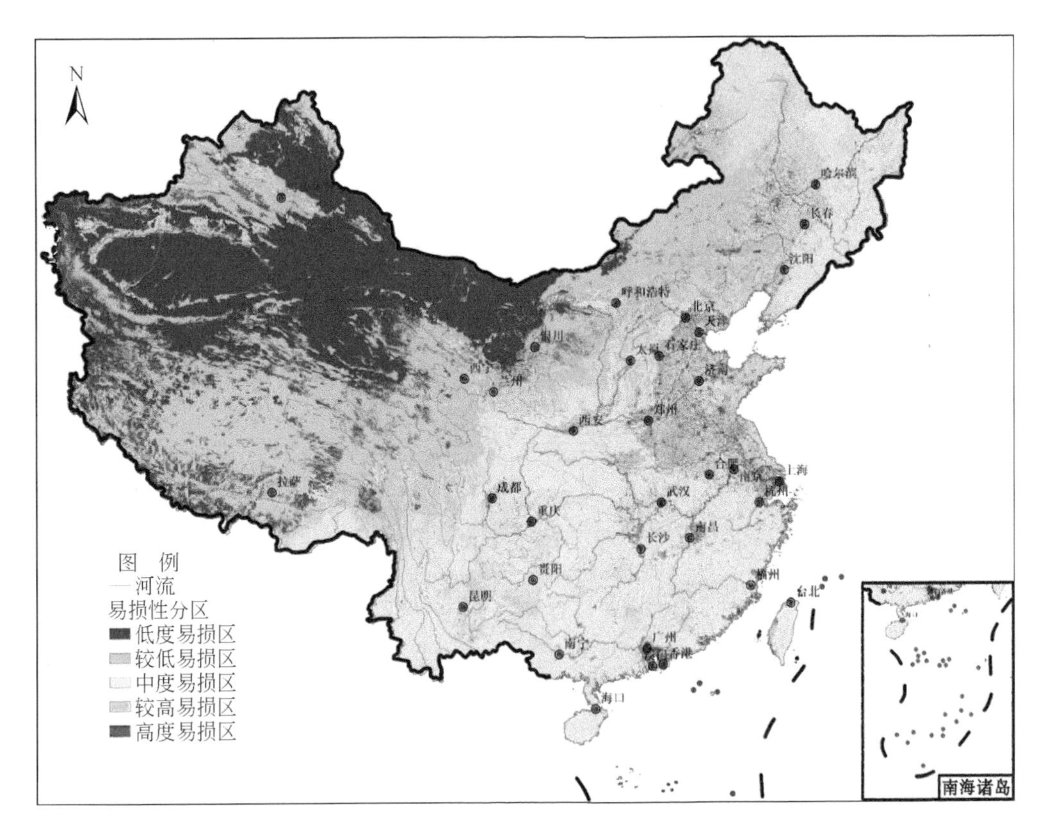

图 3.48　全国山地灾害易损性分区图（2022 年）

主要体现在承灾体的抗灾能力。

综上，在危险性和易损性评估结果基础上，计算灾害风险度。根据灾害风险的定义：风险度=危险度×易损度，山地灾害风险计算如下：

$$R = H \times \sum_{i=1}^{m} W_i \times E_i \tag{3-3}$$

式中，R 为评估单元的风险分级指数；H 为评估单元的危险性分级指数；W_i：$W=[W_1, W_2, \cdots, W_i, \cdots, W_m]$，第 i 种区域承灾体的权重指数；E_i：$E=[E_1, E_2, \cdots, E_i, \cdots, E_m]$，评估单元中第 i 种区域承灾体的分级指数；m 为区域承灾体的种类。然后，再将风险评估等级分为高度、较高、中度、较低和低度风险区 5 个等级，得到 2022 年全国山地灾害风险分区图（图 3.49）。

从图 3.49 可以看出，我国山地灾害以低度和较低风险（84.04%）为主。高度、较高和中度风险区主要分布在台湾省西部、青藏高原东缘、横断山区、东喜马拉雅、东南丘陵地区等孕灾能力强、人口密度大、经济发达、公路设施齐全的地区。

根据中国地貌类型特点和山地灾害风险分区结果，确定中国山地灾害风险分区，如表 3.9 所示。

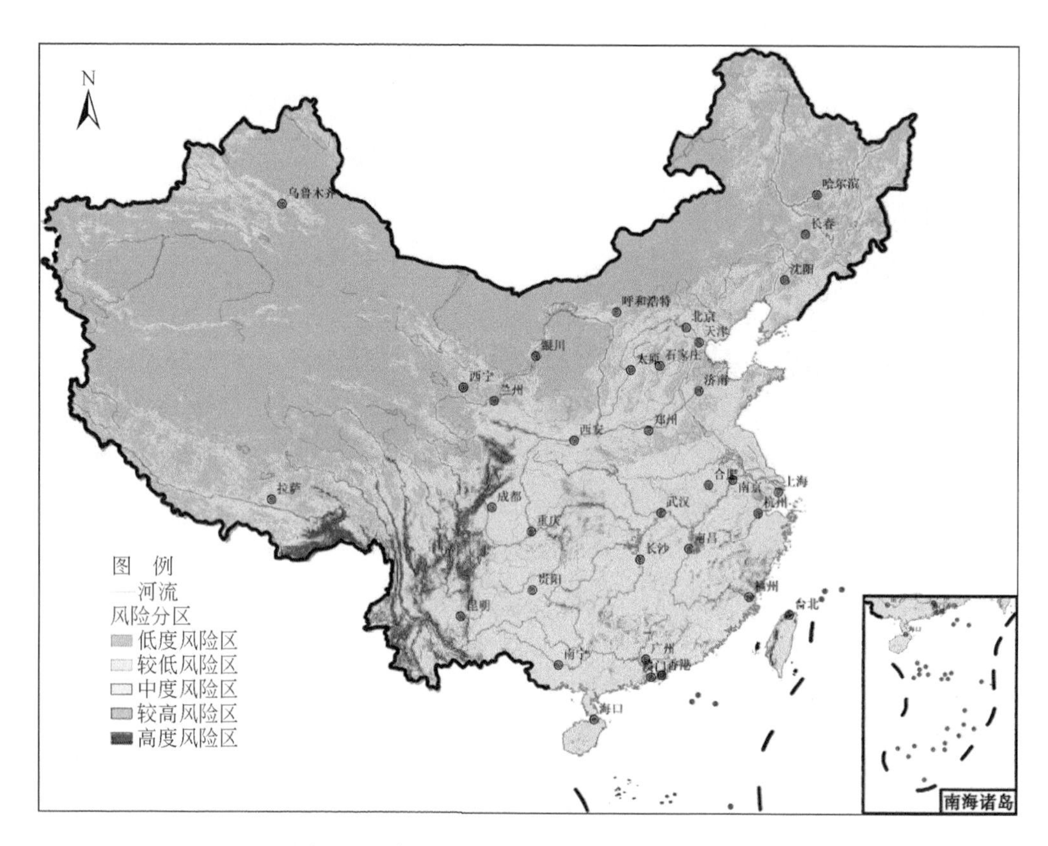

图 3.49 全国山地灾害风险分区图（2022 年）

表 3.9 中国山地灾害风险区划统计表

风险分区	面积占比（%）	集中地区	省份	县市级单元
低度风险区	57.54	内蒙古平原、青藏高原东北缘、塔里木盆地、东北平原	新疆、青海、内蒙古、西藏、黑龙江、甘肃、吉林、宁夏	澳门、嵊泗县、乌审旗、叶城县、长海县、肃北蒙古族自治县、苏尼特左旗、苏尼特右旗、阿巴嘎旗、镶黄旗、额济纳旗、新巴尔虎右旗、西乌珠穆沁旗、达尔罕茂明安联合旗、德令哈市、新巴尔虎左旗、阿拉善右旗、四子王旗、鄂托克前旗、正镶白旗、吉木乃县、锡林浩特市、和布克赛尔蒙古自治县、克拉玛依市、乌拉特后旗、敦煌市、麦盖提县、定边县、东乌珠穆沁旗、沙雅县、哈密市、察哈尔右翼后旗、聂荣县、阿拉善左旗、伊吾县、民勤县、洛浦县、尉犁县、民丰县、若羌县、塔城市、正蓝旗、贵南县、鄯善县、阿克塞哈萨克族自治县、林甸县、鄂托克旗、盐池县、察哈尔右翼中旗、克什克腾旗、墨玉县、且末县、瓜州县、金塔县、福海县、阿瓦提县、太仆寺旗、依安县、杂多县、玛多县、安达市、巴里坤哈萨克自治县、榆林市、日土县、肇州县、班戈县、策勒县、格尔木市、二连浩特市、曲麻莱县、托克逊县、泽库县、金昌市、木垒哈萨克自治县、商都县、阿克苏市、青冈县、杭锦旗、都兰县、友谊县等（567 个）

续表

风险分区	面积占比（%）	集中地区	省份	县市级单元
较低风险区	26.50	四川盆地、华北平原	上海、天津、江苏、安徽、海南、河南、广西、江西、广东、湖南、湖北、山东、北京、山西、浙江、贵州	大城县、任县、汤阴县、延津县、获嘉县、宿州市、上蔡县、驻马店市、莘县、内黄县、淇县、临泉县、郸城县、河间市、西平县、涡阳县、阳谷县、临清市、武功县、兴平市、宁晋县、息县、茌平区、滑县、南乐县、温江区、新乡县、新蔡县、东阿县、项城市、平舆县、濮阳县、利辛县、沧州市、新乡市、成安县、青县、临漳县、正阳县、安平县、菏泽市、台前县、廊坊市、长垣县、邯郸县、清丰县、石家庄市、玉田县、大厂回族自治县、高唐县、馆陶县、沈丘县、太和县、范县、蒙城县、西充县、新野县、淮滨县、常州市、灵璧县、资阳市、阜南县、隆尧县、邯郸市、郓县、冠县、兰考县、安阳市、泗县、界首县、朔州市、香河县、聊城市、涟水县、安岳县、社旗县、阜阳市、邓州市、泰州市、新都区、濮阳市、武清县、蓬溪县、肥西县、潜江市、内江市、上海市、辛集市、睢宁县、南阳市、邳州市、滨海县、遂宁县、衢州市、咸阳市、佛山市、漯河市、潼南区、桐乡市、濉溪县、资中县、鄄城县、如皋市、顺义县、宝坻区、自贡市、邢台市等（1224个）
中度风险区	8.71	东南沿海丘陵、成都平原东缘山地	福建、贵州、四川、重庆、陕西、湖北、浙江、云南、北京、广西、湖南、海南、江西、西藏、广东、山西	镇坪县、琼结县、康县、平利县、岚皋县、岳西县、镇巴县、竹溪县、保康县、乡城县、资源县、雷山县、通江县、留坝县、太白县、镇安县、凤县、华安县、略阳县、龙胜各族自治县、五峰土家族自治县、长阳土家族自治县、两当县、鄗县、桂东县、兴山县、仁布县、旺苍县、白河县、神农架林区、南江县、赤水市、万源市、永泰县、成县、双牌县、炉霍县、青川县、宁强县、宕昌县、周至县、卓尼县、井冈山市、佛坪县、德格县、英山县、石台县、南郑区、黑水县、融水苗族自治县、紫阳县、稻城县、扎襄县、平和县、磐安县、德化县、房县、拉孜县、大姚县、崇义县、卡若区、小金县、宁陕县、建始市、隆子县、南靖县、洛扎县、城口县、岷县、罗田县、道真仡佬族苗族自治县、安康市、易门县、远安县、田林县、鹤峰县、贡嘎县、西乡县、永仁县、旬阳县、风山县、缙云县、金川县、富宁县、天峨县（85个）
较高风险区	3.33	东南沿海丘陵、成都平原东缘山地、东喜马拉雅、云贵高原、横断山区、青藏高原东缘	重庆、福建、浙江、云南、四川、湖北、浙江	金秀瑶族自治县、城口县、巫溪县、景宁畲族自治县、云和县、开县、柘荣县、迭部县、龙泉市、峨边彝族自治县、福安县、北川县、庆元县、神农架林区、东川区、遂昌县、文成县、永嘉县、恭城瑶族自治县、昭平县、平武县、景谷傣族彝族自治县、宝鸡市、台南县、松阳县、屏边苗族自治县、雅安市、蒙山县、泰顺县、陇川县、绿春县、马边彝族自治县、黑水县、秭归县、红河县、青田县、理县、闽侯县、梁河县、金口河区、贺州市、漾濞彝族自治县、文县、河口瑶族自治县、云龙县、舟曲县、周宁县、宁德市、连平县、峨眉山市、福贡县、泸水市、盐边县、城步苗族自治县、荥经县、锦屏县、嘉义县、寿宁县、镇沅县、桑植县、

续表

风险分区	面积占比（%）	集中地区	省份	县市级单元
较高风险区	3.33	东南沿海丘陵、成都平原东缘山地、东喜马拉雅、云贵高原、横断山区、青藏高原东缘	重庆、福建、浙江、云南、四川、湖北、浙江	云阳县、墨江哈尼族自治县、松潘县、水富县、贡嘎县、宝兴县、乐昌市、大关县、罗源县、洞口县、华坪县、宣恩县、榕江县、瓯海县、鹤峰县、从江县、玉山县、云县、政和县、宁蒗彝族自治县、宣汉县、灌阳县、木里藏族自治县、永春县、巫山县、景东彝族自治县、霞浦县、兴山县、崇安县、青川县、武都县、江华瑶族自治县、巴东市、元阳县、双江拉祜族佤族布朗族傣族自治县、武隆区、基隆市、龙岩市、万源市、紫阳县、米易县、雷波县、南坪县、新化县、灵川县、苍南县、临武县、江城哈尼族彝族自治县、宁洱哈尼族彝族自治县、连南瑶族自治县、华蓥市、剑川县、小金县、兴文县、奉节县（115个）
高度风险区	3.92	东喜马拉雅、云贵高原、横断山区、青藏高原东缘	台湾、云南、四川、重庆、福建、西藏、甘肃	宁南县、永德县、台中市、普格县、台北市、沧源佤族自治县、耿马傣族佤族自治县、布拖县、汶川县、西盟佤族自治县、石棉县、镇康县、芦山县、墨脱县、冕宁县、茂县、甘洛县、泸定县、天全县、舟曲县、施甸县、高雄市、孟连傣族拉祜族佤族自治县、汉源县、南坪县、得荣县、永胜县、元江哈尼族彝族傣族自治县、澜沧拉祜族自治县、华宁县、元阳县、盐源县、巧家县、南涧彝族自治县、龙陵县、凤庆县、德钦县、西昌市、东川区、金口河区、丽江纳西族自治县、新平彝族傣族自治县、金阳县、越西县、雷波县、屏山县、鹤庆县、洱源县、潞西县、云县、昭觉县、宝兴县、德昌县、福贡县、九龙县、景东彝族自治县、错那县、北川县、贡山独龙族怒族自治县、荥经县、迭部县、泸水市、绥江县、会东县、中甸县、弥渡县、宾川县、文县、都江堰市、畹町市、勐海县、木里藏族自治县、喜德县、梁河县、宁蒗彝族自治县、马边彝族自治县、保山市、大理市、维西傈僳族自治县、绵竹县、峨边彝族自治县、昌宁市、大邑县、松潘县、石屏县、腾冲市、美姑县、安县、个旧市、肇庆市、盐边县、红河县、永善县、宁洱哈尼族彝族自治县、巍山彝族回族自治县、什邡市、兰坪白族普米族自治县、平武县、彭州市、崇州市、碧土县、瑞丽县、陇川县、彭水苗族土家族自治县、绿春县、峨山彝族自治县、桃园县、宁德市、巫山县、基隆市、云龙县、澄江县、武山县、屏边苗族自治县、双江拉祜族佤族朗族傣族自治县、米林县、寻甸回族彝族自治县、沿河土家族自治县、朗县、连南瑶族自治县、盈江县、墨江哈尼族自治县、河口瑶族自治县、九江市、甘谷县、宜良县、剑川县、永安市、康定市、南华县、双柏县、漾濞彝族自治县、金瓶苗族瑶族自治县、南平市、柘荣县、盐井县、武隆区、彰化县、瑞安市、平阳县、楚雄市、建水县、武都县、景宁畲族自治县、宝鸡市、秭归县、察隅县、禄劝彝族苗族自治县、长乐市、潮州市、巴塘县、通海县、米易县、文成县、漳县、三明市、礼县、台南县、常山县、台中县、黔江土家族苗族自治县、开化县、重庆市、万县市、大关县、闽侯县、剑河县、江油市、福安县（169个）

三、近十年中国山地灾害风险对比

2012～2021 年全国山地灾害（不含山洪）伤亡人口与直接经济损失分别如图 3. 50 和图 3. 51 所示。我国山地灾害伤亡人口呈现明显的逐年降低趋势，2021 年因灾致死人数比 2012 年降低了 86%，山地灾害导致的直接经济损失也呈现出波动性下降的趋势，2021 年直接经济损失较 2012 年降低了 49%。可以看出，我国在社会经济迅速发展的同时实现了伤亡人口和经济损失的双降。

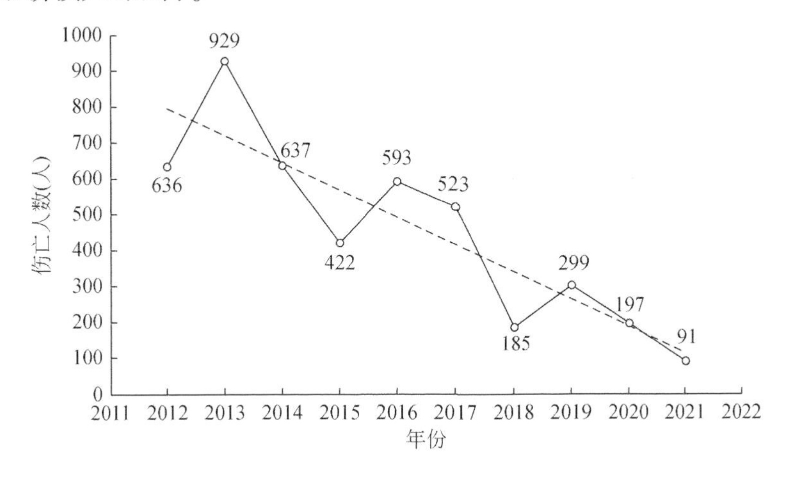

图 3. 50　2012～2021 年全国山地灾害（不含山洪）伤亡人口

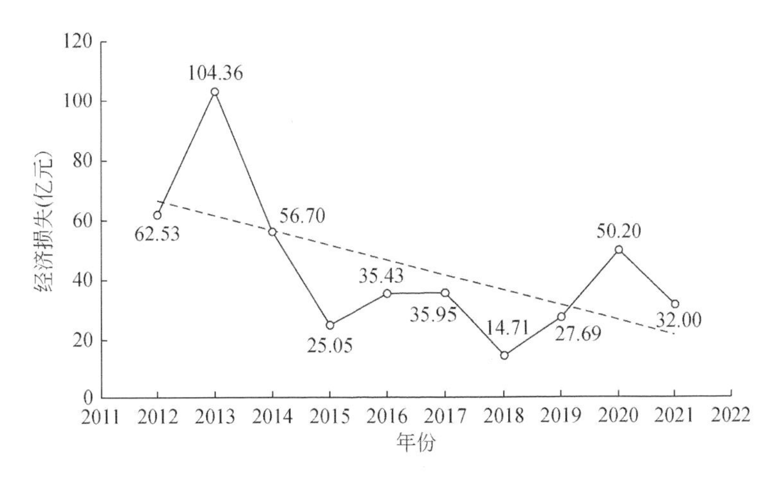

图 3. 51　2012～2021 年全国山地灾害（不含山洪）直接经济损失

分析全国山地灾害风险评估结果，2022 年和 2012 年山地灾害风险各等级的面积分布对比情况如表 3. 10 和图 3. 52 所示，其中，高度、较高和中度风险区主要分布在青藏高原东缘、横断山区、东喜马拉雅地区、天山地区、太行山区、东南低山丘陵地区等。统计结果发现：高度风险区面积由 2012 年 65 万 km^2 减少到 2022 年的 38 万 km^2，减少了 41. 5%；

中度、较高和高度风险区总和由 519 万 km² 减少到 2022 年的 154 万 km²，减少了 70.33%；低度和较低度风险区由 2012 年的 441 万 km² 增加到 2022 年的 806 万 km²，增加了 82.77%。这表明，党的十八大以来，我国采取了有力有效的防灾减灾措施，山地灾害风险防御能力有了飞跃性的提升。但由于幅员辽阔，山地众多，自然条件复杂，尤其是强烈地震频发、极端天气事件增加等因素的影响，重特大山地灾害的防灾减灾形势依然严峻。

表 3.10　2012 年与 2022 年中国山地灾害风险区划统计表

等级编号	风险等级	2012 年		2022 年	
		面积（10^4 km²）	面积占比（%）	面积（10^4 km²）	面积占比（%）
Ⅰ	低度风险区	183	19.05	552	57.54
Ⅱ	较低风险区	258	26.93	254	26.5
Ⅲ	中度风险区	230	23.95	84	8.71
Ⅳ	较高风险区	224	23.32	32	3.33
Ⅴ	高度风险区	65	6.75	38	3.92

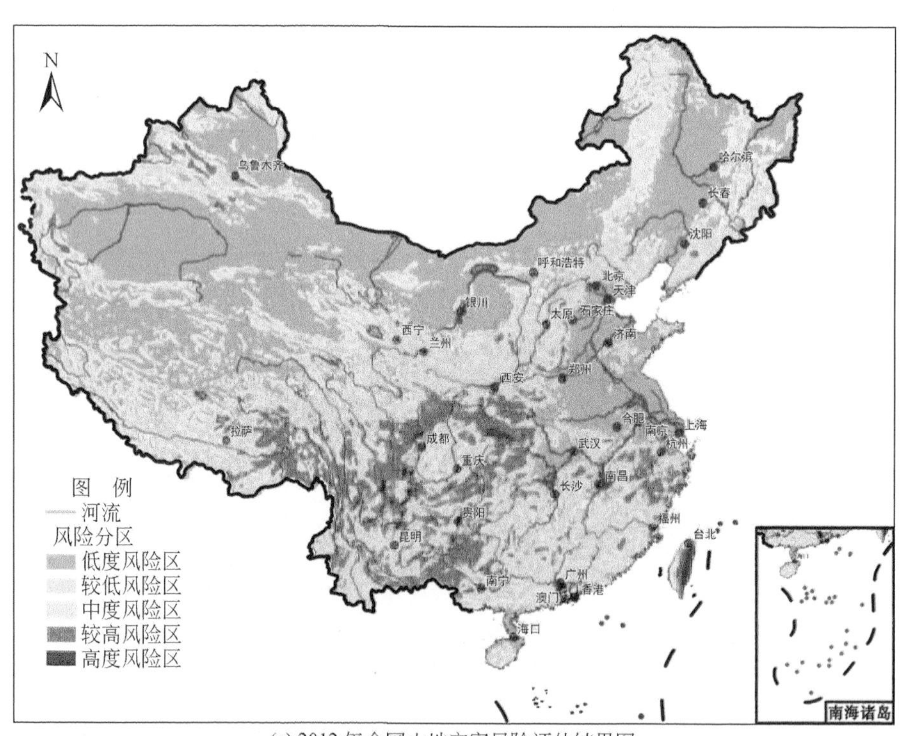

(a) 2012 年全国山地灾害风险评估结果图

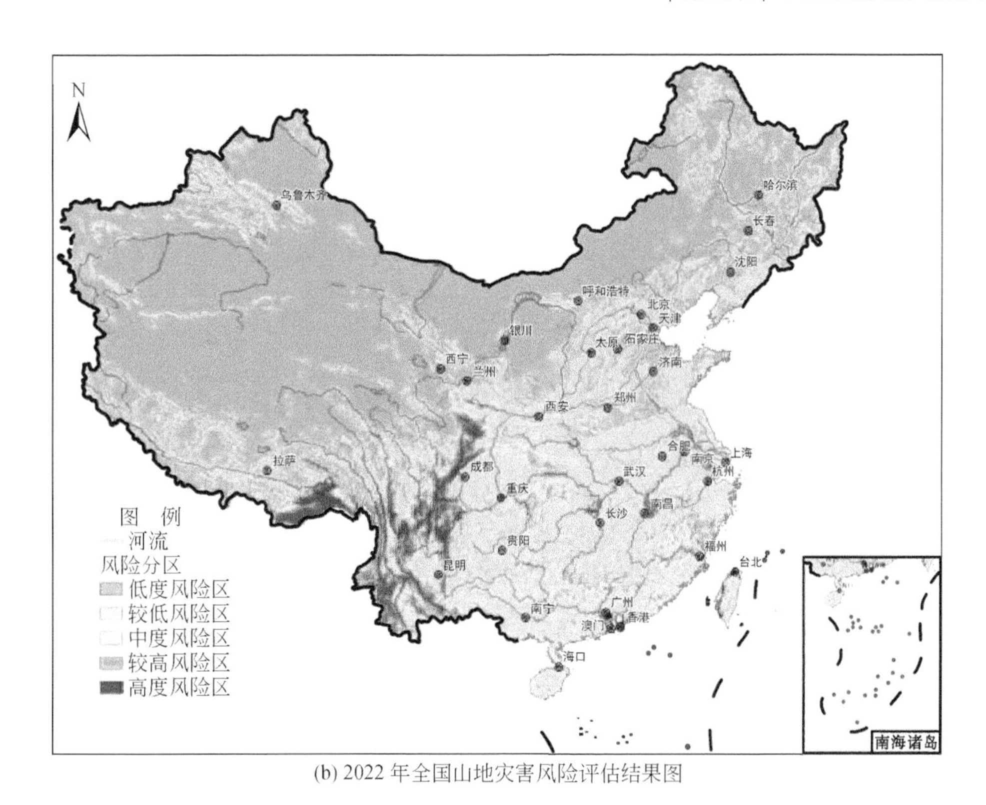

(b) 2022 年全国山地灾害风险评估结果图

图 3.52　2012 年与 2022 年中国山地灾害风险分区对比

第三节　中国山地灾害防控与风险综合管理

当山地灾害的威胁或者风险超出当地社会的承受范围时，需要主动采取措施降低山地灾害的威胁或风险，在一定概率条件下保障灾害威胁对象的安全。目前，我国的山地灾害防控措施主要有灾害隐患识别、监测预警、工程防治、应急处置，以及多个单一措施搭配使用的综合治理。在长期的科学研究、技术研发和工程实践中，已经发展了针对不同防护目标、满足不同防治标准要求的山地灾害防治模式和风险管理方法。2012 年以来，自然资源部组织全国多地完成了 1∶50 000 地质灾害详细调查和隐患点勘查，形成了汛前排查、汛中巡查和汛后复查的工作机制，基本摸清了全国山地灾害发育和分布情况；灾害隐患判识技术也由单一的地面排查发展为地面排查结合综合遥感技术的地质灾害隐患识别；灾害预警技术从单一要素监测预警逐步发展为灾害形成、运动多要素监测与群测群防相结合的监测预警体系；灌浆、深部地下排水、柔性拦截等新型灾害工程防治技术也不断涌现；灾害治理技术在工程治理、生态治理的基础上进一步耦合社会管理策略，提出了生态-岩土措施综合治理模式；面对愈发极端的气候形势，针对不同山地灾害类型，因地制宜，提出了滑坡、泥石流、崩塌、堰塞湖等灾害应急处置技术；面向西部山区精细化防治的需求，集成隐患识别、监测预警、工程治理等技术手段，提出了分别针对自然风景区、水电工程、山区城镇及线性交通廊道的工程防治技术体系与模式，并成功应用于震后九寨沟泥石流、南亚通道樟木滑坡等山地灾害综合治理，实现了风险综合管理，降低了灾害的风险，取得了突出的成效。

一、灾害防治技术的新发展

（一）监测预警体系全覆盖

1. 监测预警体系快速发展

我国山地灾害的专业化观测研究始于20世纪60年代，最初是开展云南东川蒋家沟泥石流的观测研究，后来由观测逐步发展到监测预警。监测预警方式从20世纪60年代的人工观测，到80年代成都山地所在蒋家沟建成半自动化监测系统，提出了利用降水量预警的半经验泥石流预测方法，开发了接触式泥石流报警器、超声波和泥位报警器、基于地震信号的泥石流监测预警系统等。随后，我国国土、水利和气象等部门的专家又相继提出了区域泥石流临界雨量预警指标等，建立了各具特色的泥石流监测预警系统。“十三五”期间，水利部门逐渐建立了覆盖全国的、群专结合的山洪灾害监测预警网络。2019～2021年，自然资源部在全国共建成普适型地质灾害监测预警试验点25 000余处，切实发挥了防灾减灾实效。普适型监测设备的主要特色是以水文气象方法为基础的群测群防体系，同时针对一些重要目标辅以专业监测仪器。以这些前端监测设备为基础，中国地质环境监测院构建了地质灾害监测系统（地质云大平台），初步实现了对已建试验点进行预警的工作目标。

此外，2003年起，自然资源部和中国气象局组织相关业务部门，每年汛期（5～9月）联合开展地质灾害气象预警预报工作。截至2021年，全国已有30个省（自治区、直辖市）323个市（地、州、盟）1880个县（市、区）建立了地质灾害气象预警体系，气象灾害预警信息的公众覆盖率达到92.7%。国家、省、市、县和乡五级灾害监测预警体系基本建成。2008年汶川地震以后，中国地质环境监测院在四川雅安初步建成了地质灾害监测预警试验区，对试验区在降雨过程中发生的地质灾害事件进行时空预警反演模拟，作为预警指数使用；2018年，由成都山地所基于水土耦合模型开发的预报系统部署在国家气象中心、应急管理部国家减灾中心、四川省气象台和重庆市自然资源局安全调度中心，经过在这些部门近5年的应用来看，预警的误报率相比统计模式得到了极大的改善，为其防灾减灾业务指导发挥了积极效果。

2. 监测预警技术与日俱进

激发山地灾害的降水监测的空间尺度可分为区域监测和单灾体监测。中国气象局及各省市气象台是掌握区域大尺度降水监测的核心技术部门，主要的降水产品包括定量降水估测和定量降水预报，前者的主要任务是及时获取区域一定时段内的降水分布情况和准确估计区域每个格点的降水强度；后者是准确预测未来一段时间内区域每个格点的降水量数值。目前，短临预报技术主要有雷暴识别追踪和雷达回波外推技术、分析资料为主的概念模型技术和数值预报技术等。

不同类型山地灾害的监测方法、对象也有差异，如滑坡的监测内容包括位移、雨量、应力应变、地下水、地声等因素，以位移变形监测为主，包括地表相对位移监测、地表绝对位移监测、深部位移监测等。泥石流的监测方法分为直接监测和诱发因素监测两类，包括泥位监测（超声波/电磁波泥位计）、流速监测（水面浮标/雷达测速）、地声监测、降雨量监测（雨量计）、孔隙水压力监测等。近年在计算机技术的不断革新发展下，山地灾害监测中应用了许多新技术，如合成孔径干涉雷达（InSAR）测量、高分辨率卫星遥感、机载激光雷达测量和无人机航测等。

山地灾害预警是在监测数据的基础上，借助预警模型对灾害发生与否或发生的概率做出预判，并发布预警信息。预警模型主要针对区域尺度和单体尺度这两类目标。区域尺度的灾害预警主要借助气象雷达的面域覆盖功能，根据其所提供的扫描范围内的区域降雨数据，利用统计模型或机理模型，对区域尺度上的滑坡和泥石流发生的位置和时间提供预警信息。单体预警模型中，主要基于泥石流启动实验、沟道启动反演计算和历史灾害事件的调查分析，形成泥石流启动、运动和成灾三级雨量预警指标，基本解决了无资料区临界雨量确定困难的问题。

基于过程的多级多指标泥石流监测预警技术系统也已基本建成（图 3.53），具体包括基于地震活动和干湿循环过程的泥石流动态预测系统，基于雨量的泥石流预报系统，基于雨量、孔隙水压力和含水量指标的泥石流启动过程的监测预警系统，基于泥位、地声、振动等指标的泥石流运动、临灾监测预警体系。完善了预警指标和等级的系统划分方法，以临界雨量、土体孔隙水压力和土壤含水量作为启动阶段指标，以汇流临界雨量、流域中上游泥位和地声作为运动阶段指标，以成灾临界雨量、主沟中下游泥位和振动信号作为临灾阶段指标。整个系统在预测基础上进行的监测和预警，解决了低频率灾害与短寿命监测设备的矛盾，实现了高可靠度预警。

为了贯彻精细化模拟与精准预警指导思想，研发了山地灾害风险模拟与险情预报系统。系统平台聚焦山洪泥石流基本成灾单元和形成演进与致灾全过程，在理论上提出了山区小流域单元、耦合气象降雨、灾害易发性、演进过程模拟和危险性模拟的预报预警模型，显著提升了预警的准确性。技术上采用国产超算平台实现高效多重并行计算，计算效率提升 300 倍左右，超前预报预警与减灾效率显著提升。在四川省凉山彝族自治州和省地质灾害监测预警平台业务化运行以来，多次成功预警泥石流灾害，系统平台的功能和优越性得到了有效的试验验证，有望实现山洪泥石流区域等级预报到险情过程精细化预报的跃升和突破。

（二）工程防治技术推陈出新

1. 山洪泥石流工程防治技术

20 世纪 80 年代之前，我国山洪泥石流灾害防治处于起步和发展阶段。在 20 世纪50 ~ 60 年代，由于在山区建设中遇到了许多泥石流问题，开始着手考察、研究和防治泥石流。例如，1950 年，北京门头沟田寺东沟发生泥石流灾害，北京林业大学考察后，采取土建工程（12 座谷坊+1 条导流堤）和生物工程相结合的方案，对泥石流进行了治理，这是中华人民共和国成立以后最早的泥石流治理工程。60 年代，“三线”建设促使山区建设快速发展，同时也面临着越来越多的山洪泥石流灾害，冶金、地质、水利、航运、矿山、城建、

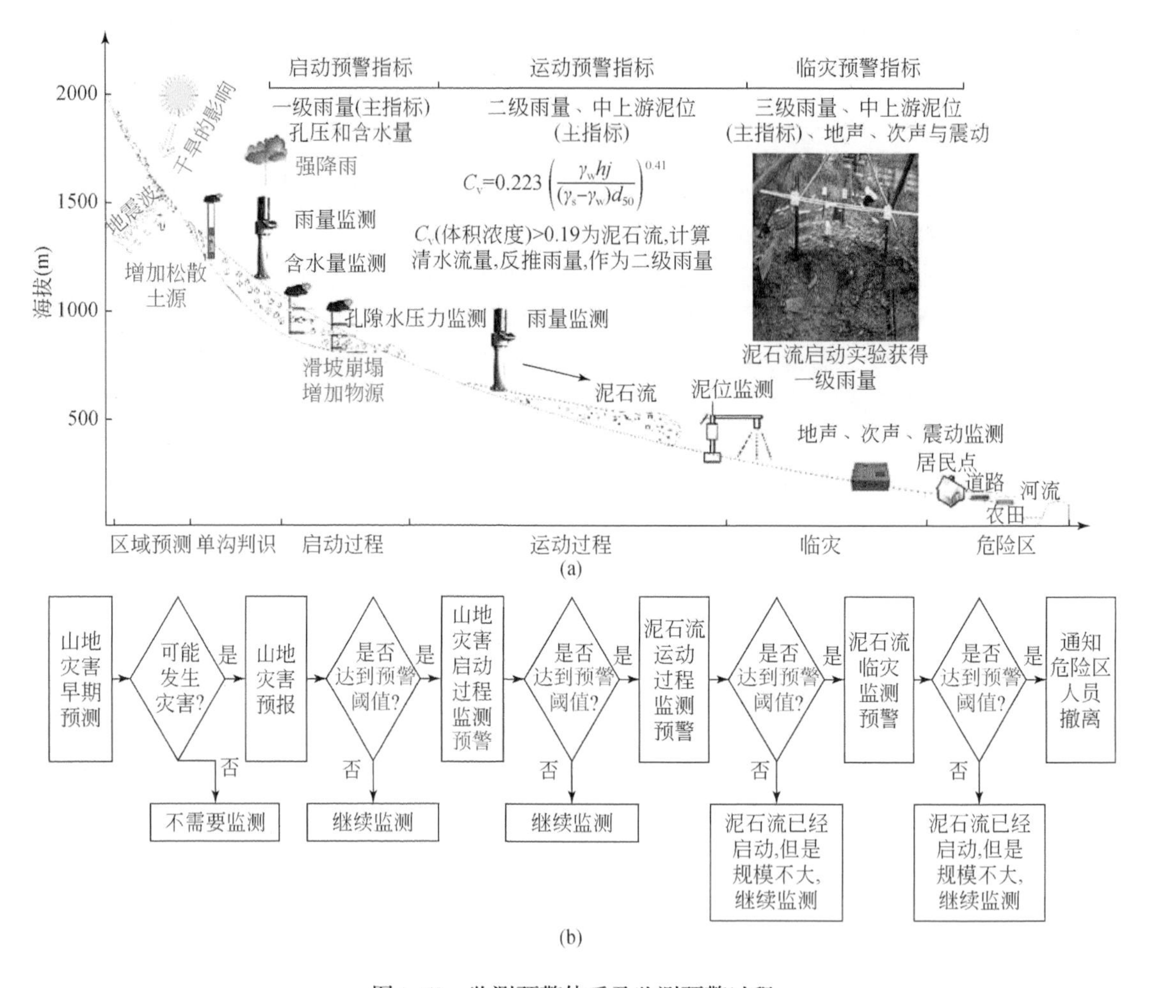

图 3.53　监测预警体系及监测预警过程

农林等部门和中国科学院等高等院校相继从不同角度开展泥石流调查防治研究。例如，四川西昌黑沙河 1964 年暴发泥石流，冲毁或淤埋良田 73.33 hm^2、房屋 74 间、渠道 13 处、川云西路 1.5 km，严重威胁当时拟建的成昆铁路与日后的运行安全。成都山地所参与了泥石流的考察、铁路避灾选线工作，并在 1970 ~ 1979 年，主持了黑沙河泥石流综合治理工作。在综合治理措施中提出“水石（沙）分离”的治理理念，工程包括在黑沙河上游、下游植树造林，兴建水库 1 座，拦砂坝 7 座，谷坊 5 道，排洪道 5.8 km。泥石流治理取得成功，保证了成昆铁路、108 国道和上万亩农田的安全，是我国最早采取综合治理措施的泥石流沟，为我国综合治理泥石流探索出成功的技术与方法，获得了 1978 年全国科学大会的奖励。

20 世纪 80 年代后，山洪泥石流灾害防治逐渐步入成熟的阶段。我国西南、西北、东北多个省份发生了大规模区域泥石流灾害，引起了当地政府和有关部门的高度重视，促进了水利、铁路、公路、旅游等行业泥石流防治和城镇泥石流综合治理。中国科学院把泥石流列为重点发展学科，并对泥石流形成机理、发育过程、运动特征进行了广泛深入的理论探讨和观测实验，为泥石流的防治奠定了理论基础，同时逐渐开始关注泥石流防治方案及技术的模型实验研究。例如，1995 年开展的西藏古乡沟泥石流模型实验，提出了防治工程的推荐方案：在主沟西侧修建长 1600 m 的防护堤，堆积扇下缘公路改线 1850 m，主流线上设置 3 座桥梁，为川藏公路 G318 的安全运行提供了有力的技术支撑。90 年代开始，出版了一系列泥石流防治技术专著，编制出版了一系列泥石流专题地图和防治规程规范，为其后大规模开展泥石流防治奠定了基础。

2008 年“5·12”汶川地震后，针对泥石流规模大、频率高等特点，逐渐提出了泥石流物质和能量沿程分配的治理思路，侧重考虑主河的输移能力和泥石流的过程调控，以合理确定泥石流物质沿程的合理分配和泥石流防治工程体系的合理配置，实现泥石流的安全排泄。例如，四川省绵竹市清平乡文家沟泥石流治理中，采用“水砂分离、固护拦停、监测维护”的治理思路和“治水为主，同时采取治土和拦挡、排导等相结合”的综合治理方案，取得了较好的防治效果。

2012 年以来，在山洪泥石流综合治理方面，有效保障生态环境或最大化降低对生态环境的影响，是新时代山洪泥石流防灾减灾理念的核心内容。结合生态工程措施的环境兼容性及对岩土工程治理功能的补充和维护作用，开展山洪泥石流生态工程措施与岩土工程措施相结合研究。研究者们提出了植物–岩土结合的措施（如梯田、等高耕作等），通过修建或者堆砌手段来缩短坡长，减小坡度以增加渗流时间和体积，以此来缓解土壤侵蚀，充分发挥生态措施的绿色性和岩土措施的即效性，解决岩土措施的防护强度随时间推移逐渐下降，而生态措施的防护能效随时间延长不断增强的交接期问题。

2. 崩塌滑坡灾害工程防治技术

我国崩塌、滑坡防治在 20 世纪 60 ~ 70 年代主要采用削方减载、地表排水、桩或墙支挡等工程措施，其中桩、墙这类被动受力结构是主要的工程手段。20 世纪 80 年代初引入了主动受力的预应力锚固技术，使崩塌、滑坡治理从单纯的被动抗塌、抗滑进入主动或主动与被动相结合的新阶段，为崩塌、滑坡治理带来了新的结构和技术手段。20 世纪 90 年代后，预应力锚固技术得到了广泛应用，尤其是在大型滑坡治理中应用得越来越多。同时斜坡内部加固的多种新型灌浆技术、深部地下排水技术、柔性拦截网等技术也得到了引入和发展。2012 年以来，创新性地使预应力锚索与抗滑桩相结合，形成新的抗滑结构“预应力锚索抗滑桩”，能大幅度地减少桩的横截面和埋置深度，达到了结构受力合理、增加结构总体抗力、降低工程费用、缩短工期的目的；发展了垂直排水钻孔与深部水平排水隧洞相结合的排水方法，大大降低孔隙水压力，增加有效正应力，从而提高抗滑力；优化了微型组合抗滑桩设计计算方法，并编制了微型组合抗滑桩设计与施工技术指南，为微型组合抗滑桩工程设计提供了技术支撑。在崩塌灾害工程防治技术方面，基于耗能减震原理，开发了系列崩塌滚石减灾关键技术，包括：柔性轻钢结构棚洞技术、桥棚一体化危岩落石防护技术、分片组合式桥墩冲击防护技术、“结构+材料”组合高耗能防护关键技术、基于金属耗能器的棚洞防护关键技术等，具有高耗能、低成本、施工方便、便于维护等特点，已在我国山区交通、水电等国家重大工程建设中得到应用示范。

二、风险综合管理的新举措

（一）应急处置建制化

2012 年以来，应急救援能力现代化迈出坚实步伐，专业应急救援力量、社会应急救援力量、基层应急救援力量建设不断加强，对国家综合性消防救援队伍的支撑协同作用进一步凸显。同时，我国应急救援力量建设仍处于打基础、攻难关、上水平的关键阶段，发展不平衡不充分问题仍然突出。为此，2018 年 3 月中华人民共和国应急管理部成立，组织编制国家应急总体预案和规划，指导各地区各部门应对突发事件工作，推动应急预案体系建设和预案演练。建立灾情报告系统并统一发布灾情，统筹应急力量建设和物资储备并在救灾时统一调度，组织灾害救助体系建设，指导安全生产类、自然灾害类应急救援，承担国家应对特别重大灾害指挥部工作。指导水旱灾害、地质灾害等防治，明确与相关部门和地方的职责分工，建立协调配合机制。

以机构改革为牵引，我国应急管理体制改革步履不停。经过近些年的努力，统一指挥、专常兼备、反应灵敏、上下联动的中国特色应急管理体制基本形成。目前，国家综合性消防救援队伍主要由消防救援队伍和森林消防队伍组成，已布点组建水域、山岳、地震、空勤、抗洪等专业队 3000 余支。以国家综合性消防救援队伍为主力、以专业救援队伍为协同、以军队应急力量为突击、以社会力量为辅助的中国特色应急救援力量体系初步构建。随着科学技术的进步及国家投入力度的加大，应急救援队伍不断引进新技术、新装备。正因如此，我国应对大灾、巨灾的能力得以大幅提升，成功应对了 2013 年芦山地震、2017 年九寨沟地震、2018 年金沙江白格滑坡堰塞湖和雅鲁藏布江色东普冰川泥石流堰塞湖及 2022 年泸定地震等特大灾害事件。

（二）山地灾害风险调查和评价

2012 年以来，自然资源部组织全国多地完成了 1：50 000 地质灾害（地灾）详细调查和隐患的勘查，基本摸清了地灾发育和分布。《2022 年全国地质灾害防治工作要点》指出进一步加强 1：50 000 地灾风险调查评价和重点区域 1：10 000 调查工作，将调查发现并经核实确认的重要隐患及时纳入防治体系。为攻克在高陡艰险山区防灾“卡脖子”环节，2019 年，自然资源部部署开展了基于综合遥感技术的地质灾害隐患识别示范工作，确立了综合应用空天地多源遥感观测技术，丰富了地灾调查评价业务工作方式。综合识别从技术上体现了多源遥感手段的互补，降低了单一技术有效识别不足的概率，从解译、判断、现场核查与最终确认上体现综合性，避免信息不足带来的认识偏颇（许强，2020）。地灾隐患综合遥感识别技术已被广泛接受，四川、贵州、陕西、重庆、甘肃等省（直辖市）陆续开展识别任务。例如，2020 年“8·13”陇东南特大群发山地灾害后，中国自然资源航空物探遥感中心（简称航遥中心）下发了隐患分布图，并对张家川县 113 个疑似隐患点进行了野外调查验证，确定地灾隐患 80 处，其中新增 70 处；贵州在全国率先引进了综合遥感识别技术中的 InSAR 开展地灾隐患的早期识别，近 5 年共监测发现疑似滑坡形变区 2000

余处，经核查确认新发现地灾隐患 600 余处；2020 年起四川在全国开展示范工作的基础上，部署实施了省级地灾隐患综合遥感识别与监测项目，分片区对川北、川西南、川西、川东南开展了 InSAR 监测和光学遥感筛查，圈定了一批高位地灾隐患点，查明了重要城镇及交通沿线、地灾高易发区等重点地段的地灾情况。2020 年，在自然资源部部署下，航遥中心组织相关力量对全国地灾高、中易发区 10 省份开展地灾隐患综合遥感识别，覆盖黄河上游、四川强震区、西藏东南地区、云南西北地区、三峡库区 5 类典型地灾分布区，面积达到 1.18×10^6 km^2。

技术力量雄厚的省份积极尝试探索形成具有地方特色的灾害风险隐患排查模式。作为“地质灾害大省”的四川省，在全国地灾隐患综合遥感识别框架下，形成了 4 个方面的特色：一是在国家部署“面”的基础上，增设了“重点地段”和“重大地灾隐患点”两个层次，实现了综合遥感识别工作的粗细结合；二是为克服高密度植被覆盖区 InSAR 识别效果较差的技术短板，增加了机载 LiDAR 和无人机航空摄影，发挥其可穿透植被或高精度的优势；三是将泥石流纳入隐患识别范围，实现了突发地灾滑坡、崩塌、泥石流等全灾种的解译分析；四是将找出存在形变且未登记在册的隐患点和查找正在变形的登记在册的隐患点作为识别的两个路径，一体化考虑，为地灾风险评价、汛前隐患排查提供了重要靶区。多地实践证明，地灾隐患综合遥感识别成果提高了调查的针对性，减少了地面工作量，阶段性解决了“灾害隐患在哪里”的问题，最大限度降低了人员经济损失。例如，2020 年 9 月，贵州水城县发生大滑坡，InSAR 和地面监测同时捕捉到地表动态，政府及时将受地灾隐患威胁的群众及重要财产提前转移到安全区域，把损失降到了最低。

20 世纪 90 年代以来，我国开始建立自然灾害数据库，包括水利部的国家级山洪灾害调查评价成果数据库，成都山地所牵头在中国科学院支持下开展《中国泥石流滑坡编目数据库》建设，并建成中国山地环境与灾害数据库，中国地质科学院地质力学研究所基于 WebGIS 的中国地质灾害属性数据库，中国铁道科学院西南分院与西北分院均建有滑坡与泥石流专用数据库等。自 2000 年左右开始，灾害风险由以危险性研究为主进入研究主题与技术方法多元化的风险研究时期。中国地质调查局以 GIS 为基础，建成中国西部地质灾害空间数据库系统（WGHS），该数据库具有强大的查询统计、空间检索、空间分析功能。此外，国土资源部于 1999～2006 年完成了全国 700 个县（市）的地质灾害调查和数据库建设，开拓性地开展了全国地质灾害风险评价，并首次在全国范围内建立了统一的地质灾害调查信息平台和信息化工作流程。近年来，地质灾害风险研究开始从静态研究转为动态变化的研究。同时，全国地质灾害数据库推动与省级平台的互联互通，促进了“县-市-省-全国”地质灾害数据联动更新，提升了灾害风险管理信息化水平。

（三）面向社区的风险管理新举措

社区是社会的基本单元，是灾害的直接受体，同时也是抗击灾害的主体，担负着灾后快速响应、第一时间进行救援的职责。作为基层减灾能力建设的重要一环，提升社区防范和灾害应对的水平，既是促进全社会参与、提高全民防灾减灾意识和能力的有效手段，又是让广大居民共享安全、提升幸福感的民生工程。自 2000 年起，我国在社区防灾减灾和安全方面主要推动安全社区工程建设，主要特点是：资源整合、全员参与、持续改进。自

2008 年起，国家减灾委员会、民政部积极推动“全国综合减灾示范社区”创建工作，经过十多年的探索与实践，我国社区减灾工作有了飞速的发展。2014 年之前，共有 6723 个社区入选“全国综合减灾示范社区”名录，截至 2021 年 3 月，我国累计创建14 511 个“综合减灾示范社区”。中国“综合减灾示范社区”模式作为社区开展防灾减灾工作的标准，与国外普遍采用的“以社区为基础的灾害风险管理”模式存在诸多一致性，是我国近年来在总结应对自然灾害经验与教训的基础上发展起来的先进理念，为持续增强区域灾害应对能力、更好地适应综合灾害风险奠定了良好的社区基础。随着宜居安全需求的提高，综合减灾示范社区必须有符合社区特点的综合减灾应急救助预案及演练活动，不仅需要社区利益相关者广泛地参与灾害风险管理的各个环节，而且还建立了制度化的评选机制，即通过群众满意度督促减灾工作的落实和不断完善。尤其是党的十八大以来，各地在“国家综合减灾示范社区”评定标准的基础上，根据社区特点不断探索创新，积累了很多切合实际的新做法和新经验，不断推动社区应对灾害的“软硬件”建设，形成各具特色的社区综合减灾模式，为本地的社区和居民安全提供了有力的保障，有力推动了我国防灾减灾事业的高质量发展。

三、综合治理的新成就

（一）发展了山地灾害的不同治理模式

1. 风景区山地灾害防治模式

（1）九寨沟风景区泥石流防治模式。

2017 年 8 月 8 日，在四川省阿坝藏族羌族自治州九寨沟县发生了 7.0 级地震，形成了许多山体创伤面或次生裸地，导致景观破碎化和景区水土流失加剧，九寨沟风景区泥石流治理受到广泛的关注。

中国科学院科研团队结合风景区泥石流危害特征与生态景观资源的要求，提出了九寨沟风景区泥石流灾害治理原则：保护景观资源的原则、保护生态系统和生态环境的原则、灾害治理工程与景观协调的原则、治理工程与生态系统有机结合的原则、保障游客安全的原则、保障交通畅通的原则。开发和创建了多种满足风景名胜区泥石流防治特殊需求的新型工程结构，如以拦挡漂木为主的缝隙坝和梳齿坝，以泥沙拦淤为主的滤水坝、拦砂坝和谷坊组合工程等。建立了由“稳固+拦挡+排导+停淤”等措施组成的泥石流综合防治体系，考虑景区不同泥石流沟的地形特征，采取不同的泥石流防治体系，并且重点考虑治理工程与景观的合理搭配、与环境的协调性，采用岩土工程措施和生态工程措施相结合的防控技术；同时，建立景观生态综合观测体系，与泥石流灾害综合防治体系相结合。综合风景区泥石流治理原则和相应的技术，构成了不同于城镇、交通、农田等泥石流治理模式的自然修复和保护性修复为辅、治理修复为主的风景区泥石流治理模式（图 3. 54）。

（2）新疆天山天池山地灾害防治与生态保护模式。

新疆天山天池景区面积 548 km^2，景区内分布有完整的植被垂直带谱、高山冰川、冰川湖泊和湿地景观，亦是天山北坡经济带的核心区域。该区地处中亚山地，地震活跃、冰

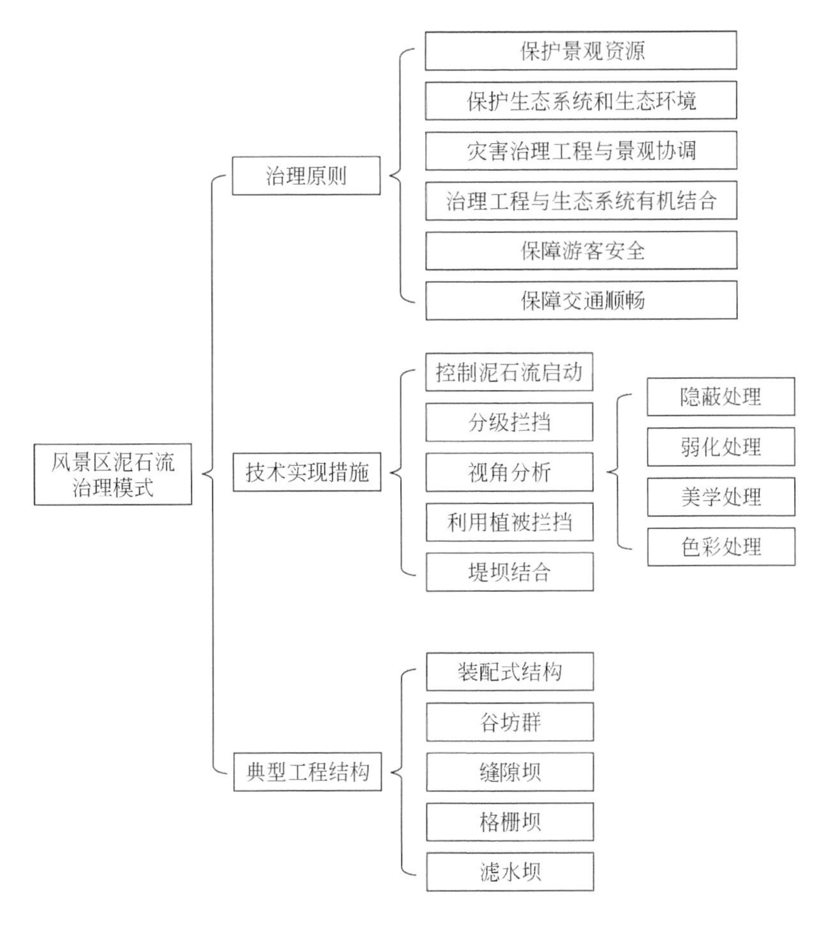

图 3.54　九寨沟风景区泥石流治理模式图

川退缩显著、过度放牧突出、山地灾害与生态灾害发育。成都山地所通过长达 11 年的持续研究表明，该区域泥石流属低频稀性冰川暴雨型，由地震、过度放牧与极端气候控制，泥石流淤积天池每年达 7.3 万 m^3 以上，若不采取治理措施，则天池寿命仅余 400 年，极端条件下缩短为 80 年。

成都山地所创新性地提出了“固拦排清”相结合、岩土工程与生物工程相结合的“天池模式”泥石流综合防治技术体系：源区生态恢复→谷坊坝→拦砂坝→沉沙池→跌水溪流区→生态防护带→湖面扩展区（图 3.55）；综合采用坡顶截排水、顶部高陡坡锚、中下部结合生物工程措施锚固、基脚实施浆砌石护岸的分段式护坡与稳沟相结合的崩塌防治模式（图 3.56）；研发了基于坡降控制，拦、固结合谷地森林保护技术；提出了保护天山北坡谷地森林推动新疆社会经济可持续发展的策略。成功解决了景区山地灾害与生态灾害综合防治难题，实现了拦沙减沙、流域生态植被与谷地森林的示范性恢复，产生了巨大的经济社会与生态环境效益。

2. 水电工程山地灾害防治模式

（1）灾害识别与监测预警。水电工程位于高陡艰险峡谷区，给高位、隐蔽性的滑坡、

图 3.55 “天池模式”泥石流综合防治技术体系

图 3.56 坡降控制与拦固结合的谷地森林保护技术示范应用

泥石流灾害隐患判识带来了巨大挑战。早期的水电工程中，主要通过地面技术人员的调查来识别山地灾害隐患。自 20 世纪 90 年代，航空遥感应用日益广泛。党的十八大以来，无人机、激光扫描、高清光学和雷达遥感大量用于水电工程山地灾害隐患识别，逐渐建立了水电工程高位崩滑灾害早期识别体系。成都山地所利用人工智能算法建立了水电工程区岩质类和古崩滑堆积体类潜在滑坡的早期判识模型，以及潜在滑坡的二分类和多分类支持向量机判识模型。无人机摄影测量技术的出现极大提高了遥感影像的时间和空间分辨率，逐渐成为了泥石流物源识别与估算的重要补充手段。中国科学院还发展了机载 LiDAR 泥石流物源识别技术，成为判识低频泥石流沟的重要手段。这些灾害识别技术已服务于溪洛渡、白鹤滩等大型水电工程防灾减灾工作。水电工程的监测预警级别高，现在已构建起中长期监测、短期预报、临灾预警的监测预警体系。监测预警的设备从传统的变形监测、水文气象监测、灾害前兆信息监测发展到灾害周围环境信息的监测、多普勒雷达等远距离灾害探测等高精尖的技术手段。并且可以实现监测预警系统与水电工程安全系统的联动，有效降低突发大型山地灾害对水电工程的危害。

（2）工程措施与社会管理。工程性措施的主要目的是通过增强斜坡的稳定性和减弱外力因素对岩土体的作用强度来增加滑坡体的稳定性，或通过缓解滑坡对人类、自然环境等造成的影响来降低损失。典型的工程措施包括：①加固，主要包括网喷支护（图 3.57）、锚固、框格梁、主动防护网和抗滑桩等，并辅助以生态修复措施促进水土保持（张倬元，2000）；②被动防护网和挡土墙等防护工程（赵旭和刘汉东，2005）；③阻水和排水工程，用以增强岸坡对地表径流和地下水的排出，减弱水流对岩土体的冲刷侵蚀（王恭先，2005）；④局部支护、开挖、削坡减载和压脚，局部支撑与挖方一般是针对岩质岸坡，通过改善围岩的完整性以增强岸坡的稳定性（李天斌，2003）；⑤可通过道路改线（利用隧洞绕避、远离正常蓄水位线等）、移民搬迁等避开库区滑坡的影响（马巍等，2011）。社会管理的目的是让人类远离水动力型滑坡的影响区域，从而尽量降低损失，主要包括交通管制、安全警示和移民搬迁等（周昭强和李宏国，2000；罗正东，2003；覃琼霞和黄笛，2010；赵增华等，2021）。

图 3.57　水电工程边坡的工程支护措施

（3）综合调控措施（链式灾害）。在水电工程区域，大规模碎屑流/泥石流堵江一般会形成堰塞体，导致上游库区水位不断上升，库区水体也不断增大，堰塞体一旦溃决将会对下游造成不可估量的损失。快速、合理处置堰塞体，降低堰塞湖水位是减轻堰塞湖溃决风险的当务之急。其中，开挖泄流槽、引流泄水紧急处置堰塞湖的方法适用性广、可操作性强。结合白格堰塞体的应急处理成功经验来看，除了传统应急处理措施外，还可通过加强流域梯级水库群全生命期风险防控与应急调度体系建设，提高流域拦洪削峰的能力，加强对堰塞湖溃决洪水灾害的预防能力。同时，针对如牛栏江红石岩堰塞湖等部分适用于人工整治的堰塞湖，可通过布置主被动防护网、防护沟、防护墙等工程措施加强坝体边坡稳定性，避免对下游沿江道路安全产生威胁与堵塞河流，并因地制宜建立监测预警网络，对渗流、变形、应力应变、地震、环境量等进行监测，达到防治相结合的目的。

3. 城镇山地灾害防治模式

许多城镇尤其是山区城镇为了尽可能的大规模建设及方便城镇交通等，选择了地势相对较平坦开阔、交通条件较好，但地质条件相对较差、具有山地灾害隐患的地段作为城镇的城址。从 2008 年的汶川地震次生山地灾害、2010 年的舟曲泥石流、2020 年的丹巴县梅龙沟泥石流等灾害中，我们不难看出城镇所在地的地质情况直接决定了灾害发生时的受灾程度，地质情况越差，灾情越严重，且城镇距离易发生灾害的区域越近，灾情越严重。因此，城镇的规划选址，要考虑地貌、工程地质、水文地质、地质构造等因素，在城镇用地选择的过程中，应当对山地灾害隐患点进行特别的勘探，禁止建筑物和构筑物在其区域内进行建造，并用适当的手段对其进行防护。对于城镇区的滑坡危害，可以采用排水工程、削方减载与压脚工程、抗滑挡土墙工程、混凝土抗滑桩工程、预应力锚索工程、锚拉桩工程、格构锚固工程等进行综合治理。在城镇泥石流防治中通常采用排导及绕避工程，如排导沟、渡槽、急流槽、导流堤、顺水坝等。另外，考虑多个斜坡单元山地灾害风险区划，建立城镇山地灾害信息管理系统，制定城镇山地灾害应急预案（明确职责分工、危险区、安全区、撤离路线和应急物资储备等），开展防灾减灾社区建设、培训演练和减灾设施管护。

昆明市东川区为我国著名铜都，是一座新兴的工矿城市，城市规划区总面积约 5 km^2，市区东高西低，由南向北有石羊沟、尼拉姑沟、深沟、祝国寺沟和田坝干沟 5 条泥石流沟穿过。由于筑路切坡、开矿弃渣、陡坡垦殖、过度放牧，以及灌溉渠道漏水而导致水土流失严重和山坡崩滑，加剧了泥石流的发展，成为威胁城市安全的最大隐患。

为此提出的治理模式为，对城市规划区内的 5 条泥石流沟，按轻重缓急进行分类排队，制定以石羊沟、尼拉姑沟为重点，兼顾深沟；以治沟为主，沟坡兼治，自上而下，层层设防，生物防治与工程防治相结合，同时开展泥石流预警预报治理的方案。具体为，水源区：封山护林育草，以生物措施管护为主，涵养水源，保持水土。泥石流形成区：在坡面上营造水保林和用材林，适当栽种速生薪炭林和经济果木。冲沟上游建生物谷坊，沟底造防冲林，修建梯级谷坊 337 道，制止沟道下切，修截流排水沟，稳定滑坡体。在重点沟道内修筑骨干拦砂坝 3 座，拦蓄泥石流稳沟固坡，并对大规模泥石流起预防作用（图 3.58）。泥石流流通段–堆积区：营造工程防护林、固滩林，此外还封山育林 633 hm^2，造林 274 hm^2。城市园林绿化，自山口以外修建排导槽 4 条，可排泄 50 年一遇的泥石流和洪水。利用尼拉姑沟旁洼地修停淤场，平时耕种；大灾之年分流蓄淤，对灾害起预防作用，在重点沟道的泥石流形成区与市区之间布置预报报警系统，安装遥测雨量计、地声和泥位报警器，以便在大规模泥石流袭击市区之前，组织民众撤离到安全区。东川城区泥石流灾害治理工程，于2000年前后完成，将灾害损失减少90%以上，改善了土地条件，使土地大幅度升值，取得了良好的防治效益。

图3.58　东川区泥石流综合治理工程（石羊沟）

4. 线性工程防治模式

（1）线性工程跨越流通区和扇顶区的泥石流防治模式。线性工程跨越泥石流流通区和扇顶区时，一般不会受到主河河水侵蚀的威胁，且泥石流沟与线性工程的接触面积较小，容易防治。在允许的条件下，尽量选择穿越流通区或扇顶区（图3.59）。该类线性工程的防治工作重点区域为工程与泥石流的交界处，其防治模式为，①线性工程穿越时，由于泥石流边界条件稳定，尽可能一桥跨越；②对于大型泥石流无法一桥跨越时，可结合主动减灾减少流量，控制规模，最终实现一桥跨越；③工程通过扇顶区时，可采用延长流通区的方法，实现道路一桥跨越；④线性工程桥涵和泥石流交会区，要注意防冲抗冲工程建设，防止过流区沟床和沟岸的冲刷，确保断面的相对稳定。

（2）线性工程跨越扇腰区的泥石流防治模式。当线性工程通过泥石流堆积扇的中部位置时，工程设施一般距离主河较近，不会受到主河的影响，但由于扇腰区常出现泥石流的大冲大淤，泥石流对工程的危害主要表现为直接冲刷和淤埋，同时由于泥石流流路的改道，工程防治难度较大，其具体的防治模式如下：①鉴于冲淤、改道特征的复杂性，依据线性工程的等级和泥石流扇的大小及泥石流的规模频率确定不同的防治方案；②对于规模大和比较活跃的泥石流堆积扇，铁路和高等级公路切忌从扇腰通过；③等级较低的公路尽量少走扇腰区，确因线路的需要，对规模较小和频率相对较低的泥石流，道路穿越其扇腰

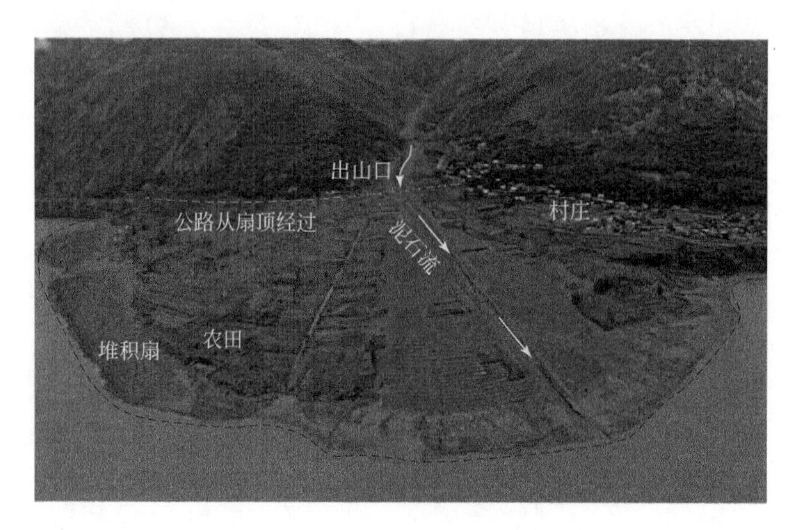

图 3. 59　公路从泥石流堆积扇顶部通过

区时，尽力使泥石流归槽稳定，采用合理的排导方案，排导泥石流，排导槽宜顺接到出山口；④较高等级的道路采用桥跨和立体排导，辅以流通区的拦挡工程，低等级公路可采用过水路面（图 3. 60）。

图 3. 60　道路从泥石流堆积扇扇腰通过

（3）线性工程跨越扇缘区的泥石流防治模式。泥石流扇缘区通常是泥石流细颗粒物质的堆积区，穿越该区的线性工程与主河接近，除了受到泥石流的直接危害以外，还会受到主河洪水的侵蚀。其防治模式如下（图 3. 61）：①综合考虑主河和泥石流的影响，注意道路定线和设防；②道路定线宜考虑道路本身的等级和使用年限，道路高程应高于依据使用年限确定的主河一定频率洪水的影响高程；③依据道路的不同等级采用不同的方法排导，较高级别的道路，其防治的主要措施通常为桥跨和立体排导，低等级公路可采用过水路面；④按漫流流路分别设桥和排导，不宜强行改道；⑤泥石流在该区以淤积为主，排导过程尽量使用窄深槽，防止淤积；⑥排导需要注意在上游的扇顶区束流、固槽，排导槽通常较长；⑦对于高程和线路已经确定的既有线路，在地形条件允许的情况下，排导也可使用渡槽涵洞。

图 3.61　公路沿泥石流堆积扇边缘通过

（4）线性工程经过崩塌处的防治模式。线性工程经过构造发育、山体破碎、地形变化剧烈的山区时，易受崩塌的影响。崩塌灾害具有位能高、冲击能量大、破坏作用巨大的特点。线性工程崩塌的防治应结合自身崩塌特点和地形条件，根据灾害运动路径和线路之间的相对位置，采用针对性的防治方案。如果崩塌源为零星孤石建议进行危岩清除。如果危岩体具有锚固施工的条件，可采用预应力锚索、锚杆或主动网进行主动加固。如果线路所处位置距离崩塌体有一定的缓冲距离，则可以采用以拦挡和拦截为主的措施，也可以沿线性交通工程，选择重要的防护节点设置落石槽。如果地形陡峭，则可以考虑以棚洞、明洞通过。崩塌的防治应采取“绕避-预防为主，防治结合，突出重点，综合治理”模式。针对位于高山峡谷区的公路隧道进出口经常遭受滚石冲击威胁，研发了柔性轻钢结构滚石防护棚洞，并应用于都（江堰）汶（川）高速公路沙坪大桥隧道进出口滚石防护（图 3.62）、都汶高速公路桃关隧道进出口滚石防护（图 3.63），为高山峡谷区隧道进出口危岩落石灾害防治提供了新模式。表 3.11 针对不同的崩塌类型，给出了相应的防治模式，可以用于指导线性工程崩塌防治。

（二）灾害综合治理成效斐然

20 世纪 70 年代，根据冶金、铁路和交通运输部门的要求和建议，中国科学院将黑沙河作为重点研究的 3 条灾害性泥石流沟之一，组成了以成都山地所为主，5 个研究所 30 余人参加的中国科学院泥石流团队，对其进行全面的调查和研究，提出了治理方案，并予以

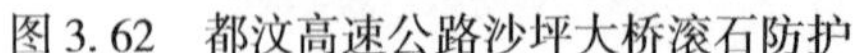

图 3.62　都汶高速公路沙坪大桥滚石防护

图 3.63　都汶高速公路桃关隧道进口滚石防护

表 3.11　川藏铁路沿线崩塌防治对策简表

标准	类型	对策与防治模式
按崩塌规模	大型崩塌	建议绕避；如无法绕避时可采用明洞、隧道通过，或采用排导、逐级拦挡和遮蔽、包裹防护的综合措施
	中型崩塌	绕避为主、工程为辅，主动加固、拦挡、排导、遮蔽、包裹等措施
	小型崩塌	工程防治可采用主动加固、拦挡、排导、遮蔽、包裹等措施
按地形条件	有缓冲距离	以拦挡和逐级耗能为主，以遮蔽防护为辅
	无缓冲距离	以排导为主，以遮蔽、包裹防护为辅

成功治理。铁道部科学研究院西南研究所在成昆铁路三滩泥石流沟，通过考察和模型实验，制订了治理工程规划，取得了较好的效果。成都山地所通过 4 年的连续观测，根据云南省盈江县浑水沟泥石流的发生、发展及运动特点，结合下游大盈江的防洪需求，提出了“筑坝拦沙、抬高沟床、稳定滑坡、植树造林”综合治理方案，通过治理，将大量泥沙拦截在坝群的上游，1989 年后已无泥石流冲出沟口，年输沙量由治理前的 150 万 t 降低到 1991 年的 4.61 万 t，1995 年以后不足 4 万 t。拦挡的大量泥沙反压上游滑坡体坡脚，新老滑坡体逐渐趋于稳定。

20 世纪 90 年代以来天山天池上游三工河山洪、泥石流频繁发生，天池不断淤积，为了拯救与保护天池、保障游客的安全，成都山地所于 2003 年开展了“新疆天山天池海南泥石流调查研究”工作。提出工程防治和牧民搬迁相结合、“稳、拦、排、清”的岩土工程与生态保护工程相结合、工程防治与群测群防体系相结合、工程拦挡与蓄积相结合的综合防治方案，使得进入天池的泥沙由原来的 7.3 万 m^3/a 减少到约 328 m^3/a，区域的植被覆盖率提高了 8.02%，保障了天池的生态可持续发展。实现了 15 000 名农牧民的生态移民和安居乐业，农牧民增收 1.8 亿元以上，11 年来森林蓄积增加 8.8×10^5 m^3，林业价值增加 11.14 亿元。2014 年天池山地灾害综合治理建设成为了中国科学院与新疆维吾尔自治区院地科技合作示范区、政产学研用示范区、基础研究与工程结合示范区及生态建设与灾害防治示范区及疆内政、企单位与内地科研机构合作典范。

2010 年甘肃舟曲发生特大山洪泥石流后，成都山地所紧急部署，派专家迅速赴灾区进行灾害调查，对灾害的特征和成因进行了分析和总结，提出了以防灾减灾为着眼点、以控制泥石流规模为立足点，与白龙江河道整治、城区防洪设施建设和区域生态环境保护相结合的综合治理指导思想，建立了舟曲县城及其周边地域的泥石流减灾体系，包括工程控制体系、监测预警体系和灾害管理体系，全面提升县城的防灾抗灾能力。

2012 年以来，成都山地所深入贯彻落实习近平总书记提出的“两个坚持、三个转变”的防灾减灾救灾新理念，以“认知山地科学规律，服务国家持续发展”为己任，担负起“关注山地，支撑未来”的国家使命与责任。在九寨沟景区震后恢复重建、西藏樟木口岸山地灾害治理和气候变化条件下山地致灾风险绿色发展中，都发挥了重要的科技支撑作用，践行了“创新为民”的科学宗旨，支撑了山区安全保障与服务“美丽中国”建设的国家需求。

（1）九寨沟泥石流生态化防治。九寨沟世界遗产地的泥石流治理不但要治理泥石流灾害，还要求治理工程不能破坏原有的景观资源，要尽可能恢复和保证景观的完整性。为此，在遵循保护自然景观资源、保护生态系统和生态环境、协调灾害治理工程与景观、保障游客安全和交通畅通等原则的基础上，提出了以下理念。

1）采用隐蔽性的设计理念，主要体现在利用九寨沟遗产地内树木、灌丛进行遮蔽，使游客不易察觉治理工程本身的存在，减小对游客视觉的影响。

2）采用干扰性小的设计理念，主要体现在通过合理设计减少工程治理对生态环境的破坏，维护良好的生态系统，在保证设计安全的前提下，对工程结构进行优化，将结构尺寸降到最小；在设计时还应对原有植被保护和利用，特别是对有景观价值的古树名木等进行保护。

3）采用仿自然的设计理念，主要体现在治理工程本身与周围环境的协调性，采用与周围环境色彩相近的建筑材料，在外观上进行仿自然处理，设计成一种“仿自然”“近自然”的治理工程，将灾害治理中产生的工程痕迹减少到最低限度。

4）采用具有本地特色的设计理念，由于九寨沟内的村寨居民大多为藏族，可将藏族文化融入治理结构中，设计成为反映民族历史的治理工程。

在泥石流沟治理过程中，贯彻与景观协调一致的设计理念，设计过程中对年代久远树木进行重点保护，在树前放置铅丝石笼，避免泥石流直接撞击树木；位于景区公路旁停淤挡墙、停淤坝背部填土采用墙顶种植花草，遮盖挡墙，减小对游客视觉的影响。本小节以下季节海子沟和则查洼沟的综合治理工程为例进行阐述。

a. 下季节海子沟泥石流治理工程。

下季节海子沟位于九寨沟内诺日朗—长海之间的下季节海子左岸（图 3.64）。流域内以陡坡为主，沟谷纵坡较大，有利于降雨的汇集，暴雨是泥石流形成的激发因素。下季节海子沟泥石流防治工程体系按 50 年一遇的标准设计，采用了“拦挡+分散停淤”的治理思路，具体工程规划措施包括：分流坝+导流堤（3 座）、停淤腰带（2 座）、沟口停淤挡墙。该治理工程于 2018 年 4 月开始施工，2019 年 9 月通过初步验收。2019 年 6 月 21 日下季节海子沟暴发泥石流，通过现场调查和多期无人机遥感影像对比分析，泥石流冲出总量估算约3.3万m^3，泥石流从各分流坝分流后停淤至沟道左侧，部分进入沟口停淤场内，未进入下季节海子，治理工程整体发挥了减灾作用（图3.65）。

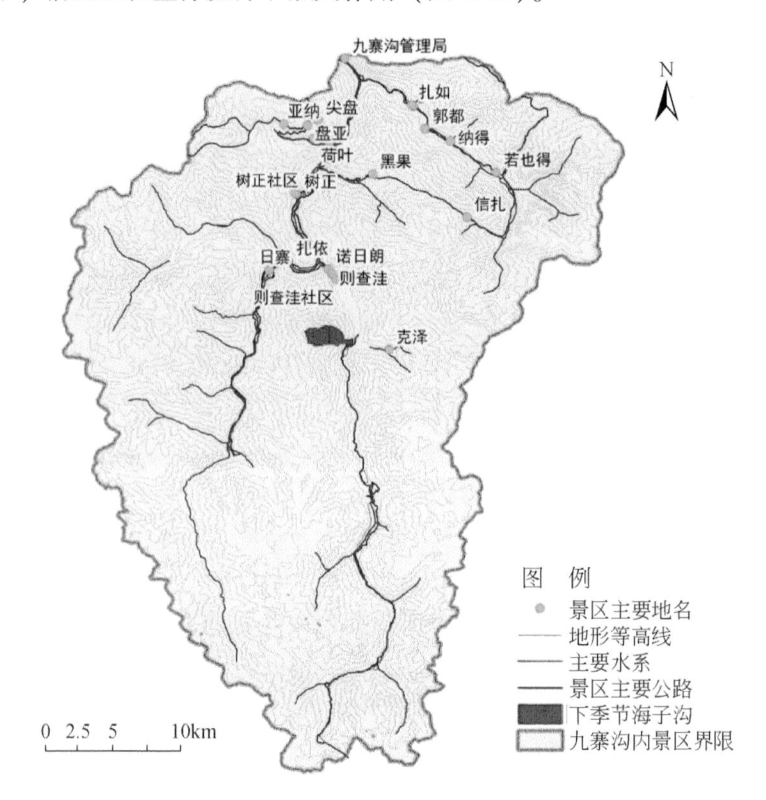

图3.64　下季节海子沟在九寨沟景区的位置

图3.65　防治工程总体效果图

b. 则查洼沟泥石流治理工程。则查洼沟位于诺日朗—长海之间的则查洼主沟左岸（图3.66），流域面积1.96 km^2，主沟长度2.57 km，平均沟床纵坡比降610.89‰，沟道整体较为顺直，纵坡大，上陡下缓。则查洼沟泥石流防治工程体系按50年一遇的标准设计，采用“拦挡+停淤”的治理思路，具体工程规划措施包括：①修建1座拦砂坝+副坝，拦蓄泥石流固体物质，稳定沟床；②堆积扇上修建1座格栅拦挡停淤坝，用于停淤泥石流（图3.67）。2019年6月21日则查洼沟暴发泥石流，通过现场调查和多期无飞机遥感影像对比分析，泥石流冲出总量估算约2.3万 m^3，从拦砂坝主坝溢流口顺利通过后，冲至沟口堆积扇上的格栅拦挡停淤坝，治理工程整体发挥了减灾作用。

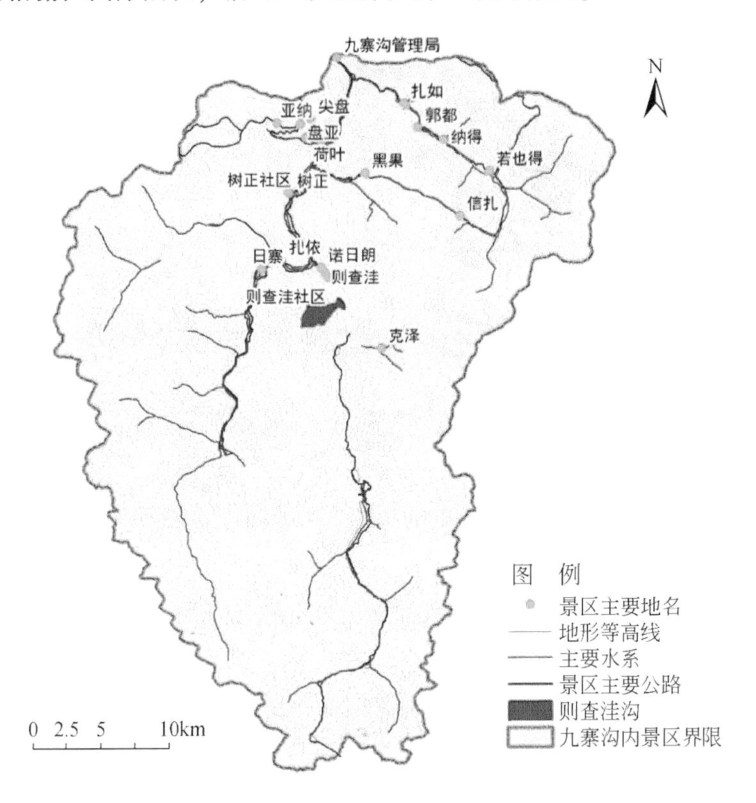

图3.66　则查洼沟在景区内的位置

（2）南亚通道——西藏樟木口岸山地灾害治理。西藏樟木口岸位于中国和尼泊尔边境区，属于青藏高原南缘喜马拉雅南坡，是我国与尼泊尔最重要的通商口岸。中尼公路通过樟木口岸的友谊桥与我国贯通东西的318国道相连，形成了“尼泊尔—友谊桥—樟木—拉萨—我国内陆各省”的贸易通道，樟木作为该通道上的“咽喉”，其边境贸易口岸的作用非常突出。长期以来，特殊的地质地貌环境上日益增加的人类工程活动影响，使该口岸一直遭受着山地灾害的严重困扰。以樟木滑坡为代表的山地灾害不仅危及当地居民的生命财产安全，也严重制约了樟木口岸的正常发展。

2017年11月5日，由成都山地所编制的《西藏樟木口岸地质灾害评估报告》通过专家评审并上报国务院。随后在党中央、国务院、西藏自治区政府统一部署下，按照报告中提出的防治工作总体要求，统筹安排、合理部署、有序推进、分批分步实施，开展治理。

图 3.67 则查洼沟泥石流治理工程效果图

与此同时，为保障樟木口岸货运通道的正常运行，按照《西藏樟木口岸地质灾害评估报告》的内容，梳理了第一批对樟木口岸货运通道恢复通关有一定影响的 10 处山地灾害点（表 3.12）作为第一期治理项目，具体包括（图 3.68）迪斯岗至友谊桥段 4 处覆盖层滑坡群、樟木镇福利院滑坡、营房滑坡、2 处崩塌点（迪斯岗崩塌、扎木镇扎美拉山崩塌）和 2 条泥石流沟（曲乡边检站后山泥石流和樟木镇原海关停车场上方坡面泥石流）。上述治理工程的实施保证了 2019 年 5 月 30 日中国樟木—尼泊尔科达里口岸货运通道的顺利恢复（图 3.69）。

表 3.12　影响樟木口岸货运通道主要地质灾害点统计表

排序	灾害点名称	体积/规模（m^3）	规模分级	稳定性	危害对象
1	友谊桥 1#滑坡	2.4×10^7	特大型	不稳定	迪斯岗民房和中尼公路
2	友谊桥 2#滑坡	2.9×10^7	特大型	不稳定	中尼公路
3	友谊桥 3#滑坡	4.0×10^6	大型	不稳定	海关大楼和中尼公路
4	友谊桥 4#滑坡	4.25×10^6	大型	欠稳定	边检站、贸易区、中尼公路
5	福利院滑坡	1.43×10^7	中型	不稳定	樟木镇、中尼公路和车辆行人
6	迪斯岗崩塌	1.93×10^5	大型	不稳定	居民点和中尼公路

续表

排序	灾害点名称	体积/规模（m^3）	规模分级	稳定性	危害对象
7	扎美拉山崩塌	5.0×10^5	大型	不稳定	海关停车场、加油站、中尼公路和车辆行人
8	海关停车场泥石流	1.8×10^5	中型	活跃	海关停车场、中尼公路和车辆行人
9	曲乡边检站泥石流	5.0×10^5	大型	活跃	边检站及中尼公路
10	营房前滑坡	2.6×10^4	小型	不稳定	公安局大楼、中尼公路和车辆行人

图 3.68　樟木镇主要地质灾害分布图

（3）热水河小流域生态–岩土措施协同的山地灾害综合治理。热水河为安宁河左岸一级支流，位于四川省凉山彝族自治州喜德县西南部，流域面积 163.22 km^2，主沟长 28.08 km，平均纵比降为 67‰。断裂构造对该流域岩层破坏较大，岩体稳定性较差；断裂构造同时控制了崩塌和滑坡的分布，对流石流的形成和分布也起着重要的控制作用。流域发育有支沟 19 条，支沟泥石流非常活跃，每年皆有大小不一的泥石流发生，属典型的高频泥石流沟，在 2008 年、2011 年、2012 年均发生过大规模泥石流，造成沟口房屋被冲毁，大片耕地被埋，严重威胁沟口 41 户 220 余人的生命财产安全。

2020 年，中国科学院战略性先导科技专项（A 类）“美丽中国生态文明建设科技工程”以红莫镇热水河小流域为项目的综合减灾试验示范区，分析了热水河主沟及 19 条支沟的地质灾害发育特征，总结了热水河小流域灾害防控现状和存在的问题。为了保护流域

图 3.69　中尼公路友谊桥 1#滑坡防治工程效果远眺

内人民生命财产安全，本着以防为主、防治结合、综合管控的原则，重点对灾害频发、潜在威胁较大的支沟开展生态-岩土协同的工程治理措施，实现泥沙综合调控与减灾并行。此外，对流域中游宽谷区进行河道整治，既可保障居民生产生活安全，又可整理新增大面积优质耕地。

a. 分叉沟生态-岩土工程措施协同绿色减灾。分叉沟位于热水河流域中游右岸，面积 0.35 km^2，主沟长 1.0 km。为了控制沟道的河床侵蚀，在泥石流流通段布置阶梯-深潭结构（图 3.70）。自 2021 年 6 月进入汛期以来，热水河流域至少有 5 次暴雨级别的降雨，阶梯-深潭系统经历了结构发育和消能减灾阶段，在多场山洪、泥石流作用下，没有出现整体性破坏，仅产生了局部冲刷，阶梯结构保持相对完整。在阶梯消能作用下，泥石流在出口多转化为高含沙水流，沉积的泥沙颗粒较细，山洪、泥石流的破坏效果降低。分叉沟阶梯-深潭系统有效拦截了来自上游的泥沙。来自滑坡段的泥沙主要被拦截在 7 号阶梯以上，大部分位置的淤积深度超过 0.5 m，沟道侵蚀基准面得到抬升，有效地保护了沟道两侧的松散边坡。

b. 鱼儿沟生态-岩土协同调控综合减灾。鱼儿沟是安宁河左岸一级支流热水河中游左岸的一级支沟，流域面积约 9.40 km^2，主沟长 7.08 km，沟床平均比降为 168.8‰。鱼儿沟属暴雨泥石流沟，泥石流的规模以中型-大型为主，威胁对象主要为沟口居民聚集区，潜在危害程度较大。鱼儿沟采用以“拦挡+防护”为主、生态防护工程为辅的治理方案，主要治理工程为“1 座拦砂坝+5 段防护堤+生态防护工程”。

图 3.70　热水河分叉沟阶梯-深潭消能减灾示范工程

c. 中沟河生态-岩土协同调控综合减灾。中沟河为安宁河左岸一级支流热水河中游左岸的一级支沟，流域面积约 16.59 km^2，主沟长 7.94 km，沟床平均比降为 192‰。中沟河泥石流也属暴雨泥石流，规模以中型-大型为主，威胁对象主要为沟口居民聚集区，潜在危害程度较大。治理工程的关键在于安全排导泥石流，采用“以排为主，排导+清淤+防护堤+生态防护”的治理方案，沟口修建排导槽+沟道清理+威胁对象附近修建防护堤+生态工程。

d. 河道治理工程。针对热水河中下游宽谷区，结合主河道特点、村落布局等情况（图 3.71），从中上游阿尼村至中下游司金村附近，在主河道两侧修建宽 60 ~ 65 m、高 2.5 ~ 3 m 的生态防护堤，防护堤根据热水河主河道走向修建，右侧导流堤从格车组支沟

图 3.71　热水河流域中游主河道现状

沟口至下游温泉处，长约 5.5 km，左侧则从阿尼拉达支沟沟口至下游温泉处，长约 6.0 km。堤防型式采用全斜坡式生态堤型，马道以下采用 C20 砼面板，马道以上部分采用框格梁加草皮护坡。堤内侧成排种植树木，同时沿防护堤规划一条沿河公路，可有效改善红莫镇内的交通。

e. 桃源村安全社区工程综合减灾示范。安全社区是全面建设小康社会、构建和谐社会和平安社会的重要组成部分，是落实以人为本，全面、协调、可持续发展科学发展观的重要措施之一。为此，成都山地所提出了安全社区建设的规划与实施方案（图 3.72），并选取红莫镇桃源村开展安全社区工程综合减灾示范。桃源村位于热水河流域的中心地带，热水河穿村而过，辖区面积 12 km^2，下辖 4 个村民小组，是典型的彝汉混居村落。

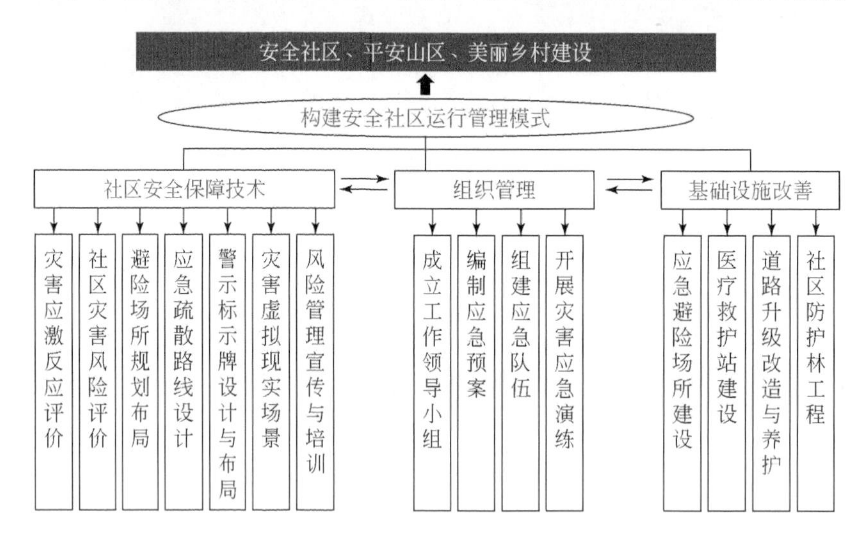

图 3.72　安全社区建设的规划框架

2019 年以来成立桃源村防灾减灾工作领导小组，筑牢防灾减灾工作体系；开展灾害风险隐患排查与风险评价，加强山地灾害风险防范；研发灾害标识，提升社区防灾减灾技能与水平；开发 VR 灾害场景，发展防灾减灾与风险教育新范式；加强社区基础设施建设和应急物资保障，提升社区减灾“硬实力”；构建多主体协同参与社区山地灾害风险管理模式，推动示范社区建设。在实施工程治理后，①工程减灾措施时效延长 50% 以上；②植被覆被提高 20%；③灾害发生率降低 50%，规模减小 30%；④保障 10 000 余人生命财产安全；⑤新增经济效益 5 亿元，产生良好的减灾效益（图 3.73）。

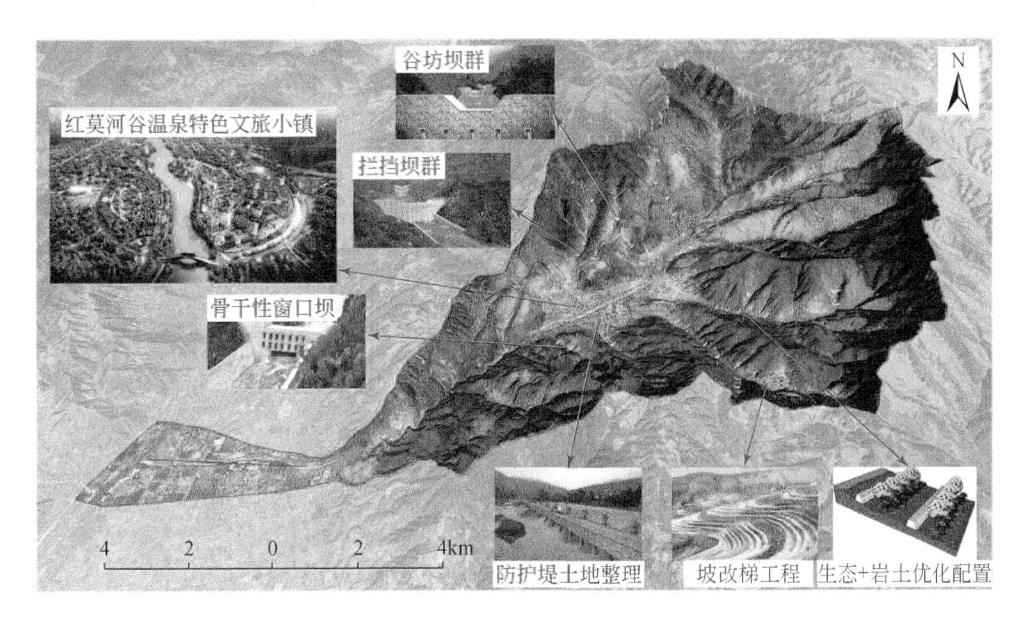

图 3.73 热水河小流域生态和岩土工程措施综合减灾示范效果图

参考文献

陈晨，郑江华，刘永强，等. 2015. 近 20 年中国阿尔泰山区冰川湖泊对区域气候变化响应的时空特征. 地理研究，34 (2)：270-284.

崔鹏，邓宏艳，王成华. 2018. 山地灾害. 北京：高等教育出版社.

胡凯衡，葛永刚，崔鹏，等. 2010. 对甘肃舟曲特大泥石流灾害的初步认识. 山地学报，28：628-634.

胡胜，曹明明，李婷，等. 2014. 基于 AHP 和 GIS 的陕西省地震次生地质灾害危险性评价. 第四纪研究，34 (2)：336-345.

康志成. 1987. 我国泥石流流速研究与计算方法. 山地研究，4：247-259.

李天斌. 2003. 岩质工程高边坡稳定性及其控制的系统研究. 岩石力学与工程学报，22 (2)：341.

李秀珍，张小刚，崔云，等. 2016. 川藏铁路康定至昌都段滑坡崩塌类型、特征及其对铁路的危害和影响. 成都：川藏铁路建设的挑战与对策 2016 学术交流会.

李秀珍，钟卫，张小刚，等. 2017. 川藏交通廊道滑坡崩塌灾害对道路工程的危害方式分析. 工程地质学报，25 (5)：1245-1251.

刘时银，郭万钦，许君利. 2019. 中国第二次冰川编目数据集 (V1.0). https://cstr.cn/CSTR：11738.11.ncdc.Westdc.2020.656[2022-03-07].

刘希林，庙成，田春山，等. 2016. 十年跨度中国滑坡和泥石流灾害风险评价对比分析. 地球科学进展，31 (9)：926-936.

罗正东. 2003. 东川生态环境建设与泥石流综合治理. 水土保持研究，4：234-237.

吕儒仁，唐邦兴，朱平一. 1999. 西藏泥石流与环境. 成都：成都科技大学出版社.

马东涛. 2010. 舟曲 "8.8" 特大泥石流灾害治理之我见. 山地学报，28：635-640.

马巍，骆辉煌，禹雪中. 2011. 水电工程移民安置方式研究综述. 中国水能及电气化，4：33-40.

乔建平，张小刚，林立相. 1994. 长江上游滑坡危险度区划. 水土保持学报，1：39-44.

乔建平，吴彩燕，李秀珍，等．2005. 四川省宣汉县天台乡特大型滑坡分析．山地学报，4：4458-4461.
覃琼霞，黄笛．2010. 防洪减灾治理中的非工程措施——以瓯江流域为例．水利经济，28（1）：8-10.
沈永平，王国亚，丁永建，等．2009. 百年来天山阿克苏河流域麦茨巴赫冰湖演化与冰川洪水灾害．冰川冻土，31（6）：993-1002.
唐邦兴，章书成．1992. 泥石流研究．中国科学院院刊，2：119-123.
王恭先．2005. 滑坡防治中的关键技术及其处理方法．岩石力学与工程学报，21：20-29.
王士革，钟敦伦，张晓刚，等．2005. 山地灾害及防灾减灾基础知识．成都：四川大学出版社．
王欣．2018. 中国西部冰湖编目数据（2015）. https://doi. org/10. 11922/sciencedb. 615[2022-03-07].
许强．2020. 对地质灾害隐患早期识别相关问题的认识与思考．武汉大学学报（信息科学版），45（11）：1651-1659.
许强，李为乐，董秀军，等．2017. 四川茂县叠溪镇新磨村滑坡特征与成因机制初步研究．岩石力学与工程学报，36（11）：2612-2628.
徐在庸．1981. 山洪及其防治．北京：中国水利出版社．
杨冬冬，邱海军，胡胜，等．2020.“一带一路”地区地质灾害时空分布特征及防治对策．科技导报，38（16）：45-52.
姚晓军，刘时银，孙美平，等．2014. 20 世纪以来西藏冰湖溃决灾害事件梳理．自然资源学报，29（8）：1377-1390.
易朝路，崔之久．1994. 新疆阿尔泰山哈纳斯河流域冰川湖泊的分类与沉积类型．海洋与湖沼，5：477-485，575.
张倬元．2000. 滑坡防治工程的现状与发展展望．地质灾害与环境保护，2：89-97.
赵旭，刘汉东．2005. 水电站高边坡滚石防护计算研究．岩石力学与工程学报，20：144-150.
赵增华，周祥，赵俊翔．2021. 堰塞湖整治工程安全管理措施综述．建筑安全，36（7）：63-65.
钟敦伦，谢洪．2014. 泥石流灾害及防治技术．成都：四川科学技术出版社．
钟敦伦，谢洪，韦方强，等．2010. 长江上游泥石流综合危险度区划．上海：上海科学技术出版社．
钟敦伦，谢洪，韦方强，等．2013. 论山地灾害链．山地学报，31（3）：314-326.
周昭强，李宏国．2000. 西藏易贡巨型山体滑坡及防灾减灾措施．水利水电技术，(12)：44-47.
中国水利水电科学研究院．2018. 中国山洪灾害调查评价关键技术及应用．中国防汛抗旱，28（11）：7-11.
邹强，崔鹏，张建强，等．2012. 长江上游地区泥石流灾害敏感性量化评价研究．环境科学与技术，35（3）：159-163.
邹新华，刘峰贵，张镱锂，等．2013. 基于县域尺度的青藏高原洪涝灾害风险分析．自然灾害学报，22：181-188.
Chan H S, Tong H W, Lee S M. 2016. Extreme rainfall projection for Hong Kong in the 21st century using CMIP5 models. Guangzhou: The 30th Guangdong- Hong Kong- Macao Seminar on Meteorological Science and Technology.
Chen F, Zhang M, Guo H, et al. 2021. Annual 30m dataset for glacial lakes in High Mountain Asia from 2008 to 2017. Earth System Science Data, 13: 741-766.
Cui P, Zou Q, Xiang L Z, et al. 2013. Risk assessment of simultaneous debris flows in mountain townships. Progress in Physical Geography, 37 (4): 516-542.
Liu W, Carling P, Hu K, et al. 2019. Outburst floods in China: a review. Earth- Science Reviews, 197: 102895.
Maunsell- Fugro Joint Venture, GEO. 2007. Final Report on Compilation of the Enhanced Natural Terrain

Landslide Inventory (ENTLI) . Hong Kong: Maunsell-Fugro Joint Venture & Geotechnical Engineering Office, Hong Kong Special Administration Region.

Nie Y, Zhang L L, Liu L S, et al. 2010. Glacial change in the vicinity of Mt. Qomolangma (Everest), central high Himalayas since 1976. Journal of Geographical Sciences, 20 (5): 667-686.

Nie Y, Pritchard H D, Liu Q, et al. 2021. Glacial change and hydrological implications in the Himalaya and Karakoram. Nature Reviews Earth & Environment, 2: 91-106.

Ouyang C J, An H C, Zhou S, et al. 2019. Insights from the failure and dynamic characteristics of two sequential landslides at Baige village along the Jinsha River, China. Landslides, 16 (7): 1397-1414.

Richardson S D, Reynolds J M. 2000. An overview of glacial hazards in the Himalayas. Quaternary International, 65: 31-47.

Veh G, Korup O, Roessner S, et al. 2018. Detecting Himalayan glacial lake outburst floods from Landsat time series. Remote Sensing of Environment, 207: 84-97.

Wang X, Guo X, Yang C, et al. 2020. Glacial lake inventory of high-mountain Asia in 1990 and 2018 derived from Landsat images. Earth System Science Data, 12 (3): 2169-2182.

Wang H J, Zhang L M, Luo H Y, et al. 2021. Ai-powered landslide susceptibility assessment in Hong Kong. Engineering Geology, 288: 106103.

Wong M C, Mok H Y, Lee T C. 2011. Observed changes in extreme weather indices in Hong Kong. International Journal of Climatology, 31 (15): 2300-2311.

Zhang Z, He S M, Liu W, et al. 2019. Source characteristics anddynamics of the October 2018 Baige landslide revealed by broadband seismograms. Landslides, 16 (4): 777-785.

第四章　中国山区发展历程与成就

回顾中华人民共和国成立以来我国山区发展历程，可以划分为4个阶段，即中华人民共和国成立至改革开放前的基础建设期（1949～1978年），以“一五”计划、“三线建设”、“农业学大寨”等政策和历史事件为主线；改革开放后至新千年间的提速发展期（1979～1999年），以改革开放和家庭联产承包责任制为核心；新千年开始至“十二五”末之间的快速发展期（2000～2011年），以西部大开发、振兴东北和中部崛起重大区域发展战略为主体；党的十八大以来的提质发展期（2012年至今），以生态文明建设为根本大计，以全面小康建设为目标，以“两山”理论为指导，以乡村振兴、“一带一路”倡议、脱贫攻坚等为支撑。

4个发展阶段各自取得了巨大的历史性建设成就，为山区后续发展增添了宝贵基础。

党的十八大以来山区发展提质增速，面貌发生了整体性转变。脱贫攻坚使山区贫困人民生活水平大幅提升，“两不愁三保障”得到全面落实；蛛网式交通路网新体系初步建成；山区绿色能源产业快速发展；通信技术飞速发展促进山区快速进入现代信息社会；经济后发优势显现，三大产业结构已由传统的“一二三”转变至“三二一”；“两山”理论重塑山区本体，促进山区绿色高质量发展；生态优势融合数字经济，极大促进山区新经济发展；基础设施不断完善，山区特色城镇化发展水平不断提高；社会公共服务水平全面提升；建成了高效的山地灾害防控体系；“一带一路”倡议推动内陆山区成为我国对外开放新高地。

根据山区现代化水平测算模型、山区现代化水平评价指标体系和22个代表性山区县样本数据，2020年我国山区现代化率为63.4%，其中，基础设施现代化率为46.1%，制度文化现代化率为72.5%，社会服务现代化率为74.7%，生产方式现代化率为71.2%；为2049年全面实现山区现代化奠定了坚实基础。

第一节　山区发展历程

依据重大政策和战略对我国山区发展产生的影响程度、山区社会经济发展整体特征、山区发展速度与质量，中华人民共和国成立以来，我国山区发展历程可以划分为4个阶段（图4.1）。每个阶段均在不同政策和战略影响下，山区发展的地区差异、产业侧重、发展理念等方面均有明显的阶段特征。整体来看，我国山区历经70余年的发展，已经发生了翻天覆地的变化。

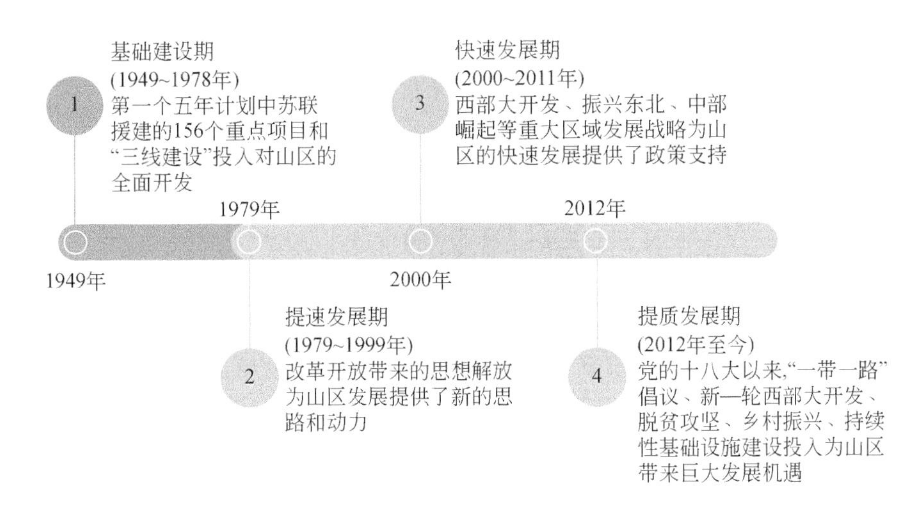

图 4.1　我国山区发展的 4 个阶段

一、基础建设期（1949 ~ 1978 年）

自"一五"计划开始，国家逐渐在欠发达山区开展一定规模的经济建设，尤其是西部的四川、陕西、甘肃地区，但大多数建设项目以重要城市周边的山区为主，如成渝、关中等地，没有较多深入山区腹地，同时对东北地区的投入占比较高，山区整体落后的局面没有明显改善。20 世纪 60 年代中期，我国开始实施"三线建设"，"靠山、分散、隐蔽"的要求使得山区拥有了千载难逢的发展机遇。除东南丘陵区、东北地区部分山区和西藏地区外，广大的西部山区和中部山区均纳入了"三线"地区之中，其中尤以四川、贵州、陕西三省的投资强度最高，1965 ~ 1980 年累计投资 1300 亿元，建成大中型骨干企业和科研单位近 2000 个（含大型骨干企业 600 余个），使西部山区建立了相对独立和完整的国防工业体系（段小梅等，2015）。同时，在一、二线地区建设省属"小三线"的带动下，东部山区经济也得到了一定程度的发展。以贵州省为例，因为"三线建设"的带动，贵州省的社会经济发展水平得到了全面的提升（表 4.1）。从交通运输来看，从"三线建设"开始到 1976 年，贵州省境内铁路干线、支线通车里程已达 1365 km，路网密度已超过了当时全国的平均水平（霍博翔等，2015）。

表 4.1　贵州省"三线建设"期间部分经济指标变化

指标	地区生产总值	人均地区生产总值	地方财政收入	一产比例	二产比例	三产比例
1965 年	24.42 亿元	136.00 元	3.35 亿元	62.40%	23.10%	14.50%
1980 年	60.26 亿元	219.00 元	6.69 亿元	41.25%	39.83%	18.92%
变化幅度	146.76%	61.03%	99.70%	-21.15%	16.73%	4.42%

经过"一五"计划和"三线建设"的大规模投入，贵州六盘水、四川宝鼎山等大型

铁矿，甘肃酒泉钢铁厂、重庆兵器工业基地、成都航空工业基地、西北航空航天工业基地、湖北十堰第二汽车制造厂等重点工业项目，对中西部的山区经济提质增量、技术层次提高影响深远。同时，成渝、宝成、兰新、包兰、襄渝、焦柳等铁路干线相继建成，甘肃刘家峡、湖北丹江口、湖北葛洲坝等大型水电站，解决了西部地区对外联系不便的制约和能源短缺的问题（段小梅等，2015）。在“三五”和“四五”期间，全国约1/7的工业投资和1/4的基本建设投资都用于成渝地区（张雷和刘毅，2005）。

此外，由于山区主要以农业生产为主，水利灌溉工程的建设变成了促进山区经济发展的重要基础设施。上亿劳动力投身农田水利建设，共修建900多座大中型水库，农田灌溉面积达3300万 km^2。河南林县红旗渠等一大批水利工程建成使用，治水和改土相结合，山、水、田、林、路综合治理，旱涝保收、高产稳产农田建设取得很大成绩，农田灌溉面积增加到3.6万 hm^2。

由于受国外技术限制、国防安全考虑、生产条件落后等因素的影响，尤其是出于防卫和政治安全的战略性选择而建设的部分项目脱离了客观的生产规律，多数项目落地后远离原材料产地和消费市场，产品成本高、交易便利差、企业效益低，往往造成资源浪费，生产整体可持续能力较弱，对周边地区的辐射带动作用也略显不足（聂华林和李泉，2006）。就我国广大中西部山区来说，这笔宝贵的遗产至今仍发挥一定的产业支撑作用，特别是交通基础设施建设，但不少建成的企业无法孤立运行，被迫向山区外城市转移，企业或被合并、兼并，或转制转型转产。

二、提速发展期（1979～1999年）

在改革开放政策的引领下，山区也逐渐开始发展外向型经济，同时为沿海地区的发展提供了要素支撑。此外，国家也对过往山区的发展资产进行了整合优化，除在山区建立一些重要的现代大型企业外，还逐步引导山区发展外向型经济，走上改革开放之路。

东部山区作为沿海地区的资源要素供给区和市场腹地，其交通设施、社会风貌、资源开发、人力素质等在这一时期都得到较好的提升，不少特色产业迅速发展，如浙江衢州的水泥、永康的五金、安吉的竹业等，外向型经济发展迅速。但由于战略重心在于优先发展产业、技术、人才、对外开放等条件更优、投资回报率更高更快的沿海平原地区，这就使得东部山区的发展水平虽然相对其他内地山区较高，但与沿海城市带和平原区比较，差距仍然很大。

中西部地区着力运用当地特色资源，大力发展特色经济。基础设施进一步完善，山区资源开发力度加大，成为当时重要的工业原料产地和制造基地。攀枝花和重庆的钢铁工业、河南的铝业、山西的煤炭业、云南的锡业和铜业均得到了长足发展。到20世纪90年代中期，四川天然气外供商品量已占全国的一半左右（丁宇，2021）。赣南孵化出了独具特色的“猪-沼-果”生态农业模式，1999年赣南地区用上沼气池节约了柴草140万余t，相当于18万 hm^2 森林植被得以恢复，带动了会昌、寻乌、安远等赣南山区全面发展（徐丽媛，2015）。同时，西部山区的水能得到进一步开发，红水河和澜沧江上的铜街子、天生桥一级和二级等水电工程先后开工，为工业化发展提供了有力保障，还向广西、广东地区输送了电能（丁宇，2021）。此外，中西部山区的制造业与“三线建设”项目的调整改造相结合，机械电子等投资品制造业进一步发展。比如，位于十堰的第二汽车制造厂更名为东风汽车公司，开启了新的发展篇章；原德阳、自贡、乐山的电机厂、汽轮机厂和锅炉厂等联合组建成中国东方电气集团公司，成为中国大型水、火电站设备的重要研发基地(聂华林和马增明，2008)。随着东中西经济互动、区域合作的趋势增强，“连接东西”“外资内移”“内资西进”为中西部山区承接产业转移、吸引外资投入、加快产业结构优化升级提供了良好发展机遇。据统计，1999 年西南山区的产业结构为 23.27 ∶ 39.79 ∶ 36.94，较 1979 年的 42.12 ∶ 39.02 ∶ 18.86 明显优化，已从“一二三”转变为“二三一”的产业结构特征（图 4.2）。

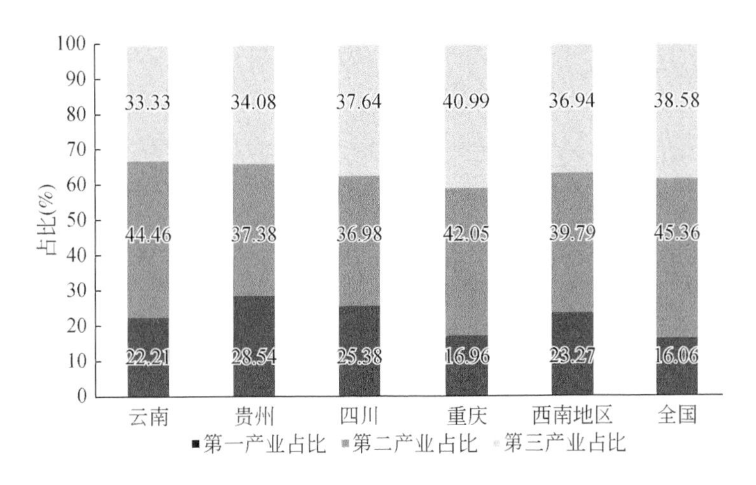

图 4.2　西南地区 1999 年三种产业结构的占比

从 1978 年，安徽省凤阳县小岗村的 18 位村民将村内土地分开承包，开创了家庭联产承包责任制的先河开始，这一做法逐渐在全国推广，山区农村面貌得到极大改善，以点带面，农民生产积极性提高、生产效率提升，第一产业产值不断攀升。以山西省为例，从 1980 年 7 月开始对中共吕梁地委放宽政策，在贫瘠的山区生产队实行联产到人、到劳力、到户的责任制进行报道，10 月，即在全省山区推行了包产到组、包产到户和包干到户等责任制，运城、晋中、雁北、晋东南、吕梁等地区还广泛开展了宣讲和调研活动。同时，山西省河曲县还开展了家庭联产承包责任制与水土保持工作的衔接，探索了小流域承包治理的新模式，并在黄河流域广泛推广。在开展工作第一年的 1982 年，河曲县农民全家收入就达到了 3000 元，而当时全省农民人均收入仅 400 元左右。改革开放以来，山区面貌发生了明显改善，但是受山区自然环境条件、经济发展基础和政策体制等多方面因素影响，中西部山区仍然是全国较为落后的地区，城乡二元结构仍然矛盾突出，城乡差距未明显改善，解决“三农”问题、扶贫助贫、科学发展等问题压力仍然较大，许多中西部山区仍处于较为贫困的状态。不仅西部山区与东部发达地区形成明显的差距，而且山区内部也出现东部、中部和西部的地带性差距。

三、快速发展期（2000～2011年）

2000年国务院组成西部地区开发领导小组实施西部大开发战略，围绕规划、基础设施建设、生态建设和保护、政策措施4项任务，在西部地区新开工十大项目，加快78个在建项目进度，做好五大项目的前期工作，这标志着西部大开发拉开了序幕（丁宇，2021）。西部山区的能源化工、特色农产品加工、旅游等产业发展迅速，“西气东输”“西电东送”“西煤东运”等跨区域工程建设，退耕还林、天然林草保护等生态工程，渝怀铁路、青藏铁路等交通网络干线建设，对于振兴山区经济、帮助各族群众脱贫致富，具有重要的战略意义（丁宇，2021）。以宁夏六盘山地区为例（图4.3），在西部大开发实施之前的10年间，该地区人均GDP和农民人均纯收入的增速波动极大，甚至在1992年和1997年出现了负增长，而在2000年以后，二者均呈现正向高速增长，且速率相对平稳，这也反映出西部大开发战略的实施使得本地区的经济发展态势持续向好，经济稳定性也得到增强（米楠，2013）。

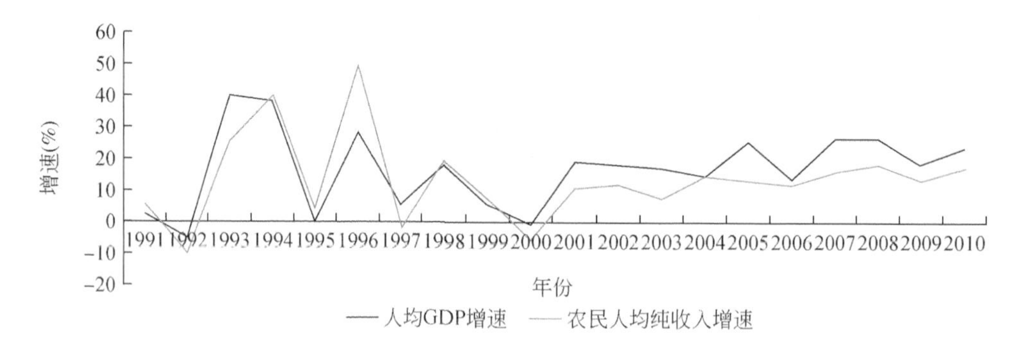

图4.3 西部大开发战略实施前后宁夏回族自治区六盘山地区人均GDP与农民人均纯收入增速

大开发主要集中于基础设施建设，生产类项目偏少，山区经济仍然难以走出以资源开发为导向的发展模式，同时，传统农业比重偏大，工业技术含量偏低，服务业发展滞后，产业结构不合理，产业集聚与人口集聚不同步，出现了大规模农民工跨省异地流动等问题（丁宇，2021）。其中，劳动力的流失给山区尤其是山区农村地区带来了一系列的社会问题，促使发展差距又进一步拉大。

2003年，中共中央、国务院发布《关于实施东北地区等老工业基地振兴战略的若干意见》，即实施振兴东北战略。随着社会保障试点、增值税转型、豁免企业历史欠税、国有企业政策性破产等体制机制改革推进和制度创新，东北地区加快了发展步伐。东北山区也在传统工矿业、林业等资源型产业的基础上，逐步向制造业、旅游业、服务业等业态转型，白山、伊春、大兴安岭等山区的资源枯竭型城市得到国家的大力支持，围绕山地资源推动了长白山度假区、冰雪旅游等发展。同时，山区的生态环境也在不断改善，森林覆盖率和水体质量不断提升，东北虎等野生动物保护工作成效显著。此外，边境山区也在跨境商贸的促进下，形成了绥芬河、珲春、丹东等多个对俄、对朝的重要口岸。但经过近10

年的政策促进，老工业基地存在的结构性问题及体制性问题没有得到解决，加上原材料市场价格波动和自然因素等原因，东北地区的经济发展仍然呈现出颓势。首先，由于山区林业的限制开发和工矿城市的资源枯竭，大量山区适龄劳动力，尤其是部分掌握一定技术的产业工人剩余下来，一方面本地产业无法消纳和提供就业岗位，另一方面给社会保障带来了不小压力（王一，2016）。其次，由于产业结构调整不佳，部分山区的资源开发仍然在本地经济发展中占有重要地位，而由于原材料价格受市场影响易出现较大波动，导致经济较为脆弱。此外，东北地区面积广大，问题复杂多样，山区与平原呈现的问题差异明显，已出台的政策往往围绕东北整体或省域范围来制定，对山区发展缺乏有针对性的政策出台和落实。

2006 年出台的《关于促进中部地区崛起的若干意见》标志着中部发展战略正式提上日程并进入实施阶段，并随后提升至与振兴东北地区与西部大开发战略同等重要的地位。在政策的促进下，中部山区的整体发展水平得到了较高的提升。从经济建设来看，得益于周边平原城市的快速发展，中部山区开始借助平原地区广阔的市场来发展经济，省域毗邻区间的跨区域交流也越来越频繁，如湘南与广东、皖南与长三角等人口流动较多。从资源开发来看，山西、河南等煤炭大省在煤炭黄金十年期间得到了丰厚的经济效益，主要集中在吕梁山、太行山及伏牛山等地区，尤其是山西省，一举确立了全国煤炭交易的核心地位。小浪底、三峡、南水北调中线工程等相继投产和开工，充分利用了中部山区位于我国一、二级阶梯过渡地带的水能资源，也改善了河南等地区的用水紧张问题。从基础设施来看，郑西高铁是世界上首条修建在大面积湿陷性黄土地区的高速铁路，也是我国中西部地区第一条投入运营的时速 350 km 的高速铁路，极大带动了秦岭–伏牛山沿线地区的对外沟通，武广高铁也串联起大别山、罗霄山等地区，这在当时高铁通车里程较少的前提下对于中部山区来说尤为重要。同时，神农架机场的开工建设也将航空运输带到了“华中屋脊”之上。当然，中部山区面临的挑战也较多。首先，在政策支持上，中部地区在该阶段得到的政策支持力度相对较小，从政策数量上来看，与促进中部崛起相关的主要政策有 5 份，而同时期与振兴东北有关的政策则超过 20 份，另外，在中部地区享受到的国家政策中，大多是关于拓展区域发展空间的政策，缺乏实质性的财政、金融、税收支持政策（温佳楠，2017）。其次，中部山区的经济增长方式还相对粗放，以工业为例，在江西钨矿、稀土、金矿、煤等矿山中，小型矿山占比高达 99%。河南的小型矿山也占到 96%。山西矿产资源平均回采率为 44%，3368 个乡镇小煤矿回采率仅为 10% ~15%，每年因采煤而浪费的煤层气高达 60 亿 m^3，相当于“西气东输”输气量的 50%。同时，安徽铜矿资源已经基本枯竭，铜业生产主要依赖进口。湖南近八成的大中型有色金属矿山几近枯竭（郑一凡，2012）。此外，我国中部地区整体对外开放程度不高，山区对外联系的程度更低。2005 年，我国整体外贸依存度为 64%，而中部地区仅为 11%，差距十分明显。

四、提质发展期（2012 年至今）

该时期的特点是在我国经济发展进入新时代，战略的目标是瞄准发展不均衡、不充分的主要矛盾，实现协调发展、统筹发展、共同富裕的社会主义现代化。为此，取得脱贫攻坚、消除贫困和小康建设的历史性胜利。与此同时，实施优质提效、降碳节能减排、乡村振兴、绿色发展、生态文明建设、美丽中国等战略，推动“一带一路”开放新格局，为山区发展指明了新的方向和目标，提供了广阔的发展空间，激发了山区发展的潜能，山区面貌发生了整体性、历史性和转折性的变化。

现在，山区面对的目标和任务已不是脱贫攻坚，而是和全国一起实现乡村振兴，促进山区发展融入国内、国际双循环，建设现代化美丽新山区。这个时期，山区建设不仅取得了空前的成就，大量现代化超级基础设施建设工程拔地而起，震惊世界，美丽山区随处可见，成为全国人民喜爱向往的旅游胜地、度假乐土。更重要的是，为山区振兴与全国一起协调发展、实现全国两个一百年目标奠定了良好基础，提供了有利的机遇和动力。

第二节　山区发展成就

一、脱贫攻坚和小康建设取得全面胜利

我国山区在历史上一直是全国发展的滞后区。在全国832个国家级贫困县中，山区占到了82.81%，共有556个山区县和133个丘陵县，并且形成了六盘山区、秦巴山区、武陵山区、乌蒙山区、滇桂黔石漠化区、滇西边境山区、大兴安岭南麓山区、燕山-太行山区、吕梁山区、大别山区、罗霄山区、西藏、四省（青海、四川、云南、甘肃）藏区、新疆南疆四地州（喀什地区、和田地区、阿克苏地区、克孜勒苏柯尔克孜自治州）14个集中连片特困区。党的十八大以来，我国山区作为脱贫攻坚的主战场和小康建设及区域协调发展的重点区受到党和国家的高度重视。国家专项扶贫资金累计投入1.6万亿元，在国家的大力支持下，689个山区国家级贫困县全部脱贫，960多万贫困山区人民实现易地搬迁。山区建设和发展全面提速增效，2019年山区GDP达到33万亿元，较2012年增幅85%。我国山区告别了贫困，实现了小康，山区人民的生活条件、收入水平、生活质量提升。这是全国脱贫攻坚和小康社会建设取得全面胜利的重要标志。

（一）居民收入稳步增长，生活水平不断提高

我国历史上先后三次制定扶贫标准，分别是206元（1986年）、865元（2001年）和2300元（2011年，按2020年现价为4000元）。我国贫困人口退出标准综合考虑了收入、生存权和发展权的实现，不仅符合我国国情，也充分体现了全面建成小康社会的基本要求。按照这个标准，我国14个集中连片特困区的农村人均可支配收入从2013年的5956元上升至2020年的人均超过12 000元，增幅超过110%，年均增长超过11%，增幅均超过同期全国平均水平（国家统计局，2000；中华人民共和国国务院新闻办公室，2021；许钰莎等，2020）。其中，增长率较高的是新疆南疆四地州、四省藏区和乌蒙山区。同时，贫困人口工资性收入和经营性收入占比逐年上升，转移性收入占比逐年下降，自主增收脱贫能力稳步提高。28个人口较少民族全部整族脱贫。产业帮扶政策覆盖98.9%的贫困户，有劳动能力和意愿的贫困群众基本都参与到产业扶贫之中。

基本生活需求得到保障。由于山区资源与环境限制，加上物价水平的变化，收入增长并不能完全体现生活水平的变化，因此保障山区居民的基本生活尤为重要。脱贫攻坚提出了“两不愁三保障”目标，即稳定实现农村贫困人口不愁吃、不愁穿；保障其义务教育、基本医疗和住房安全。这是贫困人口脱贫的基本要求和核心指标。根据脱贫攻坚普查结果，山区贫困户全面实现了“两不愁三保障”的目标。以新居建设、危房改造、易地扶贫搬迁等途径为主实现了住房保障，如四川省若尔盖县和理塘县通过经济补贴与住房建设结合，形成新的易地扶贫搬迁安置模式（许钰莎等，2020）。乡村三级医疗卫生体系初步建立，99.9%以上的贫困人口参加基本医疗保险，全面实现贫困人口看病有地方、有医生、有医疗保险制度保障，看病难、看病贵问题有效解决。例如，位于秦巴山区的达州市开江县、绵阳市平武县、巴中市通江县、广元市旺苍县通过健康扶贫政策，贫困发生率和因病致贫率大幅降低，健康贫困现象大幅改善（游田甜和秦晓明，2021）。义务教育基本普及，如乌蒙山区云南片区通过资源配置、政府推动和硬件建设，构建了具有西部贫困地区特点的义务教育均衡发展模式（罗锋等，2018）。

随着收入增加和基本保障的实现，山区人民的生活水平不断提高。据《中国农村贫困监测报告（2020年）》显示，全国14个连片贫困地区的农村居民人均消费支出相比2013年上升11.8%，达到9898元。沿边山区中，大兴安岭南麓山区上涨幅度最大，为20.2%。内陆山区中，大别山区和武陵山区的人均消费支出最高，分别为11 393元和11 079元。消费支出的上升代表生活条件得到改善。到2019年年底，14个集中连片贫困山区90%的农户都拥有洗衣机和电冰箱，汽车拥有量为20%。陕南移民农户搬迁前后的消费结构出现重大调整，居住及家庭设备支出显著提高（徐晓玲和余劲，2015）。

（二）人居环境大幅改善

通过脱贫攻坚三年行动和小康社会建设，我国山区农村人居环境已经大幅改善。先后因地制宜地确定了山区村庄人居环境整治目标，提升了工作开展的可行性和科学性；重点推进了农村生活垃圾治理、卫生厕所改造，开展了农村生活垃圾治理专项行动，普及了不同类型的卫生厕所，同步开展厕所粪污治理，并在部分地区开展了生活污水治理工程，有效提升了山区乡村生活环境和卫生条件，为山区居民的健康提供了保障；贫困地区农网供电可靠率达到99%，大电网覆盖范围内贫困村通动力电比例达到100%，贫困村通光纤和4G比例均超过98%；全国共有110多万贫困群众当上护林员，积极参与国土绿化、退耕还林还草等生态工程建设和森林、草原、湿地等生态系统保护修复工作，发展木本油料等经济林种植及森林旅游，不仅拓宽了增收渠道，也明显改善了贫困地区生态环境，通过守护绿水青山，换来了金山银山，实现了“双赢”。

（三）社会治理水平极大提高

脱贫攻坚是国家治理体系和治理能力现代化在贫困治理领域的成功实践。脱贫攻坚的全面胜利，是中国的制度体系和治理体系的优势与效能的充分展现。推进国家治理体系和治理能力现代化是关系党和国家事业兴旺发达的战略选择，也是巩固拓展脱贫攻坚成果、全面推进乡村振兴的重要前提。脱贫攻坚精神也成为不断完善国家治理体系、提高治理能力、全面建设社会主义现代化国家的重要力量来源。根据《人类减贫的中国实践》白皮书（2021）内容显示，经过脱贫攻坚，我国农村基层党组织更加坚强。农村基层党组织是中国共产党领导农村工作的核心和堡垒，是贯彻落实扶贫工作决策部署的战斗先锋。坚持抓党建促脱贫攻坚、抓扶贫先强班子，整顿软弱涣散基层党组织，精准选派贫困村党组织第一书记、驻村工作队，把农村致富能手、退役军人、外出务工经商返乡人员、农民合作社负责人、大学生村官等群体中具有奉献精神、吃苦耐劳、勇于创新的优秀党员选配到村党组织书记岗位上，基层党组织的战斗堡垒作用不断增强，凝聚力、战斗力、号召力明显提高，党群干群关系更加密切，贫困地区群众对党和政府的信赖、信任、信心进一步增强，党在农村的执政基础更加牢固。

基层群众自治更加有效。脱贫攻坚有力推动了贫困地区基层民主政治建设，基层治理更具活力。村委会（居委会）作用更好发挥，贫困群众自我管理、自我教育、自我服务、自我监督不断加强。认真落实村（居）务公开，坚持重大问题民主决策。坚持群众的事由群众商量着办、群众的事由群众定，群众参与基层治理的积极性、主动性、创造性进一步增强。脱贫攻坚之初，很多贫困村几乎没有集体经济收入，到 2020 年年底全国贫困村的村均集体经济收入超过 12 万元。稳定的集体经济收入改变了很多村级组织过去没钱办事的困境，增强了村级组织自我保障和服务群众的能力。

懂农业、爱农村、爱农民的“三农”工作队伍不断壮大。2013 年以来，全国累计选派 300 多万名第一书记和驻村干部开展精准帮扶。广大基层干部和扶贫干部心系贫困群众、甘愿牺牲奉献，满腔热情地为贫困群众办实事、解难题，赢得了贫困群众发自内心的认可。在脱贫攻坚的艰苦磨砺中，广大基层干部和扶贫干部坚韧、乐观，充满奋斗精神，带领群众脱贫致富的信心更加坚定、本领进一步增强。大批教育、科技、医疗卫生、文化等领域的专业人才支援贫困地区建设，大批企业家到贫困地区投资兴业，很多高校毕业生放弃城市的优厚待遇回到农村建设家乡。变富变美的农村吸引力不断增强，大批热爱农村、扎根农村、建设农村的人才留下来，为农业农村现代化继续贡献力量。

社会治理水平明显提升。脱贫攻坚给山区带来了先进发展理念、现代科技手段、科学管理模式，显著提升了贫困地区的社会治理水平。脱贫攻坚行之有效的制度体系和方法手段，为基层社会治理探索了新路径，促进了网格化管理、精细化服务、信息化支撑、开放共享的基层管理服务体系的建立和完善，社会治理的社会化、法治化、智能化、专业化水平大幅提升，基层社会矛盾预防和化解能力显著增强，贫困地区社会更加和谐、稳定、有序。

二、基础设施建设跨越发展

（一）立体交通网络通达山区

国家实施应对全球金融危机、扩大内需及全面决战脱贫攻坚、小康社会建设等重大战略，掀起了新一轮交通建设高潮，使得全国山区尤其是贫困山区的交通面貌发生了翻天覆地的变化，形成了以高速公路、高速铁路为主动脉串联全国的大交通格局，以及以普通铁路、国道、县道、乡镇村道、入户道路等为支干的山区独特的蛛网式交通路网新体系。山区交通建设的成就不仅体现在绝对数量的增长上，还体现在质量的显著提升上。具体表现为，在高速铁路、高速公路、民用航空等的加持下，打造“1 小时经济圈”“数小时经济圈”的市场新理念在山区越来越普遍；泥路、窄路、险路等过去常见的山区道路状况正在悄然消失，取而代之的是更高等级的沥青路、水泥路。2021 年年底，山区各类道路里程已达 102 万 km，较 2012 年增加约 469.80%，铁路运营里程也由 2013 年的 18 853 km 增长到 2021 年的 47 435 km，增幅 151.60%。

近年来，公路运输网络突破山区极端环境的约束，向高寒区、高风沙区、高山峡谷区、人烟稀少地区迅速延伸，一方面基本实现了全国山区公路运输网全覆盖，全部县城和 99% 乡村通达。另一方面通过对边远地区公路的提质改造，也显著增强了山区公路网络的运能水平。以青藏高原为例，自 20 世纪 80 年代初期开始，青藏高原的公路建设速度明显加快，绝大部分县城实现通公路，进而在青藏高原范围内形成布局相对合理的公路网。青藏公路全线基本达到二级公路标准，运输能力提高了近 3 倍。川藏公路建设了多条连接线，路况大为好转，全年通车时间大幅度提升。2013 年 10 月 31 日，墨脱公路的正式通车标志着我国所有县城均实现了公路通。

铁路运输方面，近年来我国山区尤其是西部山区突破地形阻隔、高寒、风沙等极端条件限制，建设一批重大铁路标志性工程，对改变西部山区长期以来固有的“老、少、边、穷”面貌产生巨大影响。成昆铁路扩能改造工程于 2009 年开启，成昆铁路复线是在老成昆铁路基础上裁弯取直，新建或增建二线的铁路线，显著缩短了四川与云南连通的时空距离。成兰铁路建设工程起于成都市，溯岷江上游河谷而上，跨越川西地区茂县、松潘、九寨沟，进入甘肃省，最终到达兰州市，通车后成都至九寨沟仅需 2h，到兰州则减少至 4h，川西北地区也将结束无铁路的历史。川藏铁路是进藏的 5 条铁路之一，沿川藏公路南线而建，从成都出发，经过川西的康定、理塘、白玉，进入西藏地区，最终到达拉萨。2014 年川藏铁路成雅段开始建设，计划于 2026 年全线通车。川藏铁路的建成将结束我国西向通道无铁路的历史，一方面缓解川西和西藏落后的交通面貌，另一方面大幅度缓解了 G317 和 G318 的运输压力，缩短进出藏客货运输时间，扩大了进出藏物资运输规模，为地区资源互补提供了重要通道。

民用航空方面，2013 年以来，全国共有 40 座山区机场投入运营，占全国开通运营总量的 63.50%，其中，位于青藏高原东部的稻城亚丁机场为全球海拔最高的民用机场。大批山区民用机场的投入使用，给地区社会经济发展带来有力的动力。以西藏自治区为例，2019 年航空客运对西藏自治区 GDP 的贡献达 180 亿元，占比 11%。“十三五”期间，西藏民航累计保障运输起降 23 万架次、完成旅客吞吐量 2480 万人次、货邮吞吐量 19.7 万 t。2020 年，西藏民航逆势新开航线 28 条，新增通航城市 10 个，共保障航班起降 4.9 万架次，完成旅客吞吐量 515 万人次、货邮吞吐量 4.7 万 t，极大程度上助推了我国青藏高原社会经济的快速发展。

交通物流设施和政策无缝衔接，使山区的贸易交往和国际交流更加便捷和多样化。2013 年以来，我国陆续开通了 116 条高速铁路线路，覆盖了除青藏高原以外的几乎所有山区，深刻改变了山区发展格局和经济发展廊道。长江黄金水道对于带动西部山区内河航运、助力经济发展也发挥着不可忽视的作用。作为西部地区唯一获批的港口型国家级物流枢纽，重庆果园港在2012年以来发展十分迅速，现拥有5000t级泊位16个，设计年通过能力3000万t，中欧班列（重庆）、西部陆海新通道等重庆本地对外通道已经在果园港实现了常态化运行。同时，2019年重庆周边省份货物通过重庆港中转比例达45%，水路货运周转量占综合交通比重超过60%，重庆90%以上外贸物资通过水运完成，长江航运对重庆及周边地区贸易往来的推动作用可见一斑（图4.4）。

图4.4　重庆果园港（来源：人民网）

（二）饮水安全稳步实现

山区水资源分配严重不均，季节差异、南北差异、东西差异都非常显著，加上山区人口居住分散、供水设施建设维护困难等原因，山区农村的饮水长期得不到保障。经过农村饮水安全巩固提升工程建设，在“十三五”末，已建成较完备的农村供水工程体系，解决了1710万建档立卡贫困人口饮水安全问题，以及1090万人饮用高氟水和苦咸水的问题。农村集中供水率达到了88%，自来水普及率达到了83%。以广西大石山区为例，该地区属典型的喀斯特地貌，农村饮水安全问题非常突出。自20世纪80年代以来陆续实施了“氟病改水”工程、“农村人饮解困”工程、家庭水柜大会战、东巴凤基础设施建设大会战、“农村饮水安全巩固提升工程”，建成集中式供水工程21 551处，供水规模947 231 m^3/d，730万人受益。同时，共在25个县建立县级运行管理机构和维修养护资金，并制定了饮水安全应急预案，为山区饮水安全提供了长期保障。

（三）信息化深度覆盖

山地地形的物理阻隔严重影响了山区与外界的信息交流，信息化建设成为改变山区面貌的重要途径。近年来，山区通信飞速发展，光纤和4G网络的覆盖从50%增长到98%，快速进入现代信息社会。我国信息通信业实现了跨越式发展，特别是网络深度覆盖方面取得了重大成就，尤其注重加快对关键网络节点通信能力的建设，重中之重是农村网络覆盖村委会、学校和卫生室，推进“互联网+”教育和医疗应用发展，使山区中小学校（含教学点）100%宽带通达，远程医疗覆盖所有脱贫县，优质基础教育医疗资源加速向农村拓展。深入实施网络扶贫工程，支持贫困地区特别是“三区三州”（“三区”是指西藏和青海、四川、甘肃、云南四省藏区及南疆的和田地区、阿克苏地区、喀什地区、克孜勒苏柯尔克孜自治州四地区；“三州”是指四川凉山彝族自治州、云南怒江傈僳族自治州、临夏回族自治州）等深度贫困的山区，完善网络覆盖，推进“互联网+”扶贫模式。便捷的信息化服务广泛覆盖的城乡网络，有力保障2亿名学生在疫情期间“停课不停学”，有效支撑科学精准防控疫情，助力乡村治理和基层党建，农村生产生活面貌发生巨大变化。

除此之外，山区的高端信息化服务能力正在不断向纵深地域推进。例如，2020年4月，全球海拔最高的5G基站在珠穆朗玛峰海拔6500 m前进营地开通，实现了5G信号对珠穆朗玛峰北坡登山线路及峰顶的覆盖，并通过5G网络向全世界实时共享了2020珠峰高程测量登山队成功登顶的画面；依托凉爽气候和廉价电力，截至2021年，贵州省数字经济增速连续7年位居全国第一，GDP总量增速保持全国前列；“东数西算”工程为张家口集群、韶关集群、重庆集群、贵安集群、和林格尔集群、庆阳集群、中卫集群等山区提供了新一轮的产业升级机遇。新时代，随着乡村振兴战略、“美丽中国”建设等重大国家战略的深度实施，越来越多的山区居民将享受到5G高品质网络服务带给生产生活的便捷和居民福祉水平的提升。

三、经济发展凸显后发优势

（一）山区发展提速增质

随着经济不断增长，山区工业化速度加快。福建和浙江山区是沿海山区的代表，属于山区中的发达地区，已经向后工业化阶段迈进。福建山地丘陵占全省总面积的80%以上，但陆地海岸线长达3752 km，山区沿海协调共同推动福建经济新格局的发展，外向型经济特征明显。2013～2018年，福建省全部工业增加值年均增长9.2%。据中国社会科学院《中国工业化进程报告（1995—2015）》显示，福建省2015年已进入工业化后期的后半阶段。到2020年，福建第三产业在地区生产总值中比重首次超过第二产业，对经济增长贡献率超过56%。沿边山区也保持较快增长，如位于中朝边境长白山区的延边朝鲜族自治州，2013年以来全市生产总值年均增长5.1%；服务业增加值占GDP比重提高4个百分点；粮食产量连续7年保持增长，黑木耳、桑黄等食药用菌产值年均增长8.4%；城镇和农村常住居民人均可支配收入年均增长7%和8%。贵州省是内陆山区的典型，山地面积比例超过90%。按照人均GDP 3000美元的标准，贵州山区在2012年就已经进入工业化中期（刘岩岩，2017）。

（二）产业结构不断优化升级

产业结构逐步优化。长期以来，山区处于自给自足的自然经济状态，第一产业在山区占有主导地位，近年来山区产业结构调整明显，更多向二、三产业倾斜。整体来看，山区县三大产业结构发生划时代的进步，已由传统的“一二三”转变至“三二一”。按照钱纳里工业化阶段理论，2020 年我国 56% 山区县进入工业化中期阶段，如乌蒙山区产业结构重工业化特征凸显，矿产开发由采掘业为主向资源精加工梯次演进（张绪清等，2013）。青海省大力发展清洁能源产业，2020 年清洁能源总装机容量已达 3670 万 kW。根据《青海打造国家清洁能源产业高地行动方案（2021—2030 年）》，到 2030 年，青海清洁能源总装机容量将达到 9000 万 kW。藏区第三产业发展各有特色，以旅游业、清洁能源产业和特色农牧业为主的产业结构已经形成，改变了原有的产业结构（罗莉和谢丽霜，2016）。

产业技术水平提升，农业现代化、机械化、产业化程度提高。全国山区县油料产量连续多年增长，在 2020 年达到 835 万 t。四川省攀枝花市依托优越的气候条件做优做强特色农业，形成粮、果、菜、畜、桑、烟、花七大特色产业和现代农业种业、现代农业装备、现代农业烘干冷链物流三大先导性支撑产业，已建成省级现代农业万亩示范基地 19 个，农业部热作标准示范园 15 个，园艺标准化示范园 3 个，出口备案基地 12 个。攀枝花已成为全国“纬度最北、海拔最高、成熟最晚”的芒果主产区。西藏大力发展设施农业，编制了《高效日光温室建造技术规范》地方标准。在西藏七市（地）设计了蔬菜基地 1600 hm^2，其中高原型日光温室 636 hm^2，种植海拔达 4500 m 的那曲市和 5020 m 的唐古拉山口及海拔 4400 m 的阿里地区噶尔县。

产业空间布局更加合理。退耕还林工程的实施减少了坡耕地，促进了山区林果业的发展，种植业布局更加合理。黄土高原依据生态学原理，构建了山顶营灌木林、山腰梯田、山脚建挡土坝和护坡坝的立体农林产业布局。山区由于建设用地极其匮乏，工业发展与城镇建设存在用地矛盾，因此多通过建设小型特色工业园区优化工业布局（谢健，2011）。利用生态补偿与区域协作，飞地园地模式日益普及，进一步改善了山区的产业布局。浙江省安吉县、重庆市涪陵区、湖北省咸宁市、江苏省新沂市、福建省红壤及豫南六大丘陵山区优化农业产业布局，提出立体空间型、绿色生态型、规模经营型和创新科技型优化农业产业空间布局（郭佳君和李茜，2020）。北京山区以生态功能区为基础，提出发展沟域经济，通过构建林农复合生态系统，实现山区有限的土地资源科学开发，成为山区乡村振兴的重要内容（穆松林等，2012；钟春艳和王敬华，2013）。

（三）生态价值加速转化

“两山”理论把山区最具优势的生态环境资源保护与转化提升到了绿色发展的新高度。近十年来，在“两山”理论的指导下，我国在生态环境保护和社会经济发展并重并举的道路上不断向前。秉持保护就是发展的理念，从 2017 年开始已命名了 87 个“绿水青山就是金山银山”实践创新基地，培育打造了一批践行“绿水青山就是金山银山”理念的实践样本，初步探索形成了“守绿换金”“添绿增金”“点绿成金”“绿色资本”4 种转化路径和生态修复、生态农业、生态旅游、生态工业、“生态+”复合产业、生态市场、生态金融、生态补偿 8 种转化模式，并向全国推广可复制、可持续的发展经验。例如，山东省威海市华夏城位于里口山脉南端的龙山区域，威海市对龙山区域开展生态修复治理的系统工程，通过土方回填、修复山体，修建隧道、改善交通，拦堤筑坝、储蓄水源，绿化种植等技术手段，恢复生态原貌，改善局部生态环境，将矿坑废墟转变为优良景区，带动了周边村庄和社区的繁荣发展，实现了生态效益、经济效益和社会效益的良性循环（图 4.5）。利用矿坑生态修复发展文旅产业解决环境问题的治理模式，具有可借鉴、可复制意义，成为全国矿坑修复和生态文明建设的典范，也为全国类似地区解决矿坑修复难题起到了示范和启迪作用。截至 2019 年，龙山区域的森林覆盖率由原来的 56% 提高到 95%，植被覆盖率由 65% 提高到 97%，华夏城累计接待游客近 2000 万人次，年收入达到 2.3 亿元。生态旅游产业的发展带动了周边地区人员的充分就业和配套服务产业的繁荣，共新增酒店客房约 4170 间，新增餐饮等店铺约 2000 家，吸纳周边居民创业就业 1 万余人，吸纳周边就业居民 1000 余人，人均年收入约 4 万元，周边 13 个村的村集体经济收入年均增长率达到了 14.8%。

(a) 隧道修复前后　　(b) 龙湖修复前后

图 4.5　山东省威海市华夏城生态修复案例（来源：生态环境部）

依托良好的生态环境，山区的旅游业带动县域经济发展，成为全国山区绿色发展的重要途径。云南省丽江市通过公路、铁路、航空的发展与旅游业的联动发展，交通和旅游行业都呈逐步上升趋势（刘安乐等，2018）。武陵山区挖掘特色村寨的生态价值，提出了“民宿+”的发展思路，形成了具有民族文化资源优势的旅游模式（李忠斌和刘阿丽，2016）。贵州省荔波县旅游业收入增加较快，提高了农民可支配收入；旅游投资收益指数较高，对旅游业的投资促进了地方社会发展（许玉凤等，2020）。四川西部“三州”（甘孜藏族自治州、阿坝藏族羌族自治州、凉山彝族自治州）山区范围广，近年来旅游业蓬勃发展，旅游业带动了当地的就业，也带动了当地的经济发展（熊明均和郭剑英，2015）。此外，山区的人口和旅游景点分散，非常适合发展全域旅游。“全域旅游”是四川成都等地探索的一种旅游模式。2015 年 8 月，国家旅游局发布《关于开展“国家全域旅游示范区”创建工作的通知》正式向全国推广“全域旅游”，全国各地先后开展了多元化的探索。安徽省旌德县四面环山，交通不便，将全域旅游作为一个全新概念，为县域经济发展打开突破口（刘玉春和贾璐璐，2015）。陇南市通过文旅康养胜地建设，构建全域旅游格局，2021年全市游客接待量达到1662万人次，实现旅游综合收入83亿元。广西容县以侨乡文化为引领，实现多元文化与旅游融合发展，2021年接待游客1120万人，实现旅游总消费123亿元。四川崇州市以“自驾赏花节”为名片，通过全域旅游引领乡村振兴。浙江淳安县以数字化改革助力全域旅游高质量发展，拥有A级旅游景区22家、民宿农家乐1122家，2020年全县接待国内外游客1920万人次。丽水打造全域旅游示范区，构建全域大美格局，有7地入选浙江省全域旅游示范县（市、区）。

依托生态优势，发展数字经济。山区良好的生态环境也为发展高新技术提供了条件。贵州依托凉爽的气候条件，打造全国数据融合创新示范高地、数据算力服务高地、数据治理高地的“一区三高地”。“十三五”期间，贵州软件和信息技术服务业收入、电子信息制造业产值、电信业务收入年均分别增长19.3%、19.6%、6.8%。通过“万企融合”大赋能行动，推动贵州三次产业转型升级，尤其是传统产业加快网络化、数字化、智能化。2021年，贵州省大数据与实体经济深度融合发展水平指数42.5，比2017年提高8.7（冯兰刚等，2021）。贵州省黔南布依族苗族自治州平塘县利用500 m口径球面射电望远镜（FAST）观测基地建成中国天眼景区，已经成为国家AAAA级旅游景区，成为带动贵州旅游的新亮点。

（四）发展模式多元优化

由于山区适宜非农开发的土地资源极为有限，加上山区生态保护的严格要求，山区现代化路径和模式注定与平原地区有较大不同。过去以资源初级开采为主的模式正在向特色农产品加工、旅游商品生产等新型道路转变。贵州省结合当前气候、矿产、旅游资源条件，提出了跨越式的工业化模式，加快发展大数据产业和旅游产业。浙江山区在建设浙江“后花园”的同时积极发展特色生态产业。福建山区以外贸为特色，开展山海融合发展模式。

山区是中国革命的根据地，开发红色文化资源也成为山区旅游发展的新动力。井冈山、延安和沂蒙山区是我国革命战争时期最重要的三大老革命根据地。井冈山是“中国革命的摇篮”和红色旅游胜地，囊括了众多革命旧址和历史遗存，成立了“中国井冈山干部学院”，被列入全国爱国主义教育示范基地“一号工程”项目，先后被评为国家5A级旅游景区、全国红色旅游经典景区（王金伟等，2021）。据统计，2019年井冈山全年共接待游客1932.14万人次，实现旅游收入160.3亿元。地处沂蒙山区的山东省沂南县建设了沂蒙红嫂纪念馆、山东抗日民主政权创建纪念馆、沂蒙红色金融纪念馆、山东战邮纪念馆等一大批红色革命教育纪念地，以及沉浸式红色旅游项目，形成了以红色风情和影视文化为特色，集党性教育、休闲旅游、影视拍摄、会议商务、研学拓展等多种功能于一体的综合性红色文化旅游产业集群片区，使得红色旅游成为沂蒙山区经济发展的有效途径之一（郑昭佩等，2006）。广西百色提出了促进红色旅游、老区脱贫和乡村振兴有机结合的对策（张艳霜和郝文杰，2020）。四川省积极整合四川省内外优质红色文旅资源，以“长征文化”为主题，谋划打造“大长征”IP与红色旅游产品体系（徐惠等，2021）。2019年12

月，中共中央办公厅、国务院办公厅印发《长城、大运河、长征国家文化公园建设方案》，进一步带动了四川、贵州、甘肃等省山区的红色旅游（王钊和黄文杰，2021）。

四、社会面貌整体性巨变

（一）山区城镇化进程加速

山区人口稀少，居住分散，制约了城镇化发展。随着基础设施的完善，山区人口逐步向县城与乡镇集中，城镇化水平不断提升，部分地区城镇化达到较高水平，城镇化发展显示出明显的山区特点。2020 年，我国山区县户籍人口约为 3.3 亿人，占全国总人口的 23.37%。

西部山区近十年来城镇化率持续增长，平均增幅已超过全国平均水平。2012～2021 年，全国常住人口城镇化率从 2012 年的 52.57% 提升至 2021 年的 64.72%，增幅为 12.15%。西部 12 省份的平均增幅为 13.63%，超过全国增幅 1.48 个百分点，共有 9 省份增幅超过全国平均水平，最大增幅为贵州，达到了 17.92%，超过全国增幅 5.77 个百分点。

山区城镇化具有明显的产业带动特点。例如，青海省茫崖市位于青藏高原北部，地理位置偏远，人少地广。但由于当地大力发展采矿业，多数人口从事矿产有关的采掘、运输和加工工作，使得 2021 年全市常住人口城镇化率达到了 100%。新疆克拉玛依也拥有相同的城镇化特征与原因，其丰富的石油资源带来了大量石油相关产业工人前来集聚，在广袤的戈壁滩上形成了一座现代化的工业城市，使得克拉玛依市的城镇化率超过 90%。

山区城镇化受到交通的带动作用非常突出。以西藏和四川为例，国道 318 线是联系成都与拉萨的重要交通大动脉，大量的人口和物质流动带动了沿线的城镇化发展。例如，泸定县是川藏线上重要的节点，2021 年城镇化率达到 47%，相比 2012 年提升了约 9 个百分点。昌都市地处川藏结合部，是青藏高原区域中心城市，2010～2020 年城镇化率由 21% 增长到 35%。

（二）社会公共服务水平全面提升

山区历来是提升社会公共服务的难点，但随着交通、网络等基础设施的改善，山区县已由封闭走向开放，社会公共服务水平也得到极大改善（姜异康等，2011）。数据显示，2012～2020 年，我国山区县医疗床位数量由 93 万张增加到 165 万张，万人拥有医疗床位数由 28.58 张增加到 50.16 张。教育方面也同样改善明显。我国坚持加强教育扶贫，阻断贫困代际传递。持续提升贫困地区学校、学位、师资、资助等保障能力，20 多万名义务教育阶段的贫困家庭辍学学生全部返校就读，全面实现适龄少年儿童义务教育有保障。开展民族地区农村教师和青壮年农牧民国家通用语言文字培训，累计培训 350 万余人次，提升民族地区贫困人口就业能力。“学前学会普通话”行动先后在四川省凉山彝族自治州和乐山市马边彝族自治县、峨边彝族自治县、金口河区等山区州（市、县）开展试点，覆盖 43 万名学龄前儿童，帮助他们学会普通话。

连片特困地区乡村教师生活补助惠及 8 万多所学校 127 万名教师，累计选派 19 万名乡村教师到边远贫困地区、边疆民族地区支教。我国山区县中、小学在校生数量多年持续增长，2020 年已分别达到 1690 万人、2390 万人。

由于山区人口流失严重，居住在相对分散的乡村地区，公共服务设施的空间配置及优化需要结合自身特点（王劲轲等，2015）。重庆市自 2012 年以来，公共卫生财政投入每年保持较大幅度增长，基本公共卫生服务整体水平得到提高（曾原琳等，2015）。山区出行、用水、用电、通信是长期以来山区贫困的重要因素，因此，基础设施建设成为脱贫攻坚的基础工程。贵州省在 2015 年率先实现了西部省份县县通高速公路（李剑军和雷闯，2017）。连片贫困地区农户的管道供水比重由 2013 的 53.6% 上升到 2019 年的 90%（国家统计局，2000）。四川针对农村交通落后、人口居住分散、群众办事困难的客观实际，在全市普遍建成较为完善的人社经办业务农村 5 km 办事圈。在中心乡镇，集中大约 50 个全功能一窗式区域性服务所，打破行政区划界限，建立 500 个标准化新型农村社区服务站（匡顺华，2017）。

易地搬迁提升基本公共服务水平。对生活在自然环境恶劣、生存条件极差、山地灾害频发地区，很难实现就地脱贫的贫困人口，实施易地扶贫搬迁。充分尊重群众意愿，坚持符合条件和群众自愿原则，加强思想引导，不搞强迫命令。全面摸排搬迁对象，精心制定搬迁规划，合理确定搬迁规模，有计划、有步骤稳妥实施。960 多万贫困人口通过易地搬迁实现脱贫。对搬迁后的旧宅基地实行复垦复绿，改善迁出区生态环境。加强安置点配套设施和产业园区、扶贫车间等建设，积极为搬迁人口创造就业机会，保障他们有稳定的收入，同当地群众享受同等的基本公共服务，确保搬得出、稳得住、逐步能致富。

（三）特困群体权利有效保障

贫困妇女生存发展状况显著改善。坚持男女平等基本国策，将妇女作为重点扶贫对象，实现脱贫的近 1 亿名贫困人口中妇女约占一半。实施《中国妇女发展纲要（2011—2020 年）》，把缓解妇女贫困程度、减少贫困妇女数量放在优先位置，扶贫政策、资金、措施优先向贫困妇女倾斜，帮助贫困妇女解决最困难、最忧虑、最急迫的问题。累计对 1020 万名贫困妇女和妇女骨干进行各类技能培训，500 多万名贫困妇女通过手工、种植养殖、家政、电商等增收脱贫。妇女宫颈癌、乳腺癌免费检查项目在贫困地区实现全覆盖。在我国对贫困妇女生存发展状况持续关注的背景下，部分社会力量也开展公益项目，为提升贫困山区妇女生活质量提供帮助，如“女性健康计划”自 2020 年 8 月启动以来，已累计为江西、山西、青海和四川等省（自治区）的 12 361 名偏远山区困境女性提供了超过半年以上的卫生巾用品，改善了当地困境女性的生理卫生问题。

困境儿童关爱水平明显提高。实施《中国儿童发展纲要（2011—2020 年）》和《国家贫困地区儿童发展规划（2014—2020 年）》，对儿童教育和健康实施全过程保障和干预。开展儿童营养知识宣传和健康教育，实施贫困地区儿童营养改善项目，提高贫困地区儿童健康水平，为集中连片特困地区 6 ~ 24 月龄婴幼儿每天免费提供 1 包辅食营养补充品，截至 2020 年年底，累计 1120 万名儿童受益。实施出生缺陷干预救助项目，为先天性结构畸形、部分遗传代谢病和地中海贫血贫困患病儿童提供医疗费用补助，累计救助患儿 4.1 万名，拨付救助金 4.7 亿元。大幅提高孤儿保障水平，机构集中养育孤儿和社会散居孤儿平均保障标准分别达到每人每月 1611.3 元和 1184.3 元。

贫困老年人生活和服务保障显著改善。持续提高农村养老金待遇和贫困老年人口医疗保障水平，农村老年人口贫困问题进一步得到解决。经济困难的高龄、失能等老年人补贴制度全面建立。实施老年健康西部行项目，在西部贫困地区开展老年健康宣传教育，组织医务人员、志愿者开展义诊和健康指导服务，促进西部老年人健康素养和健康水平提高。建立农村留守老年人关爱服务制度，推动贫困老年人医疗保障从救治为主向健康服务为主转变。

（四）文化事业长足进步

山区文化事业也得到长足进步。截至 2020 年年底，中西部 22 个省份基层文化中心建设完成比例达到 99.48%，基本实现村级文化设施全覆盖（中华人民共和国国务院新闻办公室，2021）。2014～2018 年，整个武陵山片区基本公共文化服务发展水平得到较为明显的提升，年均增幅达到 74.63%（彭雷霆和刘娟，2021）。少数民族文化也得到了有效传承和发扬。贵州省雷山县被誉为中国苗族文化展示中心，该县利用传统建设、民间传统活动、传统工艺推动民族文化保护与旅游开发深度融合。2020 年，全县接待游客 754 万人次，实现旅游综合收入 74.6 亿元。广西桂林将龙脊景区民族文化旅游开发作为发展导向，统筹旅游开发管理、产业发展、文化保护、脱贫致富形成“龙脊模式”（罗洁，2019）。

（五）防灾减灾能力全面提升

山区是滑坡、泥石流等山地灾害的高风险区域，山地灾害频发严重影响了山区的可持续发展。党的十八大以来，国家部署“两个坚持、三个转变”的防灾减灾救灾方略，投入明显加大，全国山区建成了高效的山地灾害防控体系，构建了常态化的灾害监测预警体系和灾害分级、属地化管理的新机制，山地减灾防灾效益显著，因灾伤亡人数显著减少。2021 年我国地质灾害造成 91 人死亡和失踪，20 多年来，人员伤亡首次降至百人以下。以地质灾害高发的四川省为例，2014 年起，四川在全国率先试点开展地质灾害综合防治体系建设，开展了 1∶5 万地质灾害详查、年度巡排查及地质灾害风险调查评价、高山峡谷区地质灾害精细化调查示范及重点县城地质灾害风险管控调查评估；对排查发现的隐患点，逐点落实了群测群防专职监测员、监测责任人及防灾责任人 4 万余人；在全国率先探索开展险情重大的地质灾害隐患普适型专业监测预警工作；实施了 10 万余户避险搬迁、近 2400 处工程治理、19 处小流域综合整治、4000 余处排危除险等工程，有效改善了受威胁群众生产生活安全保障条件；建成 21 个市（州）地质灾害专业监测预警系统及地质环境管理系统；累计开展地质灾害宣传培训和避险演练 23.9 万场，培训演练群众达 655 万人次，极大地提升了社会公众主动防灾避灾意识和基层防灾减灾支撑保障能力。

（六）对外开放构建新格局

随着“一带一路”倡议国际地位的提升，相关国家之间政策沟通、基础设施互联互通水平不断提高，深居内陆的西部山区和不靠边不临海的中部山区均深度融入全球产业链条，进出口保持高增长态势，成为中国对外开放的新高地。例如，云南发挥区位优势，推进与周边国家的国际运输通道建设，打造大湄公河次区域经济合作新高地，建设成为面向南亚、东南亚的辐射中心；西藏推进与尼泊尔等国家边境贸易和旅游文化合作；自 2011 年开行第一班以来，中欧班列已经成为我国内陆地区建设开放新高地的重要支撑，而成渝地区则是中欧班列开行最早、运行最稳定、影响力较大的地区之一。2021 年，中欧班列（成渝）实现逆势大幅度增长，开行量超 4800 列，占全国的 30% 以上，运输箱量超 40 万标箱，开行线路已可通达欧洲超百个城市；西部陆海新通道是在“一带一路”倡议下，西部地区打造的对外开放新通道。从 2017 年 4 月首次启用至 2021 年 12 月底，西部陆海新通道班列累计开行已突破 14 000 列，覆盖我国 13 省 46 市 90 站，与世界 100 多个国家和地区的 300 多个港口通航，发运量超 70 万标箱，港口枢纽辐射作用不断增强，为近年我国增速最快的国际班列。“一带一路”倡议无疑对我国山区冲破自然条件限制、探寻新环境下的经济增长之道、开创地区新型合作模式等均有重大的推动意义，让广大不临边不沿海的内陆山区也拥有了对外开放的新路径。

第三节　山区现代化水平评价

山区是海拔上的“高地”、生态服务功能和自然资源功能的“要地”，但同时也是经济上的“洼地”、现代服务功能和人力资源功能的“低地”。山区与非山区虽然拥有不同的发展条件、发展模式和发展水平，但均要实现现代化建设。山区现代化既是地区现代化的一种形式，也是国家现代化的组成部分。2049 年的百年目标也要求山区的现代化必须与国家现代化相协调、相同步。因此，清楚认识我国山区的现代化水平，对于未来山区现代化建设，乃至中国整体现代化进展具有深远意义。

长期以来，山区一直是我国学者研究的热点地区。围绕山区发展，主要开展了以山区承载力与国土规划、山区环境与发展适应、山区流域生态与管理、山区地缘经济与发展战略、山地旅游与景观规划等为重点的研究，为我国山区发展提供了重要的科学支撑。而对于山区现代化水平来说，目前的文献资料大多以定性角度来分析，定量测算较少；较多以局部山区为对象进行评价，如河南省、乌蒙山区、梅州市等，鲜见以全国山区作为研究对象；从单一方面进行的研究居多，从多个方面进行综合评价的研究并不多见。因此，以全国整体山区作为研究对象，从现代化的多个方面进行定性和定量相结合的分析具有重要的现实意义和理论意义。

一、山区现代化概述

2012 ~ 2020 年，在国家重大发展战略及区域政策的促进下，我国山区县现代化水平明显提升，山区现代化建设呈现出良好的发展态势。

从人均 GDP 数据来看（图 4.6），2012 ~ 2020 年，人均 GDP 超过全国平均水平的山区县数量分别为 155 个、153 个、148 个、151 个、152 个、152 个、159 个、159 个和 166

个，占山区县总数的比例为 17.32%、17.09%、16.54%、16.87%、16.98%、16.98%、17.77%、17.77%和 18.55%，整体上数量在逐年增多，表现出我国部分发展较好的地区在 2012～2020 年不断赶超的发展特征。

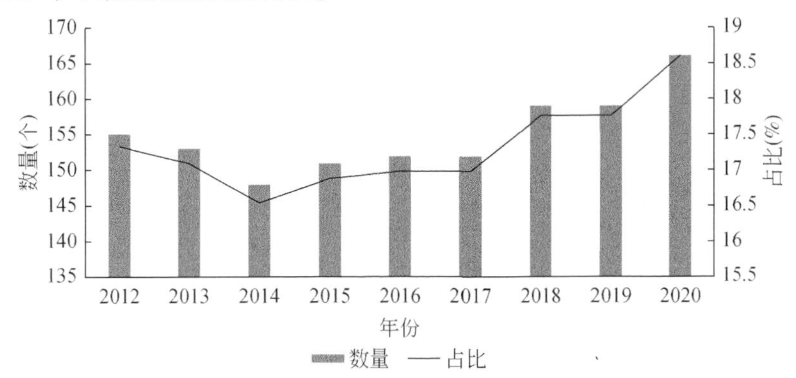

图 4.6　2012～2020 年人均 GDP 超过全国平均水平的山区县数量和占比

从三次产业结构来看（图 4.7），2012 年我国山区三次产业结构为 16.11：51.24：32.65，显示出“二三一”的产业结构特征。而在 2020 年，山区的产业结构为 16.32：37.38：45.90，产业结构特征转变为“三二一”，第三产业增加值占比大幅提升，第二产业增加值占比明显下降，第一产业增加值占比略微增长，产业结构优化特征明显。从变化过程来看，第一产业和第二产业占比基本逐年稳定下降，第三产业占比逐年稳定上升，并于 2018 年超过第二产业，占据主导地位。

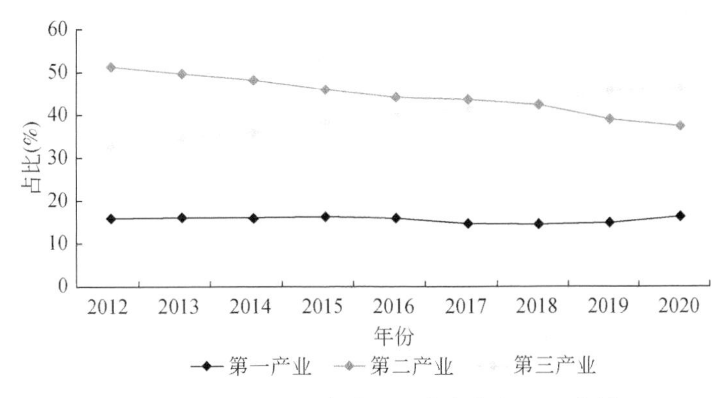

图 4.7　2012～2020 年山区三次产业占 GDP 比例

从一般公共预算收入和支出来看（图 4.8），整体上，山区一般公共预算收入占全国比重要低于一般公共预算支出，体现出国家转移支付、金融机构支持等宏观手段对山区的侧重，二者占全国的比重在 2012～2020 年变化不明显。从变化过程来看，山区一般公共预算收入占全国比重逐年降低，近年来下降趋势较为明显，一般公共预算支出占全国比重逐年上升，变化速率比较均匀。

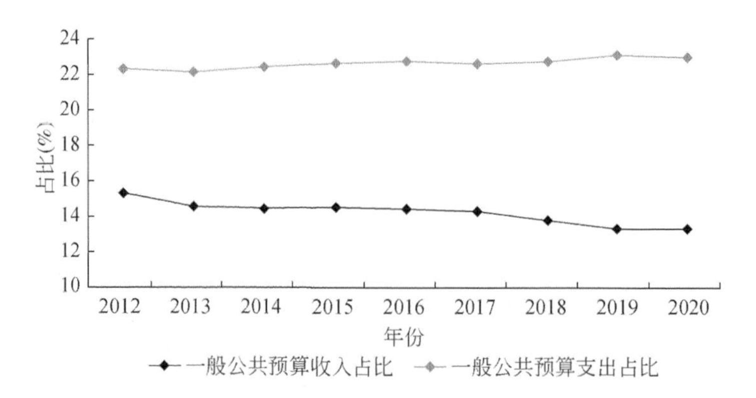

图4.8 2012～2020年山区一般公共预算收入和支出占全国比例

二、数据来源与评价方法

（一）评价样本遴选

由于我国山区县共有895个，占全国县级行政单元的31%，数量较多，各地在数据统计口径、数据发布方式、数据统计范围等方面存在一定差异。考虑到数据获取的可行性、准确性和可比性，采用随机抽样方法，从895个山区县中选取出具有代表性的县（区），以其现代化水平表征全国山区县的整体水平。首先，GDP体量是表征区域发展水平最直观的指标，因此根据各县（区）GDP总量进行降序排列，并等距划分为5个层次，得到不同层次的山区县名单。其次，空间区位因素也影响着山区县的现代化水平，因此将山区县按照自然地理分区分为东北山地大区、东南山地大区、西南山地大区、北部山地大区、西北山地大区和青藏山地大区6个大区。最后，在体量和区位兼顾的前提下，从5个层次中分别选取4个山区县作为样本。由于处在第3层次的山区县代表着我国山区县的平均水平，为避免样本选取可能带来的数据误差，额外从第3层次中再选取2个山区县作为样本，即共22个样本：西昌市、延庆区、吉首市、康定市、珲春市、井冈山市、合作市、玉树市、五指山市、紫阳县、盐池县、华池县、赞皇县、东宁市、阿克陶县、米林市、左权县、上思县、仪陇县、彭水县、高县、黔西市（图4.9）。

22个山区县样本中，包括东北山地大区2个、东南山地大区3个、西南山地大区7个、西北山地大区6个、北部山地大区3个和青藏山地大区1个，涉及四川、北京、湖南、吉林、江西、青海、海南、陕西、宁夏、甘肃、河北、黑龙江、新疆、西藏、山西、广西、重庆、贵州18个省级行政单元，以及大凉山、燕山、武陵山、横断山、长白山、井冈山、青藏高原、秦岭、黄土高原、太行山、帕米尔高原、云贵高原等诸多山地单元。2020年，22个山区县样本的GDP为2900亿元，人口728万，一般公共预算收入196亿元，居民储蓄存款余额2750亿元。

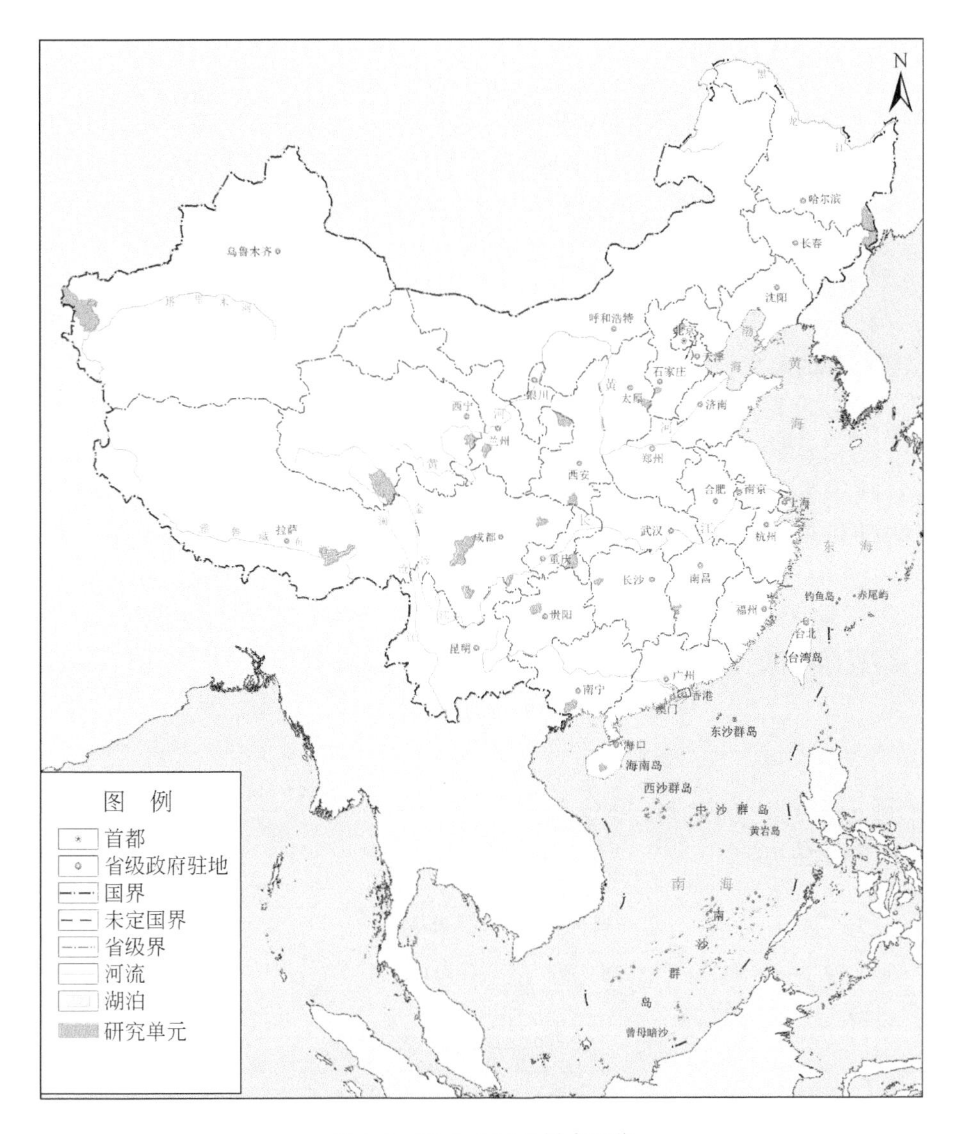

图 4.9　22 个山区县样本区位

（二）数据来源

评价所需数据均来自公开发布渠道。高速公路和铁路（含高铁）通车里程数据来源于 Open Street Map（https://download.geofabrik.de），数据收集节点为 2020 年；全社会用电量、地方公共财政预算支出、医疗床位数、GDP、第三产业增加值、人均可支配收入、文化机构数、受教育人数等数据均来自各地 2020 年国民经济和社会发展统计公报、政府工作报告，以及《中国县域统计年鉴》、各地统计年鉴等。涉及密度和人均拥有量方面的评价数据，均利用各地县域国土面积和第七次人口普查数量计算而来。

（三）评价方法

1. 综合赋权法

确定指标权重的方法多样，常用方法主要分为主观赋权法和客观赋权法，前者包括熵权法、因子分析法、主成分法等，后者包括层次分析法、专家打分法等。为更好地表现山区现代化水平，兼顾数据客观现实和主观研究需要，特选用基于熵权法和专家打分法的综合赋权法来确定各指标权重。

（1）熵权法。熵权法来源于物理学。根据信息熵的定义，对于某项指标，可以用熵值来判断某个指标的离散程度，其信息熵值越小，指标的离散程度越大，该指标对综合评价的影响（权重）就越大，如果某项指标的值全部相等，则该指标在综合评价中不起作用。因此，可利用信息熵计算出指标权重，为多指标综合评价提供依据。计算公式如下：

（a）构建判断矩阵。在研究区域中选取 m 个研究基本单元及 n 个反映区域创新和城市化发展水平的指标，构建矩阵 $X=\{x_{ij}\}_{m\times n}$，其中，x_{ij}表示在基本单元 i 中的第 j 个指标值（$i=1, 2, \cdots, m$；$j=1, 2, \cdots, n$）。

（b）采用极差标准化方法对原始数据进行标准化处理。

（c）指标同度量化：

$$p_{ij}=\frac{x_{ij}}{\sum_{i=1}^{m}x_{ij}}$$

式中，P_{ij}为 x_{ij}同度量化后的指标值。

（d）计算熵值 H：

$$H_j=-k\sum_{i=1}^{m}p_{ij}\ln p_{ij}$$

式中，一般情况下，$k=1/m$，则 H 的取值范围为 $0\leqslant H\leqslant 1$。

（e）计算差异性系数 F：

$$F_j=1-H_j$$

式中，指标 j 的差异性越大，则 H_j 越大，即该指标对基本单元的影响能力越强；反之，指标 j 的差异性越小，则 H_j 越小，表示该指标的影响能力越弱；若 $H_j=1$，则说明指标 j 无意义。

（f）确定客观权重 W_{A}。公式如下：

$$W_{\text{A}}=\frac{F_j}{\sum_{j=1}^{n}F_j}$$

（2）专家打分法。专家打分法是指通过匿名方式征询有关专家的意见，对专家意见进行统计、处理、分析和归纳，客观地综合多数专家经验与主观判断，对目标进行定量分析并确定主观权重。一般步骤如下：①选择专家；②确定影响债权价值的因素，设计价值分析对象征询意见表；③向专家提供债权背景资料，以匿名方式征询专家意见；④对专家意见进行分析汇总，将统计结果反馈给专家；⑤专家根据反馈结果修正自己的意见；⑥经过多轮匿名征询和意见反馈，形成最终分析结论。共有人文地理、区域经济、公共管理、城乡规划等领域的 8 位专家对评价指标进行匿名咨询打分，在汇总平均后得到指标的主观权重，计算公式如下：

$$W_B = \frac{\sum_{n=1}^{8} W_n}{n}$$

式中，W_B 为指标主观权重；n 为专家数量；W_n 为第 n 位专家的打分权重。

（3）综合赋权法。在计算出的主观权重 W_B 和客观权重 W_A 的基础上，根据最小相对信息熵原理，利用拉格朗日乘子法可得计算组合权重的公式，从而计算出综合权重，即指标的最终权重：

$$W_n = -\frac{\sqrt{W_{An} \times W_{Bn}}}{\sum_{n=1}^{9} \sqrt{W_{An} \times W_{Bn}}}$$

式中，W_n 为指标主观权重；W_{An}为熵权法得到的客观权重；W_{Bn}为专家打分法得到的主观权重。

2. 山区现代化水平测算模型

现代化水平的评价结果是动态的，因为现代化的内涵和水平会随着社会发展的需要而变化。因此，为更好表现出当前我国山区的现代化水平，需要在全国范围内选取一个能代表前沿水平的地区作为基准。江苏省位于我国东部沿海，是我国发展水平较高的地区之一。2020 年，江苏省 GDP 为 10.3 万亿元，位列全国第 2 位，人均 GDP 达 12.5 万元，居全国首位，全省 13 个地级市均位列全国 GDP 百强城市之列。因此，以江苏省对应的指标数值作为基准，来衡量当前的山区现代化水平。

此外，利用改进的前沿距离法构建山区现代化水平测算模型。前沿距离法由世界银行提出，其计算过程是选取前沿值和最差值，用指标值来计算其与前沿值和最差值之间的距离。通过对其进行改进，直接计算指标值与前沿值之间的距离，该距离可正可负，正距离表示指标值大于前沿值（前沿值不等于最优值），负距离表示指标值小于前沿值。在本研究中，江苏省的指标数值即为前沿值，指标值即为 22 个山区县样本的指标数值。综上，山区现代化水平测算模型可表达为

$$C = \frac{\sum_{i=1}^{22} \frac{X_{ij}}{X_J} \times W_n}{22}$$

式中，C 为山区现代化水平；X_{ij}为山区县样本的指标值；X_J 为指标基准值；W_n 为指标权重。

三、构建评价指标体系

山区现代化水平评价内涵丰富，具有较强的综合性评价特征。现代化不仅要求经济发展方面的高质高量，社会文化方面也要求同步发展。在何传启研究成果的基础上，参考陈国阶、谭传凤、冯玉广等学者以往的研究（何传启等，2020；陈国阶，2010；谭传凤，

1992；冯玉广，2000），遵循数据的科学性、多样性和可获取性原则，从基础设施现代化、制度文化现代化、社会服务现代化、生产方式现代化4个方面，共选取9个指标构建了山区现代化水平评价指标体系。所有指标均为均量指标和正向指标，并根据上文所述的综合赋权法赋以对应权重（表4.2）。需要说明的是，在全部评价指标中，打分专家一致认为代表现代化水平最重要的硬件条件是基础设施和生产方式，因此赋予了较高的权重。社会服务和制度文化代表当地发展的软环境，则赋予等量的权重。

表4.2　山区现代化水平评价指标体系

目标层	准则层	指标层	指标含义	指标单位
山区现代化水平（a）	基础设施现代化（b1）	高速公路密度（c1）	高速公路通车里程/国土面积	$km/km^2 \cdot 100$
		铁路密度（c2）	铁路通车里程/国土面积	$km/km^2 \cdot 100$
		每万人用电量（c3）	全社会用电量/常住人口	kW·h
	制度文化现代化（b2）	万人地方公共财政预算支出（c4）	地方公共财政预算支出/常住人口	万元
		万人拥有文化机构数（c5）	文化机构数/常住人口	个
	社会服务现代化（b3）	万人大专及以上受教育人数（c6）	大专及以上受教育人数/常住人口	人
		万人拥有医疗床位数（c7）	医疗床位数/常住人口	张
	生产方式现代化（b4）	第三产业增加值占GDP比例（c8）	第三产业增加值/GDP	%
		人均可支配收入（c9）	可支配收入/常住人口	元

四、评价结果

（一）整体评价结果分析

根据山区现代化水平测算模型、山区现代化水平评价指标体系和22个山区县样本2020年指标数据，测算得到2020年我国山区现代化率为63.39%，其中，基础设施现代化率为46.14%，制度文化现代化率为72.52%，社会服务现代化率为74.73%，生产方式现代化率为71.17%（表4.3）。可以看出，2020年我国山区现代化已经有了比较好的发展基础，但在基础设施方面依然存在着提升空间。

表4.3　山区现代化评价主要指标与权重

<table>
<tr><th rowspan="2">现代化评价</th><th colspan="3">基础设施现代化</th><th colspan="2">制度文化现代化</th><th colspan="2">社会服务现代化</th><th colspan="2">生产方式现代化</th><th rowspan="2">综合现代化率</th></tr>
<tr><th>高速公路密度</th><th>铁路密度</th><th>每万人用电量</th><th>万人地方公共财政预算支出</th><th>万人拥有文化机构数</th><th>万人大专及以上受教育人数</th><th>万人拥有医疗床位数</th><th>第三产业增加值占GDP比例</th><th>人均可支配收入</th></tr>
<tr><td>分类评价</td><td colspan="3">46.14%</td><td colspan="2">72.52%</td><td colspan="2">74.73%</td><td colspan="2">71.17%</td><td>63.39%</td></tr>
</table>

（二）代表县评价结果分析

从图4.10可以看出，在22个山区县样本中，延庆区现代化水平最高为103.50%，说明其在部分指标方面已超过了作为基准的江苏省。高县的现代化水平最低为38.64%，与基准相差61.36%，与首位的延庆区相差64.86%，延庆区的测算结果约为高县的2.68倍，可见首尾差距之大。此外，在22个山区县样本中，仅有延庆区和吉首市超过了基准值，但超出幅度均较微小。其他20个山区县样本中得分超过60的有11个，占比超过一半，可一定程度上表现出我国山区县现代化水平整体上能够达到国内前沿水平的比例超过一半。

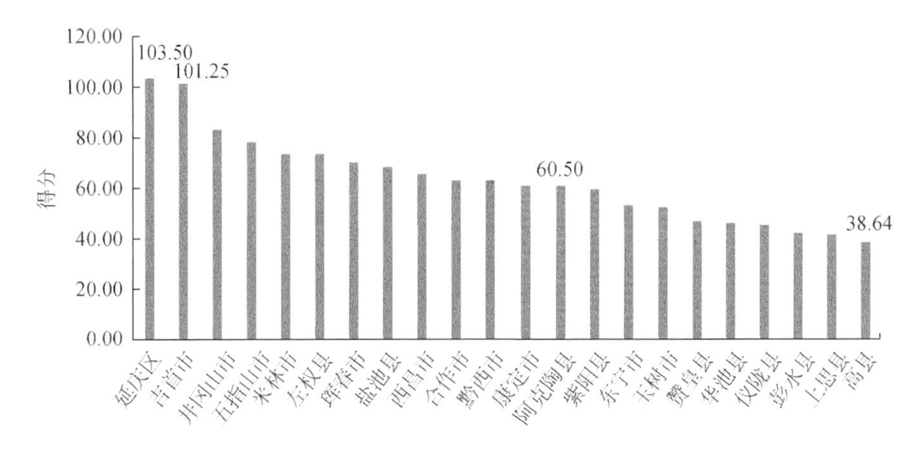

图4.10 22个山区县样本山区现代化水平测算结果

从具体指标来看（表4.4），万人地方公共财政预算支出（c4）得分最高，万人拥有文化机构数（c5）得分最低，说明我国山区县整体在经济社会建设方面投入力度较大，但在文化服务方面应进一步提升。

表4.4 22个山区县样本山区现代化水平指标测算结果

评价指标	c1	c2	c3	c4	c5	c6	c7	c8	c9
延庆区	9.31	17.31	6.98	24.31	1.75	12.57	5.01	13.35	12.92
吉首市	15.35	10.64	7.02	6.92	4.62	10.69	24.58	11.52	9.91
井冈山市	8.40	15.18	6.45	10.44	6.10	5.31	7.25	14.21	10.16
五指山市	9.31	0.00	2.85	17.12	2.44	7.24	20.18	11.13	8.27
米林市	0.40	0.00	3.78	31.50	6.88	6.98	6.75	8.76	8.76
左权县	11.35	13.22	5.42	8.64	8.51	5.50	5.60	8.59	6.73
珲春市	8.89	6.37	9.96	10.39	1.53	7.95	7.47	8.21	8.88
盐池县	7.10	7.78	6.83	15.51	2.08	6.71	6.67	7.58	7.95
西昌市	5.83	7.57	4.84	6.46	0.86	8.06	10.44	9.45	11.82
合作市	0.98	0.00	3.47	11.17	1.85	14.78	8.91	14.80	7.48

续表

评价指标	c1	c2	c3	c4	c5	c6	c7	c8	c9
黔西市	15.29	7.37	4.21	4.73	1.45	3.06	9.93	9.37	7.55
康定市	0.32	0.00	7.12	11.74	10.79	5.62	4.59	11.13	9.59
阿克陶县	0.00	0.38	7.29	19.41	0.46	8.86	9.32	10.27	4.51
紫阳县	7.11	15.82	1.54	11.11	0.24	2.84	7.61	7.33	5.79
东宁市	1.37	4.44	4.25	8.00	1.56	7.26	6.75	8.17	11.46
玉树市	0.10	0.00	7.86	12.97	3.88	4.66	3.93	10.03	8.83
赞皇县	5.40	0.91	7.45	5.50	1.76	3.51	7.65	8.73	5.84
华池县	0.00	0.00	4.60	11.22	5.10	5.69	9.21	3.00	7.03
仪陇县	9.49	0.00	2.28	5.42	2.71	3.07	6.56	7.44	8.23
彭水县	3.63	0.00	2.30	6.86	1.90	3.91	6.32	9.96	7.34
上思县	5.57	0.00	5.51	6.16	0.47	3.48	7.54	6.69	6.24
高县	0.00	5.08	1.72	5.70	0.88	2.89	5.92	7.58	8.87
均值	5.69	5.09	5.17	11.42	3.08	6.39	8.55	9.42	8.37

第四节　新时代山区发展典型模式："绿色+"模式

生态文明建设是中国特色社会主义事业的重要内容，事关"两个一百年"奋斗目标和中华民族伟大复兴中国梦的实现。在党中央、国务院的高度重视下，我国山区生态文明建设取得了一系列重大进展，涌现出一批以绿色发展为核心的"绿色+"发展模式。

一、理论基础

习近平总书记于2005年在浙江省安吉县考察时首次提出"绿水青山就是金山银山"的科学论断。"两山"理念不仅是"绿水青山就是金山银山"一句话，而是由三句话构成的、拥有多层深厚内涵的完整表述："我们既要绿水青山，也要金山银山。宁要绿水青山，不要金山银山，而且绿水青山就是金山银山。"

从绿水青山和金山银山的内涵来看，二者均有狭义和广义两层含义。狭义的绿水青山指的是能够支撑社会经济系统发展的生态要素，广义的绿水青山则来源于自然界能够促进人类社会不断进步的一切自然发展要素，无论这些自然要素能否被人类所利用或者现阶段是否能促进人类社会进步。而对于金山银山来说，狭义上指的是通过绿水青山所转化而来的物质条件，广义上则包含了绿水青山在内一切经济社会进步所需的物质基础。

从绿水青山和金山银山的关系来看，绿水青山是金山银山变为现实的必要条件，金山银山是绿水青山生态价值表现出的物质财富。绿水青山能够支撑起金山银山，但金山银山却难以换回绿水青山。没有金山银山，还有绿水青山，但没有绿水青山，金山银山也显得难以持续。不仅要视绿水青山的生态价值就是经济价值，更要将绿水青山的生态价值转化为体现经济价值的金山银山。同时，金山银山可能是暂时的，但绿水青山是永恒的，绿水青山的生态价值会随着时间而愈发重要。

二、模式类型

（一）“绿色+现代农业”

主要特点：依靠丰富且具有优势的，或人工干预下的动植物资源，在标准化、科技化、品牌化的生产方式下，打造具有市场竞争力的生物产品，包括农产品、手工业品、药品、生物技术产品等，在美化山区环境的基础上，利用现代物流、电商平台等途径做好产品生产与销售。

典型案例：田东县位于广西壮族自治区西部，是知名的革命老区，是百色起义的发源地。当地立足亚热带特色资源，加速芒果种质资源的保护、研究、开发、利用；连片打造集农业生产、加工仓储物流、农业电商、农旅休闲、科技研发、金融服务等于一体的产业基地；截至2020年年底，共培育规模化新型经营主体711个，累计创建现代特色农业示范区（园、点）158个，芒果、优质稻、蔬菜、特色种养等扶贫产业覆盖率达96.85%。

（二）“绿色+全域旅游”

主要特点：将有机生态与无机环境相融合，依靠沉浸式体验、非物质文化遗产、特色民俗，以绿水青山为基底，以旅游业带动和促进经济社会协调发展。全域旅游强调把整个区域作为旅游区进行打造，从全要素、全行业、全过程、全方位、全时空等角度推进旅游产业发展，使旅游成为常态化生活方式。

典型案例：隆化县位于河北省承德市中部，是典型的山区县。近年来，隆化县立足生态资源优势，已形成了多元化的全域旅游发展模式：①温泉旅游生态惠民模式。利用独特地热资源，七家、茅荆坝等村把生态旅游与美丽乡村、脱贫攻坚、产业发展相结合，发展温泉康养民宿游，促进群众增收。2020年，接待游客70万人次，旅游收入2.2亿元。②“红色文化+绿色旅游”模式。打造“革命教育+绿色旅游”线路，传承红色基因，推动旅游发展。

（三）“绿色+美丽乡村”

主要特点：树立节约资源、保护环境的理念，依靠经济增长方式调整，围绕农业、农村、农民走可持续发展道路，达到物质、精神文化双丰收，实现山水林田湖草生命共同体与人文和谐共荣。

典型案例：浙江省安吉县是美丽乡村发源地。2008年，安吉创新开展了“中国美丽乡村”建设，成为中国最美乡村百佳县，《安吉县践行“两山”理念推进美丽乡村建设》入选全国十大改革案例，以安吉县政府为第一起草单位的《美丽乡村建设指南》成为国家标准。安吉通过实施“环境提升工程”，按照“四美”（尊重自然美，侧重现代美，注重个性美，构建整体美）要求，编制了《中国美丽乡村建设总体规划》和《乡村风貌营造技术导则》，农村人居环境全面改善；实施“产业提升工程”，按照宜工则工、宜农则农、宜游则游、宜居则居、宜文则文的宗旨，农村产业持续发展；实施“服务提升工程”，大力推进城乡公共交通、社区卫生服务等11个城乡公共服务平台全覆盖，农村公共事业不断进步；实施“素质提升工程”，注重本地老建筑、传统文化的挖掘，农村乡土文化日益繁荣。

参考文献

陈国阶 . 2010. 中国山区发展报告 . 北京：商务印书馆 .

丁宇 . 2021. 中国山地城镇化的发展路径研究——以西南地区为例 . 北京：北京交通大学博士学位论文 .

段小梅，黄志，冯晔 . 2015. 我国西部地区传统工业化的历程、困境及转型对策 . 区域经济评论，(5)：26-35.

冯兰刚，尚姝，张再杰 . 2021. 贵州大数据产业发展及路径研究 . 科技智囊，(9)：1-10.

冯玉广 . 2000. 山区县域可持续发展综合评价——以山西省交口县为例 . 中国人口·资源与环境，(S1)：61-63.

郭佳君，李茜 . 2020. 丘陵山区农业产业空间布局研究 . 中国经贸导刊（中），(10)：29-32.

国家统计局 . 2000. 中国农村贫困监测报告 . 北京：中国统计出版社 .

霍博翔，王婷，马浩然，等 . 2015. 三线建设时期贵州工业化发展的历程 . 商，(31)：269-270.

何传启，刘雷，赵西君 . 2020. 世界现代化指标体系研究 . 中国科学院院刊，35（11）：11.

姜异康，袁曙宏，韩康，等 . 2011. 国外公共服务体系建设与我国建设服务型政府 . 中国行政管理，(2)：7-13.

匡顺华 . 2017. 广元：着力建设贫困山区人社公共服务体系 . 四川劳动保障，(11)：18.

李剑军，雷闯 . 2017-11-02. “县县通高速”的贵州密码 . 湖北日报，001.

李忠斌，刘阿丽 . 2016. 武陵山区特色村寨建设与民宿旅游融合发展路径选择——基于利川市的调研 . 云南民族大学学报（哲学社会科学版），33（6）：108-114.

刘安乐，王成，杨承玥，等 . 2018. 边疆山区旅游城市的交通与旅游发展耦合关系——以丽江市为实证案例 . 经济地理，38（1）：196-203.

刘岩岩 . 2017. 跨越式发展：新时期内陆山区工业化道路研究——以贵州省为例 . 科技创新与应用，(32)：194，196.

刘玉春，贾璐璐 . 2015. 全域旅游助推县域经济发展——以安徽省旌德县为例 . 经济研究参考，(37)：6.

罗锋，蔡丹，夏文忠，等 . 2018. 西部贫困地区义务教育均衡发展模式构建——基于乌蒙山区云南片区义务教育均衡发展实证研究 . 昭通学院学报，(4)：21-27.

罗洁 . 2019. 民族文化旅游的“龙脊模式”研究 . 桂林：桂林理工大学硕士学位论文 .

罗莉，谢丽霜 . 2016. 精准扶贫背景下藏区特色优势产业发展研究 . 青海社会科学，(5)：9-14.

米楠 . 2013. 宁夏六盘山区经济空间结构演化与优化研究 . 银川：宁夏大学硕士学位论文 .

穆松林，张义丰，李涛，等 . 2012. 北京房山山区沟域经济产业空间布局研究 . 自然资源学报，27（4）：588-600.

聂华林，李泉 . 2006. 中国西部城乡关系概论 . 北京：中国社会科学出版社 .

聂华林，马增明 . 2008. 中国西部新型工业化道路研究 . 北京：中国社会科学出版社 .

彭雷霆，刘娟 . 2021. 集中连片特困地区基本公共文化服务发展水平及制约因素分析——以武陵山片区为例 . 图书馆，(5)：34-43.

谭传凤．1992. 我国山区经济发展水平分类研究．华中师范大学学报（自然科学版），（3）：95-98.
王劲轲，毛熙彦，贺灿飞．2015. 西南山区乡村公共服务设施空间布局优化研究——以重庆市崇龛镇小学为例．农业现代化研究，36（6）：7.
王金伟，王国权，刘乙，等．2021. 井冈山红色旅游流时空分布及网络结构特征．自然资源学报，36（7）：1777-1791.
王一．2016. 建国以来东北振兴与城镇化发展战略研究．长春：吉林大学博士学位论文．
王钊，黄文杰．2021. 长征红色旅游景区的演化及其形成机制研究．经济地理，41（11）：9.
温佳楠．2017. 中部崛起战略实施效果评价．郑州：郑州大学硕士学位论文．
谢健．2011. 小型生态工业园区：东部发达四省欠发达山区工业化的模式选择．商业经济与管理，（3）：7.
熊明均，郭剑英．2015. 川西山区旅游业发展与经济增长关系探析．中共乐山市委党校学报，17（6）：17-19.
徐惠，袁柳，胡平．2021. 长征国家文化公园四川段川西片区红色旅游产品开发模式研究．中国西部，（2）：6.
徐丽媛．2015. 中部贫困地区经济社会发展竞争力比较研究——基于 130 个贫困老区．南昌：南昌大学博士学位论文．
徐晓玲，余劲．2015. 连片贫困山区农村移民的消费结构变动研究——基于陕南 1593 户农户调查．调研世界，（10）：5.
许玉凤，陈洪升，校韩立，等．2020. 喀斯特山区旅游业与城镇化互动研究——以贵州省荔波县为例．安徽农业科学，48（2）：148-150.
许钰涉，樊嬴洋，林正雨，等．2020. 深度贫困地区推进“两不愁三保障”的地方经验——以四川省理塘县、若尔盖县为例．四川农业科技，（6）：5-8.
游田甜，秦晓明．2021. 健康扶贫政策的实践与长效机制探析——以四川秦巴山区为例．卫生经济研究，38（2）：11-14.
曾原琳，杨小丽，孙亚梅．2015. 重庆市两翼地区基本公共卫生服务项目开展现状研究——以奉节县为例．重庆医学，44（19）：2702-2703.
张雷，刘毅．2005. 中国区域发展的资源环境基础．北京：科学出版社．
张绪清，陈福娣，但家荣．2013. 乌蒙山区工业化时空演替问题研究．山东理工大学学报（社会科学版），29（4）：5-10.
张艳霜，郝文杰．2020. 红色旅游、老区脱贫与乡村振兴的耦合发展——以广西大石山区和山西太行山区为例．产业与科技论坛，（16）：3.
郑一凡．2012. 我国中部地区发展的区域政策研究．大连：大连海事大学硕士学位论文．
郑昭佩，任燕，齐善忠．2006. 沂蒙山区红色旅游发展对策．山东师范大学学报：自然科学版，21（3）：4.
中华人民共和国国务院新闻办公室．2021-04-07. 人类减贫的中国实践．人民日报，009.
钟春艳，王敬华．2013. 北京山区农林复合产业发展模式与对策分析．农业经济，（10）：42-44.

第五章 中国山区现代化机遇与战略

党的十八大以来，我国山区脱贫攻坚取得历史性成就，实现了全面小康的根本性变化；山区基础设施快速发展，生产生活条件得到全面提升；山区产业结构发生划时代进步，现代化进程稳步推进，祖国广袤山区的社会经济发展取得了历史性的根本转变。但我国特有的阶梯地势格局造成了地表物质稳定性差、生态环境脆弱、山地灾害频发，加上对生态系统干扰等人类活动，导致山区成为地形上的高地、经济上的低谷，是我国建设现代化强国的难点区。

根据我国山地大国的国情，本章分析了我国山区现代化建设在国家全局中的战略地位，应充分利用我国山区业已取得的丰硕成果，抓住全面建设社会主义现代化强国的时代机遇，持续优化国土空间格局、持续增强生态服务功能、持续营造美丽宜居人居环境、持续改善民生福祉，探索中国式山区现代化道路，推动山区随全国同步实现社会主义现代化，谱写善治山区、共富山区、美丽山区、文明山区和安全山区新篇章。

第一节 山区发展机遇与新思维

一、山区发展机遇

（一）百年目标和新发展理念引领山区振兴

1. 百年目标是山区振兴的历史性机遇

党的十八大提出，到建国100周年，即2049年，我国要全面建成社会主义现代化强国。这是中华民族复兴的必然选择和伟大愿景，是全国人民共同奋斗的宏伟目标，也是全国山区千载难逢的发展机遇。山区现代化是全国现代化的重要组成部分。在未来发展中，全国山区将从强国建设的伟大事业中获得巨大机遇：一是从国家宏伟目标中获得强劲的发展动力；二是山区作为历史形成的全国发展的最大短板，将从国家贯彻协调发展、均衡发展补短板的战略实施中，得到极大的重视和支持；三是从乡村振兴、区域发展、新一轮西部大开发、国内国际双循环等国家战略中得到更多的发展机遇；四是从与平原等发达地区的融合发展中获得多方面的发展资源和更广阔的发展空间。

2. 新发展理念为新时期山区发展指明方向

2015年10月，习近平总书记在党的十八届五中全会上提出了创新、协调、绿色、开放、共享的新发展理念，强调创新发展注重的是解决发展动力问题，协调发展注重的是解决发展不平衡问题，绿色发展注重的是解决人与自然和谐问题，开放发展注重的是解决发展内外联动问题，共享发展注重的是解决社会公平正义问题，强调坚持新发展理念是关系我国发展全局的一场深刻变革。这给新时期山区发展指明了未来方向、注入了强劲动力，“创新”为新时期山区占据新兴产业高地、实现弯道超车、做好新旧动能转换提供了重要提升手段；“协调”更是解决山区与非山区长期发展不平衡问题的重要思路；“绿色”代表着山区处于核心地位和具有全局战略意义的生态资源迎来了历史性发展时期；“开放”不仅促进了山区内部各机能之间的互促互进，而且对于山区加快融入相对发达地区的社会经济发展节奏提供了理念支撑；“共享”表明山区应从长期作为贡献者和追赶者并存的身份，加快转变为社会主义现代化发展成果的创造者和共享者。

（二）重大战略为山区振兴提供了强大活力

1. 乡村振兴为山区发展提供新动能

党中央提出了实施乡村振兴战略，山区发展进入乡村振兴的新阶段。党的十九大报告指出，农业、农村和农民问题是关系国计民生的根本性问题，必须始终把解决好“三农”问题作为全党工作的重中之重，实施乡村振兴战略。2018 年 9 月，中共中央、国务院印发《乡村振兴战略规划（2018—2022 年）》。2021 年，《中共中央 国务院关于全面推进乡村振兴加快农业农村现代化的意见》制定；2020 年 12 月，中共中央、国务院发布《关于实现巩固拓展脱贫攻坚成果同乡村振兴有效衔接的意见》。这些政策从产业兴旺、生态宜居、乡风文明、治理有效、生活富裕 5 个方面对乡村振兴战略进行了部署，成为推动山区发展的最强大动力。

山区乡村振兴的难点在于人才和技术，优势在于山区资源，关键在于政策。乡村振兴战略的提出，从政策上为山区发展提供了机遇。山区首先成为政策关注的重点，基础设施投入增加，公路建设不断向山区推进。以川藏铁路、川藏高速公路为标志的重点工程陆续启动。山区的城镇化和产业发展也吸引大量的社会资本。例如，西藏鲁朗特色小镇由广东、西藏两省（自治区）政府和多家企业共同投资开发，总投资超过 30 亿元。已经成为川藏线上知名的旅游目的地。多数房地产开发商都积极投入山地旅游项目中。目前在土地资源利用上，山区还存在较大发展空间，一旦政策完善，将极大推动山区乡村振兴。

2. 生态文明和美丽中国开辟山区发展新局面

党的十八大从新的历史起点出发，提出“把生态文明建设放在突出地位，融入经济建设、政治建设、文化建设、社会建设各方面和全过程，努力建设美丽中国，实现中华民族永续发展”，做出“大力推进生态文明建设”的战略决策，从 10 个方面绘出生态文明建设的宏伟蓝图。这是“美丽中国”首次作为执政理念提出，也是中国建设“五位一体”格局形成的重要依据。2015 年 5 月，《中共中央 国务院关于加快推进生态文明建设的意见》发布，这是中央对生态文明建设的一次全面部署。党的十八大报告强调“建设生态文明，是关系人民福祉、关乎民族未来的长远大计”，2015 年 10 月召开的党的十八届五中全会上，加强生态文明建设和“美丽中国”首度被写入国家五年规划。2017 年 10 月 18 日，习近平总书记在党的十九大报告中提出，加快生态文明体制改革，建设美丽中国。生态文明建设地位突出。山区生物多样性富集，自然环境优美，绿色资源充盈，是全国生态功能保护和生态屏障建设的重要区域，也必然成为生态文明和美丽中国的重要参与者和建设者。建设美丽中国，必须要先美丽山区，没有美丽山区，就没有美丽中国。

3. 实现“双碳”目标激发山区发展新引擎

实现“双碳”目标对能源结构调整提出了新要求，清洁能源的需求成为能源革命的主要目标。国家“十四五”规划和2035年远景目标纲要提出，建设清洁低碳、安全高效的能源体系，提高能源供给保障能力。加快发展非化石能源，大力提升风电、光伏发电规模，加快西南水电基地建设，建设一批多能互补的清洁能源基地，非化石能源占能源消费总量的比重提高到20%左右。而我国山区则拥有巨大的清洁能源开发潜力，这对于我国应对能源危机具有重要意义。金沙江、澜沧江等是国家重要的水电开发基地，西藏、青海、云南及四川西部地区也是光伏产业的重要基地。“十四五”开局之年，四川水电再次迎来投产高峰，已建水电装机容量逼近9000万kW，2021年水电投产装机规模将成为2014年以来又一个高峰。根据《四川省“十四五”光伏、风电资源开发若干指导意见》，将规划建设金沙江上游、金沙江下游、雅砻江流域、大渡河中上游4个风光水一体化可再生能源综合开发基地，到2025年年底建成光伏、风电发电装机容量各1000万kW以上。云南省印发的《关于加快光伏发电发展的若干政策措施》，主要包括7个方面12项重点措施，确保每年开发规模1500万kW以上。这些清洁能源建设为山区，特别是西部山区融入全国甚至全球发展提供了广阔的空间。

（三）人民对美好生活的追求增强山区振兴内动力

1. 山区人民对美好生活的追求推动高质量发展

山区人民和全国人民一样，追求美好生活是无止境的，推动山区向更高阶段发展的动力是不停歇的。虽然山区整体发展状况还相对落后，但在新发展理念的带动下，山区也会共享到现代化发展成果，山区人民的生活水平也将不断提高。伴随着这种提高，新的消费市场就会不断扩展和更新，更高层次的产业就会在市场的调节下出现。山区拥有很多存封多年、蓄势待发的相关资源，这些是推动山区高质量发展的有力支撑。山区不可替代的特殊优势和魅力将在全国发展战略下扮演越来越重要的角色。

2. 全国人民生活水平提升助推山区开拓旅游新业态

受新冠疫情及国际形势的影响，居民旅游需求发生了显著变化，前几年国外购物度假模式退居次要，国内旅游尤其是短途游成为热门，去山区避暑纳凉、登高望远、静心修身、民俗体验成为诸多居民的旅游选择，山区则成为当前国内旅游的热点地区。山区不仅拥有大量的自然风光和人文遗迹，城市周边的一些山区凭借区位优势发展出了农家乐、民宿等新兴业态，满足了人们多元化的休闲度假需求。例如，露营在2022年已经成为最火爆的休闲方式之一。依托自然山水和良好的生态环境，人们在公园、河边、山顶等区域自驾游、搭帐篷、野炊，将身心的愉悦寄托在美丽的山川之中，快速成为旅游业的时尚风向标。山区旅游的热度不仅满足了人们出游的需求，还带动了户外装备、休闲食品、个人设备等产业的发展。在2022年北京冬季奥运会的带动下，滑雪成为山区新的旅游增长点。2022年1~2月，滑板、滑雪杖在内的滑雪工具，以及滑雪服，包括手套、头盔、围脖在内的滑雪配件等滑雪装备销量同比增长173%，其中国产品牌安踏的销量同比增长134%。根据《中国滑雪产业白皮书》数据显示，2019年中国滑雪人次为2090万，其中滑雪体验者占比高达 77.4%。《冰雪运动发展规划（2016—2025 年）》显示，到 2025 年我国冰雪产业总规模将达到 1 万亿元。业内普遍认为，未来 10 年将是国内滑雪产业突飞猛进的黄金发展时期。山区旅游对经济的带动可见一斑。

3. 老龄人群生活需求促进山区康养产业发展

按照国际通用的 60 岁以上的人口占总人口比例 10% 作为老龄化社会的划分标准。我国自 2000 年已进入老龄化社会。第七次全国人口普查结果显示，中国 60 岁及以上人口为 2.64 亿人，占 18.70%。《“十四五”健康老龄化规划》预计“十四五”时期，我国人口老龄化程度将进一步加深，60 岁及以上人口占总人口比例将超过 20%，进入中度老龄化社会。大量的老年人将产生巨大的康养需求，包括避暑、避寒、医养、健体等多种康养方式。山区由于多元化的气候条件、良好的空气和水环境质量及丰富的植被，逐渐成为康养产业发展的主要地区。很多山区县都提出了建设康养基地的规划。例如，四川省眉山市洪雅县立足资源禀赋，坚定国际康养度假旅游目的地建设目标，大力发展康养旅游产业，争创“两山”转化示范县，取得明显进展，成为国家生态县、全国森林旅游示范县、天府旅游名县。四川省攀枝花市专门成立康养产业发展中心，大力发展全市康养产业。2020 年全市康养产业增加值为 130 亿元，占全市地区生产总值的 12.5%。2021 年，攀枝花市仁和区、米易县、盐边县获得“国家气候志中国气候宜居城市（县）”称号，展现出攀枝花市发展山区康养的巨大自然环境优势和潜力。

（四）多年发展成果奠定山区振兴基础

1. 基础设施建设整体提升为山区发展提供硬件基础

在国家战略总体部署的推动下，我国山区基础设施建设经过多年快速发展，已得到巨大提升，整体面貌发生历史巨变。由高速铁路、高速公路、航空等构成的立体交通网络使广袤山区通达性大大提升，国家电网、互联网的覆盖率提升，使山区进入现代信息化社会。这些现代基础设施为山区融入国内国际双循环新发展格局、实现高质量发展和全域振兴提供了强大的硬件基础。

2. 新型人地关系助力山区振兴

山区人地关系趋于良性。长期以来困扰山区发展的关键问题是人多地少，可供耕作的土地资源极其有限。随着城镇化的快速发展，山区劳动力向城镇转移，使得常住人口减少。最新人口普查结果显示，浙江山区的城镇化率达到了 70%，已达到稳定发展的新阶段。2019 年，四川省农村劳动力转移输出 2480 万人，随着常住人口的减少和各种生态工程的实施，耕地面积进一步下降，原有的耕地生态系统逐渐向原生生态系统恢复，人地矛盾得到一定程度的缓解。同时，随着生态文明建设的稳步推进，因土地不合理利用带来的环境问题得到改善，山区的发展方式也逐渐绿色化，这对于山区紧张的土地资源来说是一个可持续性的发展趋势。

3. 新经济模式推动产业结构调整

山区产业的更新换代已成为我国山区发展的新动力和新机遇。我国大部分山区长期以来以第一产业为主，现在这种状况已经逐渐变化。多种经济作物、拉长的产业链条、特色的作物为传统的山区农业带来新的经济模式。例如，甘南山区发展党参、当归等多种中草药种植，亩均收入能达到几万元甚至十万元以上；云南山区更是成为全国的花卉基地，高端化、无土化、标准化已成为云南花卉产业的标签；贵州遵义围绕白酒产业大力发展有机高粱种植，2021 年红高粱种植面积超 10 万 hm^2；四川凉山彝族自治州安宁河流域部分地区一改原来蔬菜基地的身份，大面积推广种植阳光玫瑰葡萄，人均年增收 2.4 万元以上。

山区发展的关键在于高质量和跨越式发展，现代化工业自带的科技特征、高收益特征、绿色化特征为山区带来新的经济发展模式。但随着工业技术的进步和山区基础设施的改善，现代化的大规模工业在山区生根发芽，在给山区带来极高经济效益的同时，也避免山区遭受环境污染、资源浪费等发展问题。例如，在浙江省缙云县，由于生态环境优美，吸引了特种玻璃企业投资兴业，一跃成为全国最大的疫苗瓶及相关材料制造中心；河南省新县通过技术创新，形成了外用贴膏剂生产基地，总生产规模达到百亿贴。

可以看出，通过几十年的探索，新的经济模式有助于山区的产业结构调整，这种调整不仅是“三产”之间的规模变化，也体现在产业内部的细分结构中。同时，山区由于其特殊的自然地理特征，部分地区的产业结构若是“一二三”，甚至没有“二”都是合理的。毕竟山区产业结构调整是为了更加协调全面地发展，只要能够促进居民增收，居民过上更好的生活，那就是适合山区的产业结构。

4. 新发展方式促进国土空间优化

我国山区与发达国家的显著区别是有大量人口居住生活，这决定了我国山区的功能不单纯只是做好生态保护，同时也具有生产生活功能。也正因为如此，发达国家山区的发展方式难以借鉴到我国的山区发展之中，需要用新的发展方式来解决山区的“三生”协调和空间冲突的问题。

新发展方式的不断涌现给高原牧区国土空间布局和利用带来改善的机会。一方面，以划区轮牧为核心的现代草地畜牧业实现了放牧和草地恢复的双赢，维持了草地正常的生态功能，为山区增加了生态和生产兼顾的空间。另一方面，转移高山居民向生产生活空间更为富足的地区使得人口向城镇、道路集中，让原先不合理利用的生态空间得以恢复为自然原貌，同时充分利用了更加适合生产生活的土地，优化了“三生”空间的布局。此外，随着山区道路、通信、互联网等基础设施的不断完善，山区农户的发展方式更为多样，如外出务工、科学养殖、直播带货、发展民宿等，不仅增加了个人收入，也减少了对土地的负面影响，从而有助于山区国土空间的优化。

二、新时期山区发展新思维

（一）由解决山区发展旧矛盾向纾解新矛盾转变

习近平总书记在党的十九大报告中明确指出：“中国特色社会主义进入新时代，我国社会主要矛盾已经转化为人民日益增长的美好生活需要和不平衡不充分的发展之间的矛盾。”山区相对于全国整体发展水平来说较为落后，因此，山区社会的主要矛盾比相对发达地区更为突出和复杂。

在过去，我国社会的主要矛盾是人民日益增长的物质文化需要同落后的社会生产之间的矛盾，这是无论发展水平如何，每个地区都会面临的矛盾；山区亦是如此，山区的生产力和生产条件明显不足，山区人民对物质文化的需要倾向于基本生活保障。在实现全面脱贫的新时期，山区的整体面貌已经得到较大改善，人民生活已经得到较好的满足，但山区与其他地区的整体差距仍然存在。因此，我国山区社会当前的主要矛盾是山区发展差距与人民日益增长的美好生活需要，以及山区人民对实现山区振兴与区域均衡协调同步发展急迫需求之间的矛盾，这是全国发展不平衡不充分的重要表现。

山区未来的发展不仅要围绕解决我国社会的主要矛盾来布局，更要注重结合山区自身特殊的主要矛盾来开展。山区需要更加多样和强劲的动力来满足实现“追赶式发展”的需求，这种动力是全面的也是有针对性的，只有将全国山区的发展放在一张蓝图做到底，才能真正建成山青水绿景美、人民生活富足、社会安全稳定、文化繁荣有力的幸福、安全、美丽、文明的21世纪新山区。

（二）由补山区发展短板到实现与全国协调均衡发展

习近平总书记于2016年指出：“我国正处于由中等收入国家向高收入国家迈进的阶段”，“发展不协调、存在诸多短板也是难免的”。“协调发展，就是要找出短板，在补齐短板上多用力，通过补齐短板挖掘发展潜力，增强发展后劲”，“共享理念实质就是坚持以人民为中心的发展思想，体现的是逐步实现共同富裕的要求”（习近平，2017）。

由于自然条件限制、建设成本高、建设难度大、发展基础较弱、人才资源缺乏等，相对于发展又快又好的平原等发达地区和全国平均水平，山区长期存在着不同程度的差距，如2019年，全国人均GDP、人均第二产业增加值、人均第三产业增加值、人均一般公共预算收入和人均居民储蓄存款余额等指标分别是山区县的1.44倍、1.62倍、1.41倍、1.63倍和1.38倍；我国山区县GDP较平原县相差约41万亿，第二产业增加值仅为平原县的19.80%，人均GDP也仅为平原县的60.76%。

党的十八大以来，脱贫攻坚和小康社会建设取得全面胜利，我国山区面貌发生了整体性、转折性、历史性的巨变，虽然客观差距仍然存在，但从整体上来看，山区与其他地区之间的差距在逐步改善，发展态势逐渐向好。

首先，我国山区县所处发展阶段在逐步提升。按照钱纳里工业化阶段划分标准和年份数据修正，2012～2020年，我国山区整体一直处于工业化中期阶段。但从具体县（市、区）来看，我国山区处于工业化中期及以上阶段的县（市、区）数量在不断增加（图5.1）。2012年，处于工业化中期、工业化后期和初级发达阶段的山区县数量分别为279个、100个和26个，而到了2020年则增加至450个、162个和35个，整体增幅为59.75%，总数占比从45.25%增加到72.29%，说明我国山区发展水平得到明显提升。

其次，我国山区县与平原县、全国平均水平之间的差距在不断缩小。2013～2019年，我国山区县GDP占全国GDP的比重从13.17%提升至15.19%，与平原县GDP的比值也从20.97%提升至22.80%。除了经济建设方面，山区县在社会事业方面也表现出不断追赶的特征。2019年山区县和全国平均水平的万人拥有中小学学生数、万人拥有医疗床位数和万人拥有福利院床位数分别为1222.47人和1180.04人、47.70张和46.25张、28.86张和22.53张，可以看出山区县均略好于全国平均水平。与平原县相比，山区县也存在同样

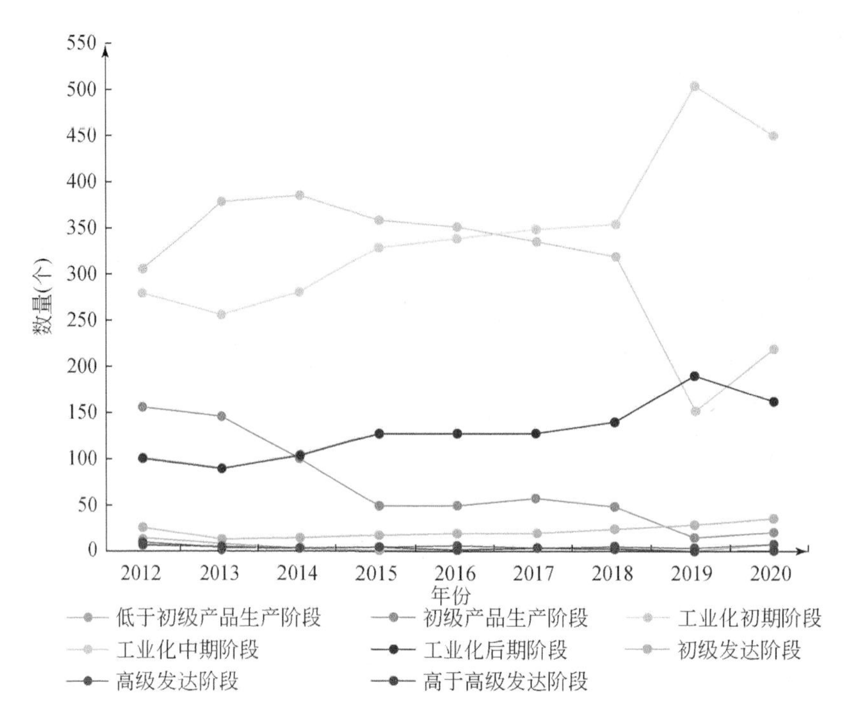

图 5.1　2012～2020 年平原、山地、丘陵三大地形类型区发展阶段

特征。

我国山区发展的历史性差距具有整体差距大、持续时间长等明显特征，但在 2013～2019 年，经济建设和社会事业两个方向均呈现出不断改善的态势，体现出我国山区发展近年来在国家战略强力推动下，实施提质增速已取得巨大成效并蕴藏着后劲。进入现代化强国建设的新时期，缩减山区发展差距和补足短板是全国现代化建设的难点和重点之一，更是山区人民肩负的时代使命，是山区发展的主攻方向和主要任务。化解这一难点和完成这一任务，必须遵循山区发展的客观规律和新发展理念，通过实施依托山区自然资源基础和绿色发展优势，在提升发展质量基础上“追赶式发展”，缩小差距补短板，力争与全国同步建成社会主义现代化，创造一个山青水绿景美、人民生活富裕、社会和谐、文化繁荣的幸福、安全、美丽、文明的中国特色社会主义现代化新山区，最终实现山区人民与全国人民共享现代化美好生活的需求和愿望。

（三）由平原先富到山区与平原统筹发展

在特殊的历史发展阶段，立足于我国国情和总体的战略部署，平原在政策的带动下集聚了全国最优质的发展资源，实现了最先富裕。当前，“允许让一部分地区先富裕起来”的构想已经实现，并已进入在先富带动下实现共同富裕的时期。因此，应将过去历史阶段的平原先富的思维转变为山区与平原统筹发展的新思维上来。

平原与山区的统筹是成都山地所陈国阶等老一辈科学家于 2004 年提出的概念（陈国阶，2009）。中国区域发展存在山区–丘陵–平原的垂直梯度差异，这种差异与城乡差异、东中部差异交叉在一起，形成犬牙交错，但又很有规律性的区域差异。因此，解决全国的山区问题，不但要解决城乡二元结构问题，而且应该解决平原与山区的二元结构问题，特别是东部发达平原城市区与西部山区农村悬殊的二元结构问题。因此，各地都有自己的平原与山区统筹问题，平原与山区的统筹实际上是区域统筹的一种表现形式，是发达地区与欠发达地区、城市与农村、工业与农业的统筹。山区的城市处于农村的包围之中，城市发展水平低就难以辐射到农村，工业自身发展不足就难以反哺农业。因此需要从全国区域均衡发展上，统筹城市支援农村、工业反哺农业、城市吸引农民就业，即城乡统筹除了某个区域内部的统筹外，还应该有更大区域，如省（自治区）乃至全国的协调统筹，将山区发展放在全国去规划和实施。

（四）由内陆发展思维向国内国际双循环思维转变

在“逆全球化”和“单边主义”风潮割裂全球发展、疫情冲击产业链安全、人口老龄化挑战国内经济结构、消费不足约束国内市场潜力释放的复杂背景下，构建双循环新发展格局是重要的战略部署，这对我国山区来说更是新一轮解放思想、转变视野的良好机遇。从发展脉络来看，经济发展的不同阶段拥有不同的发展模式，面对复杂多变的外部环境和亟待释放新动能的内在需求，山区由于自身发展基础相对较弱，更应当及时调整和适应更准确的发展道路，因而加快构建双循环新发展格局是山区适应我国经济发展阶段变化的主动选择。从外部挑战来看，山区整体发展水平还不够高、不够好，面对外部环境变化带来的新矛盾、新挑战，必须顺势而为调整经济发展路径，在努力打通国际循环的同时，提升经济发展的自主性、可持续性和韧性，保持平稳健康发展势头。从发展潜力来看，我国已经形成拥有14亿人口、4亿多中等收入群体的全球最大最有潜力市场，较高的储蓄率和全球最完整、规模最大的工业体系和完善的配套能力，以及山区大面积未开发的土地与资源，使得我国山区在充分发挥规模效应和集聚效应的背景下具有强大的内循环潜力。这是当代世界大变局和国内发展新阶段的必然选择，其中最重要的是要形成包括山区生产、消费、物流、人流、交换在内的大市场，保障国内大市场的健康运转和不断扩大提升。与此同时，发挥山区各行各业在大循环中的作用和功能，提升山区发展在全国总战略中的影响力和贡献力，增强山区发展的动能。在这个过程中，要挖掘山区的资源优势，突出山区特色，努力填补国内薄弱的环节和短板，特别是受国外“卡脖子”的资源和技术，以规避或减轻国际关键性资源断供的威胁。

因此，在当前的国内国际大背景下，山区落后的对外交流途径已是过去式，水陆空立体交通体系已经初步建立，互联网、5G等现代化通信方式也极大拉近了山区与国内国外的距离，让山区提升对外开放层级成为可能。因此，未来的山区发展一定要用更加开放、更加活跃、内外联动、全面铺开的双循环思维，进一步释放山区的发展潜力，开辟山区的发展道路，提升山区的发展能级，让山区不再“内陆”、不再“边远”。

（五）由硬件建设提升到软硬件配套升级

我国山区的基础设施建设在国家的强力支持下，已取得整体性的巨大提升，并将按照现代化要求持续地优化完善。但山区的发展仅靠硬件的改善是不够的，应当在继续完善硬件的同时，把软件建设提高到与硬件建设同等地位，而且应作为更主要的任务来抓。只有软硬件良好配合，山区经济社会才能顺利发展。

山区发展的软件建设应包括构建现代化的经济社会体系、投资环境、提升政府发展服务理念与效率、培育新山区精神的环境文化等。其中，不断提升人的素质是关键。山区与平原、城市与乡村的很大差异在于人才、知识、文化等方面。基础设施的改善可能只需几年或十几年的时间，但人力资源的数量和质量可能需要几代人的努力才能有明显改善。因此，建设山区软件环境，第一要务是聚集山区的人才资本，根本是发展山区教育。在市场经济条件下，发展山区教育，一要靠市场，二要靠政策，三要靠投入，三者缺一不可（陈国阶，2009）。

第二节　山区现代化发展战略

一、山区发展战略目标

中国特色的山区现代化，是一种以山区独有的生态环境为自然依托、以满足人民幸福生活为目标的现代生产和生活方式，其核心是基础设施、社会服务、制度文化和生产方式这四大领域的现代化。我国山区经过近十年的快速发展，在各个方面都有长足的进步，其中基础设施（交通、电力、民居等）和制度文化（政府管理、社区治理、文化生活等）方面发展最好，基础设施现代化率在70%左右，制度文化现代化率达到80%以上，社会服务（教育、医疗、救急等）的现代化程度也在50%左右，山区现代化的短板在于生产方式（支撑产业、收入构成等）上，其现代化率低于50%。由于国家的大力支持，未来我国山区的发展还会加速，2035年山区的基础设施现代化、制度文化现代化、社会服务现代化三项指标可望达到现代化标准，生产方式现代化率达到80%左右。通过山区基础设施的拉动，以及景观资源提质和特色文化精炼，以山地阳光产业和观光休闲为重点的业态将成为山区经济支柱，最终实现山区产业的现代化。

中国是一个山地大国，离开了山区的现代化是不完整不充分的现代化，山区与平原，特别是山区农村与平原城市之间的发展不平衡及山区内部发展的不平衡不充分是我国现阶段社会主要矛盾的突出表现。因此锚定到2035年与全国同步基本实现社会主义现代化，2049年全面建成富强民主文明和谐美丽的社会主义现代化强国的战略目标，综合考虑我国山区发展阶段性特征，统筹短期和长远，兼顾需要和可能，2035年、2049年山区发展远景目标及今后我国山区经济社会发展要努力实现的主要战略目标如下所述。

（一）山区发展远景战略总目标

展望2035年，“胡焕庸线”以东的山区将与全国同步基本实现社会主义现代化，“胡焕庸线”以西的山区将以补短板、打基础为重点，加快基本实现社会主义现代化步伐。山区整体的经济实力、社会发展潜力、综合实力将大幅跃升，经济总量和城乡居民人均收入将再迈上新的大台阶；东中西部山区发展差距进一步缩小。广大山区基本实现具有山区优势特色的新型工业化、城镇化、农业现代化，建成现代化经济体系。山区与平原、城乡间区域发展差距和居民生活水平差距显著缩小，基本公共服务实现均等化，实现山区与平原发展的基本平衡。山区基本实现治理体系和治理能力现代化，人民平等参与、平等发展权利得到充分保障。山区教育水平、人才素质、健康素质和社会文明程度达到新高度，文化软实力显著增强。山区生态治理修复取得显著成果、生态环境根本好转，山区生态系统碳汇能力全面增加，山区生态安全网络体系和服务于全国的生态安全屏障体系基本建成，为建设美丽中国贡献山区力量。山区战略资源体系支撑功能大幅提升，物质资源供应充足。绿色生态发展体系、“两山”转化机制全面确立。人居环境更加宜居，山区生活更加美好。

展望2049年，“胡焕庸线”以东的山区全面实现现代化，“胡焕庸线”以西的山区基本实现现代化。山区物质文明、政治文明、精神文明、社会文明、生态文明将全面提升，山区与平原、城乡间区域差距基本消除。山区全面建成具有优势特色的新型工业化与城市化，山区居民生活水平大幅提高。山区治理体系与治理能力完全实现现代化，基本公共服务得到进一步加强，山区文化教育发展水平与平原城市的差距基本消除。山区生态安全网络体系更加稳定，服务于全国的生态安全屏障体系更加牢固，生态文明全面提升，山区实现人与自然和谐共生的现代化。智慧绿色低碳的生产生活方式全面推行，山区特色魅力充分发挥，形成高标准人居环境、高品质生活水平、高水平人民福祉的山区新面貌，成为世界高质量山区发展典范。

（二）实现山区与全国统筹协调发展

发展始终是解决山区与平原发展不平衡、城乡二元结构对立的基础与关键。长期的历史原因把农村与城市、农业与工业完全对立起来，人为地割断了它们之间的有机联系，实行“农村农业、城市工业”。未来山区乡村振兴全面展开，小农经济的藩篱逐步被打破，现代农业产业体系、生产体系、经营体系基本建立，山区农村一二三产业深度融合发展达到新的水平。山区农村逐步梯度承接产业转移，优势主导产业基本建立，农村经济增长潜力充分发挥，城乡间经济增长的鸿沟消除殆尽，城乡居民收入的绝对值差异逐步缩小。山区城镇的短板弱项得到不断增强，一批具有良好区位优势与产业基础、资源环境承载力较强、集聚人口经济条件较好的山区城镇建设取得明显成效，特色优势产业发展壮大，市政设施基本完备。

未来的城乡基础设施形成统一规划、统一建设、统一管护，市政公用设施向郊区乡村和规模较大中心镇延伸的局面。山区水、电、路、气、邮政通信、广播电视、物流等基础设施逐步完善。“四好”农村路建设全面完成，连接国家战略骨干通道。山区县城及一些具备条件的乡镇并入高速公路的联络线与并行线网络，在一些矿产、能源、文旅优势较强，以及山地灾害风险较大的地方建设一批中小型通用机场、支线机场。基本公共服务资源进一步向基层延伸、向农村覆盖、向山区倾斜。

城乡间基本公共服务制度并轨、衔接有效。围绕公共教育、就业创业、社会保险、医疗卫生、社会服务、住房保障、公共文化体育、优抚安置、残疾人服务等领域，形成健全统一的基本公共服务标准体系，农村教育、医疗、养老、文化等服务供给得到明显增加，山区农村公益事业等逐步兴起。农民进城能够基本享受同等待遇，农村用地权益得到充分保障，没有后顾之忧。要素双向流动的障碍基本消除，城市反哺农村，工业反哺农业。山区农村与城镇之间的要素配置失衡错配的局面得到充分改善。农村土地制度改革持续深化，农村土地要素逐步市场化，城乡要素自由流动机制得以确立，城乡形成区域良性互动的良好态势。

山区与平原、城市与乡村之间在经济、文化、社会发展的各方面的差距进一步缩小，二元结构的状态基本被破除。由此形成的区域间市场分割的状态不复存在，制约经济循环的关键堵点被清除。在不断完善的统一市场准入制度、产权保护制度、公平竞争制度、社会信用制度的基础上，山区通过自身的社会经济发展以更高水准、更高质量的供需水平参与全国统一大市场，融入全国经济大循环。经济建设固然重要，但山区真正需要的是全面的发展。因此，应借助构建双循环新发展格局的政策契机，打通山区与发达地区在经济、社会、文化、生态等多领域的深度融合，深化对口支援、定点帮扶等区域协调发展政策，全面提升山区的整体发展质量和水平。

（三）实现山区产业现代化提升

中国的山区产业现代化提升有着自己独特的内涵。首先，是以山地为主的区域，非全部是山地；山区内可以有山间盆地、谷地、丘陵，也包括高原。因此，山区产业不仅是山地产业，山区有若干发展工业较适宜的区位和城镇作支撑。其次，山区产业现代化提升主要是指山区要经受农业发展阶段、工业化发展阶段、信息化发展阶段的洗礼，享受产业文明和现代化的发展成果。然后，山区产业现代化提升是有选择的提升，包括提升方向、提升程度和产业门类的选择。最后，中国的产业现代化提升蕴含着社会主义现代化特色，部分产业体现了公有制特点，其最终目标是实现区域协调发展，达成共同富裕。因此，实现山区产业现代化提升是历史的必然选择和必由之路，各地应立足自身实际，选择合适的提升道路，完成这一历史任务。

对于未来山区的产业现代化，首先发展的中心思想是因地制宜，以特制胜，特色鲜明，融入全国经济大循环。以乡村振兴战略实施为契机，在山区农村培育一批农业农村新业态，打造农村产业融合的新载体、新模式，基本建成乡村产业体系。传统的农林牧渔等产业得到进一步发展，粮、棉、油、糖、肉、奶等重要农产品的安全得到充分保障。山区农村的休闲农业、乡村旅游、民宿经济、文化体验、健康养老、边境贸易等特色产业得到深入发掘，形成山区农村新的消费热点。一些有基础、有条件的丘陵、谷地、盆地城镇梯度承接上游产业转移，承接、改造和发展一批劳动密集型产业，如加工贸易产业、现代服务业及一些装备零部件制造业。此外，在矿产资源丰富的山区，完成矿产开采的生态修复，开发秩序得到优化，杜绝违法违规开采，资源深加工能力得到极大提升。建立有特色的、全国其他地区缺乏的工业类型、工业企业、工业产品，成为全国产业体系的组成部分或特色部分。

（四）建设山区生态安全体系

面向国家生态安全战略布局，加快筑牢以青藏高原生态屏障、长江–黄河上游生态屏障、黄土高原–川滇生态屏障、南方丘陵山地带、东北山地森林带、北方山地防沙带为骨架，以国家、省、市划定的其他山区重点生态功能区和禁止开发区为重要节点，以水系绿带等为补充构建生态廊道，共同组成稳定的山区生态安全网络体系。

以尊重自然、顺应自然规律为原则，落实自然生态系统保护与修复。推进山区退化林地、草原、湿地、荒漠、河湖、水土流失地、冰川冻土、雪山、废弃矿山地等区域生态状况和生态功能大幅提升、生态系统的稳定性持续提高，自然生态系统的健康良性循环基本实现，服务于全国的生态屏障体系逐步建成。生态保护红线得到严格落实，重点生态功能区开发强度进一步严加管控。自然资源开发利用基本布局更加优化，人为造成的生态环境破坏和山地灾害大幅降低或消除，绿色减灾体系建设进一步加强，人居地泥石流、滑坡等山地灾害得到有效的监测和控制。以国家公园为主体，包括自然保护区和自然公园在内的自然保护体系全面构建完成，生物多样性保护热点网络体系建设完成，濒危野生动植物及其栖息地得到有效保护，有害生物防治得以加强，外来物种得以严格管控；核心保护区内人口总量有序搬迁转移，人口对生态环境压力逐步减轻，区域联动、融通补充、协同发展进程深度推进，全面筑牢山区生态安全体系。

（五）建设特色山区城镇与聚落

在指导思想上，未来山区的城市化建设应当是在综合比较优势、资源环境承载能力、生态涵养功能、产业基础、防灾避险能力等因素后，找准自身功能定位，按照区位条件、资源禀赋和发展基础，合理确定城市规模和空间结构，统筹安排城市建设、产业发展、生态涵养、基础设施和公共服务，因地制宜发展以县城为核心的中小城镇。实现山区城镇公共资源配置与常住人口规模基本匹配，特色优势产业发展壮大，市政设施基本完备，公共服务全面提升，人居环境有效改善，综合承载能力明显增强，农民到县城就业安家规模不断扩大，县城居民生活品质明显改善。

在战略布局上，要融入全国“两横三纵”的城镇化战略布局，即以路桥通道、沿长江通道为两条横轴，以沿海、京哈京广、包昆三条线为纵轴，在京津冀、长三角、珠三角、成渝、长江中游、山东半岛、粤闽浙沿海、中原、关中平原、北部湾、哈长、辽中南、山西中部、黔中、滇中、呼包鄂榆、兰州-西宁、宁夏沿黄、天山北坡等业已形成的大中小城市骨架体系中，立足区位、找准定位，发展山区的城镇化，实现大中小城市与小城镇的协调发展。在地形为山地与高原、经济基础较弱、人口分散的区域，点状布局发展一批小城镇、小县城；在丘陵区及河谷盆地地带，如成渝城市群周边、长江中游城市群周边的山区，在人口聚集密度大、产业发展基础较好、区位优势较大的区域，采取点轴布局空间开发模式，适当发展中小城市。

从发展定位上，在大城市周边，承接大城市的部分文化教育金融等功能，发展一批与大城市通勤便捷、功能互补、产业配套的小城市和卫星城，充分发挥以县城为重要载体的山区新型城镇化，在山区构建县城发展网络骨架，培育更多区域小型增长极。在具有资源、交通等优势的县城，发挥专业特长、技术特长，培育发展特色经济和支柱产业，强化产业平台支撑，打造一批技术制造、商贸流通、文化旅游等专业功能城镇；在农产品主产区，发展农村二三产业，延长农业产业链条，做优做强农产品加工业和农业生产性服务业，发展一批农产品主产区城镇；位于重点生态功能区内的城镇，逐步有序承接生态地区超载人口转移，完成生态修复，发展适宜产业和清洁能源，发展重点生态功能区城镇；对于人口大量流失的山区县城，加强社会资源的集中，有序引导人口向邻近的经济发展优势区域转移，有条件的县城可培育接续替代产业。

此外，深入贯彻绿色、可持续的发展理念，转变城市发展方式，发展生态绿色环保的城市化。在山区新城镇具体建设中，城市有绿色、绿环、绿道、绿廊；城市防洪排涝体系完备健全；城镇应对气候、山地等灾害能力大大加强；城市的文化传统、文脉乡愁得到保留。

在山区工业化、城市化的过程中，除有区域特色优势的小城镇之外，在山区仍要保持山区聚落的多样化形式。保留并维护有着特色民族文化、民族传统的少数民族聚居聚落；在一些自然保护区，包括国家级、省级、地市级自然保护区的核心区域，要将普通住户全部迁出，保留管理及科研机构；根据地方气候、水文、生态等优势条件，建设一批休闲康养基地；建设国防安全教育警示基地、红色教育基地；在有条件的地区打造特色商贸边贸小镇，推动农村产业发展与新型城镇化相结合，培育一批“农字号”特色小镇等特色山区聚落。

立足山区山多坝少、村多人少的实际，以立体化的条件绘就生态美景，以自然化的环境造就和谐家园，凸显山区自然、历史、文化和民族特色，打造小而精、小而美、小而特、小而富的山地城镇，实现“城镇朝着山坡建、良田留给子孙耕、青山尽染烟雨墨、绿水一解忆乡愁”的目标，逐步形成比例协调、布局合理、规模适度的城市-县城-特色小镇的山地城镇等级体系，进一步丰富我国城镇类型，聚力土地资源集约，促进农村人口集中，带动农村劳动力就业，助力农村经济繁荣，探索立体布局、空间优化、生态宜居、产业兴旺的山区新型城镇化道路。

（六）建立健全山区公共服务体系

结合国家乡村振兴发展战略，快速补齐山区在公共教育、就业创业、社会保险、医疗卫生、社会服务、住房保障、公共文化体育、优抚安置、残疾人服务等领域的短板。实现城乡之间基本公共服务的制度并轨、标准统一，提高基本公共服务均等化水平。山区基本公共服务设施的布局和建设与平原城市之间的差距得到大幅度缩小。基本公共服务资源向基层延伸、向农村覆盖、向边远地区和生活困难群众倾斜。在育幼、养老等供需矛盾突出的服务领域，山区在社会力量的加入下，在市场配置资源的手段下，服务供给数量与质量得到大幅提升。

文化教育是影响山区人力资源供给保障、激发山区发展内生动力的重要因素。在未来山区的发展中，要将山区文化教育放在突出的重要位置。未来山区文化教育发展的总目标是实现文化教育的普及化与现代化。山区义务教育在办学基础设施、办学标准、办学成果上与平原城镇基本实现均衡化、一体化。普通高中的入学率、升学率与平原城镇的差距逐渐缩小，山区高中阶段教育普及水平大幅提高；拥有优质办学基础的山区与平原城镇的差距基本消除，甚至达到区域前列水平。建立山区特别是原深度贫困山区、教育基础薄弱的山区县的学前教育、职业教育、特殊教育、专门教育体系，每个乡镇都有公办中心幼儿园，建立县、乡、村学前教育公共服务网络；县级职业教育中心建设进一步完善，充分满足乡村产业发展和振兴需要。积极发展“互联网+教育”，建立数字教育资源公共服务体系，山区学校信息化、数字化发展水平与平原城市差距缩小。山区教师队伍建设得到进一步加强，教师待遇逐步提高，城乡教师编制比例基本达到平衡状态，山区教师的补充渠道得到进一步拓展，建立城乡教师交流轮岗、优质学校辐射农村薄弱学校常态化机制。

（七）建成生态系统价值转化基地

全面贯彻可持续发展战略与绿色生态发展理念，在生态文明体系、现代环境治理体系建设持续优化的基础上实现协同推进机制和责任体系不断强化，山区生态保护修复和环境污染防治取得显著成效，生态补偿条例更加健全，生态补偿市场更加多元化，生态税费政策逐步完善。自然资源使用费、经济补偿费、污染税等生态税费价格制定机制全面形成。绿色金融不断拓展，生态系统价值转化得以实现。绿色发展理念全面落实，实现生态产业化、产业生态化。

重点生态功能区的管控进一步强化，森林、草原、湿地、荒漠生态系统的质量和稳定性显著提高，天然林保护、退耕还林、退耕还草等重大生态工程持续开展，西南、东北等山地森林及包括内蒙古高原、黄土高原、青藏高原和新疆山地等地区在内的草原固碳能力稳步提升，山区土壤固碳减排能力明显提高。支持山区林业高质量发展，建立林业碳汇基地试点并逐步推广，有序建立生态碳汇市场，创新碳汇指标、碳汇证券化等交易体系。充分发挥山区各区域的自然本底和绿水青山原生态优势及特色民族人文魅力，不断健全山区基础设施建设，公共服务设施水平得到明显提升，生态环境更加优美，生活品质更加美好，建成具有全国乃至全世界强吸引力的旅游产业基地、旅游文化区和休闲向往地，山区成为人民的幸福家园、野生动物的伊甸园、绿水青山的博览园。

二、山区发展重点及路径

以习近平新时代中国特色社会主义思想为指导，追求凸显山区特点和要求的国土空间格局优化、生态功能持续增强、经济社会高质发展、民生福祉持续改善、人居环境美丽宜居目标，形成与国家国土安全、生态安全、资源安全、经济安全、文化安全、社会安全体系建设相向而行的山区筹谋、规划、经营和治理战略路径。在迈向第二个百年奋斗目标的新征程中，突出展现全国陆地总面积64.9%的山区主战场，发挥我国山区脊梁新角色、新作为，谱写善治山区、共富山区、美丽山区、文明山区和安全山区新篇章，举足轻重，势不容缓。

（一）实施山区国土空间“三向”精细管控战略，建设善治新山区

加快国家全局性、系统性、针对性的山区国土空间规划安排，实施山区国土空间“三向”精细管控战略，强化山区国土主体功能的多属性和精准化，妥善解决平原与山区开发强度、开发效率之间的不平衡问题，加快实现全域国土空间高质量发展。

1. 山区国土空间精细管控的战略意义

近十年来，我国国土空间开发保护取得显著成效，实现基本公共服务均等化、基础设

施通达程度比较均衡、人民生活水平大体相当三大战略目标也正稳步推进实施。深入解析山区国土空间的形态、类型、结构与功能，既是山区空间发展规划的基础，又是国土空间优化的依据。作为国家生态保护红线最密集的划定区域，在加快新型城镇化、工业化及农业现代化建设发展背景下，客观上要求国土空间功能管控的山区转向，重点利用好全国陆地总面积64.9%的山区空间，构建适应山区的国土空间功能定位、国土空间生产力布局、国土空间支撑体系，赋能我国山海陆统筹、高低地互济的全域国土空间高质量发展。

2. 战略实施路径

根据《全国国土空间规划纲要（2020—2035年）》基本要求和指导思想，综合考虑山区人口、产业、城镇、生态等因素，整体谋划新时代山区国土空间开发保护格局，加快形成山区绿色生产和生活方式，支撑国家战略的有效实施，推动实现山区高质量发展、高品质生活，促进国家国土空间治理体系和治理能力全域现代化。以山区国土空间有力保护、适宜开发、通盘统筹和差异协同为重点，构建定位精准、功能多元、层级分明、布局合理、保护优先、开发适度的山区国土空间开发保护格局，努力迈向山区国土善治新时代。

充分发挥主体功能区在空间治理中的引导作用，着重强调山区这一特殊空间板块在全国国土空间中的战略地位，进一步强化山区国土空间规划的特殊性、针对性和适应性。重新审视五级（国家级、省级、市级、县级、乡镇级）三类（总体规划、详细规划、专项规划）四体系（编制审批、实施监督、技术标准、法规政策）国土空间规划编制体系在山区应用的差异性。科学认识山区垂向地理维度对生态、农业、城镇三类主体功能定位准确程度、类型边界划分、空间嵌套关系的重要影响；客观体现山区地理特征对生态适宜性、农业适宜性、城镇适宜性的支配作用；深入、系统理清三类空间的功能定位、发展趋势、分类布局、差别管控和阶段目标，有序实施适合山区的国土空间纵向（行政体系）、横向（规划类型）、垂向（适宜性质）三向一体的“五级三类三性四体系”精细管控战略，有效推进山区国土空间战略布局精准落地。从山区国土空间功能生态适宜性、农业适宜性、城镇适宜性“三性”问题出发，建立与之对应的目标、阈限、政策调控逻辑体系，放大山区国土空间的垂直梯度效应和资源环境承载的垂直分异规律，真正实现精准、适宜、公平、高效的山区国土空间管控目标。

注意山区国土空间政策与乡村振兴、生态文明、特殊类型区扶持政策的分工与协同，集中资源、集中力量优先扶持革命老区、少数民族自治地区、边疆地区、集中连片脱困山区、产业衰退山区、资源枯竭山区、生态退化山区绿色高质发展，开创山区全面振兴新局面。

（二）实施山区现代产业强基富民战略，建设共富新山区

强力推进山区现代产业增点、扩面、强基战略，发挥产业惠民、产业兴民、产业富民角色。壮大新型职业农民队伍，建强现代农业产业园区，培优现代农业经营主体，打造山区特色制造基地，激发山区产业振兴动力，以山区产业强基牵引山区共富，建设共富新山区。

1. 山区现代产业强基富民的必然性

产业发展是乡村振兴的重中之重，产业转型升级作为高质量发展的重要内容，是我国

“十四五”时期经济社会发展的主要目标之一。十九届六中全会和中央财经委员会第十次会议强调，在产业转型升级中推进共同富裕，是我国历史性地解决了绝对贫困问题之后，在2035年建设社会主义现代化强国的远景目标下，“全体人民共同富裕取得更为明显的实质性进展”的关键之举。虽然山区人均GDP、三次产业劳动生产率、地方财政收入等主要经济指标显著提高，发展速度显著加快，生活水平明显改善，但与平原地区横向比，差距依然存在。例如，2010～2020年四川盆周山区与成都平原地区三次产业劳动生产率差距在缩小，但2020年三次产业劳动生产率仍然存在2834元/人、9479元/人、39 584元/人的绝对差。同样2010～2020年成渝双城经济圈内山区县三次产业劳动生产率提高虽然较为显著，但除第二产业基本持平外，与平原县第一、第三产业劳动生产率绝对差值分别高达3918元/人、41 852元/人；2020年云南、贵州、四川、重庆、西藏等西南山区居民恩格尔系数为33.4%，高于全国同期平均水平30.2个百分点，西藏自治区则高于全国近6个百分点。2020年西藏自治区及迪庆、阿坝、甘孜、甘南、海北等藏族集聚区人均GDP和人均财政收入分别只有全国平均水平的66.7%和36%，城乡居民可支配收入低于全国同期均值，城乡居民恩格尔系数高于全国同期平均水平。2020年云南、贵州、四川、重庆等西南山区人均GDP（41 343元）和人均地方财政收入（4913元）分别也只有全国平均水平的57.4%和69.3%。显然，山区产业及效率已成为推进实现共同富裕目标的最大障碍和制约短板，谋划共富山区战略迫在眉睫。共同富裕是“全面富裕”“全民富裕”“共建共富”“逐步共富”，在追求共同富裕的道路上，特别需要各级政府持续因势利导，促进山区产业升级及“授之以鱼”向“授之以渔”转变，帮助欠发达山区加快发展、持续发展、和谐发展，实现山区与全国同步富裕。

2. 战略实施路径

以特制胜、以技制胜山区工业化。山区工业化不能千篇一律工业化，不求“大而全”，但求“小而精”“特而优”，只要建立有地方性、有特色化、有技术含量、有竞争力的主要工业门类、类型或大的产业集团，作为全国产业体系主导的山区分工，补充全国缺乏的工业类型、工业企业、工业产品。也不要求各地都要遵循同一发展顺序，宜农则农、宜旅则旅、宜牧则牧、宜商则商，着力临近城市山区、临近高铁山区，选重点、重差异、育优势，以特制胜、以技夺优、以质取胜，技术创新求突破、点上培育求牵引、名上品牌求竞争、质上档次求效益，走超常规、非对称工业发展之路，找到山区自身特点、特色、特长，形成山区分量。

立足山区立体空间、立体资源基础，发挥生态本底和资源优势。坚持从全局上谋发展、差异上争突破、个性上塑影响、品质上创路径，遵循“强、优、特、精”原则，抓实地方“山”字产业键、筑牢本土“山”字产业端、培植地域“山”字产业链、传播山区发展“山”字经。着力转向孵化山区新型职业农民、山区现代农业园区、山区特色加工制造、山区休闲健康产业新业态、新模式的聚合力量，建设山区特色大农业产业体系。突出粮、果、蔬、药、林、畜、茶、菌等现代产业化、产业生态化，争取山粮、山珍外运，满足需求侧活跃的生态健康产品市场。以农连工、以农连旅、以工固农、以工哺农、以旅兴农，提高山区农旅、农工、农商、工旅、工商、工农融合发展水平。

山区现代农业产业园建设是山区产业发展的重要载体，是推进山区农业供给侧结构性改革、促进山区农业产业升级发展及推动乡村振兴战略实施的重要手段。在进入“十四五”高质量发展的新时期、新阶段，注重园区定位、规划引领、要素组合及主体培育；注重发挥园区生产、绿色、融合和示范功能；注重园区建设高标准、高水平和高质量及数字化赋能，夯实山区农业产业园区的现代性、生态优势度和可持续基底，提高山区农业园区这一载体的竞争力和生命力。

突出山区农民主体地位，重视农户参与深度和受益普惠。引导传统农民向新型职业农民的角色转变，有序壮大山区新型职业农民队伍，适应现代农业产业发展的要求。强化山区农户、村组与集体合作社、现代家庭农场、现代民宿、现代制造园区联盟的利益联结。把山区分散的小农户和山区广布、传统大农村嵌入现代农业、现代旅游、现代工业产业链、价值链和利益链，将“老旧路子”变成“新兴路径”，从“老传统”走出“新花样”，摆脱农业路径依赖，通过产业升级、业态创新、利益衔接，扩展农户的参与深度和受益普惠度。

集中资源、集中力量优先培植形成山区产业发展的“领头羊”、山区农民就业增收的“动力源”、山区经济增长的“新引擎”、山区振兴的“助推器”。将产业高级经理人、龙头企业、主导产业、现代产业园区、特色加工制造基地作为山区产业领头羊、动力源、新引擎和助推器。以点引线、以线织面、以面带区，逐步实现山区全面振兴和共同富裕的目标。

（三）实施山区人居环境提质换颜战略，建设美丽新山区

让山区成为山区人民的美好家园、成为全国人民的向往之地。把山区人居环境建设放到构建新发展格局的战略谋划中及高水平同步推进现代化建设的历史进程中，率先解决山区发展不平衡、不充分问题，优先推进山区人居环境提质换颜，促进山区人居跨越发展，为美丽中国注入更大增量，建设美丽新山区。

1. 山区人居环境提质换颜的必要性

改善农村人居环境是以习近平同志为核心的党中央从战略和全局高度做出的重大决策部署，是实施乡村振兴战略的重点任务，事关广大农民根本福祉，事关农民群众健康，事关美丽中国建设。山区华丽蜕变关乎农村人居环境建设的根基和成败，把山区放到构建新发展格局的战略谋划中，放到高水平同步推进现代化建设的历史进程中，造强山区人居引力场、造美山区人居生态圈、释放山区人居引力波，为美丽中国建设注入新的更大增量。我国山区的生态服务功能地位突出、特色鲜明，生态经济和健康产业的自然承载空间巨大、发展潜力明显。因此，国家加快加强营造山乡医卫、教育、交通设施、本地就业，不仅展示山区人居环境应有的美丽画质，且受城乡一致的生活品质、城乡一致的精神需求驱动，真正抬高山区农村对地方高知、城市退养人员、务工返乡人群、青年创业者及新型职业农民的引力，缩小山区与平原、城市与农村环境质量差距、基础设施差距、收入水平差距、服务水平差距及生活品质差距，做好山区小镇振兴大文章，让山乡扛振兴大旗、担振兴重任。

2. 战略实施路径

利用山区优美自然环境与文化本底，营造特色聚落。建山水田园城镇（乡村）、生态

康养城镇（乡村）、民族文化城镇（乡村）、生态旅游城镇（乡村），实现城与山的交融、业与山的结合、人与山的共生，强化聚落与自然的和谐共处，打造“一镇（村）一品”山区示范区，强化特色聚落对局部山区发展的促进作用，实现“一个特色带动一座山，一片山彰显多样特色”。

积极推动全国开展山（山区）原（平原）结对、城（城市）乡（农村）互助的赋能协力行动，用国家力量导入优势资源、拼接山区弱项，重点补齐山区教育、卫生、医疗服务设施短板，壮大山区宜居的引力场，缩小山区与平原、乡村与城市的公共服务供给质量差。

保持定力，扮靓山区人居环境。在端稳绿水青山“金饭碗”的同时，坚持数量服从质量、进度服从实效、求好不求快的原则，深入实施山村绿化美化行动，山村风貌改造行动，山村清洁与垃圾减量行动，山区粪污处理与资源化利用行动，围绕追求山村美目标逐步建立山村有制度、有标准、有队伍、有经费、有监督的山区农村人居环境管护长效机制。

增加人口反流通道，将农村人口转“流”为“留”。立足山区生态优势，做好“山”字文章，发展山乡经济，提高收入水平，让当地群众获得实实在在的收益，留住本地人。将生态优势转化为产业优势、经济优势、发展优势，实事求是地推进生态产业化、产业生态化，铺好创业环境，吸引返乡人员。重塑流动人口返乡的社会基础，遵循几千年文明形成的“家本位”核心观，让新一代的年轻人主动返乡，让在外务工者告老还乡老有所养。着力健康发展需求，积极顺应我国国民“主动健康”意识逐渐增强、国民健康素养水平不断提升的大势。利用优美的生态环境、丰富的自然资源和舒缓的生活节奏，建设迎合中青少年亚健康干预、山地户外健身、山地体验活动，以及老年休闲度假需求的康疗、康复、康养、康健、康寿产业与养身、养体、养心、养性、养颜链条，让山区康养真正成为适合老、中、青、少年修身养性、调节情绪、缓解压力、休闲养老的不二之地。

注重强化数字变革引领，力争实现山区生态质量、绿色发展、幸福宜居的中国特点、全国亮点，建成诗画山区、花园山区、美丽山区，形成新发展格局中的新增长极，在解决区域发展不平衡、不充分问题上率先突破。坚持保护为先、美丽为基，打造山区平原协作、城市农村人居质量共进工程升级版，绘就山区美丽山水画，提升山区人民生活品质，努力让山区成为山区人民的美好家园、全国人民的向往之地。

（四）实施“两山”价值转化山区典范战略，建设绿色新山区

人山和谐共生，让山区良好的生态、禀赋的资源真正成为山区发展资本源源不断的供给池，放大山区自然资本的乘数效应，名副其实充当起绿水青山价值转化为实践的排头兵、领头雁，建设绿色新山区。

1. 实施“两山”价值转化山区典范战略的意义

山区是深入贯彻“绿水青山就是金山银山”理念的现实根基，是挖掘生态价值推进山区、平原一体绿色高质发展的实践主体和潜力所在。注重山区生态底色增值动力，注重拓展“两山”转化创新通道，形成绿色发展格局中的新增长极，是我国山区不可推卸的历史责任和国家任务。山区作为全国生态涵养、战略资源储备和可持续发展的支撑区、保障

区，实施“两山”价值转化山区典范战略的现实意义重大。

习近平在浙江日报《之江新语》专栏提出“绿水青山就是金山银山”的科学论断，其精髓是人和自然之间、“两座山”之间、“两座山”与“五位一体”战略布局之间的关系法则，把“两山”理念延伸到城乡统筹和区域协调发展上，体现到生态文明建设系统中，是山区长治久安和可持续发展的重要遵循和战略思想。五千年中华文明和人类社会经济的发展，从农耕文明到生态文明的演进，不断改变着国家的面貌和人们的生活，迎来从农耕时代的平原文明、工业时代的城市文明到生态时代的山区文明，地理空间转换适应大变局、大趋向。依托山之生态、挺起山之脊梁、隆起绿色经济，让地形高地成为绿色经济高地，是我国生态文明建设发挥山区作为之亟须、之根基、之必然。

2. 战略实施路径

优先瞄准集中连片脱困区、国家脱贫县、革命老区、民族地区和边疆地区 5 类区，这些地区在空间上与山区高度重叠，是山区、深山区的代名词。重点聚焦山区脱贫成果的巩固能力、山区社会经济加快发展的支撑能力、民生福祉的持续改善能力、山区共富目标的实现能力 4 种能力建设，逐渐修复山区发展的关键软肋，健壮山区发展的核心筋骨，牵牢生态文明建设人与自然和谐的“牛鼻子”。

充分发挥山区生态主体功能区安全屏障地位，客观体现国家生态保护责任区的福祉，用国家资源二次分配破解广大山区生态资本丰厚而经济资本缺乏的矛盾。

用“两山”定价、“两山”转化实践的促进机制、维持机制以贯通食物供给、生态产品价值变现通道，逐渐提升国家生态责与居民福祉利的同向性和匹配度，缩小山区与东南沿海、平原地区的发展落差、福祉落差。

树标立杆，力抓山区生态文明示范县区和“两山”实践创新基地创建的增量扩容，力推山区生态文明建设示范县区和“两山”实践创新基地创建的样板示范，促进山区绿色青山由自然财富、生态财富向社会财富、经济财富的增值转化。统筹好山区生态保护高水平实施与经济社会高质量发展，守护好山水林田湖草生命共同体，坚守生态文明留住绿水青山，以生动的生态文明建设实践和“两山”基地创新走出山区发展和保护的双赢路、绿色文明路。把过去长期以来拼环境、拼资源、拼速度的传统发展道路，变更到拼质量、拼绿色、拼生态的持续发展轨道上来，实现山区“两山”价值转化的绿色崛起，实现传统山区社会发展洼地向现代山区生态文明高地的历史性大跨越。

（五）实施山区“333”生态保护战略，建设安全新山区

以满足山区和全国人民日益增长的优美生态环境需要为根本目的，统筹山区发展和安全，不打折扣地完成筑牢国家生态安全屏障而赋予山区的重大使命，守住山区生态安全边界和底线，在全国生态保护和修复支撑体系远景目标中体现山区新担当、新作为，建设安全新山区。

1. 实施山区“333”生态保护战略的意义

山区“333”生态保护战略是紧密结合国家重点生态系统保护和修复规划要求，紧密结合我国地势三级阶梯特点形成的山区生态保护大格局，推进“三区三带三线”保护战略（青藏高原生态屏障区、黄河重点生态区、长江重点生态区；东北森林带、北方防沙带、

南方丘陵山地带；第一、第二、第三级台阶地理分界线）实践。

《全国重要生态系统保护和修复重大工程总体规划（2021—2035 年）》（简称《“双重”规划》）提出了以青藏高原生态屏障区、黄河重点生态区（含黄土高原生态屏障）、长江重点生态区（含川滇生态屏障）、东北森林带、北方防沙带、南方丘陵山地带、海岸带等“三区四带”为核心的全国重要生态系统保护和修复重大工程总体布局，将生态系统保护和修复的着眼点、关注点从主要追求自然生态空间扩张、自然资源总量增长，逐步转移到量质并重、以质为先上来，通过高质量建设重大工程，促进自然生态系统从量到质的转变。

除海岸带外，《“双重”规划》中的“三区三带”实际都在山区。山区因海拔变化形成能量、降水、水热组合、气候–植被–土壤自然带谱、社会经济等梯度效应，且因重力势能大使山区普遍存在山地灾害，因此筑牢山区生态安全屏障十分重要，尤其是在《“双重”规划》“三区三带”大骨架基础上，科学体现我国地势三级阶梯和山地地形对生态安全屏障宏观格局的控制性、支配性。按第一级阶梯（青藏高原）、第二级阶梯（阿尔泰山区、天山山区、内蒙古高原、黄土高原、秦岭山区、云贵高原）、第三级阶梯（小兴安岭山区、长白山区、辽东丘陵区、山东丘陵区、东南丘陵区、两广丘陵区）的地理属性进一步区划“三区三带”，推进真正体现山区、适应山区的“三区三带三级”（“333”）生态保护战略，因山区地理环境条件而制宜、因山区人类活动方式而制宜。只有处理好山区生态保护与社会发展的关系，形成山区人类与环境关系的良性互动，才能有效促使《“双重”规划》在山区的落实落地。其针对性极强、科学价值突出、实践意义明显。

2. 战略实施路径

加强山区气候变化生态风险防范与应对。面对气候变暖的严峻形势，要加强气候变化对山区脆弱生态系统、经济社会发展、人居环境与健康影响的监测，评估与识别气候变化风险等级及主要驱动因素。基于山区对气候变化的敏感性，在《国家适应气候变化战略 2035》框架下，积极制定并实施对应的《山区适应气候变化战略 2035》，明确山区适应气候变化目标任务，提出山区生态安全适应对策与模式框架，建立不同生态安全等级山区适应气候变化方案，构建适应气候变化山区模式。

有序推进以国家公园为主体的自然保护地体系建设。作为构建国家生态安全屏障的重要切入点，持之以恒地推动自然保护地体系建设，发挥山区在保护生物多样性、保存自然遗产、改善生态环境质量和维护国家生态安全等方面的主体作用，发挥山区在“三区四带”全国重要生态系统保护和修复重大工程中的首要地位，层次更高、要素更全、组合更好地实现“山水林田湖草沙”生命共同体的系统效应。

科学权衡山区生态产品和农产品的供给服务关系，保障国家粮食等重要农产品的安全要求，做好国家粮食安全的山区贡献。按照 2022 年中央一号文件提出的“三农”工作首要任务，全力抓好粮食生产和重要农产品供给，稳住国内粮食等重要农产品生产供给这个基本盘，有效保障国家战略安全。在极端天气频发等多风险因素叠加下，“保安全、防风险”任务艰巨，粮食等重要农产品作为战略性基础物资，更是重中之重。我国山区人口众多，不仅拥有巨大的生态服务供给空间，而且也具备农产品生产的良好条件和潜能，切实做好山区生态产品供给、山区农产品供给的科学权衡，在满足山区本身需求的前提下，稳定山区种粮面积，提高山区耕地质量，严守耕地保护责任，加强耕地用途管制，坚决制止山区耕地“非农化”“非粮化”，防止山区良田“经作化”。创建山区健康和可持续的粮食作物生态系统，客观面对山地灾害频发的现实，按照一号文件要求，加大支持山区粮仓作物品种创新与配套栽培关键技术研究，环境、政策、科技、资金“四向”同步牵引山-原、乡-城粮食生产和重要农产品的主控流向，提高山-原、乡-城的输出增量，保障粮食等重要农产品安全要求，稳固全国经济社会发展基础。

加快制定应对山区自然灾害的国家治理制度，通过灾害监测、灾害评估、灾害预警技术系统和政策制度的紧密结合，提高山区对自然灾害的恢复力、适应力，降低山区自然灾害的脆弱性，让山区人民生活更安全。高度重视山区自然灾害的社会治理作用，把山区自然灾害防治制度嵌入复杂的山区社会-生态系统的互动结构之中，构建一个全面系统、协调有效的山区防灾减灾救灾体系。在第一次全国自然灾害风险普查基础上，系统、深化推进山区自然灾害调查、辨识、评估；全面推进山区自然灾害类型、区域数字化建设；全面推进山区自然灾害预案编制和修订；全面建立山区县级应急物资储备仓库；全面实现山区避灾安置场所可视化。构建天地空一体全域覆盖的山区灾害监测预警技术网络，筑牢山区防灾减灾救灾的技术防线。建立与基本实现现代化相适应的山区特色应急体系，全面提高山区依法应急、科学应急、智慧应急能力。

三、典型山区发展模式

（一）长白山区

1. 基本概况

广义的长白山区包括辽宁、吉林、黑龙江三省东部山地及俄罗斯远东和朝鲜半岛诸多余脉，位于121°08′~134°E和38°46′~47°30′N，北起完达山脉北麓，南延千山山脉老铁山，南北绵延1300余km，东西横跨约400 km，总面积约28万km^2（图5.2），行政区划由吉林省22个县（市）、黑龙江省七台河等14个县（市）及辽宁省抚顺等11个县（市）组成。

长白山脉由多列东北-西南向平行褶皱断层山脉和盆、谷地组成，主峰海拔2750 m，中国侧最高峰为白云峰，海拔2691 m，为中国东北地区最高峰。长白山区具有典型的高寒特征，年均气温-7~3℃，年降水量700~1400 mm。土壤垂直分带明显，从低到高主要为暗红色森林土、棕色针叶林土、山地苔原土等。发源于长白山的图们江、松花江、鸭绿江三大水系，组成了中国东北地区的水网，全年径流量达240亿m^3，水力蕴藏量达347万kW。植物种类73目246科2277种，野生动物1225种，属国家重点保护动物有50种。探明矿产80种、500处，其中，鞍山铁矿为全国最大单体铁矿产区，鹤岗石墨矿石储量为亚洲最大。自然景观独特，曾先后被确定为首批国家级自然保护区、首批国家5A级旅游景区及联合国教育、科学及文化组织“人与生物圈计划”自然保留地和世界自然保护联盟评定的国际A级自然保护区。

2. 经济文化特点

长白山区以农产品和林木加工为主导的农业、以观光为主的旅游业特色鲜明。形成了

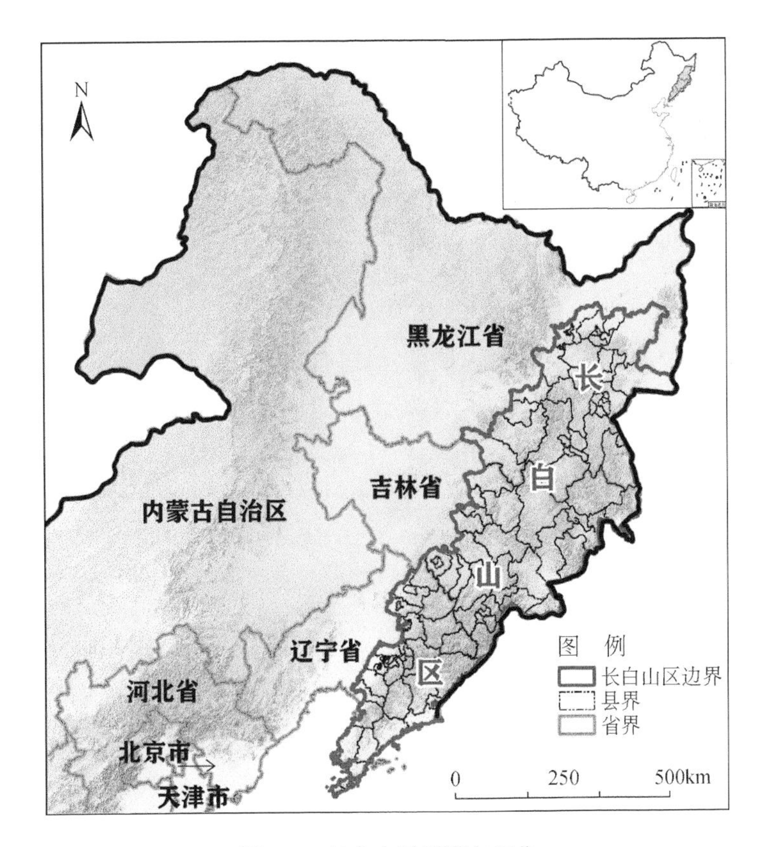

图 5.2　长白山区范围与区位

以人参、蓝莓、黑木耳、木材等产品为主的产业集群；工业以医药、煤化工为主，拥有鞍钢、修正等大型企业，近年来转型升级压力较大；旅游业形成了以长白山景区为核心，高山、温泉、冰雪、森林为景观，度假、康养等多业态协同发展的全域旅游产业区，2019年，旅游人数达到610.7万人次，旅游收入56.1亿元。

长白山被视为满族文化的发祥地，区内至今还沿袭着许多满族的风俗习惯，建有长白山满族文化博物馆。长白山区也是朝鲜族主要的聚居地，据2015年统计，长白山区朝鲜族人口数量为2622人，占长白山总人口的3.8%。

3. 发展思路和对策

转变国内消费群体观念，促使人参食用价值的生活渗透，开发不同消费群体的人参产品。不断加强对“长白山人参”的品牌宣传，树立良好的品牌形象；强化“长白山人参”品牌的使用规范和授权原则，规范人参市场环境（Li et al.，2022）。打造人参研发高地及以人参等特色农产品为基础发展的医药保健产品加工业，加速人参科技成果转化（王士君和马丽，2021）；建设人参产业学院或专业方向，培养专业化人才，促进市场需求、人才培养、人才储备、市场需求的专业人才良性循环；完善农业技术中介体系，加强技术供给和需求关系（盖美等，2022）。

协同编制和实施长白山区蓝莓产业现代化发展规划，并以5～10年为一个规划周期，研判产业发展问题和形势，指导蓝莓产业健康发展。划定种植区域、遴选种植品种、布局发展规模、提高加工比重，提升蓝莓产业竞争力。

建立统一的运营平台管理，加大对龙头企业的品牌宣传力度，打造“长白山蓝莓”品牌，延伸高端产品、高端市场领域，建立蓝莓产业 IP 形象和蓝莓博览园，促进长白山区蓝莓产业的规模化、品牌化的发展。

加快实施“互联网+”行动计划，利用互联网平台和信息通信技术改造人参、蓝莓等特色优势农产品产业，促进新产品、新行业、新业态和新商业模式不断涌现（金凤君，2019）。

重视农产品绿色发展，从资源利用效率、环境影响程度、经济与环境协同、绿色发展关键技术等方面，以数字化管理为手段，对长白山区重点农产品相关产业进行监测与预警，加强山区可持续发展（Zhang et al., 2020）。

4. 案例与亮点

人参是“东北三宝”之一，拥有良好的品质和悠久的种植历史，长白山区被国家称为“中国人参之乡”和“人参产业基地”。同时依托蓝莓引种、栽培、推广、加工科技，长白山区也走出了一条产业发展特色道路。抚松、靖宇、长白、江源、通化、集安、辉南、敦化、安图、汪清、珲春、蛟河、桦甸、临江 14 个县（市）为长白山区人参集中种植地域，其中吉林省总产量占全国的 85%，占全世界总产量的 70%，出口占世界人参总量的 80% 以上（娄红，2015）。2021 年，吉林省人参种植面积 9773 hm^2，产量 3. 89 万 t，产值 600 亿元。长白山区为全国五大蓝莓产区中最适宜蓝莓各项指标要求的优质产区，种植面积 2104. 9 hm^2，产量 9404. 6 t，其中，20% 出口至韩国、日本等国家，25% 制作蓝莓汁和蓝莓酒，15% 提取蓝莓色素。长白山地区是世界上蓝莓两大优势产区之一，也是中国唯一的蓝莓综合性产区（聂文选，2019）。以科技为核心的蓝莓产业发展模式，依托科技联盟形成一条密切合作的产业链条，先后从美国、加拿大、芬兰、德国引入抗寒、丰产的蓝莓优良品种 70 余个，建立 5 个蓝莓引种栽培基地。围绕基地形成了以政府、农民、合作社、企业、产业协会、科研院所等主体为核心的产业发展模式，链条完整，蓝莓产业成为该地区的一块金字招牌。

（二）太行山区

1. 基本概况

太行山区位于华北地区西部，第二阶梯和第三阶梯之间，地理坐标为 34°58′～40°79′N，110°23′～116°57′E。北起燕山山脉，南至晋豫交界处，西邻山西高原，东接华北平原，整体由东北向西南延伸，横跨北京、河北、河南、山西 4 个省（直辖市）（图 5. 3）。

地貌类型多样，平原、丘陵、山地分别占 25. 89%、5. 31%、68. 80%。地势北高南低、西高东低，平均海拔 864 m。西北部以山脉为主，东南部多为中低山和丘陵，东部以平原为主。

气候类型属暖温带大陆性季风气候，夏季受热带海洋季风影响，暖热多雨，冬季在干冷的西伯利亚大陆冷高压影响下，盛行西北风和西风，寒冷干燥，全年总体表现为四季分明，雨热同期。年平均温度为 9～11℃，年平均降水量为 500～530 mm。

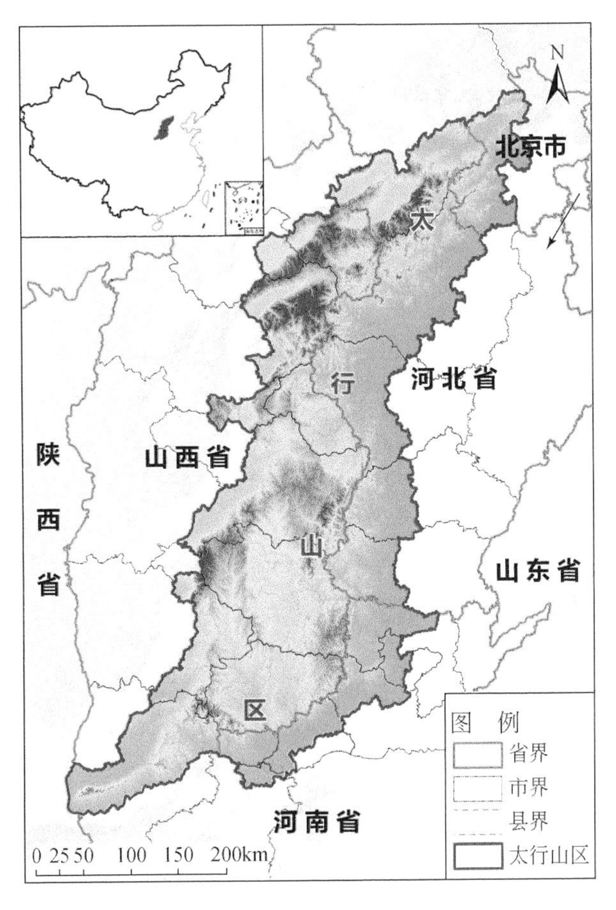

图 5.3　太行山区范围与区位

太行山是我国重要的植被分界线，其东侧的华北平原为落叶阔叶林地带，西侧的黄土高原为森林草原地带和干草原地带。土壤类型主要为石质土、粗骨土、山地草甸土、棕壤、褐土、风沙土、沼泽土、水稻土，土壤较贫瘠，土层极薄，平均不足 15 cm，全年土壤含水量不足 12%，土壤保水性差，水土资源不协调。

2. 发展潜力与制约

太行山区是中国八大林业工程和八大生态脆弱区之一，区内水土流失较为严重、土层薄，自然灾害时有发生，山水林田湖草沙一体化生态保护恢复任务重。人均水资源仅是全国人均水资源的 1/13，近几年降水下降趋势明显，地下水位下降，生态环境面临较大压力。

受历史因素影响，太行山区基础设施水平和服务能力不高，商贸物流网络不完善。面向京津地区的消费市场开拓不够，未能有效承接京津及周边地区产业转移。

太行山区紧邻资金、人才、技术、信息密集的京津冀地区，连接冀中南经济区、太原城市群、呼包鄂榆经济区。京包、京原、大秦、集二等重要铁路和京昆、京藏、京新等国家高速公路贯穿其中，区域经济发展潜力大。

旅游资源种类多、历史沉淀厚重、红色文化影响深远，拥有红旗渠、野三坡、彩塑石刻、娲皇宫等自然人文资源及西柏坡、晋察冀、晋冀鲁豫等红色文化革命圣地，旅游开发潜力大。

3. 发展思路和对策

（1）立足资源和区位优势，大力发展特色农业产业。根据太行山区内黄花菜、万寿菊、黄芪等地方特色农产品品质突出，错季蔬菜、马铃薯、杂粮、食用菌、中药材、肉蛋奶等优势产业带动性强、市场前景好的特点，发挥龙头企业带动作用，深化产业链条，提升产品市场竞争力，大力促进农业绿色化、生态化，成为高效产业、富民产业和幸福产业，促进山区农民致富增收，稳步提升山区经济发展水平。

（2）以红色旅游产业为牵引，带动新兴服务业体系建设。依托丰富的红色文化内涵、深厚的红色基因和生动的记忆，推动红色旅游文化、体育、科技等新兴服务业发展。通过纪念、革命体验、参观红色主题+特色村落等产业，实现景区与周边地区的联动发展，提升景区辐射带动能力，实现“红色+引领各产业”综合发展。引入智能平台建设、“互联网+”营销，做好乡村振兴渠道建设和社会宣传，推动红色旅游资源释放价值与效益，助力乡村振兴。

（3）加强山区资金、人才、技术投入，承接京津地区产业转移。发挥政府主导作用，创造良好的投资环境、政策效应、奖励机制，完善人才引进和培养机制。加强科技创新平台建设，有序引导山区资金、人才、技术的投入，加快连接京津的快速交通体系建设，创新与京津地区的产业协作机制，重点承接文化创意、信息技术、现代物流、装备制造、生物制药、节能环保、金融服务等产业转移（国务院扶贫开发领导小组办公室和国家发展和改革委员会，2012a）。

4. 案例与亮点

围绕保护传承弘扬“太行精神”，激发爱国主义精神，太行山区走出了红色旅游发展的特色之路。武乡县是发展太行革命老区红色旅游的典型代表，在充分挖掘本土革命文化资源的基础上，以“弘扬太行精神、传承八路军文化”为主题，构建了以“两园一剧”为代表的体验型红色旅游景区（于欣，2021），有效传承中华民族精神，振奋当地群众精神面貌，且极大促进了武乡县域经济的发展和百姓致富增收，为推进新时代红色旅游高质量发展提供了启示借鉴。

（1）顶层设计，树立红色文化教育新标杆。以“全景武乡、全域旅游”的大视野作战略指引、运作谋划，编制旅游规划，落实实施方案，突出对红色旅游文化的挖掘，开发“两园一剧”景区，创建“实景演出+生活体验+节庆活动”的动态体验模式，打破传统单一的参观、观光的局限，把缅怀、参与、体验、互动融为一体，既向人们传递了红色精神和红色力量，为红色文化教育树立了新标杆，又产生了巨大的经济效益和社会效益。

（2）完善红色旅游产业支撑体系。不断加大投入力度，积极推进红色旅游基础设施项目建设，逐渐完善饮食、住宿、交通、购物等旅游产业支撑体系建设，提升接待能力和服务水平，带动全域性第三产业的整体化、现代化发展。

（3）打造红色旅游品牌，持续加大宣传力度。促进从“景点旅游”向“全域旅游”转化，将乡村生态、文化、红色旅游与之相结合，建立一批独具地方特色的旅游村落和以体验农村生活为主的乡村旅游品牌。创新载体、节庆搭台、高端入手，从多层次、多方位切入旅游宣传，建设良好的宣传体系。

（4）推动红色文化创意设计，拓展销售渠道。赋予红色产品新的时代内涵，集教育、娱乐、休闲于一体，设计红色文化体验，传承红色记忆。构建红色旅游产业链，打造符合消费者需求的红色旅游产品，拓展红色文化创作的销售渠道，带动地区农业增产、农民增收、农村稳定，巩固脱贫攻坚成果，促进乡村振兴。

（三）吕梁山区

1. 基本概况

吕梁山区地处黄土高原腹地和山西省中西部地区，地理坐标位于34°54′～38°8′N、110°15′～112°32′E，行政区划包括山西省忻州市、吕梁市和临汾市的13个县及陕西省榆林市的7个县（图5.4）。

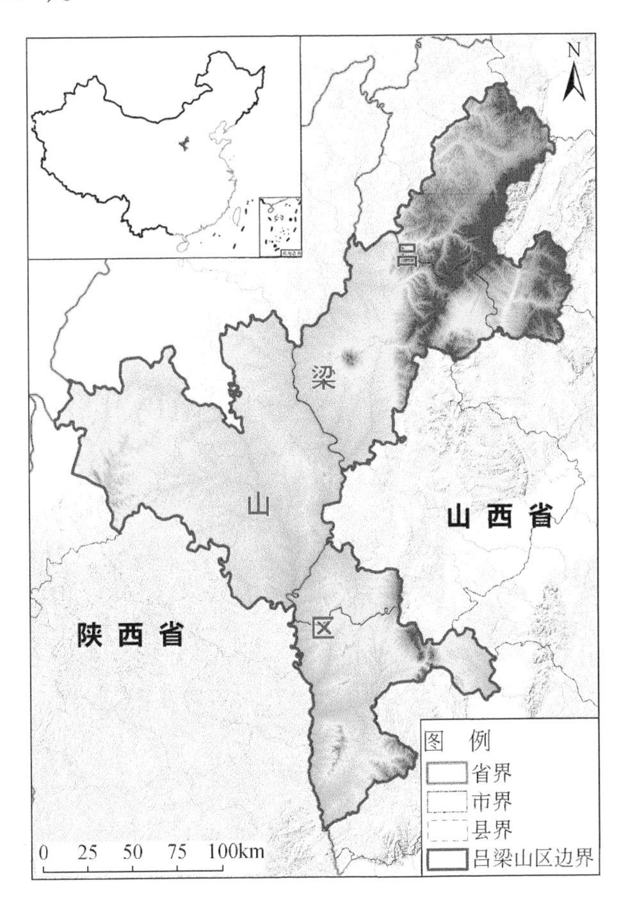

图5.4 吕梁山区范围与区位

地势整体东北高，西部和南部低，地貌类型以墚、峁为主，沟壑纵横，属典型的黄土丘陵沟壑区。地表切割破碎，生态脆弱，自然条件较差，耕地抛荒现象严重。

气候属大陆性半干旱季风气候，夏季暴雨集中，冬季干燥且寒冷，年均气温在6～13℃；年均蒸发量1029～2150 mm，年均降水374～550 mm，6～9月降水量占全年的60%以上，年降水分配不均，十年九旱，不旱则涝。境内河流除黄河外，有无定河、岚漪河、蔚汾河、湫水河和岚河等多条黄河的主要支流，河流下切、短小流急，冲刷作用显著。

植被以温带草原、灌丛草原、落叶阔叶林为主，土壤类型主要为栗钙土、淡灰褐土、灰褐土、淡褐土。

2. 发展态势和特征

生态环境脆弱，沟壑纵横，水土流失较严重。吕梁山区地处黄土高原，沟墚壑交错、黄土堆积深厚、土质疏松、地表破碎、土壤瘠薄、植被稀少、降水集中，水土流失严重，生态环境脆弱。区内20个县均属于全国严重水土流失县，其中17个县被纳入限制开发的黄土高原丘陵沟壑水土保持生态功能区。人均可利用水资源量少，仅相当于全国平均水平的29.4%（国务院扶贫开发领导小组办公室和国家发展和改革委员会，2012b）。

经济发展水平尚有差距，巩固脱贫攻坚成果与乡村振兴衔接任务重。2020年区内人均GDP为35 026.30元，低于全国平均水平72 371元，人均居民可支配收入15 801.97元，为全国平均水平的49.09%（山西省统计局和国家统计局山西调查总队，2021；陕西省统计局和国家统计局陕西调查总队，2021），农村人口多、面积大，巩固脱贫攻坚成果与乡村振兴衔接任务重。

吕梁在推动脱贫攻坚和生态治理两场战役中，探索出了购买式造林、合作社造林、贫困群众管护等模式，走出了一条增绿与增收的双赢之路。作为革命老区，境内有文物古迹5901处、世界级非物质文化遗产1项、国家级非物质文化遗产15项，红色旅游发展潜力大。

“生猪、肉牛、食用菌、杂粮、马铃薯、药茶、红枣、核桃”八大产业优质高效发展，为乡村振兴注入内生动力。临县红枣、岚县土豆、汾阳核桃、文水牛肉、吕梁山猪、吕梁杂粮等一批名特优功能食品知名品牌迅速在全国打响，产业链条不断延伸，持续巩固拓展脱贫攻坚成果，正从“连片贫困”奔向“乡村振兴”。

3. 发展思路和对策

（1）生态移民与生态建设相结合，改变生态致贫现状。通过生态移民，实现退耕还林，改善片区生态环境，增加片区森林覆盖率，提升自然环境自我修复能力。针对水土流失严重、自然灾害频发现实，开展“山水林田湖草沙”一体化保护修复，着重生态移民与生态建设结合，有效改善山区生态环境，改变生态致贫现状。

（2）优势资源开发与特色产业基地相结合，让百姓得到实惠。在优势资源开发利用进程中同步推进城镇化、农业现代化，重点支持果品、杂粮、畜禽、蔬菜和旅游等带动能力强、比较优势突出、增收惠民效益明显的产业发展，建设沿黄特色农业产业带，做大做强红枣、核桃、杂粮、苹果、马铃薯等地方特色优势产业（国务院扶贫开发领导小组办公室和国家发展和改革委员会，2012b），拓宽就业渠道，完善就业服务，让农民致富增收，让百姓得到实惠。

（3）旅游资源整合与基础设施建设相结合，提升公共服务能力。加强伞头秧歌、二人台、信天游、民乐鼓吹、三弦书等民间非物质文化遗产的保护与传承。挖掘黄河文化、红色文化、陕北民俗文化内涵（国务院扶贫开发领导小组办公室和国家发展和改革委员会，2012b），加强旅游资源整合和旅游产业区域合作，培育文化产业龙头企业，构建旅游开发协作网络。完善基础设施建设，提升公交和城乡客运的基础设施条件，完善基本公共服务体系，提高信息化服务水平。

4. 案例或亮点

忻州市是吕梁山区“易地扶贫搬迁”典型代表，被国务院办公厅发布通报评为易地扶贫搬迁后续扶持工作成效明显的地方，为推进“区域发展带动扶贫开发、扶贫开发促进区域发展”提供了启示借鉴，形成了吕梁亮点。

（1）实施易地搬迁大工程，制订行动计划。忻州共安置3.44万户8.45万人，其中整村搬迁810个村，有6.8万人选择集中安置。聚焦“人、钱、地、房、村、树、稳”7个问题，严格落实精准识别对象、新区安置配套、旧村拆除复垦、生态修复整治、产业就业保障、社区治理跟进“6环联动”（张佳敏，2018），从源头上切实解决生态退化、生产落后、生活贫困并形成互为因果的恶性循环问题，改善生产生活条件，促进农户增收致富，提升内部造血功能。

（2）创建“五化五全”易地扶贫搬迁后续扶持工作机制，提高了搬迁群众的获得感、融入感、归属感。强化体系建设，双重管理全贯通。以城镇集中安置区先行示范，探索城镇集中安置区实行城市社区治理、农村集中安置点推行乡村社区治理的新路径。深化社区治理，平稳过渡全融合。完善社区自治、法治、德治、数治、善治“五治合一”的社区治理体系，出台《忻州市2022年巩固提升易地扶贫搬迁安置区社区治理专项行动方案》，全力保障融入新区的各项服务，全面提高搬迁群众的社会归属感和身份认同感。细化两地权益，后续保障全覆盖。梳理明确搬迁群众应享有的政治、经济、文化教育、社会保障四大类23项权益，厘清迁出地和迁入地的权益保障边界和范围，确保搬迁群众享有的各项权益有人落实、不悬空、不漏项。实化支撑举措，“两业”转型全提速。把产业、就业作为保障搬迁群众生计的关键举措，培育增收产业，保障稳定就业，实现搬迁群众稳定增收。优化工作机制，责任落实全跟进。压紧压实各级各项帮扶责任，建立行业部门之间和乡镇、社区之间的联动机制，把搬迁后续扶持工作作为巩固拓展脱贫成果重点通报内容和重要考核依据。

（四）祁连山区

1. 基本概况

祁连山区地处青藏、蒙新、黄土三大高原交会地带，位于青藏高原东北缘，是中国地形第一阶梯与第二阶梯的分界线（王娅等，2021），由多条西北–东南走向的平行山脉和宽谷组成，面积约15.95万km^2（图5.5）。地势由东北向西南逐渐升高，最高海拔5800 m，现代冰川发育。气候属典型大陆性气候，太阳辐射强，日夜温差较大，冷季长，暖季短，干湿分明，气温和降水垂直变化明显，年均气温4℃以下，年均降水量400 mm（邱丽莎等，2020）。

区内石羊河、黑河、疏勒河、青海湖、大通河–湟水河等河湖水系滋养并造就了张掖、武威、酒泉、玉门和敦煌等绿洲文明和富饶的河西走廊（潘春芳等，2021）。

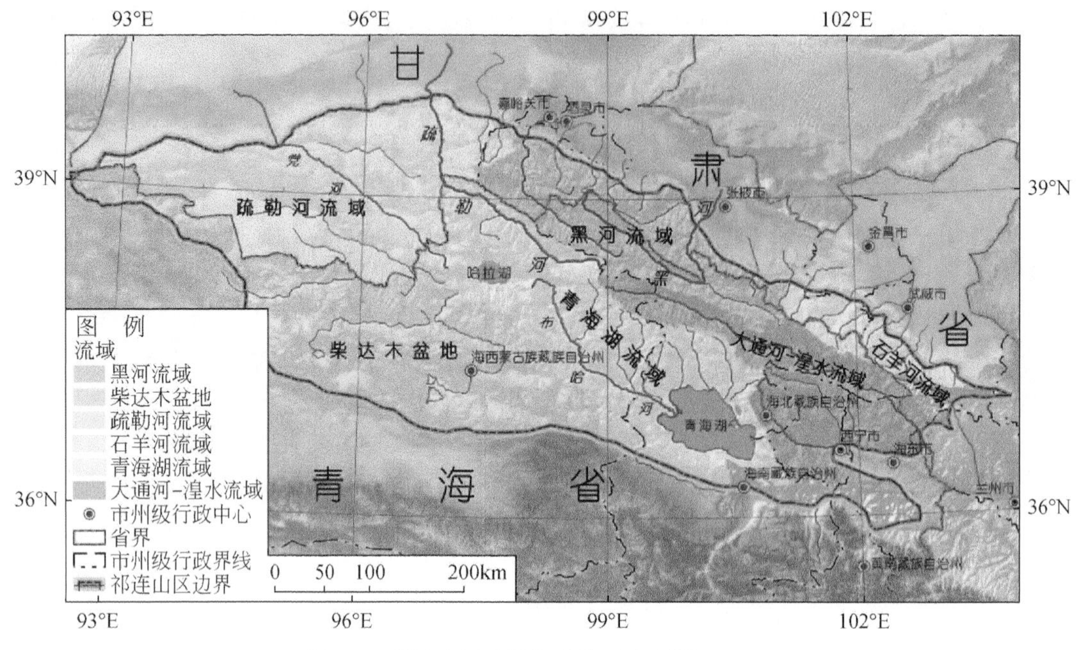

图 5.5　祁连山区范围与区位（李新等，2019）

祁连山景观优美，生物多样性丰富，是我国 32 个生物多样性保护优先区之一（环境保护部，2011），也是世界高寒种质资源库和野生动物迁徙的重要廊道（李新等，2019）。涵盖冰川、寒漠、冻土、草甸、森林、草原、农田、水域、荒漠等复合生态系统（汉瑞英等，2022），景观丰富，矿藏富集，玉门、嘉峪关等工业城市盛名。

祁连山区涉及甘肃武威、金昌、张掖、酒泉 4 市，天祝、肃南、古浪、凉州、永昌、山丹、民乐、甘州 8 县（区），及青海海北、海西、海东、西宁的大通、民和、乐都、互助、门源、祁连、刚察、德令哈、柴旦、天峻 10 县（区）（图 5.5），常住人口为 862.1 万人。

2. 区域特点

地理与历史意义深远。自西汉以来这里就是内地通往西部牧区至西藏的重要通道，也是汉、藏等民族经济、文化交流的重要集聚地。是欧亚大陆主要的衔接通道，是陆上丝绸之路的要冲，经过千年沃养，形成了汉、藏、回、蒙古、撒拉等多民族融合的局面（谢丽丽，2021）。

针对资源开发粗放、过度放牧等人类活动影响，2017 年批准建立祁连山国家公园（试点），2018 年原国家林业局会同甘肃、青海两省印发《祁连山国家公园体制试点方案》，进一步明确试点目标要求和任务分工，创新矿权退出机制，探索生态保护与民生改善协调发展新模式。

祁连山区基本形成以下几类主要发展模式：农牧基础型。畜牧业是祁连山地区最重要的产业之一，也是广大农牧民赖以生活的传统产业。各县多以传统的农牧业和种植业为主，经济结构单一，经营方式比较粗放，缺乏龙头企业和经济联合社，产业集聚效应低（尚海洋和宋妮妮，2021），农业生产效率不高，加工附加值不足。

旅游服务型。尽管形成以“乡村旅游经济+”为一体的综合旅游服务链，但旅游产品结构比较单一，一二三产融合度不高，同质化较为严重。

资源驱动型。按矿设企、因企设市、以产带城是祁连山区资源驱动的主要类型。但因矿产资源有限和不可再生性，边际收益逐渐减少，资源型产业、企业、城镇转型升级压力大。

生态协同型。例如，八步沙林场通过“群众主动治沙—沙产业开发—收益用于治沙”的良性循环模式，实现了沙漠区域的可持续发展（新华社中国经济信息社，2022）。国家公园境内行政村以“村两委+”为基础参与社区共建共管共享机制，设立生态学校和生态课堂，打造自然教育平台。

1. 发展思路和对策

（1）坚持生态优先，强化资源管控。全面加强生态文明建设，统筹山水林田湖草沙冰系统治理，促进经济社会全面绿色转型。落实主体功能区划，探索推进祁连山地区红线政策战略环评（晋王强等，2019）。加强重点生态空间分类保护和分级管制，保持草畜平衡，实行湿地分级管理，开展重点矿产、水电资源开发区域生态建设与修复（方志，2022），提升水资源利用效率，进一步推进祁连山地区矿业转型升级与绿色发展。

（2）产业转型升级，构建生态经济体系。加快传统产业转型升级和绿色生态产业培育，因地制宜发展生态经济等绿色产业。把戈壁农业作为加快绿色农业转型升级的突破口和着力点，建立现代农业生态示范园区，构建“种—养—菌—肥”一体化的绿色循环农业生产体系（晋王强等，2019），扩展瓜果、蔬菜和畜牧产品的中亚、西亚、南亚市场。以高原夏菜、高山细毛羊、高原牦牛等绿色农产品深加工企业为核心，搭建“产学研”一体化合作平台。充分利用区域丰富的风能和太阳能资源，建立风电和光电基地，推动新能源及新能源装备制造产业全产业链发展。深挖冰雪资源，打造精品冰雪旅游项目。

（3）创新保护机制，推进国家公园建设。运用新一代信息技术手段，建立基于国家公园本底资源一张图的资源管护机制（吕志祥和赵天玮，2021），为国家公园内自然资源管护、确权、调查监测等科学决策和准确预测提供有力的信息支撑。合理确定跨省协同保护的重点内容（马芳，2022），加强国家公园跨界合作，促进生态系统完整性保护。

2. 案例和亮点

金昌市地处祁连山北麓、甘肃省河西走廊东段，总面积7566.4 km^2，为古丝绸之路的重要节点城市，河西走廊主要城市之一，因盛产镍矿被誉为“祖国的镍都”，属于典型的资源型工矿城市。近年来，随着“双碳”战略和限制“两高”项目盲目发展等一系列政策的实施（卢硕等，2020），金昌市面临着不可再生资源保有量持续减少、产品附加值较低等发展困境，传统产业难以为继。对此，金昌市委提出“两区两城两融合”的发展思路，聚力打造镍铜钴新材料产业创新聚集区、构筑“菜-草-畜”高品质现代特色农业示范区（邢文婷和马登攀，2021），走出了城乡、市企融合发展之路。

（1）打造新材料产业集群，发展新型接续产业。积极实施“风光储一体化”和“源网荷储智一体化”示范工程，发展电池产业所需的镍、铜、钴、锰、铁、锂及磷酸等原材料本地化率达65%。以金川集团为指引，凝聚产业核心竞争力，打造镍钴资源综合利用国家重点实验室、物流信息互通共享技术及应用国家工程实验室，形成自主知识产权，推动镍、铜、钴冶金装备、工艺和能源体系全面向绿色低碳、短流程、高效率转型，突破“卡脖子”技术难题。以甘肃金拓锂电新能源有限公司为代表，强链补链，建设全智能自动化储能电池及动力电池生产线（昝琦等，2022），填补甘肃省新能源领域高新技术产业空白。

（2）构建“菜-草-畜”农业体系，助力农业转型升级。紧跟市场需求，大力调整农业产业结构，形成菜以市场带动、草以组织牵引、畜以肉奶品深加工为联结的新型菜草畜特色产业（金昌市统计局，2021）。2021 年菜草畜产业实现产值 56.2 亿元，三大特色产业对收入的贡献占 44%（董敏瑶和孔陇，2022）。打通蔬菜冷链物流，着重培育优质高原夏菜产业，按梯次播种，形成错位上市，拉长蔬菜生产供应档期，弥补东南沿海夏季蔬菜供应的缺口，促进全国蔬菜均衡供应，开通“高原夏菜”冷直供全国专线，已成为全国西菜东调的重要商品蔬菜基地。

（3）培育多元旅游产品，文旅融合，聚人气，促发展。金昌市作为“祖国的镍都”，建成了中国首个航天实景生存体验基地——“火星 1 号基地”，通过科普研学让航天文化走进青少年的视野（曹燕，2022）。基于独特的光热条件，种植薰衣草 300 多万株，积极打造“东方普罗旺斯”，不断聚集城市人气，金昌也因此跨入全国宜居城市百强行列（马如娟等，2022）。

（五）青藏高原

1. 基本概况

青藏高原北起帕米尔高原北缘山地、西昆仑山-阿尔金山-祁连山山脉北麓，南至兴都库什山-喜马拉雅山脉-横断山脉南缘，西到帕米尔高原西缘和兴都库什山脉西端，东抵横断山脉东缘。地理坐标为 25°59′~40°1′N、67°40′~104°40′E，平均海拔约 4320m。范围跨越中国、印度、巴基斯坦、塔吉克斯坦、阿富汗、尼泊尔、不丹、缅甸、吉尔吉斯斯坦 9 个国家。其中，我国境内面积 258.13 万 km^2，占高原总面积的 83.7%，行政区划包括青海、新疆、四川、甘肃、云南等省（自治区）(张镱锂等，2021)。

2. 区域特点

景观独特，生态类型齐全。覆盖季风性和大陆性两大山地垂直带谱系统，拥有诸如热带雨林、亚热带常绿阔叶林、山地针叶林及寒温带暗针叶林等多种森林生态系统类型，囊括几乎从赤道到南北极世界上所有的生态类型（郑度和赵东升，2017）。

地球同纬度最寒冷的地区，是全国的低温中心之一。最低月均温-10~-15℃，气温日变化大、辐射强，大部分地区总辐射超过 5000MJ/(m^2·a)，比同纬度低海拔地区高 50%~100%（郑度和赵东升，2017）。

大江大河的主要发源地。长江、黄河、澜沧江、怒江、雅鲁藏布江等世界著名大河发源于此，是中国湖泊面积最大、最集中地区之一（郑度和赵东升，2017；姚檀栋等，2017，2019）。

中国现代冰川和冻土的集中分布区。发育有现代冰川 36 793 条，冰川面积 49 873.44 km^2，分别占中国冰川总数的 79.4% 和 84.0%。冻土分布广泛，多年冻土面积约 150 万 km^2，占中国冻土总面积的 70%，是目前世界上中低纬度厚度最大、面积最广的多年冻土区（郑度和赵东升，2017）。

动植物资源极为丰富。整个青藏高原有维管植物1500属12 000种以上，占中国维管植物总数的40%；陆栖脊椎动物有343属1047种，占全国的43.7%。包括藏羚羊、雪豹、黑颈鹤、白唇鹿等国家一级保护动物38种，占全国一级保护动物的36.7%（郑度和赵东升，2017）。

地广人稀，城镇化水平低。青藏高原涉及西藏、青海、四川、云南、甘肃、新疆等省（自治区）212个县，2020年常住人口1783.26万人。第七次人口普查显示，2020年青藏高原常住人口城镇化率达到47.4%，较2010年增长12.8个百分点，但城镇化率仍低于全国平均水平（方创琳，2022）。

历史悠久，农牧业独具特色。7世纪开始，吐蕃即藏民族成为青藏高原居民的主体（魏明孔，2019）。高寒草地占青藏高原总面积的59.28%，是中国乃至亚洲的重要牧区之一（张镱锂等，2013），拥有133个牧区与半牧区县，占全国总量的50.38%，畜牧业主体性、独特性强（王立景等，2022）。

3. 发展思路与对策

按照中央要求，建设生态文明高地。2021年习近平总书记在视察西藏工作时强调把生态脆弱的高原保护建设成生态文明的高地，是党和国家新时代赋予西藏的新使命和新要求。按照这一要求，持续优化实施青藏高原重大生态工程，支撑生态文明高地建设目标（傅伯杰等，2021）。

服务国家“双碳”目标，体现青藏高原重要地位。依托高原水能资源居全国首位的优势，太阳能、风能、地热能极其丰富的基础，建设国家清洁能源基地，通过高原能源生产-消费-固碳三端并进的碳源汇核算及预估技术体系建设，服务国家“双碳”目标（丁仲礼，2022；陈发虎等，2021）。

建立灾害监测预警体系，提升高原重大自然灾害监测与识别能力。针对滑坡、泥石流、山洪、冰湖溃决等自然灾害多发频发（邬光剑等，2019），重大基础设施建设工程从勘察设计、施工建设到运行维护具有高难度和高风险的特点，需建立灾害监测预警体系，系统监测重大自然灾害“孕育—形成—运动—链生—成灾”的全过程，提升高原重大自然灾害监测与识别能力（崔鹏等，2017）。

保护传统生态文化，提升居民生计能力。保护高原各族群众在长期生产实践中凝练出的与自然环境和谐相处的传统生存智慧与本土生态知识结晶，弘扬高原生态文化。降低环境变化对高原居民生计的影响和冲击，提高高原居民适应气候变化、增进生计持续的能力（方创琳，2022）。

4. 案例与亮点

2015年12月，中央全面深化改革领导小组第十九次会议审议通过了《中国三江源国家公园体制试点方案》，提出通过体制试点，把三江源国家公园建设成为生态文明先行示范区，走出一条具有中国特色的生态文明建设新路。2018年国家发展和改革委员会印发《三江源国家公园总体规划》，进一步明确了三江源国家公园建设的基本原则、总体布局、功能定位和管理目标等。2021年三江源正式进入我国首批（5个）国家公园名单。三江源国家公园是青藏高原国家公园群的典范代表，其建设和发展历程对于推动我国生态文明战略实践具有重要启发（邵全琴等，2017；樊杰等，2017）。

(1) 机制先行和执法监管。组建三江源国家公园管理局(筹),通过机构整合,形成以管理局为龙头、管委会为支撑、保护站为基点、辐射到村的全新管理体制。新组建的三江源国家公园管理局负责三江源国家公园体制和健全国家自然资源资产管理体制“双试点”,行使相应管理职责。成立省、州、县三级体制试点领导小组,建立职责明确、分工合理的三江源国家公园共建机制。积极推进服务和保障三江源国家公园建设专项检察工作,设立第一个生态法庭,为三江源国家公园生态环境保护提供有力司法保障。出台《三江源国家公园条例(试行)》,为依法建园提供法律保障。出台《关于实施〈三江源国家公园体制试点方案〉的部署意见》《三江源国家公园科研科普活动管理办法(试行)》《三江源国家公园生态管护员公益岗位管理办法(试行)》等8个规范性文件,对我国国家公园制度建设起到了示范作用(毛江晖和孙发平,2020)。

(2) 强化区划编制和空间管控。按照各类保护地管控要求,对地理区域和生态功能“双统筹”,明确划分核心保育、生态保育修复和传统利用区功能。严格空间分类管控,严格维护核心保育区大面积原始生态系统的原真性;强化传统利用区用地限制线和草畜平衡;人工干预生态保育修复,维护高寒生态系统持续健康稳定,全面提高水源涵养功能(毛江晖和孙发平,2020)。

(3) 探索制定国家公园管理标准体系。本着依法建园、依规建园、开放建园、科学建园、标准化建园的理念,通过标准化体系建设,促进三江源国家公园管理规范化、制度化。研究制定《三江源国家公园管理规范和技术标准指南》及引用标准汇编(Ⅰ、Ⅱ、Ⅲ册),制定发布《三江源国家公园标准体系导则》等地方标准,为改革和创新三江源国家公园建设、运营和维护等标准的建立打下了坚实基础,标准化体系建设进入规范化、常态化轨道(孙发平和张明霞,2020)。

(4) 以大工程遏制生态退化趋势。以大工程促进大保护,2013年圆满完成三江源自然保护区生态保护和建设一期工程,2014年全面启动二期工程,两期工程无缝对接,总投资达230亿元,解决了13.2万人饮水安全问题,配发太阳能光伏电源4.08万户,培训各类人员15.3万人次,搭建生态监测、人工增雨体系平台,开展科研课题研究及应用推广等,有效遏制三江源区生态持续退化的趋势。以大保护促进大修复,通过实施草地、森林、湿地等生态系统保护和建设工程,三江源生态系统退化趋势得到遏制,生态服务功能和综合效益进一步凸显(孙发平和张明霞,2020)。

(5) 建立全方位科技支撑体系。高起点、高标准建设中国科学院三江源国家公园研究院,成立研究院理事会(毛江晖和孙发平,2020)。建成三江源国家公园生态大数据中心和覆盖三江源地区重点生态区域的“天空地一体化”监测网络体系,完成《三江源国家公园野生动物本底调查工作报告》,首次形成三江源国家公园陆生脊椎动物物种名录,精细绘制藏羚羊、棕熊、野牦牛、岩羊、雪豹、盘羊、狼、藏狐、藏野驴、藏原羚等优势兽类物种分布图及猎隼、金雕、胡兀鹫、鹗、黑颈鹤、大鵟、白肩雕等优势鸟类物种分布图(王小英,2021)。

(6) 探索人与自然和谐共生新模式。设置公益性生态管护岗位,探索生态保护和民生改善共赢之路,将生态保护与牧民充分参与、增收致富相结合,多措并举实施生态保护设施建设、发展生态畜牧业,实现生态、生活、生产三者共赢的良好局面。探索野生动物肇事补偿机制，颁布实施《青海省重点保护陆生野生动物造成人身财产损失补偿办法》，有效化解人兽冲突问题，设立家畜保险基金，激发社区群众自我管理家畜的动力，开辟人与动物和谐相处的新愿景（毛江晖和孙发平，2020）。

（六）大别山区

1. 基本概况

大别山坐落于湖北、河南、安徽三省交界处（图5.6），西接桐柏山，东延霍山和张八岭，东西绵延约380 km，南北宽约175 km，是我国革命老区之一。核心区范围涉及信阳、六安、安庆、淮南、黄冈、孝感6市，河南东南的商城、光山、罗山、固始、潢川，湖北东部的红安、麻城、罗田、浠水，及安徽西部的霍山、霍邱、潜山、太湖、宿松等28个县（市）（陈爱，2019）。地质构造较为复杂，属淮阳“山”字形构造体系的脊柱，为秦岭褶皱带的延伸。地势北高南低，依次出现中山、低山、丘陵，并以中山为主要特征，面积约占大别山区的15%。大别山属北亚热带温暖湿润季风气候区，气候温和，雨量充沛。温光同季，雨热同期，年平均气温12.5℃，降水量1832.8 mm。土壤以黄棕壤、山地黄棕壤为主，垂直分异明显。海拔800 m以下为黄棕壤，800～1500 m为山地黄棕壤，1500 m以上为山地棕壤。

图5.6 大别山区范围与区位

大别山是中国特有珍稀濒危野生动植物的集中分布区，为连接华东、华北和华中三大植物区系的纽带。分布有中国植物特有属23属，国家重点保护的野生植物18种，其中国家一级保护植物有南方红豆杉，国家一级保护动物7种，国家二级保护动物20种。大别山是中国茶叶主产区，是长江与淮河的分水岭，拥有国家5A级旅游景区3处，国家森林公园13处，国家水利风景区24处，国家级自然保护区4个，拥有天柱山、黄冈大别山等世界地质公园。

2. 区域发展特点

经济发展速度较快，但整体水平仍较低。2019年，大别山区GDP为6470亿元，人均GDP为28 298元，为全国平均水平的40%。自2015年《大别山革命老区振兴发展规划》实施以来，人均可支配收入由2015年的7120元增长至2019年的14 236元。

革命老区、红色文化氛围浓厚。大别山区是中国共产党早期建党活动的重要驻地，是"黄麻起义"的策源地和鄂皖豫革命根据地的中心，被誉为"两百个将军同一个家"，红色文化氛围浓厚。抗战时期，李先念率新四军第五师组织了著名的中原突围，揭开了解放战争的序幕。解放战争时期，刘邓大军千里跃进大别山，赢得了高山铺战役的重要胜利，为转入全国性的战略进攻奠定了基础。

3. 发展思路和对策

（1）完善红色景区及周边基础设施建设。加强湖北、河南、安徽三省交通运输部门的协作互商，高标准贯通连接三省的省际出口路、断头路等。以串联县级行政中心为主要目的，修建大别山区内部高速公路网和高级别旅游公路，加快京九高铁阜阳至黄冈段、沿江高铁武汉至合肥段等项目建设步伐。围绕红色旅游核心区，升级改造红色旅游景区、景点，完善景区内部配套服务，提升服务水平，满足游客多样需求的同时，应对建设用地扩张进行严格审批和监管，以防对生态环境造成过度的负面影响（Zheng et al.，2021）。

（2）加强红色旅游资源与网络技术的融合。应用网络技术，体现红色旅游体验的本体性、交互性、沉浸性，放大游客的感官，延伸游客的观感，助力旅游经济的发展兴盛。同时，把握网络营销主动权，加强对大别山区旅游的网络宣传，提升大别山知名度（汪安梅，2018）。

（3）促进红色旅游资源与教育教学相结合。充分发挥旅游对教育效用的带动作用，依靠具有特色的地质地貌景观和红色旅游资源，以研学旅行、干部培训、爱国教育等形式相结合，打造跨省的特色教育旅游示范区（Deng and Zou，2021）。

（4）整合红色景区及旅游资源，打造红色旅游的综合产业链。充分挖掘和整合不同旅游资源间的内在关系，建设"红色旅游+自然生态旅游"、"红色旅游+历史文化旅游"整体性、合营性服务，形成旅游共同体。以红色旅游为核心，挖掘红色旅游新功能、新价值，发展红色旅游中的共享经济新业态，打造红色旅游的综合产业链，建设以红色旅游为核心的融合型乡村旅游（张春燕等，2022）。

4. 案例与亮点

作为国家十二大红色旅游区之一，形成了以下主要发展模式。

"红""绿"融合发展模式。以红色旅游为核心，依托绿色旅游成为推动旅游产业整体发展的重要动力。实现"红色搭台、绿色唱戏"，增加红色旅游吸引力。

"红""馆"整合发展模式。以具有历史意义和教育意义的纪念馆、博物馆、故居为载体，促进"红""馆"整合发展，实现红色文化参观、红色教育基地建设双向目标。

"红""古"联合发展模式。通过体验式红色拓展（走一走红军路）、专题教学（听一听红色故事）、现场教学（重温入党誓词）、音像教学（唱一唱红军歌）、互动访谈（走进光荣院慰问老兵）、社会实践（走进大山深处）、扶贫支教（走进留守儿童小学）、红色研学（让城市的孩子与山里娃结对）等系列服务，寓史于理，寓史于情，有效融合红色旅游与民俗文化旅游，体验红色文化和区域民俗文化。

"红""网"结合发展模式。借助"互联网+"方式，推出"云打卡"旅游服务项目，构建大别山"云上"红色文化旅游资源展览馆（数据库）。通过动画互动，让固定的文物"活起来"，还原文化本质，提高参观群众的参与感和游览过程的趣味性。利用短视频平台，用创意、美观和新奇打动网络受众。

（七）秦巴山区

1. 基本概况

秦巴山区西起青藏高原东缘，东至华北平原西南部，秦岭和大巴山脉夹汉水河谷构成了秦巴山区山地丘陵的地貌主体（图 5.7），气候类型多样，年均降水量 450 ~ 1300 mm，地跨长江、黄河、淮河三大流域，是国家重要的生物多样性和水源涵养生态功能区（徐海涛，2019）。下辖陕西、四川、湖北、河南、甘肃和重庆 6 省（直辖市），涵盖 22 个地市 110 个县，总面积 28.8 万 km^2，约占我国国土面积的 3%。

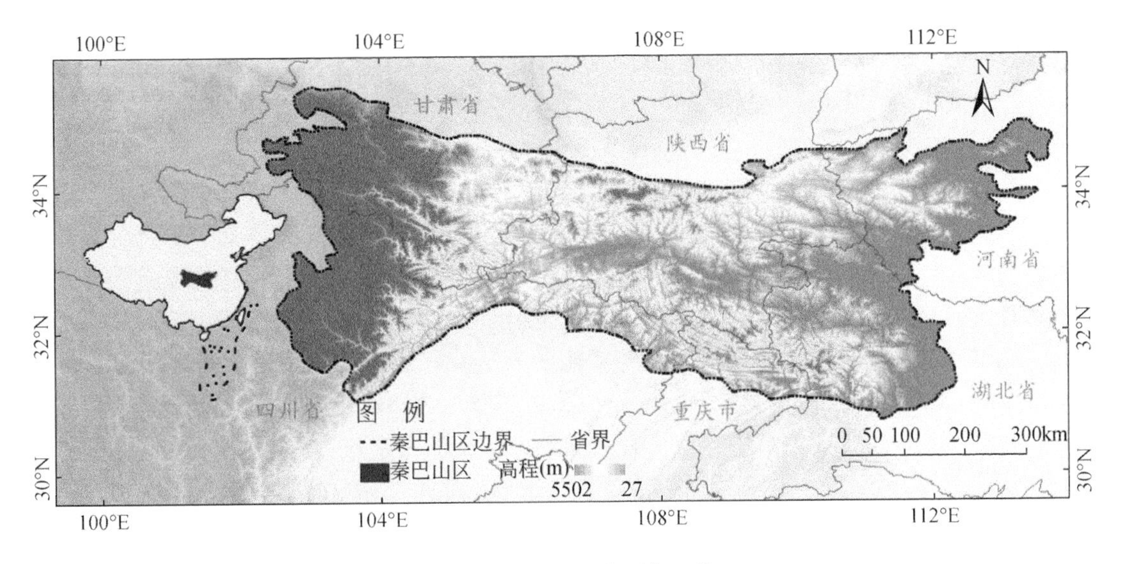

图 5.7 秦巴山区范围与区位

2. 区域特点

秦巴山区植被区系成分复杂，以暖温带落叶阔叶林为优势种群，以北亚热带常绿阔叶林、落叶阔叶林的混交林为主要植被类型，是重要的"绿色生物资源基因库"和"中药材之乡"。分布种子植物 3000 余种、野生动物 400 多种，包括国家一级保护动物大熊猫、朱鹮等。65% 的中药材分布于陕南的秦岭和大巴山山区，是中药材种类和产量最多的地区，品种多，分布广，储量大。

秦巴山区承担南水北调中线水资源供给重任，是淮河、汉江、丹江、洛河等河流发源地，为南水北调中线工程水源地、国家一级水源保护区。自然灾害频发，坡耕地占比高。崩塌、滑坡、泥石流、山洪、水土流失等山地灾害分布广，活动频繁，对社会经济发展稳定和安全影响显著。

经济发展水平与全国存在落差。2018 年农村和城镇居民人均可支配收入分别为 10 869 元和 26 827 元，相当于同期全国平均水平的 76% 和 68%。产业结构不够完善、产业支撑力弱。

3. 发展思路与对策

（1）依托特色农产品基础，促进农业品牌化。夯实油橄榄、核桃、油茶、板栗、猕猴桃、食用菌、茶叶、魔芋、杜仲、天麻、贝母等优势农产品基础。重点开发富硒农产品，培育特色山珍、道地中药材、山地杂粮、生态畜牧产品等特色产品品牌，走特色和品牌化农业发展之路（陈磊等，2018），牵引农业提档升级。

（2）延伸产业链，深耕优势工业高质发展。以十堰汽车产业为依托，发展商用车整车制造及微型车、新能源汽车、专用汽车制造和汽车零部件生产，建设国内重要的汽车产业基地。依托汉中装备制造业产业基础，以飞机制造和大型数控机床为重点，全力打造具有较强竞争力的航空等装备制造产业基地。引进高新技术和现代制药企业，加工转化杜仲、天麻、连翘、丹参、绞股蓝、当归、黄姜、山茱萸、金银花、西洋参、秦艽等中药材，打造“秦巴药乡”品牌（方敬尧，2022）。利用现代生物提取技术，建设中药饮片和医药中间产品提取生产线。强化资源清洁生产与综合利用，建设国家尾矿资源综合利用产业基地、精细磷化工产业基地、天然气精细化工业，提高资源开发和就地转化水平，建设国家天然气综合开发利用示范区。

（3）文旅融合，协同放大旅游民生大功能。以世界文化遗产、国家风景名胜区、国家级森林公园为依托，融合历史文化、红色文化、道教文化、河洛文化、民俗文化，构建秦巴山区大旅游产业圈、协同放大旅游民生大功能。大力改善旅游场所的基础设施，提高旅游场所的接待和服务水平，使旅游环境更加个性化、更加舒适化、更加便利化（彭和刚，2022）。推动公共服务进旅游场所，统筹实施一批文化和旅游惠民项目。推动旅游业由单一经济导向向社会化导向转变，使旅游业成为更加贴近百姓的幸福产业、惠民产业（王慧敏，2015），使全区人民能够平等地享有公共休闲产品和服务。

（4）实施基础设施强化工程，提升可持续发展支撑力。构建十堰、汉中、广元等国家公路运输枢纽，形成纵贯关中-天水经济区与成渝经济区、横接中原经济区和武汉城市圈、通江达海的交通运输主通道。针对土地和农业“小而散”特点，加大农业生产基础设施建设投入，通过改坡、活土、固坝，实施土石山区、丘陵地区的坡改梯，改善和增加活土层厚度，全面推动秦巴山区高标准农田建设。改造提升农村水、电、路、厕等基础设施，让农村的容颜变美，生产性和服务性功能变强。

4. 案例与亮点

青川县位于秦巴山区西南缘，白龙江下游，四川、甘肃、陕西三省结合部，位于《全国主体功能区规划》确定的国家重点生态功能区——秦巴生物多样性生态功能区内，是长江流域的重要生态屏障，唐家河是国宝野生大熊猫的重要保护区，白龙湖被誉为“西南第一湖”。青川县全县森林覆盖率达74.01%，划定生态保护红线面积1042.1 km^2，全县自然保护地1179.28 km^2，占全县面积的36.67%，可开发利用的国土空间占比较小，生态保护任务重、责任大。青川县委县政府紧密围绕建设“生态康养旅游名县、生态经济先行县、生态文明示范县”和“生态青川、美丽家园”的战略目标，一以贯之坚持生态保护与社会经济发展相协调，做出了青川特色、形成了青川亮点。

（1）勇担保护责任，让有限的国土开发空间焕发无限的生态经济活力。针对保护责任大、空间约制强，转变理念，创新思路，以“有限国土开发空间”换取“无限生态经济活力”，用好山水资源、擦亮生态底色、激活生态资产。抓产业调结构，抓创新促升级，以青川特色山珍、优质山泉、道地药材等资源为本底，依托孔溪小企业创业园、木鱼生态科技产业园，加快传统食品饮料产业转型升级，打造精深加工产业集群，提高可开发利用国土空间的产出效率（王梓菡，2021），2021年规上工业总产值实现61亿元，同比增长19.6%。全县生态茶产业种植面积达1.71万hm^2、实现产值25亿元，食用菌面积0.2万hm^2、实现产值13亿元，中药材面积0.2万hm^2、实现产值53.7亿元。

（2）依托群众主体，让人居环境整治小切口推进美丽家园建设大战略。青川县深入贯彻改善农村人居环境是民心、民惠工程的理念，始终按照“惠民生、护生态、有特色”的思路，坚持群众主体，形成共同参与，让乡村“净起来、绿起来、美起来”。乡村协同，积极倡导以修缮为主的拆旧换新行动，倡导就地取材为主的改建行动，倡导艺术化设计为主的增颜行动，保持村味，增强村韵。因地制宜，让人民群众成为人居建设的决策者；统一思想，让人民群众成为人居建设的主力军；明确责任，让人民群众成为人居管护的长效力。全力“拆”出新空间，“清”出新环境，“建”出新天地，切实提升青川农民群众的责任感、获得感和幸福感（刘保刚，2022）。

（八）乌蒙山区

1. 基本概况

乌蒙山位于滇东高原北部和贵州高原西北部，是金沙江与北盘江的分水岭。乌蒙山区地理坐标为101°48′~107°18′E，25°12′~29°12′N，行政区划跨四川、贵州、云南三省（图5.8）38个县（市、区）（梁晨霞等，2019），国土面积10.7万km^2，人口约2309万人。地势西高东低，高山、深谷、平原、盆地、丘陵交错，海拔为220~4732 m，是包括彝族、苗族、回族、土家族、侗族、满族等在内的多民族汇集地。

2. 发展态势与特点

乌蒙山区多为喀斯特地形，属亚热带、暖温带高原季风气候，立体气候特征明显。区内河流纵横，金沙江、岷江、赤水河、乌江等长江水系发达，南盘江、北盘江注入西江，是珠江、长江上游重要的生态安全屏障。

生态环境脆弱，山地灾害频发。25°以上坡耕地占耕地总面积比重大，水土流失严重；石漠化面积占国土面积的16%，土地资源退化；喀斯特地貌发育，残丘峰林、溶蚀洼地、石灰岩溶蚀盆地、灰岩槽状谷地及溶洞、地下河广布，保水能力差。

经济发展速度快，绝对差距在缩小。2013年以来乌蒙山区人均GDP年均增长率为9%，略高于全国平均增长率；农村人均可支配收入年均增速为13.8%，保持着相对较快

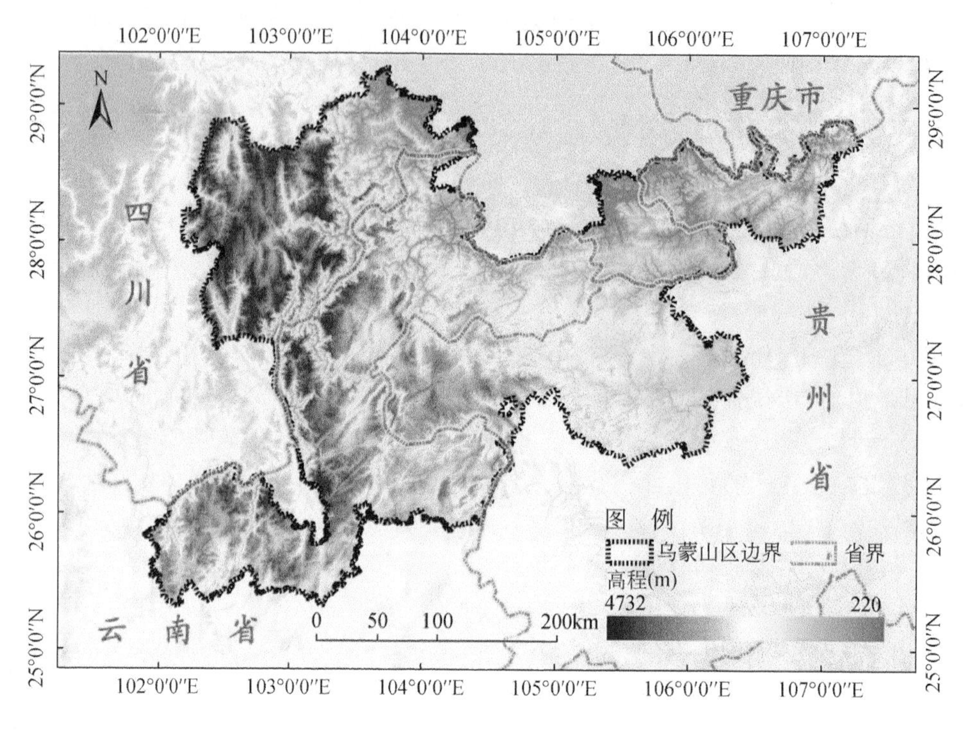

图 5.8 乌蒙山区范围与区位

的增长态势，差距正逐渐缩小（孙久文等，2019）。

人地关系矛盾突出。山区人口密度大，而承载人口的主要土地资源少、质量差，承载力大多处于超载状态；水土流失和土地石漠化降低了土地资源供给质量，人地关系矛盾尖锐。

先天地理劣势，小农经济仍占主体。先天的喀斯特地形，水贵如油，地块零散，长期形成了以小农户为主体的乡村社会结构；人多地少、精耕细作、农业农村现代化缺乏先天性优势，以小农户为主的农业农村发展结构特征明显，与大市场衔接、与产业链衔接能力不足。

旅游资源丰厚，民族文化多样。乌蒙山区拥有赤水河、黄荆、织金洞、轿子山、百里杜鹃、竹海、燕子岩、习水、赫章夜郎、天星等旅游景观。彝、苗、回、土家、侗、满族等少数民族人口约占总人口的20%，传统节日、民族艺术、民族工艺各具特色（国家发展和改革委员会，2021）。

基础设施和公共服务短板还较为明显。交通主干道道路等级低，农村交通网络不完善，教育条件差，工程性缺水问题突出，气候敏感性高。

3. 发展思路与对策

（1）实施兴地惠民土地整治，提升地力综合效率。根据中共中央、国务院提出的乡村振兴和生态文明建设的战略要求，实施乌蒙山区“兴地惠民”土地整治重大工程，破解人多地少、地力水平差的矛盾。以“绿水青山就是金山银山”理念为指引，以优化国土空间开发格局、优化生产生活生态空间、提升国土生态安全水平、建设宜居宜业宜游美好家园、构建生态屏障为主要目标，以“土地使用者”为主体，以山水林田湖草沙系统治理为主要手段，以小流域综合治理为基本单元，把土地整治作为现代化农业和特色农业发展的有效措施（程焕，2022）。围绕兴地惠民，开展土地整治工程，保障土地资源安全，有效提升地力产出效能，促进农业农村农民三获益。

（2）补齐服务设施短板，夯实乡村旅游发展基础。以交通运输主通道和农村公共交通同步打造为经济发展的前提，加快“村村通”公路建设，加强通村公路与主要交通线相连接，提高交通可达性。注重乡村慢行绿道的景观打造，设置自行车道、特色小径穿入景区和田间，设计田间步行道，让游客深入体验乡村生活。补齐接待设施短板，充分利用闲置的房屋、空余的房间引导村民发展乡村民宿，为游客提供原汁原味的乡居生活体验。补齐环境卫生短板，做好环境保护规划，修建环卫设施，开展改水、改厨、改厕、改圈，改善农村人居环境，尽可能减少环境污染，体现农村风貌。

（3）解决小农经济向现代农业转型问题，提高发展生命力。做好小农经济与现代化农业的有机衔接，是针对乌蒙山区地少、人多、土地破碎情势下未来发展农业现代化的利好方向。及时解决因碎片、面小、分散导致的农民生产力制造、农业产出水平低问题，提倡新型农业企业、合作社与小农户更好地合作交流，将先进的种植技术和市场信息传递给小农户。提供组织保障与社会服务，为小农经济转型升级提供扎实基础；优化与落实土地流转政策，推进发展家庭农场，为小农经济转型升级培育新型主体；构建产业集群与电商平台，为小农经济转型拓宽发展路径；落实普惠金融与政银联姻，为小农经济转型升级解融资坚冰，改造传统农业，发展现代农业，逐步建立经济上更加独立、更加组织化、抗市场风险能力更强的农民群体，完成脱贫山区农村现代化建设。

4. 案例与亮点

沐川县位于四川盆地西南边缘、乌蒙山区西北部，地处岷江、大渡河、金沙江的腹心地带。全县面积 1408 km^2，海拔 306～1900 m，气候温润，年均降水约 1300 mm，是长江上游重要的生态屏障和水源涵养区。沐川县坚持绿色发展，推动“两山”转化，不断培育壮大以“一根竹、一叶茶、一颗芋”为主导的特色产业，实现竹、茶、芋、旅生态资源向生态资产的绿色转化，形成以下亮点。

（1）“一根竹”搭建两山转化桥梁，青山变金山、绿色促发展。依托 10.7 万 hm^2 竹资源，搭建绿水青山和金山银山之间的桥梁，让生态资源变现生态资产。着力品质化改造、立体化经营、现代化配套、景观化布局“四化联动”，建立示范园区，培育示范体系，发展示范经济。突出聚焦园区建设、聚焦龙头培育、聚焦科技创新、聚焦品牌创建“四个聚焦”，研发竹业工艺，培育竹业品牌，发展竹业加工，加固竹业链条。建设竹基地，深挖竹文化，做好“竹业+文创”“竹业+康养”“竹业+旅游”。沐川县实现竹产业综合产值 57 亿元，覆盖全县 90% 以上的农业人口，促进竹农人均增收 4000 元（杨心平，2022）。

（2）“一颗芋”创新两山转化路径，资源变资产、品质闯世界。通过政策配套打基础，破解投入高、风险大、出口难问题；积极探索惠农土地流转收租金、就近务工领薪金、项目反哺添基金模式，推动芋农“粘”上产业链、“挤”进利益链。围绕园区建设强服务、品质提升强服务、产品研发强服务，推动沐川魔芋实现品种从单一到系列、品质从绿色到地标、品牌从无到国际认证的重大突破。以国家级农业产业化龙头企业为引领，开发魔芋产品系列100余种，累计发展魔芋基地1万亩①，魔芋产业年综合产值达20亿元，出口创汇2400万美元，年实现利税103万元，成为全国魔芋产业领先县。

（3）“一叶茶”提高“两山”发展成色，绿叶变金叶，茗香润经济。沐川有着悠久的种茶、制茶历史，是四川省传统老茶区和优质绿茶重点县，得天独厚的生态环境、弥足珍贵的富硒土壤，孕育出高品质、原生态的“沐川茶”。沐川县以“富硒、珍稀、高端”为主攻方向，以“精深加工、茶旅融合”为主要路径，突出基地建设、精深加工、主体培育、品牌创建、茶旅融合、质量提升、科技支撑、人才培养、市场营销，着力构建“一核一带五园四中心”茶业发展布局，让好山好水孕育出更多好茶，加快打造“乌蒙山区优质茶乡”“中国紫茶之乡”。围绕茶园、茶树、茶叶，做大茶产业、做强茶科技、做响茶品牌、做优茶文旅，走出了一条规模化、生态化、品牌化的茶业发展路子，是沐川践行“绿水青山就是金山银山”理念的绝佳阐释、探索推进“绿水青山就是金山银山”双向转化的生动实践。全县茶叶种植面积1500 hm^2，建成省级现代农业茶叶万亩示范区5个，知名茶企10余家，发展茶叶加工企业60余家，培育茶叶专业合作社18个，培育茶树品种（品系）183个，完成“三品一标”认证30个。打造了牛郎坪、李家山、五指山、舟坝库区为核心的茶叶观光旅游精品路线，构建了产业发展、茶旅融合、园村一体的茶文化休闲旅游产业发展新格局。2021年，全县茶叶产量达1.89万t，茶产业综合产值8.5亿元。

（九）大凉山区

1. 基本概况

大凉山区位于四川凉山彝族自治州境内，山脊黄茅埂以东为小凉山区，以西是大凉山区，海拔2000～3500 m，行政区划包括8县（市）（四川省人民政府办公厅，2010），国土面积1.7万km^2（图5.9），总人口为210万，其中彝族人口占89.36%，为全国最大彝族聚居区。除东南侧为金沙江谷地外，高寒山区面积广，热量条件差，灾害多，农作物产量低，生产力水平不高。

2. 区域特点

（1）长江上游生态屏障，生态地位重要。大凉山区属于国家重点生态功能区——川滇森林及生物多样性生态功能区，是长江上游生态屏障的重要组分。自然保护地集中，包括大风顶国家级自然保护区，申果庄、马鞍山、百草坡、螺髻山4个省级自然保护区，生态地位十分重要（四川省生态环境厅生态处，2021）。

（2）以传统农业为主，生产力水平较低。由于历史原因，人口受教育水平相对较低，小学文化程度人口比重高，除喜德、甘洛外，其余都在60%以上，美姑、昭觉高达71.56%、74.32%，远超凉山彝族自治州平均水平（53.46%）。产业结构为27.7∶18.6∶53.7，对第一产业依赖程度高于四川、全国平均水平（10.3%、7.1%），且以粮食、畜牧产业为主，农业人口占90.61%（国家统计局，2021）。

① 1亩≈666.67 m^2。

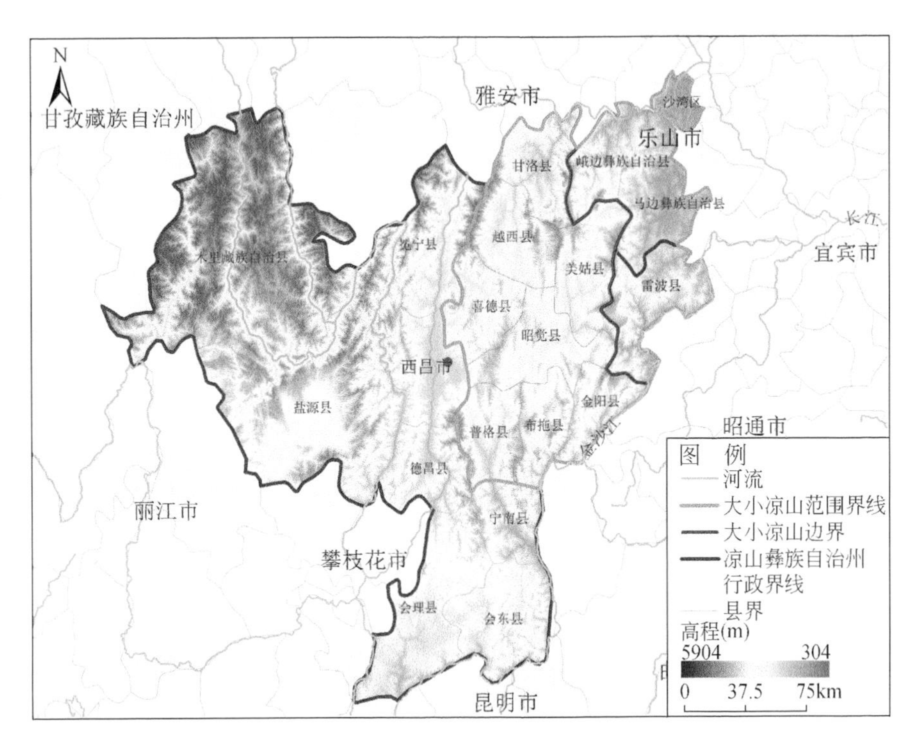

图 5.9　大小凉山区范围与区位

（3）立地条件特殊，立体农业特征明显。大凉山区立体农业明显，海拔从低到高包括：南亚热带水果和早熟亚热带果蔬为主的干热河谷农业产业发展带；以生态养殖、特色粮油、错季蔬菜、优质烤烟、道地药材、生态林果业为代表的二半山农牧产业发展带和以草食畜、夏秋菜、马铃薯、荞燕麦、中药仿生栽培为代表的高山半农半牧生态农业发展带。

（4）旅游资源丰富，旅游后发优势明显。现有 4A 级景区 2 处（螺髻山景区、文昌故里景区），3A 级景区 4 处，加之日照充足，阳光旅游独特。彝族文化积淀深厚，美姑的毕摩文化、喜德的漆器国家非物质文化遗产，以及红军长征留下的红色文化遗址，随着立体交通及硬件设施的大幅度改善，旅游后发优势十分明显。

（5）凉山精准扶贫示范，诠释中国经验。大凉山区贫困发生率曾高达 30% 以上。自脱贫攻坚战打响以来，举全国之力、集全民之力，取得了脱贫攻坚的决定性成就。统筹彝家新寨、易地扶贫搬迁、农村危房改造建设、产业扶贫等，从生产生活条件、医疗卫生、教育、基础设施建设、移风易俗等多角度，多管齐下、综合施策，大凉山区再次经历翻天覆地的历史性变革和千年跨越，诠释精准扶贫中国经验。

3. 发展思路和对策

（1）产业升级换代，打造特色优势制造业集群。聚焦大凉山苦荞、果蔬、畜禽、优质药材种植加工项目，做大做强粮食酒业，做大做强中医药特色产品。围绕园区建设，重点发展石墨和硅基等新材料产业及危废处理、再生资源综合利用。积极参与成都–大凉山农特产品加工贸易园区建设，提升现代化农产品加工能力。

（2）大力发展现代服务业，参与建设国际阳光度假康养目的地。融入凉山彝族自治州“一核五区三带”文旅发展战略，聚焦“大凉山彝族风情旅游目的地”“国际阳光康养休闲度假旅游目的地”建设，打造大凉山“国际康养胜地”品牌。

（3）发展生态产业，促进生态与经济协同增长。依托大凉山独特气候资源和农业资源，建设以昭觉为中心的东部“大凉山脱贫奔康农业产业示范带”，以越西为中心的“凉山北向绿色农业产业示范带”，形成“大凉山”生态产品品牌。同时，将生态产品与文化产品、康养产品融合，精心培育一批新产业、新业态，实现“大凉山”生态产品价值和增值，促进生态与经济协同增长。

4. 案例与亮点

传统农业现代化是解决“三农”问题的根本途径，布拖成为传统产业现代化改造的先行先试者。布拖辖区面积1685 km^2，其中，海拔2000 m以上地区面积占89%，是高寒山区半农半牧典型县，农业人口占90%。全县从马铃薯品种选育到加工、保鲜、销售、物流等全环节的现代化改造，对大凉山区农业现代化发展起到了示范作用。

（1）创新彝区帮扶机制，打造农业科技园新模式。落实脱贫攻坚对口协作战略，组建国资农业科技公司，开展马铃薯原种生产、品种选育、种植推广及病害防治等工作。通过创新帮扶机制，让农企和科研机构参与农业技术推广和应用，引领带动小农户享受科技进步的成果。利用国资农业科技公司，建立联农带农惠农的利益联结机制，劳动力就近就地转化，签订订单合同，提高农户马铃薯种植的比较效益，实现园区带动农民人均可支配收入高出当地平均水平的20%以上。

（2）加固马铃薯全产业链，提升优势农业竞争力。从制种业现代化入手，逐渐实现从优良品种的保存、选育和优化，到精深加工的产业链延伸，基本形成完整的马铃薯产业链条。建立马铃薯保鲜储存库、电商展示交易和技能培训中心、布拖县国家级电子商务平台交易中心、马铃薯主食文化体验阳光餐厅，拓宽延长马铃薯全产业链、供应链，提升优势农业价值链和综合效益。

（十）东南沿海低山丘陵区

1. 基本情况

东南沿海低山丘陵区为浙江、福建、广东三省的山地和丘陵区（赵济，1995），山地与丘陵面积分别占上述各省面积的74%、89%、60%。北起浙江省雁荡山、天目山、天台山、莫干山，中至福建省的武夷山、杉岭山、太姥山、鹫峰山、戴云山，南到广东省的南岭、金鸡岭、九连山、罗浮山、莲花山、云雾山等连片山地，以及三省相对分散的广大丘陵区和沿海山地。行政区划涉及浙江、福建、广东三省162个县（市、区）(图5.10)，辖区面积28.02万km^2，人口8392.32万。

主要山脉为东北–西南走向，成为浙皖、浙赣、闽赣、粤赣、湘粤的分界线，也是长江流域与东南沿海众多流入东海小流域的分水岭。

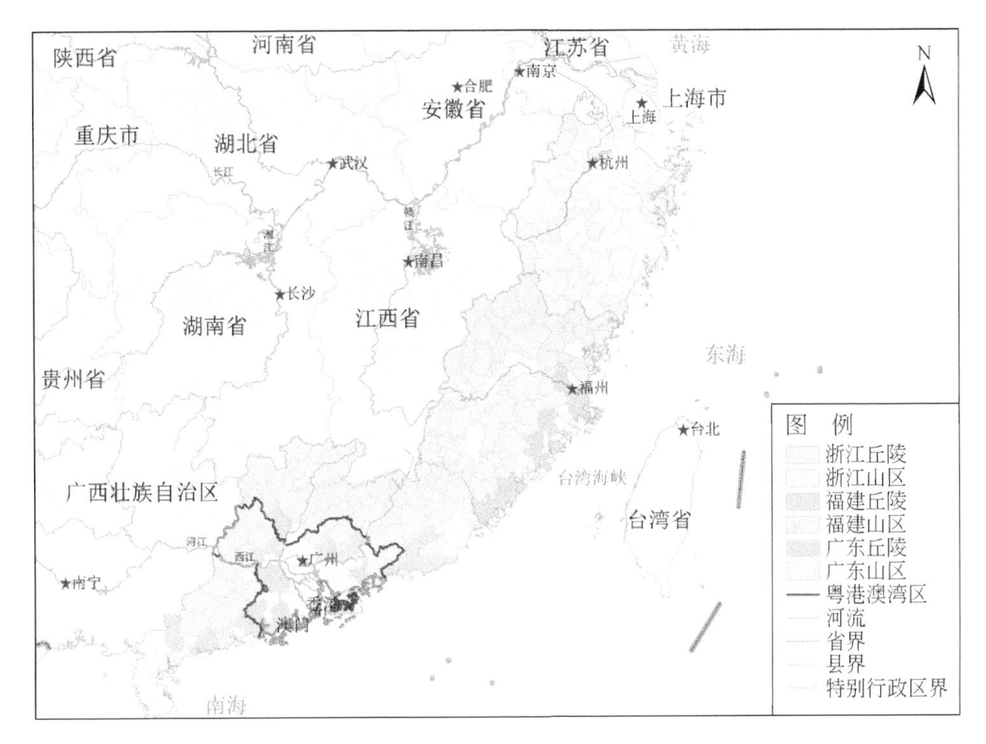

图 5.10　东南沿海低山丘陵区范围与区位

2. 区域特点

（1）三省经济发达，但山地与平原仍存在较大内部差异。整体而言，经济最发达地区集中于珠江三角洲的城市群，包括深圳、广州、佛山、东莞等，其次是沿海岸的山地与小平原交错在一起的城市带，包括宁波、杭州、温州、福州、泉州、厦门、汕头、珠海等，人口稠密，经济发达。发展滞后的是远离海岸和平原的西部山地带。因此，浙江、福建、广东三省总体都属我国经济较发达地区，但内部山区、丘陵区、平原区发展水平仍有较大差距，而作为山区内部，沿海山丘带又比内陆山丘带经济发达得多。

（2）先进制造基地，国家改革创新高地。珠江三角洲、长江三角洲地区，是具有全球影响力的先进制造业基地和现代服务业基地，是全国经济发展的重要引擎和改革创新的排头兵。

（3）生态环境质量好，南方生态屏障功能显著。区域森林覆盖率均在 60% 以上，主要河流达到或好于Ⅲ类水体比例，空气质量优良天数比例都在 95% 以上，生态环境保持良好状态，作为南方重要生态屏障的功能显著。

（4）文明底色深，文旅名片亮。东南沿海山丘区是中华文明的发祥地之一。浙江良渚文化、广东南越国宫署、泉州古迹遗址、广西先秦历史遗存等文化沉淀深厚，知名度高。人文气质隽永独特，融汇了历史文化、革命文化与现代文化，形成独特的文化精神和人文优势，成就了举世瞩目的浙商群体、“浙江人经济”、闽粤改革实践者的形象，也成为该区文旅产业亮丽的名片。

（5）对外交流历史悠久，经济外向度高。东南沿海低山丘陵区，是我国对外通商最早的区域，早在宋元时期泉州就是世界知名的商港，为海上丝绸之路的起点，福州是郑和下西洋的驻泊地和开洋地，闽粤是全国著名侨乡，拥有经济特区、粤港澳大湾区、北部湾区、自由贸易试验区、21 世纪海上丝绸之路核心区等多区叠加优势，区域开放优势进一步激发。

3. 发展思路和对策

（1）以沿海经济带为主战场，打造经济高质量发展高地。依托众多的天然深水良港、广阔的发展空间、绵长的海岸线，利用粤港澳大湾区、深圳建设中国特色社会主义先行示范区、海南全面深化改革开放战略，强化国际创新资源集聚能力、科技成果转化能力，加快形成区域制造业高质量创新体系，打造具有国际竞争力的海洋产业发展高地，共同打造世界级沿海经济带。

（2）发挥都市圈的辐射带动作用，构建区域现代化发展体系。依托珠三角城市群形成北起浙江宁波、杭州、温州城市群，中到福建福州、泉州、厦门都市圈，南到广东广州、深圳、珠江口西岸、汕潮揭、湛茂都市圈的沿海沿江城镇化格局，推动沿江三角洲地区、沿海丘陵区、内陆山区协同发展。扶持产业向低山丘陵区有序转移，构建海洋经济辐射联动带，解决山海产业联系短板。建立内陆连片山区县生态产业体系，打造生态经济发展新标杆，衔接实现“核”“带”“区”优势互补、陆海统筹发展体系。

（3）努力打造“美丽中国”先行示范区。利用福建生态文明先行示范区、浙江全国首个生态省建设取得的丰硕成果，持续优化国土空间开发保护格局，积极开发海洋风电资源，促进岸线产业绿色升级，加强红树林等生态系统建设，保护海洋生态环境；建立以武夷山国家公园为主体，自然保护区为基础的自然保护地体系；形成绿水青山就是金山银山转化的领头雁，促进建成诗画江南山水海洋生态公园。

4. 案例与亮点

浙江余村是“绿水青山就是金山银山”科学论断的发源地。十余年来，余村围绕“两山”理念，将生态文明融入全村发展规划、经济建设、环境保护、精神文明等各项工作之中，大力调整产业结构、严守生态保护红线，走出了“两山”转化、绿色发展之路。

（1）从“地下开挖”到“地上开花”。十几年前，余村靠山吃山，石头经济让余村集体经济收入一度达到 310 万元，名列安吉县各村之首，但也因开矿，山体满目疮痍，常年村内烟尘漫天，溪水污浊。牺牲环境换来经济发展，牺牲绿水青山换金山银山，余村人走到了抉择的十字路口。2005 年“两山”理念的提出，既要绿水青山，又要金山银山，为彷徨中的余村人注入了强心剂，也为余村未来发展指明了方向，余村以壮士断腕的决心、众志成城的信心，促进从“地下开挖”到“地上开花”的角色转变，走出了一条环境保护和经济发展相得益彰的可持续发展道路。

（2）从口袋富到脑袋富，从卖石头到卖风景。围绕“两山”理念，余村很快关停所有矿山、水泥厂等污染企业，坚定不移大力提升人居环境、发展绿色项目便是一种自觉自愿的决心与信仰。守护绿水青山，就是让村民从口袋富向脑袋富转变，经济从卖石头向卖风景转变。2013 年余村率先推行垃圾不落地试点，实行“定点投放、定时收集”。小到垃圾，大到项目建设，余村不打折扣地坚守生态红线，如今，尝到绿色发展甜头的余村人，不仅不会再去追求以破坏生态为代价的短期效益，还会主动保护美丽乡村建设成果，成为美丽乡村建设最持久的内动力。

(3) 从生态发展到全域发展。开展新一轮生态旅游产业布局，进一步放大“两山”品牌的经济社会效益，将产业向教育培训、研学、文创等方面延伸。大力开展“旅游+”，旅游+体育，修建环村绿道；旅游+康养，打造康养项目，实现生态农产品地产地销；旅游+农业，大力发展观光农业、特色农业；旅游+休闲，提升河道漂流等游客体验项目；旅游+研学，承接各类党政团队、教育团队的活动。绿色已成为余村发展的最强动能，全域旅游已成为余村发展的最新目标。余村人将“两山”理念刻在石碑上，更深深烙印在血肉里，由此走上了一条乡村振兴发展的阳光大道，打造出“村强、民富、景美、人和”的“村庄样板”。

第三节　中国式山区现代化的创新与建议

党的十八大以来，我国山区经过提质增速发展，整体面貌发生了转折性、根本性的历史巨变，为未来发展奠定了良好基础。同时，由于山区自然条件局限和发展基础相对薄弱等因素，相对于平原地区的发展，山区发展仍然存在明显差距。进入新时期，我国山区根据山地大国的国情和山区的“山”情，依托山区的自然资源和绿色发展优势，抓住国家实施协调发展、均衡发展和建设现代化强国的时代机遇，探索创建中国式山区现代化道路，推动山区进一步加快发展补短板，随全国同步实现社会主义现代化，是山区3.3亿人民的美好愿望，同时也是补齐我国发展不平衡不充分中的短板、破解我国当代主要社会矛盾的一项牵动全局的战略举措，对我国实现第二个百年奋斗目标具有重要意义，同时对全球山区发展也有着重要的引领、示范价值。

我国山区发展的重要性、艰巨性，决定了山区现代化建设应当在国家全局中居于重要的战略位置。

一、山区现代化的战略研究与规划

(一) 开展中国山区综合考察

全面考察我国山区随全国同步实现现代化的基础条件、发展现状及潜力评估。内容包括：①全面考察当代山区的各类自然资源、生态环境、经济、社会事业资源及基础条件，摸清山区现代化建设的家底。②深入调查全国山区发展现状，包括东、中、西部山区，各种山地类型的山区发展现状；分析全国山区与平原的发展差距，山区内部各区域的发展差距，山区与全国发展平均水平的差距短板；山区与平原等发达区域的关系现状，山区在所在区域及在全国的地位现状等。③在摸清家底和现状调查的基础上，评估我国6个山地大区和37个山地亚区的资源环境承载力，并开展对全国山区现代化的“潜力评估”，包括对全国山区整体潜力评估，对东部山区、中部山区、西部山区和各种山地类型山区的分区发展潜力评估。

（二）制定中国山区现代化发展战略

确定山区在21世纪全国现代化建设中的战略定位，中国山区现代化的理念、标准、战略规划（包括全国山区整体规划、各类山区规划）、配套政策；部署山区现代化社会、经济体系建设；实施我国山区现代化差异化战略。

山区发展及现代化建设中需要着力处理好以下基本关系。

（1）发展质量与发展速度的关系。山区未来的发展必须在保障以发展质量和效益为中心的同时兼顾发展速度，以实现加快发展补短板、与全国同步实现现代化的国家目标。

1）山区现代化建设必须以提高发展质量和效益为中心。保障发展质量的主要内涵及关键举措：转变经济发展方式、优化经济结构、转换增长动力、培育有利于高质量发展的内外环境等。

2）在以提高质量和效益为中心的发展轨道中，山区发展需要保持与补短板目标相适应的适度快速，以实现高质量、赶超式的发展。实现这种质速兼顾发展的关键在于：必须以市场需求为导向，通过供给侧改革全面提升优质消费产品的供给能力。而提升这一能力，必须在国家扶持和平原等发达地区反哺及融合发展条件下，主要依靠山区之长走绿色发展道路，以质速兼顾、弯道超车的优质发展，逐步缩小与平原等发达地区的差距，消减发展短板，随全国同步实现现代化。

（2）山区发展的共性与个性的关系。山区发展的共性包括两方面：①全国山区所共有的基本特点，如具有独特的生态、资源优势，同时生态比较脆弱、环境偏远、交通运输成本较高、发展条件及人力资本较弱等。②各个山区具有的所在区域共同的自然、经济、社会及人文特性（这在本区域是共性，相对于外区域则属于个性）。山区发展的个性也包括两个方面，第一是各个山区所依托的山地自然系统的特异性（包括不同的水土气生等自然要素的特点及其演化规律），第二是各个山区具有的所在区域的自然、经济、社会及人文特性。要科学地认识、尊重和处理好山区及其发展所具有的这些共性与个性，特别是在各级规划、政策、法规制定与实施中需高度关注全国山区及其不同类型、地域山区的自然特性和经济社会特点，既要关注山区的共性，更要重视山区的个性，遵循客观规律，促进科学、协调发展。

（3）山区发展强内功与借动力的关系。强内功是山区发展之本，主要包括：用第二个百年奋斗目标和习近平新发展理念动员民力、凝聚民智增强山区发展内生动力、科学指导和竞争能力，持续推进山区的经济社会体系建设，加强基础设施投入，培养现代化人力资源，夯实山区现代化基础、增强发展的综合实力。借动力是山区发展的基础依托和重要推动，主要包括：国家及各级地方政府为扶持山区发展制定的战略、规划、政策、专项计划和法规等，这是山区现代化建设赖于依托的基础、是培育综合实力的基本条件和山区实施高质量、追赶式发展强大的牵引力和推动力；发达地区对山区的援助，特别是通过山原融合发展对山区发展的整体、深度、持久性支持，这是山区现代化建设的宝贵外部资源和助推力量。

（4）山区的保护与发展的关系。山区丰富的自然资源和生态环境是山区发展依托的基础，而山区发展又为保护这些基础提供经济支撑和环境条件。永远保护好山区的生态环境才能使山区发展能够行稳致远。因此要切实让“两山”理念在山区落地生根，使山区的绿水青山持续且永久地支撑山区的金山银山、用山区的绿色发展支撑山区生态环境保护和全国的高质量发展。

（5）山区发展与平原发展的关系。山区是平原持续发展的生态屏障、资源支持和经济配套，平原是山区现代化的重要牵引和力量依托。二者不仅要互惠共存，还要在生态环境、经济发展、社会进步等全方位深度融合，实现协调、均衡、共享发展，创建现代化的山–原共同体，共同支撑现代化美丽强国建设。

二、山区现代化体系构建

①构建山区现代化经济体系。包括依托山区自然资源、生态环境的独特条件，构建具有山区特色，并以现代化农业、工业、服务业为主体的高质量、高效益新型产业体系；具有山区绿色优势、与平原协调联动的高水平、高效益现代化区域发展体系；高水平、高效益的经济治理体系等。②构建山区现代化基础设施体系。包括现代化信息、交通运输、能源、水利等基础设施体系。③构建山区现代化生态环境体系。包括山区现代化生态文化体系、生态经济体系、生态与环境安全及灾害防御体系、生态管理体系等。④构建山区现代化自然资源综合调控体系。包括土地资源、水资源、矿产资源等自然资源的现代化保护、利用及其综合管理体系。⑤构建山区现代化建设科技支撑体系。包括为山区现代化建设服务的科研体系、科技应用服务体系、科普教育体系。⑥构建山区现代化基本公共服务体系。包括山区公共教育、公共医疗卫生、公共文化等现代化基本公共服务体系。⑦构建山区现代化社会治理体系。包括现代组织体系、制度体系、运行体系、评价体系、保障体系等。

三、山区现代化科技支撑

（一）实施目标

研究中国山区现代化建设中的重大瓶颈问题，提出解决问题的科学方案和关键技术；获得山地与山区研究的重大科学发现和理论创新，构建中国山地与山区研究的理论基础和学科体系；推动创建能支撑我国山区现代化建设，并在国际上发挥引领作用的国际山地与山区研究高地；加强山区现代化的科技成果应用、示范、推广体系建设，不断提升科技成果转移转化的能力和效益。

（二）实施重点

①中国山地/山区基础研究。包括山地与地球表层格局及演变、山地自然系统特性及演化规律、山地地域系统等（程根伟等，2012）。②山区资源保护与利用的现代化研究与技术应用。包括国土、森林、生物、水、矿产、能源、景观等。③山区生态环境保护与建设现代化研究及技术应用。包括生态屏障建设、环境建设、山地灾害防治等。④山区城镇及聚落现代化研究与应用。⑤山区产业现代化研究与应用。包括产业体系构建及农业、工

业、服务业、绿色产业现代化等。⑥山区公共服务、社会治理现代化研究与应用。包括教育、卫生、文体等事业和社会管理。⑦山区科技支撑服务现代化研究与应用。包括科学研究、科技服务。⑧国家宏观管理与山区现代化研究与应用。包括相关规划、政策、法规、管理等。⑨平原等发达地区与山区现代化的融合发展及利益调节研究与应用。⑩山区国防功能保障现代化研究与应用。⑪建立中国山区综合信息系统。包括中国数字山区基础数据库，中国山区资源、环境、灾害与社会经济地图集（中国科学院区域发展领域战略研究组，2009）。

参考文献

曹燕．2022-7-12. 甘肃金昌打造火星 1 号基地——激发对未来的探索和想象．中国旅游报，006.

陈爱．2019. 大别山区县域旅游经济差异及影响因素研究．武汉：华中师范大学硕士学位论文．

陈发虎，汪亚峰，甄晓林，等．2021. 全球变化下的青藏高原环境影响及应对策略研究．中国藏学，（4）：21-28.

陈国阶．2009. 中国山区发展需要转变战略思维．中国科学院院刊，24（5）：461-467.

陈磊，姜海，孙佳新，等．2018. 农业品牌化的建设路径与政策选择——基于黑林镇特色水果产业品牌实证研究．农业现代化研究，39（2）：203-210.

程根伟，钟祥浩，郭梅菊．2012. 山地科学的重点问题与学科框架．山地学报，30（6）：747-753.

程焕．2022-05-16. 乌蒙山区飘出悠扬牧歌．人民日报，013.

崔鹏，贾洋，苏凤环，等．2017. 青藏高原自然灾害发育现状与未来关注的科学问题．中国科学院院刊，32（9）：985-992.

丁仲礼．2022. 碳中和对中国的挑战和机遇．中国新闻发布（实务版），(1)：16-23.

董敏瑶，孔陇．2022. 乡村振兴战略下资源型城市特色产业发展路径研究——以甘肃省金昌市为例．重庆文理学院学报（社会科学版），41（5）：1-12.

樊杰，钟林生，李建平，等．2017. 建设第三极国家公园群是西藏落实主体功能区大战略、走绿色发展之路的科学抉择．中国科学院院刊，32（9）：932-944.

方创琳．2022. 青藏高原城镇化发展的特殊思路与绿色发展路径．地理学报，77（8）：1907-1919.

方敬尧．2022-08-03. 秦巴药乡有“良方”．陕西日报，009.

方志．2022. 祁连山国家级自然保护区生态建设．现代园艺，45（10）：169-171.

傅伯杰，欧阳志云，施鹏，等．2021. 青藏高原生态安全屏障状况与保护对策．中国科学院院刊，36（11）：1298-1306.

盖美，杨苘菲，何亚宁．2022. 东北粮食主产区农业绿色发展水平时空演化及其影响因素．资源科学，44（5）：927-942.

国家发展和改革委员会．2021. 乌蒙山片区区域发展与扶贫攻坚规划（2011—2020 年）．北京：国家发展和改革委员会．

国家统计局．2021. 中国统计年鉴（2020）．北京：中国统计出版社．

国务院扶贫开发领导小组办公室，国家发展和改革委员会．2012a. 燕山-太行山片区区域发展与扶贫攻坚规划（2011—2020）．北京：国务院扶贫开发领导小组办公室，国家发展和改革委员会．

国务院扶贫开发领导小组办公室，国家发展和改革委员会．2012b. 吕梁山片区区域发展与扶贫攻坚规划（2011—2020 年）．北京：国务院扶贫开发领导小组办公室，国家发展和改革委员会．

汉瑞英，罗遵兰，赵志平，等．2022. 祁连山区青海地区高原鼠兔潜在生境模拟与鼠害扩散路径识别．福建农林大学学报（自然科学版），51（4）：546-554.

环境保护部．2011．中国生物多样性保护战略与行动计划（2011—2030）．北京：中国环境科学出版社．
金昌市统计局．2021．金昌高品质菜草畜产业链发展现状与研究．金昌：金昌市统计局．
金凤君．2019．变革性创新是东北地区经济健康发展的必由之路．科技导报，37（12）：25-31.
晋王强，郝春旭，妙旭华，等．2019．甘肃祁连山生态文明示范区建设路径研究．环境保护，47（14）：33-36.
李新，勾晓华，王宁练，等．2019．祁连山绿色发展：从生态治理到生态恢复．科学通报，64（27）：2928-2937.
梁晨霞，王艳慧，徐海涛，等．2019．贫困村空间分布及影响因素分析——以乌蒙山连片特困区为例．地理研究，38（6）：1389-1402.
刘保刚．2022-06-28．触摸幸福的形状．广元日报，003.
娄红．2015．长白山地区人参产业发展研究．长春：吉林农业大学硕士学位论文．
卢硕，张文忠，李佳洺．2020．资源禀赋视角下环境规制对黄河流域资源型城市产业转型的影响．中国科学院院刊，35（1）：73-85.
吕志祥，赵天玮．2021．祁连山国家公园多元共治体系建构探析．西北民族大学学报（哲学社会科学版），（4）：82-88.
马芳．2022．生态环境跨区域司法保护研究——以祁连山国家公园为例．青海民族大学学报（社会科学版），48（2）：124-130.
马如娟，赵吉仁．2021-10-18．金昌文旅凸显“叠加效应”．甘肃经济日报，01.
毛江晖，孙发平．2020．中国西北发展报告（2022）——三江源国家公园体制机制创新的实践探索和前景展望．北京：社会科学文献出版社：165-178.
聂文选．2019．通化县蓝莓优势特色产业建设问题研究．长春：吉林大学硕士学位论文．
潘春芳，葛文荣，秦冲，等．2021．走进祁连山中国西北的“父亲山”．森林与人类，（9）：118-128.
彭和刚．2022．秦巴山区乡村旅游助推农村集体经济发展研究．中国集体经济，（9）：7-10.
邱丽莎，何毅，张立峰，等．2020．祁连山 MODISLST 时空变化特征及影响因素分析．干旱区地理，43（3）：726-737.
山西省统计局国家统计局山西调查总队．2021．山西 2021 统计年鉴．北京：中国统计出版社．
陕西省统计局国家统计局陕西调查总队．2021．陕西 2021 统计年鉴．北京：中国统计出版社．
尚海洋，宋妮妮．2021．返贫风险、生计抵御力与规避策略实践——祁连山国家级自然保护区内 8 县的调查与分析．干旱区地理，44（6）：1784-1795.
邵全琴，樊江文，刘纪远，等．2017．基于目标的三江源生态保护和建设一期工程生态成效评估及政策建议．中国科学院院刊，32（1）：35-44.
四川省人民政府办公厅．2010．在大小凉山实施 11 年综合扶贫开发．https://www.sc.gov.cn/10462/10464/10797/2010/8/12/10141450.shtml[2022-09-16].
四川省生态环境厅生态处．2021．四川省自然保护区汇总表．https://sthjt.sc.gov.cn/sthjt/c108816/2021/10/8/77f64cbf49364b77af4ad61a203e9b3.shtml[2022-09-16].
孙发平，张明霞．2020．黄河流域生态保护和高质量发展报告（2020）——青海三江源生态保护与国家公园体制试点的成效及展望．北京：社会科学文献出版社：123-135.
孙久文，张静，李承璋，等．2019．我国集中连片特困地区的战略判断与发展建议．管理世界，35（10）：150-159，185.
汪安梅．2018．湖北旅游产业与网络营销耦合分析——基于大别山区 16 县（市）红色旅游．湖北社会科学，（4）：73-80.
王慧敏．2015．以文化创意推动旅游产业转型升级．旅游学刊，30（1）：1-3.

王立景，肖燚，孔令桥，等.2022. 青藏高原草地承载力空间演变特征及其预警. 生态学报，42（16）：6684-6694.

王士君，马丽.2021. 基于宏观形势和地域优势的“十四五”东北振兴战略思考. 地理科学，（11）：1935-1946.

王小英. 2022. 续写丝路新篇章：三江源国家公园“转正”，这份“成绩单”功不可没.https://baijiahao. baidu. dom/s? id=1714106572225449128&wfr=spider & for=pc[2022-09-16].

王娅，杨国靖，周立华. 2021. 祁连山北麓牧区社会-生态系统脆弱性诊断——以甘肃肃南裕固族自治县为例. 冰川冻土，43（2）：370-380.

王梓菡. 2021-12-05. 聚力“四大经济”加快资源转化实现振兴发展. 广元日报，001.

魏明孔. 2019. 青藏高原社会经济史. 北京：社会科学文献出版社：2-7.

邬光剑，姚檀栋，王伟财，等.2019. 青藏高原及周边地区的冰川灾害. 中国科学院院刊，34（11）：1285-1292.

习近平. 2017. 习近平谈治国理政. 第二卷. 北京：外文出版社.

谢丽丽. 2021. 生态文明视域下祁连山生态保护与推进路径. 开发研究，（4）：44-49.

新华社中国经济信息社. 2022. 甘肃绿色创新发展典型案例. 北京：新华社中国经济信息社.

邢文婷，马登攀. 2021. 推动菜草畜现代特色农业产业高质量发展路径研究——以甘肃省金昌市为例. 乡村科技，12（36）：40-42.

徐海涛. 2019. 秦巴山区生态状况与保护成效评估研究. 成都：成都理工大学博士学位论文.

杨心平. 2022-01-12. 豁然开朗“沐川竹”. 乐山日报，004.

姚檀栋，陈发虎，崔鹏，等. 2017. 从青藏高原到第三极和泛第三极. 中国科学院院刊，32（9）：924-931.

姚檀栋，邬光剑，徐柏青，等. 2019.“亚洲水塔”变化与影响. 中国科学院院刊，34（11）：1203-1209.

于欣. 2021. 红色文化体验育人研究. 太原：太原理工大学硕士学位论文.

昝琦，沈丽莉，谢晓玲，等. 2022-02-14. 金昌：转型发展强“龙头”. 甘肃日报，10.

张春燕，资明贵，周梦，等. 2022. 乡村旅游融合性测度及其影响因素研究——以大别山区潜山市为例. 地理科学进展，41（4）：595-608.

张佳敏. 2018. 吕梁山区贫困县扶贫模式研究. 北京：首都经济贸易大学硕士学位论文.

张镱锂，祁威，周才平，等. 2013. 青藏高原高寒草地净初级生产力（NPP）时空分异. 地理学报，68（9）：1197-1211.

张镱锂，李炳元，刘林山，等. 2021. 再论青藏高原范围. 地理研究，40（6）：1543-1553.

赵济. 1995. 中国自然地理. 第三版. 北京：高等教育出版社.

赵建国，李晓东，殷泓，等. 2020-03-06. 收官之战——来自大凉山的脱贫攻坚调查. 光明日报，07.

郑度，赵东升. 2017. 青藏高原的自然环境特征. 科技导报，35（6）：13-22.

中国科学院区域发展领域战略研究组. 2009. 中国至 2050 年区域科技发展路线图. 北京：科学出版社：160.

中华人民共和国农业农村部机械化管理司. 2019. 农业农村部农机化司关于组织开展丘陵山区县农业机械化基础情况摸底调查工作的通知（农机政〔2019〕114 号）.https://www. njhs. moa. gov. cn/tzggjzcjd/201907/t20190701_6320026. htm[2022-09-16].

Deng L, Zou F. 2021. Orogenic belt landforms of Huanggang Dabieshan UNESCO Global Geopark (China) from geoheritage, geoconservation, geotourism, and sustainable development perspectives. Environmental Earth Sciences, 80 (19): 1-23.

Li P, Du J, Shahzad F. 2022. Leader's strategies for designing the promotional path of regional brand competitiveness in the context of economic globalization. Frontiers in Psychology, 13: 1-20.

Zhang L, Zhao Z, Zhang J, et al. 2020. Research on the strategic choice of brand development of agricultural products in Jilin Province driven by financial service innovation. Phuket: 2019 International Conference on Management Science and Industrial Economy (MSIE 2019).

Zheng L, Wang Y, Li J. 2021. How to achieve the ecological sustainability goal of UNESCO Global Geoparks? A multi-scenario simulation and ecological assessment approach using Dabieshan UGGp, China as a case study. Journal of Cleaner Production, 329: 129779.